DK海鲜烹饪全书

DK海鲜烹饪全书

[英] DK出版社 编著 王敏 译

华中科技大学出版社
http://press.hust.edu.cn
中国·武汉

有书至美
BOOK & BEAUTY

图书在版编目(CIP)数据

DK海鲜烹饪全书 / 英国DK出版社编著；王敏译. --
武汉：华中科技大学出版社, 2023.6
ISBN 978-7-5680-9220-3

Ⅰ.①D… Ⅱ.①英… ②王… Ⅲ.①海鲜菜肴—菜谱
Ⅳ.①TS972.126

中国国家版本馆CIP数据核字（2023）第052351号

Original Title: Fish Cookbook
Copyright © 2011 Dorling Kindersley Limited
A Penguin Random House Company

湖北省版权局著作权合同登记 图字：17-2021-095 号

DK海鲜烹饪全书
DK Haixian Pengren Quanshu

[英] DK出版社 编著
王敏 译

出版发行：华中科技大学出版社（中国·武汉）
　　　　　华中科技大学出版社有限责任公司艺术分公司
出 版 人：阮海洪
电　　话：（027）81321913
　　　　　（010）67326910-6023

责任编辑：谭晰月
责任监印：赵　月　郑红红

制　　作：北京予亦广告设计工作室
印　　刷：北京华联印刷有限公司
开　　本：889mm×1194mm　1/16
印　　张：25
字　　数：363千字
版　　次：2023年6月第1版第1次印刷
定　　价：248.00元

混合产品
纸张 |
支持负责任林业
FSC
www.fsc.org　FSC® C018179

For the curious
www.dk.com

目录

前言

我一直对鱼和水非常着迷。小时候,周六午后观看欧内斯特·海明威的经典之作《老人与海》(The Old Man and the Sea)改编的同名电影,影片中老渔夫拼尽全力想要捕获大马林鱼的场景,至今仍然令我记忆犹新。直到现在,《老人与海》仍是我最喜欢的电影。

我家曾经生活在肯特郡,过着几乎完全自给自足的生活。我至今还记得,小时候和妈妈在厨房里清洗应季水果和蔬菜、烹饪肉和鱼的场景。煮熟的螃蟹是我最喜欢的美食,我的父母喜欢各式各样的海鲜,螃蟹也常常出现在我们的餐桌上。玉黍螺是我们周末的美餐,将螺肉从壳里拉出来,然后蘸着醋吃,成为了我最美好的童年记忆之一。

我童年时代的假期,都是在苏格兰马里湾的芬德霍恩河边度过的。我常常在那儿钓鲑鱼和鳟鱼,记得有一次我们送去烟熏的那条鲑鱼有13千克重。除了钓鱼,我还帮忙清洗和烹饪其他捕获的水产。我钓到的第一条鱼是一条躁动不安的翠绿色鳗鱼。它制造了一场骚乱,差点让我落水!我对这种生物并不是特别感兴趣(我得赶紧补充一句,其实这家伙长得挺可爱的),它散发着强烈的泥土味,这种味道似乎到现在还一直伴随着我。

从事和食物相关的工作,对我来说是一种自然的召唤。我曾在位于伦敦的英国蓝带厨艺学院(London Le Cordon Bleu School)受训,后又留校任教。在那,我真正学会了如何鉴别和烹饪海鲜。我一直想去旅行。20世纪80年代和90年代,我花了很多时间环游世界,这大大开拓了我的视野,让我见识了不同的菜系,以及当地人食用的海鲜。但是我真正开始对各种海产痴迷,是在伦敦的利斯食物与葡萄酒学院(Leith's School of Food and Wine)求学的时候。

今天,作为比林斯盖特海鲜培训学校(Billingsgate Seafood Training School)的负责人(比林斯盖特海鲜市场是英国最大的内陆海鲜市场、位于伦敦东部),我每天都能学到更多关于海鲜的知识,而全部的所见所学都被我写进了这本书里。

我对海鲜的热爱是基于对生命的尊重。海洋与人类的生活环境迥然不同,生活在海洋中的生物成为了人类美妙的食物来源,这令我感到深深的谦卑。辽阔无际的海洋堪称最佳"放养牧场",但我们决不能忘本。最重要的是,我们必须关注海洋和鱼类的健康。

很多人告诉我,他们也想自己动手烹饪鲜鱼,但不知道该从何做起。我认为,他们之所以觉得没有把握,是因为海鲜的品种太丰富了。举个例子,如

果所有的海鲜都和鲑鱼差不多，那么任何人都能成为烹饪大师。然而，海鲜的种类太庞杂，圆体鱼、扁体鱼、虾、鱿鱼、蛤蜊、螃蟹，处理的方法各有不同，每一种都值得学习。亲手刮鳞去肠的鲜鱼制成的菜肴无疑是最美味的，而还有什么比第一次完整剥掉鳎鱼皮更让人有成就感的呢。

千百年来，人们尽情享受着海洋中的各种美味海鲜，众多国家的经典菜系中都包含制作精美，味道绝妙的海鲜菜肴。除了各种我最喜欢的海鲜和鱼类菜肴，我还在这本书中介绍了一些小食，比如渔夫派和鱼饼可以用各种鱼制作。文中还包含极其精致美味，但对新鲜度有严苛要求，须用最新鲜的食食材制作的寿司、滋味鲜甜的；无与伦比的鲜美鱼汤（许多国家都有闻名遐迩的特色鱼汤），以及一些传统的经典菜品，比如煮鲑鱼和世间最美味的鸡尾酒虾。本书囊括了世界上绝大多数海鲜的常见食谱，且每一份食谱都建议了味道同样美妙的可替代食材。请注意，应尽可能购买来源可靠的海鲜，使用可持续水产，不购买过度捕捞的物种。"水产小百科"一章涵盖了种类繁多的淡水及海洋生物——各种圆体鱼和扁体鱼，以及世界各地的众多水生动物。

水族世界正在发生变化，全球大部分地区面临可持续发展和可靠食物来源方面的问题。但这同时也给我们带来了新的机遇——这是发现新物种的最佳时机。

我希望这本书能够开启更多对可持续水产的探寻和使用。海洋生物是人类应该珍惜的重要资源。我们有责任确保海洋中一直有各种各样的鱼儿游动，让我们的子孙后代也能享用。

C.J. 杰克逊

什么是可持续水产?

"水产"和"可持续发展"一词关联起来，很容易令人联想到有关鱼类数量减少的新闻标题，这类令人担忧的报道往往过度强调负面问题，这当然没有错，但缺少对各类正在进行的具有积极意义的工作的描述，会使读者产生不完整的印象、甚至被误导。

到底哪里出错了?

人类食物来源的全球可持续性问题，是一个错综复杂、容易让人慷慨激昂的话题。海鲜作为食物的一种，自然也不例外。海洋渔业的行业内外对此众说纷纭，各执己见。但大家一致认为，一些鱼类物种正面临着威胁，而另一些鱼类物种已经濒临灭绝。经常有人强调，过度捕捞是引发这些问题的罪魁祸首，但事实上除了过度捕捞，还有其他因素在起作用。

当生活在海洋中的某种鱼类被捕捞得过快，导致剩下的鱼没有充足的时间进行繁殖并补充种群数量，即可称为过度捕捞。掌握每种鱼类生长和成熟的速度，是成功捕捞的关键。在新西兰海岸捕获的大西洋胸棘鲷非常受欢迎，数十年前，人们曾经大量捕捞，直到大西洋胸棘鲷的数量开始大幅减少，人们才发现这种鱼需要很多年才能长大成熟。现在人们已经开始保护和监测这种鱼，目的是让它们的数量能够尽快回升。普通消费者很难确切地知道，避免食用哪些鱼类能帮助鱼类数量回升。因为具体情况在不断变化，而且情况很可能是这样的：某种鱼的数量在一个海域中相对健康，而在另一个海域中却低得令人担忧。但可以肯定的是，目前人们对少数几种广为人知的鱼类需求过大，这绝对是有害的。如果能把更多不同种类的海产品作为捕捞目标，那么情况就会得到改善。捕鱼方法的选择对生态系统也有直接的影响。如果采用一些严重影响生态环境的捕捞方法，比如拖网捕捞（在船后拖着一张大网），那么渔

有关法律已经规定了哪些渔具可以使用，哪些种的鱼可以捕捞，以及捕获物的规格尺寸。

民就会捕捞起大量他们并不想要的副渔获物，这些海洋生物被放回到水里的时候，即使没有死也是奄奄一息。桁拖网捕捞是一种破坏性更强的方式，其做法是将渔网系在桁杆或桁架上，沿着海底拖拽，这会翻起大量海洋中的动植物，对海洋环境造成巨大的破坏。绳钓被认为是一种更负责任的，正确的捕鱼方式。但应该指出的是，绳钓是多种捕捞方式的统称，其中的一些方式也会产生相当多的副渔获物。例如，延绳钓是将数百个带饵的鱼钩通过若干支线悬挂在一条主线上。人们现在已经知道这种捕鱼方式会夺去大量海龟和海鸟的生命，而且无法让尚未长大的幼鱼顺利逃脱。

采取了什么措施?

现在，这些捕捞问题已经得到了充分的认识，相关的法律法规也在逐步完善。许多国家制定了严格的捕鱼限额制度，以确保人们在沿海水域的捕捞行为是对生态负责的。这些"渔获量限额"详细规定了一定时间内某一物种可以捕获多少个体，

拖网捕虾的同时会捕捞起其他的海洋生物，因此请尽量购买有机养殖的虾。

> "限额制度确保人们在沿海水域的捕捞行为是对生态负责的。"

具体数目由对此进行过详细研究的官方学者提议。

规定最小捕捞尺寸有利于控制多种鱼类的"库存水平",如果捕获的海产品小于规定尺寸,就不能作为捕获物出售。惯例做法是把它们重新放回海洋中,但由于回到海洋中后存活的可能性极低,一些国家现在禁止了这种"抛弃"式的做法,以便更密切地监测副渔获物的具体数量,并根据具体情况采取行动。例如,如果副渔获物数量过多,可以实施封海禁渔。具体的最小捕捞尺寸可能每年都有变化,但基本宗旨是在一条鱼达到性成熟并繁殖下一代之前不能被捕捞上岸。为了避免渔民捕获还没长大的鱼,许多国家严格控制准许使用的网眼规格,以便只网住那些已经长大并成熟的鱼,而让幼鱼顺利逃脱。

现在全球有多家机构竭力支持这种做法。海洋管理委员会(Marine Stewardship Council,简称MSC)是一个负责认证可持续渔业的独立国际组织。任何认为自己在从事可持续渔业的人,都可以向该机构申请认证。目前,市场上共有5000多种贴上MSC认证标签的海产品。

另一个致力于促进可持续捕捞的国际组织是水产品选择联盟(Seafood Choices Alliance)。这一组织与整个行业的个人和组织——从渔民到零售商——携手,旨在确保一个环境上和经济上均可持续发展的未来。

快速增长的海鲜养殖业为市场供应了大量海鲜,这种方式原则上是可持续的。目前食用海产品的人工养殖比例已经达到了约45%。虽然商业养殖业至今只有几十年的历史,但在这短短几十年间,已经出现了一些严重的问题。比如,用于维持养殖产品健康的化学物质正在影响其他生物、破坏环境,而海产品的粪便和过剩的饲料也引起了污染问题。这些问题大部分已经得到了纠正,更严格的法律和法规也已出台。

使用大网眼的渔网可以避免捕获幼小的鱼,使这些鱼能够繁殖并维持种群数量。

> "目前人们对少数几种广为人知的鱼类需求过大,这绝对是有害的。"

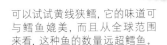

可以试试黄线狭鳕,它的味道可与鳕鱼媲美,而且从全球范围来看,这种鱼的数量远超鳕鱼。

养殖的贻贝以天然形成的浮游生物为食，因此它们是可持续的。

负责任的养殖户会密切监测他们的养殖场，以确保他们养殖的海鲜是健康的，同时养殖海鲜的网箱是干净和安全的。

> "从长远来看，养殖海鲜被认为是缓解野生海洋生物种群压力的最佳途径之一。"

虽然养殖海产品似乎毫无疑问地满足了可持续发展的要求，但如果研究这些海产品的食物链，问题就出现了。投喂给养殖鱼的鱼粉颗粒，是用较小的野生鱼制成的。如果捕捞这些野生鱼的方式是不可持续的，河流和海洋中的野生鱼的数量就会减少，那些以它们为食的大型野生鱼类就无法获得充足的食物。事实证明，在某些情况下，解决这一问题相当困难。但现在有责任心的养殖户越来越多。他们用贴有可持续标签的鱼粉喂鱼，有时甚至把鱼和"鱼食"放在一起养殖。人们会继续努力改善海产品养殖业，因为从长远来看，养殖海鲜被认为是缓解野生海洋生物种群压力的最佳途径之一。

我该买什么样的海产品？

作为一名顾客，你可以选择购买以负责任的方式捕捞的海产品，以表明你的态度。负责任的捕捞方式多种多样，包括手钓、用大目网捕捞（这种方式能让小鱼轻松逃脱）、人工采集和潜水捕捞甲壳类生物等。总而言之，能活捉目标的捕捞方式是最佳方式，因为如果鱼虾太小，就可以被轻松地放归大海。此外，这些捕捞方式对环境的破坏通常很小。

有很多办法可以查看有关可持续性的信息。其中之一是看包装，那些以可持续方式捕获海产品的大型零售商往往会在产品包装上明确标出。与此同时，任何经海洋管理委员会认证的可持续海产品都带有该组织的标识——一个蓝色的椭圆形，中间有一个白色的√。尽管并非所有坚持可持续捕捞的渔民和商家都已申请海洋管理委员会的认证，但这总算是一个良好的开端。

全球各地都有类似的标识系统。英国海洋保护协会（Marine Conservation Society，简称MCS）有一个广为人知、已经确立的"交通信号灯"标识系统，清楚地标明哪些是可持续的海产品、哪些不是。当然，没有一个标识系统是绝对可靠的。MCS通常会附上关于鱼的来源或捕获方式的说明，缺点是一些关于海产品的关键信息很可能在产品交付零售商时就不见了。

即便你从鱼贩或鱼市场购买的海产品不是预先包装好的，应该也有办法获取同样的信息。商家应该能够帮助你做出最好

的选择（见下文）。在衡量你的选择会对环境产生何种影响时，你也可以将碳排放量纳入考虑范畴。除非你住在海岸附近，否则不太可能买到当地的海鲜，因此我们都应该认真思考购买冷冻海产品而非新鲜海产品的好处。在许多情况下，冷冻海产品通常以陆运或海运方式运输，运输过程中所产生的碳排放量相对较少。而新鲜海产品可能需要长距离的空运。如果你想品尝到最佳的味道，可选择那些有"船冻"标识的鱼，这些鱼在被捕捞上来的几小时内便被冷冻处理了。

试着购买那些使用可持续的鱼粉喂养的养殖鱼。此外，还有一些对生态特别友好的养殖鱼值得购买，比如部分素食的罗非鱼。在贝类海鲜中，长在绳子上的贻贝是个不错的选择（见第353页）。

你在鱼贩或超市中的决定，有可能会影响商家捕捞和销售的海产品种类，以及渔民的捕捞方式。如果零售商了解到，人们想购买的海产品是以负责任的方式捕捞上来的，且需求是多种多样的，而非局限于那几个常见的品种，那么他们就会供应多种多样的可持续的海产品。如果人人都能从自己做起，抵制不可持续、不够环保的海产品，那么捕捞和消费可持续海产品的时代也许会提早到来。

你需要问的一些问题

你需要知道该向鱼贩问什么问题，这对支持可持续捕捞是至关重要的。

- 这条鱼是如何捕捞上来的，是在哪里捕捞上来的？
- 这条鱼是否携带卵子或精子（见第181页）？
- 这条鱼是养殖的吗？如果是的话，养殖场在哪里？养殖者是怎么养殖的？例如，他们使用可持续的鱼粉吗？
- 这条鱼是否经MCS等机构认证？

冷冻海产品通过水路运输的可能性更高，因而所产生的碳排放量相对较少。

罗非鱼是兼食动物，一部分食物源于植物，因此购买养殖罗非鱼是一个环保的选择。

一个好的鱼贩知道他的鱼来自哪里，并能够帮助你选择那些以负责任的方式捕捞上来的海产品。

食谱

精选食谱——鲑鱼

浇汁煮鲑鱼 (第224页)

丛林咖喱鲑鱼 (第154页)

鲑鱼饼 (第56页)

烤鲑鱼配蘑菇青菜 (第196页)

厚皮菜香草黄油烤鲑鱼 (第196页)

纸包鲑鱼 (第197页)

熏鲑鱼小黄瓜沙拉 (第74页)

熏鲑鱼脆皮酥盒 (第34页)

鲑鱼熟肉酱 (第37页)

更多食谱

- 熏鲑鱼意式培根脆面包片 (第30页)
- 腌鲑鱼 (第62页)
- 熏鲑鱼配芥末莳萝酱 (第62页)
- 鲑鱼沙拉配薄荷酸奶酱 (第75页)
- 鲑鱼威士忌浓汤 (第87页)
- 大虾鲑鱼派 (第117页)
- 鲑鱼千层酥 (第119页)
- 鲑鱼焗辣根羽衣甘蓝 (第126页)
- 脆煎鲑鱼配芫荽青酱 (第167页)
- 煎鲑鱼卷 (第167页)
- 欧芹青酱黄瓜烤鲑鱼 (第194页)
- 煮鲑鱼配莳萝黄油 (第224页)
- 牙买加式鲑鱼 (第246页)

鲑鱼烤饼 (第119页)

精选食谱——鳟鱼

熏鳟鱼慕斯 (第37页)

熏鳟鱼茴香马斯卡彭奶酪脆面包片 (第31页)

熏鳟鱼配甜菜根苹果莳萝调味酱 (第63页)

生菜蒸鳟鱼 (第229页)

橙子芥末糖浆烤鳟鱼 (第236页)

更多食谱

- 熏鳟鱼配腌黄瓜和薄荷酸奶 (第63页)
- 熏鳟鱼配意式培根沙拉 (第75页)
- 奶香熏鳟鱼汤 (第87页)
- 扁桃仁煎鳟鱼 (第172页)
- 嫩煎鳟鱼配榛子 (第174页)
- 蓝鳟鱼 (第220页)

精选食谱——金枪鱼

日式金枪鱼茄子串烧佐酱油汁 (第28页)

烤金枪鱼排配莎莎酱 (第246页)

更多食谱

- 薄切金枪鱼片 (第60页)
- 尼斯沙拉 (第73页)
- 金枪鱼什锦豆沙拉 (第78页)
- 意式金枪鱼烩饭 (103页)
- 烤洋葱金枪鱼笔管面 (第111页)
- 金枪鱼焗意面 (第127页)
- 香煎金枪鱼 (第170页)

腌甜辣金枪鱼排 (第242页)

香煎黑芝麻脆皮金枪鱼 (第170页)

精选食谱——虾

喀拉拉邦咖喱虾浓汤 (第93页)

小胡瓜虾球配刺山柑奶油 (第69页)

海陆风情意面 (第112页)

冬阴功汤 (第94页)

蒜香黄油煎大虾 (第183页)

沙茶酱烤大虾 (第240页)

虾仁秋葵浓汤 (第137页)

大虾芝麻吐司 (第35页)

辣椒大虾配芫荽青柠 (第67页)

精选食谱——扇贝

辣椒鲜姜煎扇贝配鳀鱼酱 (第179页)

扇贝培根 (第65页)

扇贝青酱脆面包片 (第31页)

法式奶油焗蘑菇扇贝 (第124页)

咖喱蒸扇贝 (第160页)

烤扇贝配意式火腿和青柠 (第45页)

扇贝意面 (第112页)

扇贝帕尔马火腿串 (第45页)

扇贝配甜辣酱 (第66页)

更多食谱

- 扇贝飞鱼子刺身 (第52页)
- 奶油扇贝浓汤 (第92页)

精选食谱——螃蟹

螃蟹枞果沙拉 (第76页)

填蟹盖 (第70页)

蟹球 (第57页)

柠檬螃蟹意面 (第111页)

螃蟹葡萄柚芫荽沙拉 (第76页)

蟹肉脆皮酥盒 (第34页)

泰式蟹饼 (第58页)

更多食谱

· 海苔米饭卷 (第48页)

· 咖喱粉炒螃蟹 (第146页)

· 黄咖喱炒蟹 (第147页)

· 香辣蟹 (第162页)

· 杧果咖喱螃蟹 (第163页)

23

精选食谱——贻贝

茴香鱼汤 (第92页)

法式白葡萄酒贻贝 (第40页)

海鲜意面 (第108页)

绿青鳕贻贝浓汤 (第86页)

椰浆叻沙面 (第157页)

贻贝辣椒姜汤 (第132页)

咖喱菠萝贻贝 (第150页)

更多食谱

- 穆卡拉式煮贻贝 (第90页)
- 奶油蔬菜炖鱼汤 (第98页)
- 贻贝球茎茴香汤 (第132页)
- 蒜香蛋黄贻贝羹 (第223页)

前菜和轻食

挪威海螯虾配柠檬蒜蓉蛋黄酱

极佳的夏季休闲小吃。制作时需要6根木扦子。

选用海鲜

挪威海螯虾，或斑节对虾、扇贝、鲛鳒鱼

- 准备时间：30分钟
- 烹饪时间：无
- 6串

材料

12只煮熟的挪威海螯虾

2个大杧果，去皮，切丁

制作蛋黄酱的材料

150毫升蛋黄酱

5汤匙鲜奶油

1瓣大蒜，捣碎

1个柠檬的柠檬皮碎屑，半个柠檬的柠檬汁

1汤匙切碎的扁叶欧芹，几枝欧芹，作装饰

盐和现磨黑胡椒

柠檬或青柠角，作装饰

1 剥去虾壳，挑去肠线（见第285页），将虾仁和杧果粒穿在扦子上，摆放在一个大盘子里。

2 把所有制作蛋黄酱的材料混合在一起，并依据个人喜好用盐和胡椒调味。把蛋黄酱舀到一个酱料碗中，放在虾仁杧果串中间。用欧芹装饰菜肴，把柠檬角放在周围。

预先准备

把除欧芹外制作蛋黄酱所用的全部的材料混合在一起。可加盖并冷藏保存1天，使大蒜的味道变得更浓。在上菜前放入欧芹。

更多美味做法

烤鲛鳒鱼配甜瓜

将一个中等大小的成熟甜瓜去皮并切成小块，把甜瓜和350克已烤熟并切成小块的鲛鳒鱼一起穿在扦子上。

龙虾配木瓜

用350克螯龙虾肉替代挪威海螯虾，用木瓜替代杧果。

烤扇贝配牛油果

烤24粒扇贝肉（见第306页），将扇贝肉和3个去皮、去核、切成小块的牛油果一起穿在扦子上。

日式金枪鱼茄子串烧佐酱油汁

用竹扦子穿上鱼肉，可以做成美味的开胃小菜或前菜。需要准备12根木扦子或竹扦子，提前在水中浸泡30分钟，可避免烤焦。

选用海鲜

金枪鱼，或剑鱼、鲯鳅、鲛鳒鱼

- 准备时间：40分钟，另加腌制时间
- 烤制时间：2分钟
- 12串

材料

1个大茄子，切成1厘米见方的块

350克金枪鱼排，切成2.5厘米见方的块

1汤匙植物油

紫苏叶或几枝芫荽，作装饰

制作腌料的材料

3汤匙老抽

1茶匙芝麻油

1汤匙糖

1茶匙柠檬汁

2茶匙味醂

1汤匙日本清酒（可选）

盐和现磨黑胡椒

1 把茄子放入微沸的水中。煮2分钟，捞出沥干，放凉备用。

2 把茄子和金枪鱼放到一个浅盘里。将腌料所需材料拌匀，浇在金枪鱼和茄子上。搅拌，加盖，腌制30分钟。

3 先把2块茄子穿在扦子上，而后穿1块金枪鱼，再穿2块茄子。用平底锅把腌料煮沸。

4 将煎锅预热至冒烟，刷油，把穿好的烤串放进去，烤2分钟，其间翻面一次，用腌料煨汁。锅中的食材会变成金黄色，并且泛着光泽。把剩下的腌料放在一个小碗里作为蘸汁。

5 把蘸汁、紫苏叶或芫荽叶摆放在盘子里，搭配日本啤酒或清酒食用。

更多美味做法

日式扇贝香菇串烧

用400克鲜香菇替代茄子，并跳过步骤1。用12粒大扇贝肉替代金枪鱼。

金枪鱼的理想搭配：

金枪鱼与日本酱油、芝麻、照烧酱、紫苏叶、米醋和山葵等日本风味食材搭配很协调，也适合搭配富有活力的地中海风味食材，如大蒜、番茄和橄榄。

熏鲑鱼意式培根脆面包片

本食谱用的是低脂鲜奶油，清淡可口，搭配味道浓郁的鱼肉很出彩。

选用海鲜

冷熏鲑鱼，或冷熏鳟鱼

- 准备时间：10分钟
- 烹饪时间：10分钟
- 12个

材料

12小片长法棍面包片或短法棍面包片

5汤匙橄榄油

6片意式培根

200克熏鲑鱼

200毫升鲜奶油

2汤匙整粒芥末籽酱

3汤匙刺山柑，洗净沥干，切碎

1茶匙柠檬皮碎屑

1茶匙柠檬汁

现磨黑胡椒

12根细香葱，剪成2.5厘米长的葱段，作装饰

1 将烤箱预热至200℃。在面包的两面都刷上橄榄油，放在烤盘上烤10分钟，或烤至面包变脆，取出放凉。

2 把烤炉调至最高挡预热。把意式培根烤至两面酥脆，用厨房纸吸去多余的油。

3 将熏鲑鱼切成2厘米宽的鱼片。

4 将鲜奶油和芥末籽酱、刺山柑、柠檬皮碎屑和柠檬汁混在一起。用黑胡椒调味。

5 将面包片放在餐盘里，把鲜奶油混合物逐一舀在面包片上，再在上面放鲑鱼、意式培根，撒上细香葱作为点缀。

预先准备

面包片至多可以提前2小时烤好。鲜奶油混合物可以提前24小时做好，密封冷藏。在上桌之前拼装好。

鳀鱼橄榄烤面包片

这道咸味的开胃小菜是餐前酒的理想搭配。

选用海鲜

鳀鱼，或熏鲭鱼

- 准备时间：10分钟
- 烹饪时间：10分钟
- 12个

材料

12片约2厘米厚的意式面包，如拖鞋面包

半瓣大蒜

特级初榨橄榄油

3~4汤匙瓶装番茄酱，或生番茄泥

盐和现磨黑胡椒

115克马苏里拉奶酪球，捞出沥干，切成12片薄片

1茶匙什锦干香草

6颗黑橄榄，去核，切片

60克瓶装或罐装油浸鳀鱼，沥干，纵向切成两半

1 将烤炉调至最高挡预热，将烤架放置在离热源10厘米的位置。把面包烤至两面金黄。用大蒜的切面涂抹面包的一面，再在同一面刷油。用同样的方法处理所有面包片。

2 在每一片面包上均匀地涂2茶匙番茄酱，用盐和黑胡椒调味。每片面包上放一片马苏里拉奶酪片，撒上香草，再撒上橄榄片、并将2片鳀鱼摆成十字形。

3 将意式烤面包片在烤架上再烘烤2~3分钟，或直至马苏里拉奶酪熔化并冒泡。趁热与冰镇的普罗塞克起泡酒或冰啤酒一起上桌。

预先准备

意式面包片至多可以提前2小时烤好。在食用前拼装好并烘烤。

扇贝青酱脆面包片

这道开胃小菜也可以作为时髦的头盘。

选用海鲜

扇贝，或斑节对虾，鲛鳒鱼、鸟蛤

· 准备时间：10分钟
· 烹饪时间：7分钟
· 12个

材料

12片约2厘米厚的意式面包片，如拖鞋面包

半瓣大蒜

3汤匙橄榄油

6个扇贝，去掉扇贝子和内脏

1汤匙柠檬汁

盐和现磨黑胡椒

瓶装青酱及番茄泥各2汤匙

12片罗勒叶，作装饰

1 将烤炉调至最高挡预热。把面包烤至两面金黄酥脆。用大蒜的切面涂抹面包的一面，再在同一面刷油。用同样的方法处理所有的面包片。静置备用。

2 在一个大平底锅里用中火加热剩余的油。倒入扇贝肉，洒上柠檬汁并用盐和胡椒调味。每面煎2分钟，直至煎熟同时肉质保持软嫩，保温备用。

3 将每一片脆面包的一半涂上青酱，另一半涂上番茄泥。

4 将每粒扇贝肉横着对半切开，在每片脆面包上放半粒扇贝肉。把黑胡椒磨碎，撒在上面，用罗勒叶装饰。立即上桌。

预先准备

脆面包片可以提前2小时做好。

熏鳟鱼茴香马斯卡彭奶酪脆面包片

球茎茴香能够为鳟鱼提味，并使菜肴口感更加独特。

选用海鲜

热熏鳟鱼，或熏鲭鱼、热熏鲑鱼

· 准备时间：25分钟
· 烹饪时间：15分钟
· 4人份

材料

30克扁桃仁片

2汤匙橄榄油

4片厚厚的脆皮酸面团面包

盐和现磨黑胡椒

1瓣大蒜

2条热熏鳟鱼，每条约300克

150克球茎茴香，择净，对半切开，切成薄片

120毫升马斯卡彭奶酪

半个柠檬的柠檬汁

几枝细叶芹，作装饰

1个柠檬，切成柠檬角，上菜时用

1 将烤箱预热至200℃。烤制前，把扁桃仁片放在一个干燥的小平底锅里，摊开。用中火烤几分钟，直至扁桃仁片呈金黄色，要经常翻动，防止烤焦。

2 把橄榄油倒在烤盘里，然后轻轻地把面包片全部浸入橄榄油中。用盐和黑胡椒调味。放入烤箱中烘烤12~15分钟，直至面包呈金黄色。取出面包片，用大蒜轻轻涂抹每片面包。涂好的面包应放在网架上保持松脆。

3 同时，去除鳟鱼的鱼皮和鱼骨，轻轻地把鱼肉切成入片的薄片。把鳟鱼、球茎茴香、马斯卡彭奶酪、扁桃仁和柠檬汁放在一个碗里。用黑胡椒调味，轻轻拌匀。

4 将鳟鱼混合物舀在脆面包上，用更多的黑胡椒调味，再用细叶芹点缀。配上柠檬角，立即上桌。

预先准备

可以提前2小时做好脆面包片和烤扁桃仁。在上桌前组合并装盘。

香煎银鱼

在某些地区，鲱鱼和沙丁鱼家族中的幼鱼被称为银鱼，所以不应该经常食用。如果你想品尝味道类似但更生态的菜肴，可以试试第68页的香草青鳕条。

选用海鲜

银鱼，或其他种类的小杂鱼

- 准备时间：15分钟
- 烹饪时间：20分钟
- 4人份

材料

葵花籽油，油炸用

50克面粉

1茶匙辣椒粉

1茶匙盐

450克银鱼

1个柠檬，切成柠檬角，上菜时用

1 在一个大平底锅或深油炸锅里把油加热至180℃（见第308页）。

2 同时，把面粉、辣椒粉和盐放在一个大碗里混合。

3 将银鱼放入调味面粉中，确保银鱼均匀裹上面粉，而后倒入筛网中，筛去多余的面粉。

4 将银鱼分批放入锅中煎炸2~3分钟，或直至呈金黄色。小批量煎炸可以防止它们粘在一起或变得湿乎乎的。用漏勺把银鱼从油里舀出来，用厨房纸吸去多余的油。立即上桌，搭配柠檬角、全麦面包和黄油。

醋渍鳀鱼

这是一道传统的西班牙菜，通常作为餐前冷盘。

选用海鲜

鳀鱼，或黍鲱

- 准备时间：35分钟，另加腌制时间
- 烹饪时间：无
- 4人份

材料

250克新鲜鳀鱼

2汤匙海盐

300毫升雪莉酒醋

4汤匙特级初榨橄榄油

1~2个柠檬的柠檬皮碎屑，依据个人喜好添加

几枝马郁兰或百里香

现磨黑胡椒

1 用手指擦去鳀鱼的鱼鳞，然后去除内脏和鱼骨。洗净并把水拍干。把鳀鱼平铺在一个浅盘子里，撒盐，然后倒醋。加盖，冷藏12~18小时。

2 沥干盐渍和醋渍，把鱼表面拍干，摆放在一个干净的餐盘中，淋上橄榄油，撒柠檬皮碎屑（如果你喜欢的话，也可以加一点柠檬汁）和马郁兰。用黑胡椒调味，摆盘时可搭配脆皮面包，为你的客人提供牙签，用来叉鳀鱼。

预先准备

鳀鱼必须提前至少12小时腌制。腌制完成后，只需将鱼身上的醋拍干，加入调味料即可上桌。

鳀鱼的理想搭配：

鳀鱼的独特风味可以与雪莉酒醋或白葡萄酒醋、红葱、牛至、鼠尾草、百里香、欧芹或果味橄榄油形成完美搭配。

蟹肉脆皮酥盒

微辣的蟹肉搭配酥香的脆皮。你需要一个直径5厘米的压花模具和一个12连迷你松饼模。

选用海鲜

白色蟹肉，或螯龙虾、挪威海螯虾

· 准备时间：10分钟
· 烹饪时间：12~14分钟
· 12个

材料

4大片白面包或全麦面包

1汤匙融化的黄油或橄榄油

制作馅料的材料

200克白色蟹肉

1厘米鲜姜，磨碎

1个青柠的青柠皮碎屑和青柠汁

3汤匙蛋黄酱

1汤匙切碎的芫荽叶

2根大葱，细细剁碎

盐和现磨黑胡椒

1个红辣椒，去籽、细细剁碎，作装饰

1 将烤箱预热至180℃（煤气烤箱4挡）。把面包皮去掉，用擀面杖把面包片压扁，刷上黄油或橄榄油。

2 用压花模具从每一片面包切出3小片。将切好的面包片压进松饼模里，刷黄油的一面朝下，烘烤12~14分钟，或烤至金黄酥脆。从松饼模中取出，放凉。

3 在一个碗里，把蟹肉、姜、青柠皮碎屑、青柠汁、蛋黄酱、芫荽和大葱混合，用盐和黑胡椒调味。

4 将混合物平均分装在脆皮酥盒里，并在每个酥盒里撒上红辣椒。1小时内上桌。

预先准备

脆皮酥盒至多能在密闭容器中保存1个月。馅料可以提前几个小时做好，然后冷藏，需要时再拿出来，即将上桌时再装入馅料。

熏鲑鱼脆皮酥盒

辣根给口腔带来强烈的冲击。

选用海鲜

熏鲑鱼，或熏鳟鱼
· 准备时间：10分钟，另加冷藏时间
· 烹饪时间：12~14分钟
· 12个

材料

120毫升鲜奶油

1汤匙奶油辣根酱

现磨黑胡椒

12个脆皮酥盒（参见本页"蟹肉脆皮酥盒"）

60克熏鲑鱼，切片

25克橙色圆鳍鱼子酱

25克黑色圆鳍鱼子酱

1 混合鲜奶油和奶油辣根酱。用黑胡椒调味，冷藏30分钟。

2 在每个脆皮酥盒中放入1茶匙鲜奶油和奶油辣根酱混合物、适量熏鲑鱼和2种鱼子酱。1小时内上桌。

预先准备

脆皮酥盒至多能在密闭容器中保存1个月。

更多美味做法

鲑鱼龙蒿奶油脆皮酥盒

混合120毫升鲜奶油、150克切碎的熏鲑鱼、2汤匙切碎的龙蒿、1汤匙柠檬皮碎屑和黑胡椒。将馅料冷藏30分钟，然后用勺子舀入每个脆皮酥盒中。

鳀鱼橄榄罗勒挞

鱼和绵密柔软的马苏里拉奶酪是绝配。你需要一个4连松饼模。

选用海鲜

橄榄油浸鳀鱼条

- **准备时间**：15分钟，另加冷藏时间
- **烹饪时间**：25~30分钟
- 4个

材料

油，用于涂抹松饼模内壁

面粉，撒在案板或台面上

1张擀好的千层酥皮（最好是黄油酥皮）

2个鸡蛋

175毫升稀奶油

2汤匙现磨帕玛森干酪粉

盐和现磨黑胡椒

4条橄榄油浸鳀鱼条，沥干

4个博康奇尼奶酪球（即迷你版的马苏里拉奶酪），撕开

8颗卡拉玛塔橄榄，去核

8个樱桃番茄，对半切开

4片新鲜的罗勒叶或4个罗勒小枝，另外再备一些上菜时用

1 将烤箱预热至200℃（煤气烤箱6挡）。在4连松饼模内壁涂油。

2 在撒了少许面粉的案板或台面上，把酥皮切成4份。将酥皮放入松饼模的每一格中，轻轻地将酥皮压实。冷藏1小时。

3 将鸡蛋、奶油和帕玛森干酪粉放入碗中，用盐和胡椒调味。拌匀。

4 将鳀鱼放入松饼模的每一格中，同时放入博康奇尼奶酪球、2颗橄榄和4瓣半个樱桃番茄。把鸡蛋混合物酱进每一格，再放入一片罗勒叶或一小枝罗勒。撒一点黑胡椒。

5 放入烤箱烘烤25~30分钟直至挞呈金黄色。趁热上桌，用新鲜的罗勒叶或罗勒小枝装饰。

大虾芝麻吐司

各种口味的组合，带来令人惊讶的极佳口感。

选用海鲜

斑节对虾

- **准备时间**：25分钟
- **烹饪时间**：5分钟
- 12个

材料

250克斑节对虾，剥去虾壳并粗切（见第285页）

2根大葱，粗切

1厘米见方的鲜姜，磨碎

1茶匙生抽

半茶匙糖

半茶匙芝麻油

1个小鸡蛋的蛋白，打散

现磨黑胡椒

3片白面包（大），切掉面包皮

2汤匙芝麻

植物油，用于煎制

芫荽叶，作装饰

1 把虾和大葱放入食物加工机中，研磨数秒使其变成糊状。倒入一个碗里，加入姜、生抽、糖、芝麻油和足够的蛋清搅拌。用黑胡椒调味。

2 把每片面包切成4块三角形，涂上厚厚一层虾糊。把芝麻均匀地撒在上面。

3 在一个大平底锅或深口油炸锅里把油加热至180℃（见第308页）。分批煎吐司，涂有虾糊的一面朝下，煎2分钟。小心地翻面，再煎2分钟，或直至吐司金黄酥脆。

4 用漏勺从油锅中捞起吐司，用厨房纸吸干多余的油。趁热上桌，用芫荽叶装饰。

熏鲭鱼酱

这道美食上桌后很快会被一扫而光。

选用海鲜

熏鲭鱼，或热熏鳟鱼

- **准备时间：**5分钟
- **烹饪时间：**无
- 4人份

材料

3~4片熏鲭鱼，去除鱼皮

300克奶油奶酪

1~2个柠檬的柠檬汁

现磨黑胡椒

1~2汤匙希腊酸奶

4薄片烤好的全麦面包

1个柠檬，切成柠檬角

1　把鲭鱼分成小块，用食物加工机打碎。

2　舀入奶油奶酪，再次搅打至顺滑。加入柠檬汁，每次加入少许，依据个人喜好添加。用大量的黑胡椒调味，再打碎一次。

3　倒入酸奶，搅拌至顺滑。将混合物舀入餐盘中或4个小焗碗中。搭配烤全麦面包和柠檬角上桌。

预先准备

提前1天做好，密封冷藏，食用前取出。

更多美味做法

香辣熏鲭鱼酱

加入少许辣椒粉。

淡熏鲭鱼酱

不要放酸奶，成品会略稀，且会少一点奶油味。

咸鳕鱼红甜椒蘸酱

一道非同一般、令人欲罢不能的辛辣前菜。

选用海鲜

咸鳕鱼，或咸青鳕

- **准备时间：**25分钟，另加浸泡时间
- **烤制时间：**1小时
- 12人份

材料

2个红甜椒

2瓣大蒜

1个小红洋葱，细细切碎

4汤匙橄榄油

盐和现磨黑胡椒

2汤匙细细切碎的西班牙洋葱

400克罐装切碎的李形番茄

500克咸鳕鱼，浸泡过夜

2汤匙细细剁碎的马郁兰

2汤匙细细剁碎的莳萝

1把罗勒叶，细细剁碎

1把扁叶欧芹，细细剁碎

1个柠檬的柠檬汁

1　把烤箱预热至200℃（煤气烤炉6挡）。削去红甜椒的顶端，去除籽和筋。把1瓣大蒜和半个切碎的红洋葱放入每个红甜椒内，然后把它们放在铺有烘焙纸的烤盘上。淋上1汤匙油，用盐和胡椒调味。烤1小时，放在一旁备用。

2　在一个大平底锅里用小火加热剩余的橄榄油。倒入西班牙洋葱，用文火翻炒5分钟左右直至洋葱变软。倒入番茄，用文火煮10分钟。用盐和胡椒调味，制成番茄酱汁。

3　剥去咸鳕鱼的皮，把鱼肉切成小块。把鳕鱼块倒入番茄酱汁中，再用文火煮10分钟。放在一旁冷却。

4　把红甜椒和番茄鳕鱼混合物一起放入食物加工机中，打成顺滑的菜泥。倒入上菜的碗里，用盐和胡椒调味。加入4种切碎的香草和柠檬汁搅拌均匀，即完成制作。可以搭配脆面包片一起享用。

预先准备

咸鳕鱼蘸酱至多可以提前2天制作，不要放入香草，密封冷藏，使味道更浓郁。上菜前加入香草搅拌均匀。

鲑鱼熟肉酱

这种源自法国的鱼酱，质地带有明显的颗粒感。

选用海鲜

热熏鲑鱼，或热熏鳟鱼

· 准备时间：15分钟
· 烹饪时间：无
· 4人份

材料

60克黄油，化软

250克热熏鲑鱼，去皮

4汤匙希腊酸奶

半个柠檬的果皮碎屑（刨至极细）和柠檬汁

2汤匙切碎的细香葱

50克罐装大马哈鱼子酱

1把西洋菜，作装饰

柠檬角，作装饰

1 将黄油放入碗中，用木勺搅拌至柔滑。将鲑鱼切成小块，放入碗中，用餐叉捣碎。

2 放入酸奶、柠檬皮碎屑和柠檬汁，搅拌均匀。

3 用勺子将混合物舀到盘子里或裸麦粗面包上作为开胃小菜，上面放上鱼子酱。用几枝西洋菜和柠檬角作装饰。

预先准备

熟肉酱至多可以提前24小时准备好，密封冷藏，或冷冻保存至多1个月。

熏鳟鱼慕斯

这道菜用辛辣的辣根和芳香的莳萝提味，并用酸奶中和味道。你需要一个蒸烤模具或一个长条面包模具。

选用海鲜

热熏鳟鱼，或熏鲭鱼、热熏鲑鱼

· 准备时间：20~25分钟，另加冷藏时间
· 烹饪时间：无
· 8~10人份

材料

2条热熏鳟鱼，总计约750克

1汤匙吉利丁粉

用于涂抹模具内壁的植物油

2个鸡蛋，煮熟，剁碎

一小把莳萝，叶子剁碎

3根大葱（小），切成薄片

120毫升蛋黄酱

120毫升原味酸奶

60克磨碎的新鲜辣根，或依据个人喜好添加

1个柠檬的柠檬汁

盐和现磨黑胡椒

175毫升浓奶油

1把西洋菜

1 先剥去鳟鱼的皮，然后将鱼肉从鱼骨上分离，轻轻切成薄片。

2 在一个小碗里倒入4汤匙冷水，将吉利丁粉均匀地撒进去，静置5分钟，使其充分吸收水分。在一个1.2升的蒸烤模具内壁刷一层油，或者在长条面包模具里覆盖保鲜膜。

3 把除奶油、西洋菜和吉利丁粉外的所有材料放在碗里搅拌。品尝，依口味添加调味品。

4 把奶油打至中性发泡。在一个小平底锅里用小火熔化吉利丁粉，将其加入鳟鱼混合物中，搅拌均匀。马上把奶油拌进去，用勺子将混合物的表面刮平。加盖或覆上保鲜膜，冷藏3~4小时，或直至食材凝固成形。

5 用刀绕着模具边缘划一圈。把模具底部浸入温水中数秒，然后在模具上方倒扣一个盘子，翻转，将慕斯脱模。放上几枝西洋菜。

预先准备

慕斯至多可以提前3天做好，密封冷藏。食用前先使其恢复到室温。

奶油鳕鱼酪

这道奶油咸鳕鱼在法国南部特别受欢迎。

选用海鲜

咸鳕鱼，或咸青鳕

- 准备时间：15~20分钟，另加浸泡时间
- 烹饪时间：15~20分钟
- 4人份

材料

450克咸鳕鱼

2瓣大蒜，碾碎

200毫升橄榄油

100毫升热牛奶

2汤匙切碎的扁叶欧芹

现磨黑胡椒

特级初榨橄榄油，用于淋在食材上

切成三角形的白面包片，用橄榄油中煎好，上菜时用

地中海黑橄榄，上菜时用

1 用一碗冷水将鱼浸泡24小时，中途换3~4次水。

2 将鳕鱼捞出沥干，放入一个大浅平底锅中，然后倒入没过鱼身的冷水，用文火慢炖。炖10分钟后把锅从火上移开，让鳕鱼在热水中再浸泡10分钟，然后捞出沥干。

3 去掉鱼皮和鱼骨，然后把鱼肉切片，放入碗中，加入大蒜捣成糊状。

4 把鱼糊放在平底锅里，用小火加热。少量多次加入足量的橄榄油和牛奶，制成浓稠的奶白色糊状物。趁热上桌，撒上欧芹、黑胡椒，并淋上特级初榨橄榄油，配上三角形面包片和橄榄。

预先准备

咸鳕鱼大蒜糊可以按照步骤1—3预先做好，密封冷藏1天，大蒜的味道会更浓。先将大蒜糊恢复到室温，再继续烹饪。

鳀鱼橄榄酱

这是一种味道浓郁的橄榄鳀鱼抹酱，在地中海沿岸各地广受欢迎。

选用海鲜

橄榄油浸鳀鱼一条

- 准备时间：15分钟
- 烹饪时间：无
- 4~6人份

材料

2大瓣大蒜

250克地中海黑橄榄，去核

1½汤匙刺山柑，沥干并冲洗干净

4条橄榄油浸鳀鱼条，沥干

1茶匙百里香叶

1茶匙切碎的迷迭香

2汤匙柠檬汁

2汤匙特级初榨橄榄油

1茶匙第戎芥末酱

现磨黑胡椒

12片法式长棍面包，烤好，上菜时用

1 将大蒜、橄榄、刺山柑、鳀鱼、百里香和迷迭香放入食物加工机或搅拌机中，搅拌至顺滑。

2 依据个人喜好加入柠檬汁、特级初榨橄榄油、芥末酱和黑胡椒，搅拌成浓稠的糊状。倒入一个碗中，密封冷藏，准备食用时取出。

3 回温至室温后，可搭配烤法式长棍面包片食用。与蔬菜沙拉或其他地中海前菜一起食用也不错，如希腊粽子。

预先准备

鳀鱼橄榄酱至多可以提前2天制作，密封冷藏，味道会变浓。上桌前先使其恢复室温。

咸鳕鱼的理想搭配：

咸鳕鱼浓烈的味道和大蒜、橙子、刺山柑、洋葱、欧芹，甚至椰子都很搭，在加勒比地区，人们就是这样搭配的。

希腊红鱼子泥沙拉

希腊语发音为Taramasalata，而"Tarama"是这道菜中使用的咸鱼子的土耳其语名。

选用海鲜

熏鳕鱼子，或乌鱼子

- 准备时间：15分钟，另加冷藏时间
- 烹饪时间：无
- 4~6人份

材料

250克熏鳕鱼子

1个柠檬的柠檬汁

60克新鲜的白面包糠，浸泡在3汤匙冷水中

75毫升特级初榨橄榄油

1个小洋葱，捣碎，用厨房纸拍干

红椒粉，用于撒在食材上

1　用一把锋利的刀把鱼子从中间切开，小心地剥去外皮。放入搅拌机，加入柠檬汁和浸泡过的面包糠，充分搅拌。

2　在搅拌过程中慢慢地加入油，让淋下的油形成一条稳定的细流，直到混合物的质地变得像蛋黄酱一样。

3　加入洋葱，用勺子将混合物舀到一个小盘子里。密封冷藏30分钟，撒上红椒粉即可上桌。

预先准备

希腊红鱼子泥沙拉至多可以按照步骤1—2提前2天准备好，密封冷藏。

法式白葡萄酒贻贝

这是一道经典的法国菜，用葡萄酒、大蒜和香草煮贻贝，菜名直译的意思是"渔家菜"。

选用海鲜

贻贝，或文蛤、硬壳蛤

- 准备时间：15~20分钟
- 烹饪时间：15分钟
- 4人份

材料

60克黄油

2个洋葱，细细切碎

3.6千克贻贝，处理干净（见第278页）

2瓣大蒜，拍碎

600毫升干白葡萄酒

4片月桂叶

2枝百里香

盐和现磨黑胡椒

2~4汤匙切碎的扁叶欧芹

1　在一个大而重的平底锅里加热熔化黄油，加入洋葱，用文火炒至洋葱变成金黄色。加入贻贝、大蒜、葡萄酒、月桂叶和百里香。依据个人喜好用盐和胡椒调味。盖上锅盖，煮沸，再煮5~6分钟，或煮至贻贝开口，其间不时晃动锅子。

2　用漏勺把贻贝捞出来，丢弃仍然闭合的贻贝。把贻贝盛到温热的碗里，加盖，保持温热。

3　把汤汁滤入一个平底锅中，煮沸。依据个人喜好用盐和胡椒调味后加入欧芹，将酱汁淋在贻贝上，立即上桌。

熏鳕鱼子的理想搭配：

这种美味的鱼子应原汁原味地享用，可以用大量优质的橄榄油、大蒜和柠檬汁来衬托它的味道。

洛克菲勒牡蛎

这道来自新奥尔良的传统午餐菜肴，也是一道极佳的前菜。

选用海鲜

牡蛎

- 准备时间：20分钟
- 烹饪时间：35分钟
- 4人份

材料

100克菠菜嫩叶

24个带壳的牡蛎

75克红葱，细细剁碎

1瓣大蒜，剁碎

4汤匙切碎的扁叶欧芹

115克黄油

50克面粉

2条橄榄油浸鳀鱼条，沥干并细细切碎

少许辣椒粉

盐和现磨黑胡椒

岩盐

3汤匙潘诺茴香酒

1　菠菜入锅，中火煮5分钟。沥干，挤出多余的水分，放在一旁备用。

2　丢弃已经开口的牡蛎。打开牡蛎壳（见第278页），保留其汁液，然后将牡蛎放回壳中。密封冷藏牡蛎及其汁液。

3　将菠菜切碎，与红葱、大蒜和欧芹混合。放在一旁备用。

4　在一个小平底锅里用中火熔化黄油。加入面粉，搅拌2分钟。慢慢加入牡蛎汁液搅拌至顺滑。加入菠菜、鳀鱼、辣椒粉、盐和黑胡椒搅拌。盖上锅盖，文火慢炖15分钟。

5　将烤箱预热至200℃（煤气烤箱6挡）。4个餐盘中逐一铺上一层厚厚的岩盐，然后放入烤箱中烘热。

6　打开锅盖，加入潘诺茴香酒搅拌。尝尝味道，酌情调整口味。把盘子从烤箱里拿出来，在每个盘子里放6只带壳的牡蛎逐一舀上酱汁，入炉烘烤5~10分钟，或直至酱汁凝固。立即上桌。

牡蛎配红葱醋汁

这是一道欧洲传统菜肴。将生牡蛎放在半个牡蛎壳中上桌的传统，可以追溯到古罗马时期。也可换用长牡蛎和欧洲牡蛎。

选用海鲜

牡蛎，或硬壳蛤、峨螺

- 准备时间：10分钟
- 烹饪时间：无
- 4人份

材料

24个带壳牡蛎

碎冰

4汤匙红葡萄酒醋

1个大红葱或2个小红葱，切得极碎

1　打开牡蛎壳（见第278页），注意不要倒出任何汁液。将牡蛎肉放在加了水的传统牡蛎盘里，盘子里加冰，或把牡蛎肉堆放在4个铺有大量碎冰的盘子中。

2　将醋和红葱混合，放入一个小容器里，将小容器放在牡蛎的中间或桌子的中央。立即上桌。

更多美味做法

牡蛎配柠檬和塔巴斯科辣酱

打开牡蛎壳，把牡蛎肉放在碎冰上，在旁边放上柠檬角和塔巴斯科辣酱。请客人按需添加酱汁，或品尝原味的牡蛎。

牡蛎的理想搭配

咸咸的、带有矿物质味道的生牡蛎最适合与口感刺激的红葡萄酒醋、塔巴斯科辣酱和柠檬汁搭配。煮熟的牡蛎与鳀鱼鱼露、黄油和焯水菠菜搭配也挺不错。

蚝油鲍鱼

鲍鱼价格昂贵，罐装鲍鱼和新鲜鲍鱼都能买到。鲍鱼在中国特别受欢迎。

选用海鲜

鲍鱼

- 准备时间：15分钟
- 烹饪时间：10分钟
- 4人份

材料

1只野生鲍鱼或2只养殖鲍鱼

2汤匙葵花籽油或花生油

1把大葱，切碎

1茶匙姜末

2汤匙蚝油

1汤匙老抽

少量糖

2茶匙玉米淀粉

1 鲍鱼去壳，保留汁液。清洗鲍鱼：抓住鲍鱼肉，让其内脏垂下来，用剪刀剪下并丢弃。把鲍鱼边缘的黑色物质刷掉。剪下并丢弃裙边和嘴。用木槌拍打鲍鱼，将鲍鱼肉拍松拍平。把鲍鱼肉切成薄片。

2 在一个大煎锅里热油，倒入葱和姜，用小火翻炒3~4分钟。加入鲍鱼翻炒至热透。

3 将蚝油、酱油、糖及5汤匙水拌匀。边搅拌边加入玉米淀粉和保留的鲍鱼汁。将酱汁加入鲍鱼中，中火搅拌至酱汁沸腾、变稠。如果你喜欢稀一点的酱汁，可以再加点水，然后上桌。

预先准备

将鲍鱼清洗干净并拍松后，很快就能做好这道菜。密封冷藏，至多可以保存1天。待半成品恢复室温后再加工。

更多美味做法

蚝油罐头鲍鱼

将一个340克的鲍鱼罐头中的汁液倒出，保留汁液。将鲍鱼切成薄片。按照上面的步骤，加入保留的鲍鱼汁，同时加入玉米淀粉。

白葡萄酒烩鲜蛤

在整个地中海地区都有这道菜，只是具体做法略有不同。

选用海鲜

蛤蜊，或贻贝

- 准备时间：10分钟，另加浸泡时间
- 烹饪时间：15分钟
- 4~6人份

材料

1千克蛤蜊，清洗干净

2汤匙橄榄油

1个洋葱，切丁

2瓣大蒜，剁得很碎

2片月桂叶

1茶匙新鲜百里香或少许干百里香

120毫升干白葡萄酒

1汤匙切碎的扁叶欧芹

1 将蛤蜊浸泡1小时，彻底清洗干净。丢弃已经开口或者外壳破损的蛤蜊。在一个耐热的珐琅锅里热油。加入洋葱和大蒜，翻炒4~5分钟，或直至食材呈半透明。

2 加入蛤蜊、月桂叶和百里香。充分搅拌，加盖，焖煮3~4分钟，或直至蛤蜊开口。丢弃仍然闭合的蛤蜊。

3 加入葡萄酒，再煮3~4分钟，把锅子晃动几次，让汤汁略微变稠。

4 撒上欧芹，直接将珐琅锅端上桌，搭配脆皮面包一起食用，面包可以蘸着汤汁吃。

烤扇贝配意式火腿和青柠

一道鲜美、精致的菜肴。

选用海鲜

扇贝丁，或鮟鱇鱼、斑节对虾

- **准备时间：** 10分钟
- **烹饪时间：** 5分钟
- 6人份

材料

18粒扇贝肉

30克融化的黄油

2瓣大蒜，剁碎

1个青柠的青柠汁和青柠角

1把切碎的香草，如罗勒、欧芹、香葱和芫荽，再准备一些上菜时用

盐和现磨黑胡椒

3片薄薄的意式火腿片，切成小条

1 将每一粒扇贝肉切下来，去掉不可食用的部分（内脏和鳃），然后把扇贝肉逐一放回扇贝壳上，或者放在一个耐热的盘子里。把烤炉调到最高挡预热。

2 将黄油、大蒜、青柠汁和香草拌匀，用勺子把混合物舀在扇贝肉上。

3 用盐和黑胡椒调味，撒上意式火腿。放在烤架上烤5分钟。立即上桌，配上青柠角和一些新鲜的香草，再配上温热的脆皮面包，以吸收美味的油汁。

扇贝帕尔马火腿串

香甜美味，是一道不错的派对前菜。

选用海鲜

扇贝，或鮟鱇鱼、虾

- **准备时间：** 10分钟
- **烹饪时间：** 5~8分钟
- 8人份

材料

8个扇贝，扇贝肉对半切开

1汤匙橄榄油

1个柠檬的柠檬汁

盐和现磨黑胡椒

8片帕尔马火腿，对半切开

1 将烤箱预热至190℃（煤气烤箱5挡）。将扇贝肉与油、柠檬混合，用盐和胡椒调味。

2 用帕尔马火腿卷好扇贝肉，然后穿在8根浸透水的短木扦子上。

3 把木扦子放在烤盘里，在烤箱里烤5~8分钟，直至火腿开始变脆。趁热上桌，可搭配野生芝麻菜沙拉食用。

更多美味做法

腌扇贝肉串

不要放火腿。将扇贝肉放入柠檬汁中腌30分钟。烤制5分钟。

具有可持续性的选择

了解一下

在选购鱼类时，有一个关键问题需要注意，即它们是如何从海洋中被捕捞上来的？捕捞作业大多会使用渔网。海洋渔业通常认为使用定置网捕鱼对生态环境最为友好，与其他类型的渔网不同，定置网几乎不会碰到海床，因此对鱼类生存环境造成的损害最小。重物固定网具，浮子提供浮力，从而形成了一个类似于网球网的结构。三重刺网是一种定置网 (如图所示)，由三层网构成。网目的尺寸可以根据特定的捕捞对象做出调整，以将副渔获物的数量减至最少。

腌鲭鱼握寿司

在身旁放一碗醋水，防止米饭粘在手上，但不要用太多水。

选用海鲜
鲭鱼

- 准备时间：20分钟
- 烹饪时间：无
- 20个

材料
⅙份寿司米饭（见第293页）

少许山葵糊

1片鲭鱼，腌制好并去骨（见第294页）

1 取少量寿司米饭，放在被水润湿的手中，轻轻地捏成圆润的长菱形。在上面抹上山葵糊。

2 把鲭鱼切成鱼条，放在山葵糊上，轻轻地与饭团压在一起。

预先准备
至多可以提前3小时将鱼腌制好，密封冷藏。在做握寿司前，先将鱼放到室温中回温。

更多美味做法

鲑鱼握寿司
将175克鲑鱼片切成条状。把米饭捏成上述形状，放上一点山葵糊和鲑鱼。切下窄窄的一条海苔，放在鲑鱼的中间位置，绕寿司一圈。可以做20个握寿司。

鲜虾握寿司
如上所示，将一半量的寿司米饭捏成上述形状，在上面抹上山葵糊。将8只斑节对虾从虾尾处切开，把虾摊平（见第295页），整齐地覆在饭团上。可以做8个握寿司。

鱿鱼握寿司
如上所示，将寿司米饭捏成上述形状，在上面抹上山葵糊。将10个鱿鱼筒切开摊平，并仔细地打上花刀，然后把每一个鱿鱼筒切成两半（见第282页）。在每个饭团上覆上半个鱿鱼筒。可以做20个握寿司。

王鱼握寿司
如上所示，将米饭捏成上述形状，在上面抹上山葵糊。选用175克王鱼（即大耳马鲛）鱼片，像处理鲭鱼一样处理好。可以做20个握寿司。

海苔米饭卷

制作加利福尼亚式的寿司卷时，你需要准备一个竹制寿司帘。

选用海鲜
白色蟹肉，或蟹肉棒

- 准备时间：5分钟
- 烹饪时间：无
- 16个

材料
少量米醋

4张海苔，对半切开

⅙份寿司米饭（见第293页）

少许山葵糊

半个牛油果，切成薄片

115克白色蟹肉，或4根蟹肉棒，纵向对半切开

1 在案板上放一张竹制寿司帘。取一碗温水，与醋混合。

2 把半张海苔放在寿司帘上，有光泽的一面朝下。用湿手取一小把米饭，平铺在海苔上，轻轻按压，留2.5厘米宽的边缘不铺米饭。不要在海苔上洒太多的水，否则海苔会变得又湿又硬。

3 如果只使用一种配料（比如"更多美味做法"中的熏鲑鱼），可以在寿司卷里多加点米饭。在米饭中间压出一个凹印，加上一点山葵糊，放上牛油果、蟹肉或蟹肉棒。

4 把寿司卷起来，边卷边按压在寿司帘，使寿司卷保持均匀。

5 切寿司卷时，用一把锋利而潮湿的刀，不要来回锯，而是把刀往你自己身体的方向拉。把寿司卷切成两半，然后再切成两半，把切好的寿司卷都立起来。在切的过程中不时把刀擦干净。

6 把切好的寿司卷放在一个大托盘上，可搭配酱油、寿司姜、腌白萝卜、山葵糊食用。

更多美味做法

熏鲑鱼海苔米饭卷
用115克熏鲑鱼代替蟹肉，并只需使用2张海苔。

飞鱼子黄瓜海苔米饭卷
只需使用2张海苔，先放去皮和去籽的黄瓜条，上面再放上飞鱼子或大马哈鱼子酱。

金枪鱼海苔米饭卷
只需使用2张海苔，卷入切成薄片的刺身级新鲜金枪鱼。

大耳马鲛的理想搭配：

大耳马鲛鲜甜、多肉，适合与山葵搭配。与辣椒、姜、罗望子等其他亚洲调味料搭配，做成咖喱菜也十分美味。

手卷寿司

这是一种非常棒的寿司做法，尽管有点欺骗的意味：你得让客人们自己卷寿司。

选用海鲜

金枪鱼、鲑鱼、笛鲷、小头油鲽、蟹肉棒、飞鱼子或大马哈鱼子酱

- **准备时间：** 15~20分钟
- **烹饪时间：** 5分钟
- 12~14个

材料

制作日式煎蛋皮的材料（可选）

3个鸡蛋

2个蛋黄

1圆茶匙玉米淀粉与2茶匙水混合

少量植物油

其他材料

半份寿司米饭（见第293页）

每人2张海苔，对半切开

馅料可以自行选择，如：每人1片刺身级的金枪鱼、鲑鱼、笛鲷、小头油鲽；每人2~3根蟹肉棒、1罐110克的罐装飞鱼子，或大马哈鱼子酱。

切成条状的蔬菜，如黄瓜、牛油果、四季豆、芦笋（均需择净，并在沸水中焯2~3分钟）

1 把鸡蛋、蛋黄和玉米淀粉放在一起拌匀。在一个大煎锅里刷上油，加热1分钟。倒入足够多的蛋液覆盖整个锅底，煎几秒，或直至蛋液凝固。翻过来煎另一面，然后把蛋皮滑入一个盘子中。继续煎剩下的蛋液，切成条，盛在一个盘子里。

2 把准备好的寿司米饭放在碗里，把其他材料放在一个大浅口盘里。

3 给你的客人上餐。给每位客人准备蘸料碗，倒入温水和醋。你可能需要示范如何拼装圆锥形寿司卷：一手拿一张海苔，在海苔中间放一点米饭。在米饭上压出一个凹印，然后放入你喜欢的馅料。把海苔的末端卷起来，形成一个圆锥形寿司卷。馅料从顶部露出来也没关系，这正是手卷寿司的美丽之处。

4 食用时佐山葵和日本酱油。

散寿司

这种寿司不需要卷起来，而且很容易做。可以盛在碗里，也可以盛在大盘子里。

选用海鲜

金枪鱼、鲑鱼、大耳马鲛、斑节对虾、鲭鱼或鱿鱼

- **准备时间：** 15分钟
- **烹饪时间：** 无
- 4人份

材料

半份寿司米饭（见第293页）

以下食材任选

切成丝的白萝卜

切成薄片的黄瓜

1片刺身级的金枪鱼肉，切成均匀的薄片

1片刺身级的鲑鱼肉，切成均匀的薄片

1片刺身级的大耳马鲛鱼肉，切成均匀的薄片

8~12只已处理干净并煮熟的斑节对虾（见第295页）

1片腌制好的鲭鱼肉，切成薄片（见第294页）

1个细鱿鱼筒，打上花刀并切片（见第282页）

1 将寿司米饭放入一个大浅盘里，或者分别放入4个碗里。

2 把蔬菜和鱼放在米饭上面，食用时可佐山葵和日本浓口酱油。

预先准备

至多可以提前3小时将虾加工烹饪好，放入冰箱冷藏。取出后，须恢复到室温后再进行后续步骤。

大马哈鱼子酱的理想搭配：

这种风味独特、味道浓郁的橙黄色鱼子，非常适合搭配寿司米饭、梅尔巴吐司、煮熟切碎的蛋白和切碎的洋葱。

扇贝飞鱼子刺身

刺身的精髓在于简单的形式、美丽的外观。此外，新鲜的扇贝也是这道菜的精华所在。

选用海鲜

扇贝，或鲛鳒鱼、金枪鱼、鲑鱼，以及飞鱼子

- 准备时间：15分钟
- 烹饪时间：无
- 4人份

材料

16个扇贝，去除扇贝子

2茶匙绿色或金色的飞鱼子

紫苏叶，摆盘用

日本酱油，上菜时用

寿司姜，上菜时用

山葵糊，上菜时用

1 将扇贝肉横向切成非常均匀的0.5厘米厚的薄片。将它们彼此交叠地摆放在一个盘子中。用勺子把飞鱼子舀在盘子的外沿。

2 用紫苏叶作装饰，将酱油、寿司姜和山葵糊分别装在小碗中，一同上桌即可，即可上桌。

更多美味做法

鲛鳒鱼、金枪鱼或鲑鱼搭配飞鱼子

用450克刺身级的鲛鳒鱼、金枪鱼或鲑鱼代替扇贝。

腌鲭鱼刺身沙拉

在春季和夏季，鲭鱼的肉质相当软嫩，腌制会使鱼肉变硬。

选用海鲜

鲭鱼，或金枪鱼、狐鲣

- 准备时间：30分钟
- 烹饪时间：无
- 4人份

材料

2条非常新鲜的鲭鱼（最好是刚死不久、处于尸僵状态），切片、腌制、剔除鱼刺（见第294页）

60克芝麻菜，洗净

2棵幼嫩的宝石生菜，洗净，撕成条状

一大把水芹，洗净

1把樱桃番茄，对半切开

半根小黄瓜，去皮并切成薄片

1个成熟的牛油果，切丁

2茶匙切碎的寿司姜

日本酱油，上菜时用

山葵糊，上菜时用

制作沙拉酱的材料

1汤匙液态蜂蜜

1茶匙味醂

1茶匙米醋

1汤匙芝麻油

2茶匙葵花籽油

1 将鲭鱼切成极薄的薄片，备用。

2 把做沙拉的材料放进一个大碗里拌匀。将做沙拉酱的材料放入另一个碗中，搅拌均匀，然后加入沙拉拌匀。

3 把沙拉堆放在一个大浅盘中，在上面摆上已经片好的鲭鱼。把酱油和山葵倒在小碗中，上桌时放在旁边。

预先准备

至多可以提前3小时腌鱼，密封冷藏。等鲭鱼恢复到室温后再与沙拉混合。

飞鱼子的理想搭配：

这种颗粒细密、口感弹牙的鱼子可以用墨鱼的墨汁染成黑色，也可以用芥末染成绿色。与刺身、荞麦薄饼和酸奶油搭配都很不错。

油煎调味鱼

这道经典的西班牙菜肴一般选用鲭鱼、狐鲣、金枪鱼、沙丁鱼，但肉质紧实的白身鱼与调味醋渍液搭配也很不错。

选用海鲜

任何一种白身鱼，如青鳕、罗非鱼、大西洋白姑鱼、笛鲷和海鲈

- **准备时间**：15~20分钟，另加腌制时间
- **烹饪时间**：15~20分钟
- 4人份

材料

450克白身鱼、剔除鱼骨并去皮

1茶匙面粉

海盐和现磨黑胡椒

4汤匙橄榄油

1茶匙红椒粉

2瓣大蒜，切片

1片月桂叶

2条橙皮

干百里香和干牛至各半汤匙

6粒胡椒籽

150毫升白葡萄酒醋

200毫升中白葡萄酒

1把芝麻菜，上菜时用

3个番茄，切成厚片，上菜时用

1个红洋葱，切片，上菜时用

12个黑橄榄，去核，上菜时用

1　把鱼切成5~6厘米的鱼段。把面粉倒入一个盘子里，用盐和黑胡椒充分调味。把鱼放在调味面粉里滚一滚，抖掉多余的面粉。

2　在煎锅里加热一半量的油，分批煎鱼，每面煎2~3分钟，或煎至表面呈金黄色。把煎好的鱼盛到一个深口盘中。

3　将剩余的油倒入锅中，加入红椒粉和大蒜，炒1分钟。把剩下的食材与150毫升水一起倒入锅中。小心操作，因为液体接触热锅会喷溅。煮沸后继续用文火慢炖3~4分钟。离火，放凉备用。

4　将调味醋渍液倒在鱼上，冷藏12小时，最好冷藏过夜。

5　将鱼从调味醋渍液中取出，盛在大浅盘中，撒入芝麻菜、番茄、洋葱和橄榄上桌。

预先准备

至少提前12小时准备好调味醋渍液，最好提前1天准备。

经典鸡尾酒虾

20世纪60年代，鸡尾酒虾会配上切碎的软叶生菜。本食谱选用的圆生菜的叶片不会迅速发蔫。

选用海鲜

虾，或斑节对虾、挪威海螯虾、鸟蛤

- **准备时间**：15分钟
- **烹饪时间**：无
- 4人份

材料

450克煮熟的虾

150毫升蛋黄酱 (或鲜奶油和蛋黄酱的混合物)

4汤匙番茄酸辣酱

1茶匙番茄泥

2~3茶匙伍斯特沙司

2~3茶匙奶油辣根酱

1汤匙白兰地

盐和现磨黑胡椒

少量塔巴斯科辣酱

柠檬汁，依据个人喜好添加

半棵小的圆生菜，切得很碎

半茶匙红椒粉

切成薄片的全麦面包，薄薄抹上少许黄油，上菜时用

1　留8只虾不剥壳，其余的虾去壳去肠线，丢弃虾壳 (见第285页) 。备用。

2　将蛋黄酱、番茄酸辣酱、番茄泥、伍斯特沙司、辣根酱和白兰地拌匀。依据个人口味，酌量加入塔巴斯科辣酱和柠檬汁调味。

3　将生菜均匀地分在4个大酒杯或玻璃碗中。

4　把剥壳去肠线的虾和蛋黄酱混合，堆放在生菜上面。撒上少许红椒粉。在每只酒杯里放2只未剥壳的虾，和全麦面包、黄油一同上桌。

更多美味做法

墨西哥式鸡尾酒虾

不要使用上述蛋黄酱调味，而用1汤匙番茄干酱、1汤匙切碎的芫荽、1个切成小块的牛油果、2汤匙玉米粒、1个青柠的青柠汁和塔巴斯科辣酱代替，拌入虾，如上述步骤所示上餐，用几枝芫荽作装饰。

青鳕的理想搭配：

紧实、多肉但味道略为清淡的青鳕与番茄、辣椒、普通培根、意式培根或罗勒搭配都不错。

鲑鱼饼

经典款鱼饼。如果有吃剩的熟鲑鱼，可以拿来做这道菜。

选用海鲜

鲑鱼，或鳟鱼、黑线鳕

- **准备时间**：15分钟
- **烹饪时间**：30分钟
- 4人份

材料

900克马铃薯，削皮、切块

1块黄油

900克鲑鱼片，剔除鱼刺、去皮

1把皱叶欧芹，细细剁碎

盐和现磨黑胡椒

面粉，用于撒在鱼饼上

植物油

塔塔酱，上菜时用

柠檬角，上菜时用

1 将马铃薯放入盐水中煮15分钟左右，或煮至马铃薯变软，捞出后和黄油一起捣成泥状，备用。

2 把鲑鱼放在一个大煎锅里，加水没过鱼肉。用水煮5~8分钟，取出鱼肉。用手把鱼肉撕碎。

3 轻轻地把鱼肉和马铃薯泥拌匀。加入欧芹，用盐和黑胡椒调味。每次取一小把混合物，滚成球状，然后压扁做成鱼饼。在每个鱼饼上都撒上面粉。

4 在煎锅里用中火加热少许油。将鱼饼的每一面煎5分钟。配上塔塔酱和柠檬角上桌。

预先准备

至多可以提前1天做好鱼饼，密封冷藏。煎制之前先使其恢复到室温。

更多美味做法

马里兰蟹饼

把1个柠檬的柠檬汁与1千克螃蟹的蟹肉、125克面包糠、切碎的欧芹和莳萝、4汤匙蛋黄酱、2个打散的鸡蛋、盐和黑胡椒拌匀，做成16个蟹饼。煎3~4分钟，配上甜玉米调味酱和柠檬角上桌。数量为8人份。

大虾春卷

中国人通常在立春之日吃春卷，以庆祝春天的到来，春卷因此而得名。

选用海鲜

虾，或白色蟹肉

- **准备时间**：25分钟
- **烹饪时间**：15分钟
- 12人份

材料

225克生虾，剥壳、去肠线、切碎（见第285页）

半个红甜椒，去籽并细细剁碎

115克蘑菇，切碎

4根大葱，切碎

115克豆芽

2厘米鲜姜，碾碎

1汤匙米醋

1汤匙老抽

植物油

225克熟鸡肉，切碎

1汤匙玉米淀粉

12张春卷皮

6片大白菜叶，对半切开

甜辣酱，上菜时用

1 在一个碗里，拌匀虾肉、红甜椒、蘑菇、大葱、豆芽、姜、醋和酱油。

2 在煎锅里热2汤匙油，倒入虾肉混合物，快炒3分钟。盛出冷却，然后倒入鸡肉拌匀。

3 在另一个小碗中拌匀玉米淀粉和4汤匙冷水。

4 把一张春卷皮铺在台面或案板上，把半片大白菜叶和1汤匙馅料放在上面。用玉米淀粉水刷一下春卷皮的边缘，把春卷皮卷起来，两端塞进去，再把用淀粉水刷过的春卷皮边压实。剩余的春卷皮和馅料也以同样的方法处理。

5 用热油把春卷煎至金黄色。用厨房纸吸干多余的油，与甜辣酱一起上桌。

预先准备

至多可以提前3小时做好虾肉馅料（在完全放凉后再拌入鸡肉），密封冷藏。在入锅煎之前把春卷包好。

熏黑线鳕香草鱼饼

香脆的鱼饼是一道美味的前菜，烟熏味和芥末是好搭档。

选用海鲜

熏黑线鳕，或熏鳕鱼

- **准备时间：** 10分钟，另加冷却时间
- **烹饪时间：** 约40分钟
- 6人份

材料

300克熏黑线鳕鱼肉，剔除鱼刺并去皮

140克马铃薯，去皮，切成大块

盐和现磨黑胡椒

1块黄油

半汤匙第戎芥末酱

3根大葱，细细剁碎

半个柠檬的柠檬皮碎屑和柠檬汁

30克切碎的扁叶欧芹

45克面粉

1个鸡蛋，打散

85克干面包糠

葵花籽油

1　把烤箱预热至190℃（煤气烤箱5挡）。把熏黑线鳕放在耐热的盘子里，放2~3汤匙水，用锡箔纸把鱼盖起来，烤15分钟，放凉后撕成小块。

2　将马铃薯放入盐水中煮15分钟左右，直至马铃薯变软。沥干后与黄油一起捣成泥状。

3　将马铃薯泥、芥末酱、大葱、柠檬皮碎屑、柠檬汁和欧芹放入一个大碗中，加入熏黑线鳕拌匀。依据个人口味调味。

4　将混合物分成12等份，并将每一份搓成球状再压扁。把面粉放在一个小盘子里，把鸡蛋放在另一个盘子里，把面包糠放在第3个盘子里。把每块鱼饼先放到面粉里滚一滚，然后蘸上蛋液，最后裹上面包糠。

5　将鱼饼放入少许油中，分批煎5~7分钟，翻面煎另一面，或直至表面酥脆金黄后翻面。用厨房纸吸干多余的油，趁热和一份简单的芝麻菜和西洋菜沙拉一起上桌，并准备好塔塔酱或蛋黄酱作为蘸料。

预先准备

可以提前几个小时准备，做到步骤3为止。冷藏至进一步加工前取出。

蟹球

这种泰式美味是泰式鱼饼（见第58页）的绝佳替代品。

选用海鲜

白色蟹肉

- **准备时间：** 10分钟
- **烹饪时间：** 15分钟
- 4人份

材料

350克新鲜的白色蟹肉，或罐装的白色蟹肉，沥干水分

1个红辣椒，去籽、粗切

2瓣大蒜，粗切

1把新鲜的芫荽

1个柠檬的柠檬皮碎屑和柠檬汁

1茶匙泰国鱼露

2个鸡蛋，打散

盐和现磨黑胡椒

125克新鲜面包糠

3汤匙植物油

老抽，上菜时用

甜辣酱，上菜时用

1　将蟹肉、辣椒、大蒜、芫荽、柠檬皮碎屑、柠檬汁和鱼露用食物加工机搅拌至糊状，再加入鸡蛋和大量的盐和黑胡椒，继续搅拌。

2　把混合物舀起来，揉成数个直径2.5厘米的小球。把面包糠倒在盘子里，把蟹球放进去滚动，直至蟹球裹满面包糠。

3　在煎锅里用中火加热少量的油。每次放入几个蟹球，分3批煎制，每批煎5分钟左右，直至蟹球全部变成金黄色。将小球在锅里翻动，使它们呈现均匀的金黄色，根据需要倒入更多的油。用厨房纸吸干多余的油。

4　趁热食用，可佐老抽和甜辣酱。

预先准备

至多可以提前4小时拌匀香辣蟹糊，密封冷藏。准备继续烹饪时再加入鸡蛋。

泰式鱼饼

这是一道辛辣、精致的前菜。

选用海鲜

虾，或鳕鱼、鮟鱇鱼

- **准备时间：** 15分钟
- **烹饪时间：** 15分钟
- 4人份

材料

300克煮熟的虾，剥去虾壳，去除肠线（见第285页）

3瓣大蒜

一小把新鲜的芫荽

2个很辣的红辣椒，去籽

少量泰国鱼露

少量老抽

一小把罗勒叶（最好是泰国罗勒）

2个青柠的青柠汁

1个鸡蛋

盐和现磨黑胡椒

3~4汤匙植物油或葵花籽油

甜辣酱，上菜时用

野生芝麻菜，上菜时用

1 把材料表中的前8种食材放入食物加工机中，打成糊状。再加入鸡蛋、足量的盐和黑胡椒，再次搅拌。

2 在煎锅里用中火加热少量的油。舀出1汤匙的混合物，然后小心地倒入锅中，按压至约2厘米厚。重复上述步骤，直至放满，每面煎1~2分钟，直至表面呈金黄色。煎制须分批完成，并根据需要添油。将鱼饼放在铺有厨房纸的盘子里。

3 趁热上桌，淋上一点甜辣酱，撒上野生芝麻菜。

预先准备

至多可以提前1天拌好鱼饼糊，密封冷藏。冷藏后味道会更浓郁。在继续后续步骤前，先使混合物恢复到室温。

泰式蟹饼

这是一道美味的前菜，也可以和米线一起做成一道主菜。

选用海鲜

白色蟹肉，或鲑鱼

- **准备时间：** 20分钟，另加冷藏时间
- **烹饪时间：** 5~10分钟
- 20个

材料

500克白色蟹肉

115克四季豆，择净，细细剁碎

1个青辣椒或红辣椒，去籽，切得极细

1汤匙香茅泥

1个青柠的极细青柠皮碎屑

1汤匙泰国鱼露

1汤匙细细剁碎的韭菜

1个鸡蛋的蛋白，略微打散

面粉，用于做蟹饼

植物油

青柠角，上菜时用

1 将蟹肉撕成小片，放到一个碗里，小心拣选蟹肉，挑出锋利的碎蟹壳。放入四季豆、尖椒、香茅泥、青柠皮、鱼露和韭菜。

2 加入蛋白，搅拌打匀。在手上撒上一些面粉，把混合物搓成20个小球。把它们轻轻压扁做成圆饼，放在盘子里或案板上，彼此略微分开一点，这样它们就不会粘在一起。冷藏1小时，或直至蟹饼变硬。

3 在一个大平底锅或深口油炸锅（见第308页）里把油加热到160℃。在蟹饼上撒面粉，分批油炸3分钟，或炸至蟹饼呈金黄色。将蟹饼放在铺有厨房纸的盘子里，与青柠角一起上桌。

预先准备

至多可以提前1天拌好蟹饼糊，密封冷藏，这样味道会更浓郁。在继续后续步骤前，先使其恢复到室温。

鳕鱼的理想搭配：

香甜多汁的鳕鱼可以搭配味道浓烈的莳萝、欧芹、柠檬、刺山柑和大蒜，也可以搭配味道较为温和的月桂叶和黄油。

薄切金枪鱼片

这道菜中使用的金枪鱼必须是最优质的，因为是生吃的。

选用海鲜

金枪鱼，或鲑鱼

- 准备时间：10~15分钟
- 烹饪时间：20分钟
- 4人份

材料

1枝百里香，叶片切碎

2茶匙细细磨碎的柠檬皮碎屑

5汤匙特级初榨橄榄油

5个夏洛特马铃薯，不要削皮

盐和现磨黑胡椒粉

4汤匙蛋黄酱

满满1汤匙小刺山柑，洗净

2汤匙橄榄油，用于油煎

400克刺身级的金枪鱼腰肉，切成8等分

1 拌匀百里香、柠檬皮碎屑和特级初榨橄榄油。

2 把马铃薯煮15分钟，或煮至马铃薯变软。沥水，待冷却后去皮。将马铃薯切成厚片，放入碗中。依据个人喜好加入盐和黑胡椒粉调味，并加入少许调味特级初榨橄榄油，与蛋黄酱拌匀。备用。

3 用厨房纸把刺山柑拍干，用橄榄油煎2分钟，或煎至酥脆，然后沥干油。

将每片金枪鱼放在2层保鲜膜之间，拍成薄片，然后去掉保鲜膜。撒上油煎过的刺山柑，依据个人喜好调味，并淋上剩余的调味特级初榨橄榄油，和马铃薯一起上桌。

酸橘汁腌海鲜

生鱼片经简单腌制后可以持久保鲜，还能提味。

选用海鲜

任何肉质紧实的鱼，比如庸鲽、大菱鲆、鲑鱼，或鮟鱇鱼

- 准备时间：20分钟，另加冷冻和腌制时间
- 烹饪时间：无
- 4人份

材料

450克非常新鲜、肉质紧实的鱼肉，剔除鱼刺并去皮

1个红洋葱切成薄片

2个柠檬或青柠的果汁

1汤匙橄榄油

½茶匙辣椒粉

1个辣椒，细细剁碎

盐和现磨黑胡椒

2汤匙细细剁碎的扁叶欧芹

1 用保鲜膜或锡箔纸把鱼裹好，并把它放在冰箱里冷冻1小时，使鱼肉变硬，这样更容易切片。用一把锋利的刀，将鱼肉片成极薄的薄片。

2 把洋葱片均匀地铺在一个非金属的浅盘子里。淋上柠檬汁和橄榄油，然后撒上辣椒粉和辣椒碎。

3 把鱼片放在洋葱上，轻轻翻动，使鱼片裹上腌料。加盖，放入冰箱腌制至少20分钟，最好腌制1小时以上。用盐和胡椒调味后撒上欧芹，搭配脆皮面包食用。

预先准备

至多可以提前2小时做好这道菜，密封冷藏。上桌前先使其恢复到室温。

庸鲽的理想搭配：

新鲜的庸鲽几乎可以生吃。需要先把庸鲽放在柑橘水中浸泡一会儿，这样能使鱼肉变嫩。将庸鲽搭配黄油、肉豆蔻、泡菜小黄瓜、刺山柑和柠檬汁非常美味。

腌鲑鱼

北欧最受欢迎的鲑鱼做法之一，吃厌了熏鲑鱼的话，可以用它来换换口味。

选用海鲜

鲑鱼，或鳟鱼、海鲈

- 准备时间：20分钟，另加腌制时间
- 烹饪时间：无
- 6~8人份

材料

2片鲑鱼，每片约重140克，带皮

3汤匙海盐

3汤匙糖

1汤匙大致捣碎的黑胡椒

3汤匙阿夸维特酒或伏特加酒

4汤匙切碎的莳萝叶，再准备一些莳萝枝上菜时用

1个柠檬，切成柠檬角，作装饰

制作芥末酱的材料

4汤匙第戎芥末酱

4汤匙葵花籽油

3汤匙糖

2汤匙白葡萄酒醋

1茶匙酸奶油

少许盐

1 在鲑鱼鱼身上划几刀，每刀深3毫米。将盐、糖和黑胡椒混合，制成调味盐。将¼的调味盐放入一个非金属盘子里。把一片鱼放在调味盐上，鱼皮朝下，淋上一半量的阿夸维特酒、¼份的调味盐和一半量的莳萝叶。

2 在第2片鱼的鱼肉上撒¼量的调味盐，鱼皮朝上放在第1片鱼肉上面。把剩下的调味盐抹在鱼皮上，淋上剩余的阿夸维特酒。用保鲜膜盖住，然后把一个大盘子压在上面，再放几个食品罐头增加重量。冷藏24小时，5~6小时后沥干汁液，5~6小时后再滤一次。把鲑鱼翻面，继续冷藏24小时，其间需要翻面2次。

3 制作芥末酱：制作芥末酱所需的全部材料放入食物搅拌机中，搅打均匀。密封保存，冷藏1小时。加入2汤匙切碎的莳萝。

4 上菜时，应刮去鲑鱼上的调味料。把鱼片放在案板上，鱼皮朝下，斜切成薄片，使鱼肉脱离鱼皮。配上芥末酱、柠檬角、莳萝上桌。适合搭配全麦面包或烤过的酸面团面包。

预先准备

必须提前2天腌制鲑鱼。

熏鲑鱼配芥末莳萝酱

和朋友一边聊天一边做，很快就能做好。

选用海鲜

熏鲑鱼，或非常新鲜的生鲑鱼、冷熏鳟鱼

- 准备时间：5分钟
- 烹饪时间：无
- 4人份

材料

350克优质的熏鲑鱼

1个柠檬的柠檬汁

半根黄瓜，细细剁碎

制作芥末莳萝酱的材料

90毫升特级初榨橄榄油

3汤匙白葡萄酒醋

1茶匙整粒芥末籽酱

1茶匙液态蜜

盐和现磨黑胡椒

1把新鲜莳萝，细细剁碎

1 把鲑鱼分别盛放在4个餐盘中，挤上柠檬汁。

2 把橄榄油、醋、芥末籽酱和蜂蜜放在一个小碗里，搅拌均匀，然后用盐和胡椒调味。撒入一半量的莳萝，再次搅拌。品尝并调味。

3 把黄瓜和剩下的莳萝拌匀，然后用勺子舀到盘子里。淋上少许芥末莳萝酱，可搭配全麦面包一起上桌。

预先准备

至多可以提前1~2小时准备芥末莳萝酱，密封冷藏。

熏鳟鱼配甜菜根苹果莳萝调味酱

搭配简单，但色彩亮眼，带有很棒的烟熏味和泥土味。

选用海鲜

热熏鳟鱼，或熏鲭鱼

· 准备时间：15分钟
· 烹饪时间：无
· 4人份

材料

3~4茶匙奶油辣根酱

半个红洋葱，切丁

1~2棵比利时菊苣，摘下叶片并洗净

2大片热熏鳟鱼，每片约225克，撕成小块鱼肉

适量橄榄油

半个柠檬的柠檬汁

盐和现磨黑胡椒

2~3个苹果

2个煮熟的甜菜根，切丁

1把新鲜的莳萝，细细剁碎

1 在一个小碗里将辣根酱和一半量的洋葱拌匀。静置备用。

2 把菊苣和鳟鱼放在一个餐盘里，淋上油和柠檬汁。撒上一小撮盐和一些黑胡椒。

3 苹果去皮、去核，切成适合一口吃下的小块。把甜菜根和莳萝放在另一个碗里，然后拌在一起。

4 上菜时，把甜菜根调味酱舀在菊苣和鱼肉上面。撒上剩余的洋葱，旁边摆上洋葱辣根酱，一起上桌。

熏鳟鱼配腌黄瓜和薄荷酸奶

牛油果、酸奶和鱼肉的清爽组合。

选用海鲜

热熏鳟鱼，或热熏鲑鱼、熏鲭鱼

· 准备时间：15分钟
· 烹饪时间：无
· 4人份

材料

1个牛油果，对半切开，去核去皮

1个柠檬的柠檬汁

2汤匙白葡萄酒醋

2茶匙精白砂糖

1个新鲜的红辣椒，去籽，细细剁碎

半根大黄瓜，去皮，竖着切成两半，去籽，切片

4汤匙希腊酸奶

1把薄荷叶，切碎

2大把混合沙拉蔬菜

12颗绿橄榄，去核

2片热熏鳟鱼，每片约200克，撕成小块鱼肉

盐和现磨黑胡椒

1 将牛油果纵向切片，撒上柠檬汁。备用。

2 腌制黄瓜时，将醋、糖和辣椒放入小碗中搅拌均匀。放入黄瓜片，轻轻搅拌。在另一个小碗里，搅拌酸奶和薄荷直至均匀。

3 把沙拉蔬菜和橄榄放入一个大沙拉碗，或者分别放入4个盘子。在上面放上鳟鱼肉和牛油果。用一小撮盐和黑胡椒调味。再用勺子舀一些腌黄瓜片，混合均匀。把剩下的黄瓜和薄荷酸奶放在旁边，一起上桌。

扇贝培根

普通培根、西班牙辣香肠、意式培根都是煎扇贝的好搭档。

选用海鲜

扇贝王，或斑节对虾、鮟鱇鱼鱼颊

- 准备时间：5~10分钟
- 烹饪时间：15分钟
- 4人份

材料

4片去皮烟熏五花培根，切小片

12个扇贝王

1汤匙切碎的扁叶欧芹

少许柠檬汁

盐和现磨黑胡椒

1把芝麻菜，上菜时用

1　烧热煎锅，放入培根。用中火煎制，直至培根变成棕色且略焦，盛入盘中备用。

2　将扇贝子取下备用。用煎培根熬出的油煎扇贝肉，每一面煎1~2分钟，或直至扇贝肉呈金黄色。不要一次在锅里放入太多扇贝肉，否则便无法煎出金黄色。煎好后盛到一个盘子中。

3　把火调小，煎扇贝子。扇贝子在滚烫的油里可能会爆裂。扇贝子变硬时就熟了。

4　把扇贝肉和培根放回锅里，加入欧芹和柠檬汁翻炒。用盐和黑胡椒调味，并配上芝麻菜上桌。

炸鱿鱼圈

一道诱人的地中海菜肴，可作为美味的前菜享用。

选用海鲜

鱿鱼，或墨鱼

- 准备时间：15分钟
- 烹饪时间：10~15分钟
- 4人份

材料

2个鸡蛋

2汤匙冰镇苏打水

150克面粉

1茶匙辣椒碎

1茶匙盐

500克小鱿鱼，去除内脏，洗净，切成1厘米宽的鱿鱼圈（见第282页）

250毫升植物油或葵花籽油

柠檬角

1　把鸡蛋打到碗里，加入苏打水，搅拌均匀。把面粉、辣椒碎和盐倒入盘子里，搅拌均匀。将鱿鱼圈浸入蛋液混合物中，然后放入面粉中，使鱿鱼圈表面均匀地裹上一层面粉。

2　在油炸锅里用大火热油，然后小心地放入鱿鱼，一次一个。锅里不要放得太满。分批煎2~3分钟，或直至鱿鱼圈呈金黄色。小心地用漏勺盛出鱿鱼圈，放在厨房纸上吸去多余的油。在炸剩下的鱿鱼圈时，注意将炸好的鱿鱼圈保温。配上柠檬角上桌。

巨海扇蛤的理想搭配：

巨海扇蛤（即扇贝王）的味道清甜，适合与培根、西班牙辣香肠、红甜椒、红洋葱和橄榄油搭配，也可以和亚洲风味的芝麻油、黑豆、大葱、姜和辣椒搭配。

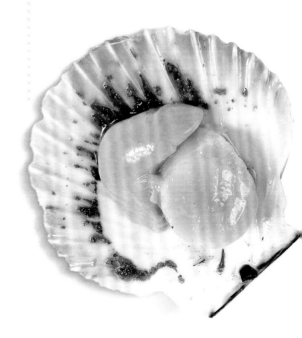

扇贝配甜辣酱

做甜辣酱太容易了。差不多和打开一个罐子一样快。

选用海鲜

扇贝王，或鮟鱇鱼、斑节对虾

- 准备时间：10分钟，另加腌制时间
- 烹饪时间：5分钟
- 4人份

材料

4瓣大蒜，碾碎

3个红辣椒，去籽并细细剁碎

3汤匙干型雪莉酒

1茶匙精白砂糖

2汤匙橄榄油，另备一些煎炸用

12个扇贝王，除去扇贝子

1 把大蒜、辣椒、雪莉酒和糖放入碗中搅拌，直至糖融化。加入油和扇贝肉，搅拌均匀，腌制30分钟以上。

2 用漏勺把扇贝肉盛到盘子里。保留腌料汁。用不粘煎锅热一点橄榄油，用大火煎扇贝肉，每面各煎1分钟。从锅中取出扇贝肉，将蘸料汁倒入锅中。用大火煮3分钟，然后倒在扇贝肉上。可搭配新鲜的蔬菜沙拉食用。

橄榄油红椒粉炒鱿鱼

如果你喜欢的话，可以用甜红椒粉或烟熏红椒粉代替辣红椒粉。

选用海鲜

鱿鱼，或墨鱼、章鱼仔、峨螺、玉黍螺

- 准备时间：5分钟
- 烹饪时间：5分钟
- 4人份

材料

450克鱿鱼，去除内脏（见第282页）

2汤匙橄榄油

2瓣大蒜，细细剁碎

盐

2茶匙辣红椒粉

1汤匙鲜榨柠檬汁

柠檬角，上菜时用

1 将鱿鱼洗净，将鱿鱼筒切成鱿鱼圈，每条腕足切成两半。

2 在煎锅里以中火热油，加入大蒜翻炒1分钟，把火调大，倒入鱿鱼。用大火翻炒3分钟，其间应勤翻动。

3 依据个人喜好用盐调味，然后加入红椒粉和柠檬汁。

4 盛到小餐盘中，配上柠檬角，立即上桌。这道菜肴搭配西班牙辣香肠、橄榄等其他西班牙餐前小吃时，风味尤佳。

犹太鱼丸

在传统的犹太食谱中，制作这种鱼丸的鱼肉糊会被塞进去骨的鲤鱼皮下。

选用海鲜

鲤鱼，或狗鱼、鳕鱼

- 准备时间：25分钟
- 烹饪时间：6~10分钟
- 4人份

材料

1千克鲤鱼肉，剔除鱼刺，去皮

1汤匙油

1个洋葱，细细切碎

2个鸡蛋

1茶匙糖

盐和现磨黑胡椒

60克中筋无酵饼粉

600毫升鱼高汤

甜菜根辣根调味酱，上菜时用

1 把鱼和油放入食物加工机中搅拌，直至鱼肉被打碎。倒入碗中。

2 把洋葱、鸡蛋、糖、盐、黑胡椒和无酵饼粉放入食物加工机，搅拌均匀。将混合物倒入鱼肉中，用手将其搅成糊状。

3 把鱼肉糊搓成小苹果大小的球状，放入冰箱冷藏，需要用时取出。

4 把高汤倒入大炖锅里煮至微滚。放入鱼丸，用文火煮6~10分钟，或煮至鱼丸变硬。搭配甜菜根辣根调味酱上桌。

预先准备

至多可以提前1天做好鱼丸，密封冷藏。在煮鱼丸之前，先使其恢复室温。

辣椒大虾配芫荽青柠

清爽的青柠和辛辣的辣椒带出了虾的甜味。

选用海鲜

虾，或扇贝

- 准备时间：15分钟
- 烹饪时间：无
- 4人份

材料

400克罐装棉豆，沥干，洗净

16只煮熟的虾，剥去虾壳、挑去肠线，保留虾尾（见第285页）

1把新鲜的芫荽，细细剁碎

1~2个红辣椒，去籽并细细剁碎

2把野生芝麻菜

1个青柠的青柠汁

盐和现磨黑胡椒

少许甜辣酱

1 如果想让豆子变软一点，可以把豆子放在碗里，倒入热水没过豆子。静置10分钟，沥干水分。

2 把虾放在一个大碗里。放入一半量的芫荽和所有辣椒，混合均匀。倒入豆子，再次拌匀。

3 把芝麻菜放在一个大碗里或分别放在4个盘子里。淋一点青柠汁，撒一小撮盐和一些黑胡椒。将剩余的青柠汁淋在虾上，搅拌、品尝并依个人喜好调味。

4 用勺子将虾等舀在芝麻菜上，然后淋上甜辣酱，并撒上剩余的芫荽，立即上桌。

香草青鳕条

这是为成年人准备的手指食物。

选用海鲜

青鳕，或任何白身鱼，如黑线鳕、鳕鱼、鲽鱼、小头油鲽或绿青鳕

- 准备时间：20分钟
- 烹饪时间：10~15分钟
- 4~6人份

材料

115克新鲜面包糠

1把扁叶欧芹，切碎，留下若干枝条，摆盘用

半茶匙烟熏红椒粉

盐和现磨黑胡椒

85克面粉

1个大鸡蛋

225克青鳕鱼肉，剔除鱼骨，去皮

葵花籽油

柠檬角，上菜时用

1 将面包糠、切碎的欧芹和烟熏红椒粉放入碗中，加盐和黑胡椒，依据个人喜好调味，拌匀。

2 把面粉放在一个碗里，用另一个碗打散鸡蛋，加入1汤匙水，将面包糠混合物倒入第3个碗中。

3 把鱼切成细条状。鱼肉上撒上面粉，然后蘸上蛋液，最后放入面包糠中，使其完全裹上面包糠。把它们放在盘子里冷藏保存，直至需用时取出。

4 在煎锅里倒入深度为2.5厘米的葵花籽油，等油滚烫、发出嘶嘶声后倒入鱼肉。将鱼的每一面炸1分钟，或直至鱼肉变脆，用厨房纸吸去多余的油。配上几枝欧芹和柠檬角装盘。鱼条和香草蛋黄酱是好搭档。

预先准备

至多可以提前1天准备好鱼肉条，密封冷藏。在炸鱼肉条前，先使其恢复到室温。或者把鱼肉条放在烤盘上，加盖冷冻，然后与烤盘一起放进一个可冷冻的塑料袋里，最多能冷冻保存1个月。

烤沙丁鱼配吐司

这是一种经典小吃的时髦版本，非常适合当夜宵吃，而且非常健康。

选用海鲜

沙丁鱼，或鲱鱼、黍鲱、小鲭鱼

- 准备时间：10分钟，另加腌制时间
- 烹饪时间：6分钟
- 4人份

材料

8条沙丁鱼，刮除鱼鳞，去除内脏，从鱼腹部开始剔除鱼骨（见第267页）或片成鱼片

4汤匙橄榄油

3瓣大蒜，切成薄片

1个新鲜的青辣椒，去籽、细细剁碎

1个柠檬的柠檬汁

1茶匙碾碎的小茴香籽

2汤匙细细剁碎的扁叶欧芹

盐和现磨黑胡椒

拖鞋面包，切片，烤好，上菜时用

1 在沙丁鱼表面刷上少许油，放入烤炉，用中等炉温烤3分钟，两面都要烤。取出，冷却。

2 与此同时，把除了沙丁鱼和面包外的所有材料倒入一个碗中拌匀。如果时间充裕的话，放入沙丁鱼腌制20分钟。

3 把腌好的沙丁鱼放在烤好的吐司上。

预先准备

至多可以提前1天按照步骤1—2加工，密封冷藏。在把鱼放在吐司上先使鱼上桌之前，先使其恢复到室温再继续加工。

更多美味做法

鳀鱼吐司

把2个长棍面包纵向对半切开，烘烤面包的两面。将2个番茄对半切开，用手把番茄籽和肉挤出来，涂在面包上。丢弃番茄皮。将50克沥干的橄榄油浸鳀鱼均匀摆放在面包上。将另外2个番茄切片，铺在鳀鱼上面，淋上特级初榨橄榄油，依个人喜好调味，撒上细细剁碎的红葱和欧芹，再取50克鳀鱼放在最上面，即可上桌。

椒盐大虾

酥脆，会令人欲罢不能!

选用海鲜

斑节对虾，或鱿鱼、扇贝

- 准备时间：10分钟
- 烹饪时间：10分钟
- 4人份

材料

2汤匙玉米淀粉

1汤匙海盐

1汤匙黑胡椒碎

16只生虾，剥去虾壳、挑去肠线 (见第285页)

4汤匙植物油

3个很辣的新鲜红辣椒，去籽并切成薄片

3瓣大蒜，碾碎或细细剁碎

6根大葱，切成5厘米长的葱段，再纵向切成两半

老抽，上菜时用

1 在一个碗里把玉米淀粉、盐和黑胡椒混合在一起。加入虾，搅拌均匀。备用。

2 取一个煎锅，用中火热1汤匙油。加入辣椒、大蒜和大葱，翻炒3~5分钟。离火，加盖锅盖，保温备用。

3 在另一个煎锅里用大火加热剩余的油。加入虾，轻轻翻炒3~5分钟，直至虾肉完全变成粉红色。

4 用漏勺把虾从锅里捞出来，分别盛在4个餐盘中。将辣椒和大葱的混合物浇在上面，再淋少许老抽，立即上桌。

小胡瓜虾球配刺山柑奶油

一道非常特别的前菜，会让你吃了还想吃!

选用海鲜

斑节对虾，或熏黑线鳕

- 准备时间：30分钟，另加腌制时间
- 烹饪时间：20分钟
- 6~8人份

材料

550克生虾，剥去虾壳、挑去肠线并细细剁碎 (见第285页)

250克小胡瓜，捣碎

1瓣大蒜，拍碎

2汤匙细细剁碎的扁叶欧芹

1个小柠檬的柠檬皮碎屑和柠檬汁

2个鸡蛋，打散

盐和现磨黑胡椒

250毫升酸奶油

1汤匙刺山柑，洗净切碎

1汤匙细细剁碎的新鲜莳萝

500毫升橄榄油

1 在一个碗里混合虾、小胡瓜、大蒜、欧芹、柠檬皮碎屑、柠檬汁和鸡蛋液。用盐和黑胡椒调味并用手拌匀。盖上一层保鲜膜，放入冰箱腌1小时。同时，把酸奶油、刺山柑和莳萝放在另一个碗中，用黑胡椒调味。搅拌，盖上保鲜膜，冷藏至需用时取出。

2 把油倒入一个又大又重的煎锅里，以中高火热油。把虾混合物搓成核桃大小的虾球。

3 油热之后轻轻地放入虾球。煎4~5分钟，或煎至虾球呈金黄色。不时搅动虾球，不要把锅挤得太满。如有需要，可分批煎虾球。煎好后用厨房纸吸干多余的油。

4 将小胡瓜虾球配上刺山柑奶油上桌。

预先准备

至多可以提前1天将虾球和刺山柑奶油做好。密封冷藏，使用前取出。

辣味番茄嫩煎小龙虾

淡水螯虾（即小龙虾）在美国广为人知，在南部各州尤其受欢迎。在这道菜中，克里奥尔调味料为清甜的虾肉增添了不少风味。

选用海鲜

淡水螯虾，或斑节对虾、鱿鱼、挪威海螯虾

- **准备时间：** 10分钟
- **烹饪时间：** 15~20分钟
- 4人份

材料

60克黄油

1个洋葱，细细剁碎

1瓣大蒜，碾碎或细细剁碎

1根胡萝卜，切丁

1汤匙奶油辣根酱

2汤匙整粒芥末籽酱

1茶匙英式芥末酱

½茶匙辣椒粉

1汤匙克里奥尔混合香辛料

400克罐装番茄，切碎

盐和现磨黑胡椒

2汤匙切碎的扁叶欧芹

5汤匙蛋黄酱

450克煮熟、剥壳、挑去肠线的淡水螯虾尾，拍干

1 在一个大平底锅里加热熔化黄油，倒入洋葱、大蒜和胡萝卜，用小火炒4~5分钟或直至洋葱变软。放入辣根酱、芥末及芥末籽酱、辣椒粉和克里奥尔香辛料。翻炒1分钟，然后加入番茄，煮沸后，文火慢炖7~8分钟，或直至番茄混合物变得浓稠。

2 将混合物调味，加入欧芹和蛋黄酱。拌入淡水螯虾，加热至滚烫。不要过度烹饪，否则虾肉会变硬。

3 把淡水螯虾堆放在碗里。如果希望增加饱腹感，可以搭配米饭。

预先准备

至多可以提前2天做好步骤1中的番茄混合物，密封冷藏，味道会变浓。需要用时再用文火加热至微滚。

填蟹盖

一道英国经典菜肴，非常适合在夏日食用。用活蟹做出的味道最佳，煮制方法参见第288—289页。

选用海鲜

螃蟹

- **准备时间：** 35~40分钟
- **烹饪时间：** 无
- 2人份

材料

1只棕蟹，1.3~2千克重，煮熟

少量油

2~3汤匙新鲜白面包糠

英国芥末粉，依据个人喜好添加

辣椒粉，依据个人喜好添加

伍斯特沙司，依据个人喜好添加

现磨黑胡椒，依据个人喜好添加

1个鸡蛋，煮熟

切碎的扁叶欧芹，作装饰

柠檬角，上菜时用

1 从螃蟹中取出棕色和白色的蟹肉，放在一旁备用。蟹嘴、螯胃和蟹鳃都必须丢弃（见第288—289页）。

2 把螃蟹壳洗干净，刷上一点油。把棕色的蟹肉和足量的面包糠混合在一起。加入芥末粉、辣椒粉、伍斯特沙司和黑胡椒调味。将白色蟹肉撕成小片，放入碗中，小心地挑出并丢弃残余的蟹壳。

3 把白色和棕色的蟹肉放回清洗干净的蟹壳里，堆放好，用煮熟并切碎的蛋白、煮熟并过筛的蛋黄和欧芹点缀。配上柠檬角上桌，可搭配面包食用。

预先准备

至多可以提前1天挑出蟹肉，把白蟹肉和棕蟹肉分别放在2个碗里，密封冷藏。

淡水螯虾的理想搭配：

配上辣椒粉或红椒粉，能使淡水螯虾更加鲜甜；适合和柠檬、大蒜、龙蒿、细香葱、莳萝，甚至亚洲风味的食材搭配，如香茅、酱油和辣椒等，则可享用更原汁原味的淡水螯虾。

泰式炸鱼丸

这道经典的泰国菜肴配有辣椒酱，与杧果沙拉或木瓜沙拉一起享用。

选用海鲜

笛鲷，或大西洋白姑鱼、鲻鱼

- 准备时间：15分钟
- 烹饪时间：20~25分钟
- 4人份

材料

1条大笛鲷，片出整片鱼肉，刮除鱼鳞

1茶匙油，另备一些用于煎鱼丸

2茶匙盐

75克烤花生，上菜时用

泰式辣椒酱或甜辣酱，上菜时用

制作杧果沙拉或木瓜沙拉的材料

2个青杧果或木瓜，切丝；如果是较熟的杧果或木瓜则切丁

1根胡萝卜，去皮，切丝

2根大葱，切成薄片

半根黄瓜，去皮，去籽，切丝

60克豆芽

制作沙拉酱的材料

1汤匙棕榈糖或红糖

1个大青柠的青柠皮碎屑和青柠汁

1瓣大蒜，碾碎或细细剁碎

1汤匙捣碎的鲜姜

少量泰国鱼露，依据个人喜好添加

1~2个鸟眼辣椒，细细剁碎，依据个人喜好添加

芫荽和薄荷各一大把，切碎

1 将烤箱预热至200℃（煤气烤箱6挡）。将1茶匙油和盐涂在鱼肉上，把整片鱼肉放在烤盘里，放入烤箱烤12~15分钟，直至鱼皮变脆。静置放凉。

2 把鱼放入食物加工机中，将鱼肉打碎。将鱼肉搓成高尔夫球大小的球。在一个大平底锅或深口油炸锅中，把用于煎鱼丸的油加热至180℃（见第308页）。

3 将鱼丸放入热油中，分批次炸约3分钟，直至鱼丸变黄变脆。把鱼丸盛在厨房纸上，吸干多余的油并保温。

4 在一个浅口碗中，轻轻搅拌所有制作沙拉的材料，直至拌匀。

5 将制作沙拉酱的材料拌匀，和花生一起拌入沙拉中。搭配泰式辣椒酱上桌，可依喜好配青柠角食用。

尼斯沙拉

这道著名的法国沙拉分量充足，可以作为一道足够2个人食用的主菜。

选用海鲜

金枪鱼，或剑鱼

- 准备时间：15分钟
- 烹饪时间：7~8分钟
- 4人份

材料

150克四季豆，摘净

4块金枪鱼排，每块约150克

150毫升特级初榨橄榄油，另备一些刷在鱼排上

盐和现磨黑胡椒

2茶匙第戎芥末酱

1瓣大蒜，拍碎

3汤匙白葡萄酒醋

半个柠檬的柠檬汁

8条橄榄油浸鳀鱼条，沥干

1个红洋葱，切成薄片

250克李形番茄，每个纵向切成4瓣

12颗黑橄榄

2棵长叶莴苣心，择净，切成小块

8~10片罗勒叶

4个鸡蛋，煮至全熟，每个切成4瓣

1 把四季豆放在平底锅里，用沸水慢慢煮3~4分钟，或直至变软。把四季豆沥干，迅速倒进一碗冰水里。

2 用中火预热条纹煎锅。将1~2汤匙橄榄油刷在金枪鱼排上，依据个人喜好调味。将鱼排每面大火快煎上色2分钟，鱼排中间的鱼肉应呈粉红色。备用。再次滤去四季豆的水。

3 同时，把芥末酱、大蒜、醋、柠檬汁和剩余的橄榄油拌在一起，依据个人喜好调味，制成调味汁。

4 把四季豆、鳀鱼条、洋葱、番茄、橄榄、长叶莴苣和罗勒放在一个大碗里。淋上调味汁，轻轻搅拌。

5 把沙拉分装在4个盘子里，再放入鸡蛋。每块金枪鱼排一切为二，摆放在最上面。

西大西洋笛鲷的理想搭配：

西大西洋笛鲷和芝麻油、酱油、姜、大蒜、芫荽、棕榈糖、泰国鱼露或越南鱼露等亚洲风味食材很搭。

熏鲑鱼小黄瓜沙拉

黄瓜片与熏鲑鱼的味道完美融合。

选用海鲜

熏鲑鱼，或冷熏鳟鱼

- 准备时间：10分钟
- 烹饪时间：无
- 6人份

材料

2根大黄瓜

盐和现磨黑胡椒

400克熏鲑鱼，切成长条

1个青柠，切成青柠角，作装饰（可选）

制作沙拉酱的材料

1瓣大蒜，碾碎或细细剁碎

1汤匙泰国鱼露

2汤匙花生油

60毫升白葡萄酒醋

1汤匙泰式甜辣酱

2汤匙切碎的芫荽叶

1 用蔬菜削皮器把黄瓜纵向削成缎带状薄片，去掉中间的芯和黄瓜籽，放在碗里。

2 把所需的材料放在一个罐子里摇匀，制成沙拉酱。在上桌前10分钟，把沙拉酱倒在黄瓜上，并依据个人喜好用盐和黑胡椒调味。上菜时，把黄瓜分别盛放在小餐盘中，然后把熏鲑鱼放在上面。撒上黑胡椒，并用青柠角（可选）点缀。

多层腌渍鲱鱼沙拉

为了方便起见，本菜谱中用的是从超市或熟食店中选购的已腌渍好的鲱鱼。

选用海鲜

腌渍鲱鱼，或腌渍鳀鱼

- 准备时间：15分钟，外加浸泡和冷藏时间
- 烹饪时间：无
- 6~10人份

材料

1个甜洋葱，切成薄片

250毫升酸奶油

120毫升原味酸奶

1汤匙新鲜柠檬汁

¼茶匙精白砂糖

2个苹果，去皮、去核并切成薄片

2根莳萝黄瓜泡菜，切片或切碎

盐和现磨黑胡椒

300克腌渍鲱鱼片，沥干

2个煮熟的马铃薯，切成小块（可选）

1个煮熟的甜菜根，切片（可选）

1汤匙切碎的莳萝，作装饰

1 将洋葱放入碗中，倒入冷水浸没洋葱，浸泡15分钟。捞出沥干，然后加入酸奶油、酸奶、柠檬汁和糖搅拌。拌入苹果和黄瓜泡菜，依据个人喜好用盐和黑胡椒调味制成酸奶油酱汁。

2 将一半量的鲱鱼放在一个餐盘中，上面放上马铃薯和甜菜根（可选）。将一半量的酸奶油酱汁淋在上面。把剩余的鲱鱼、马铃薯、甜菜根覆于其上，然后淋上剩余的酸奶油酱汁。

3 用保鲜膜密封，冷藏5小时以上。在上桌前撒上莳萝。可以搭配酸面包或裸麦粗面包享用。

预先准备

至多可以提前2天做好沙拉并冷藏，这样会使沙拉更美味。

熏鳟鱼配意式培根沙拉

极适合作为午餐菜品或前菜，略带苦味的蔬菜与熏鱼肉味道很搭。

选用海鲜

热熏鳟鱼，或热熏鲑鱼、熏鲭鱼

- **准备时间**：10分钟
- **烹饪时间**：5分钟
- 6人份

材料

350克热熏鳟鱼片

12薄片意式培根

2把西洋菜，洗净

2棵白菊苣，叶片洗净

140克菲达奶酪，切成小方块

5个小萝卜，切成薄片

2个红葱，切成薄片

制作沙拉酱的材料

1汤匙红葡萄酒醋

90毫升特级初榨橄榄油

1茶匙精白沙塘

半个柠檬的柠檬汁

1茶匙第戎芥末酱

盐和现磨黑胡椒

1 必要时可去除鳟鱼的皮，小心地剔除所有鱼刺。将煎锅加热，放入意式培根煎5分钟，或煎至培根变脆。

2 把所需的材料放在一个罐子里摇匀，制成沙拉酱。用盐和黑胡椒调味。把西洋菜和菊苣放在盘子里，撒上大片的鳟鱼片，然后放入意式培根、菲达奶酪、小萝卜和红葱。淋上沙拉酱即可上桌。

预先准备

至多可以提前1周制作沙拉酱，密封冷藏。食用前把沙拉酱搅拌均匀。

鲑鱼沙拉配薄荷酸奶酱

极其清新美妙的一道菜，也是最容易做的菜之一。

选用海鲜

鲑鱼，或鳟鱼、金枪鱼

- **准备时间**：15分钟
- **烹饪时间**：25分钟
- 4人份

材料

2汤匙红葡萄酒醋

2汤匙细细切碎的新鲜薄荷，另备一些薄荷叶，上菜时用

4汤匙希腊酸奶

盐和现磨黑胡椒

550克鲑鱼肉，剔除鱼刺、去皮

1把切碎的新鲜莳萝

1个柠檬，切片

1 将烤箱预热至200℃（煤气烤箱6挡）。

2 把醋、薄荷和酸奶放在一个碗中，用盐和黑胡椒调味，搅拌，备用。

3 把鲑鱼放在一大张锡箔纸上。撒上莳萝，在上面叠放几片柠檬。用盐和胡椒调味后，用锡箔纸松松地把鱼包起来。放在烤盘上，放入烤箱烤制20~25分钟，静置放凉。

4 把烤好的鲑鱼放在一个盘子中，淋上薄荷酸奶酱，撒上新鲜的薄荷叶，可以搭配黄瓜沙拉享用。

螃蟹葡萄柚芫荽沙拉

如果想把最后一步做得专业一些，须将每份蟹肉紧紧地压入一个小蛋糕模具里，然后再轻轻滑入餐盘中。

选用海鲜

白色蟹肉，或虾、鸟蛤

- **准备时间**：10分钟
- **烹饪时间**：无
- 4人份

材料

350克新鲜或罐装的白色蟹肉，沥干

1把嫩叶沙拉蔬菜

1把芫荽

2个粉红葡萄柚，去皮，切开，去除果髓

制作沙拉酱的材料

3汤匙特级初榨橄榄油

1汤匙白葡萄酒醋

少许糖

盐和现磨黑胡椒

1 把制作沙拉酱所需的材料放在一个罐子里用力摇匀，制成沙拉酱。

2 将蟹肉和少量沙拉酱混合。把沙拉蔬菜和一半量的芫荽叶分装在4个餐盘里，摆上切开的葡萄柚。

3 准备上桌时，在沙拉上淋上剩余的沙拉酱。把蟹肉成小份，整齐地叠在沙拉蔬菜上。撒上剩余的芫荽，立即上桌。

预先准备

至多可以提前1周将沙拉酱准备好，放在罐子里，并放入冰箱冷藏。食用前摇匀，使其再度乳化。

更多美味做法

香辣蟹西柚芫荽沙拉

在沙拉酱中加入少许辣椒碎或去籽、切碎的新鲜辣椒。

螃蟹杧果沙拉

这道沙拉杧果味浓郁，是一顿美味的夏日午餐。做这道菜的当天买螃蟹。

选用海鲜

螃蟹，或螯龙虾、挪威海螯虾

- **准备时间**：15分钟
- **烹饪时间**：无
- 4人份

材料

若干薄荷叶，粗切

1把芫荽叶，粗切

1把什锦沙拉蔬菜，比如芝麻菜、菠菜和西洋菜

1个红葱，细细切碎

350克新鲜蟹肉，白色蟹肉和棕色蟹肉分开

1个成熟的牛油果，纵向切片

制作沙拉酱的材料

1个成熟的杧果，粗切

半个青柠的青柠皮碎屑和青柠汁

3汤匙橄榄油

1 将杧果、青柠皮碎屑和青柠汁、橄榄油放在食物加工机中搅打至顺滑，制成沙拉酱。如果沙拉酱太稠，可添加一些水。

2 做沙拉时，把香草和沙拉蔬菜拌在一起。加入红葱，拌入少许沙拉酱。将沙拉分装在4个餐盘里，在每个盘子里各放一勺白色蟹肉和棕色蟹肉。上桌时配上牛油果片和剩余的沙拉酱，可搭配几片温热的苏打面包或全麦面包及黄油食用。

预先准备

至多可以提前3小时制作沙拉酱，密封冷藏。食用前充分搅拌。

大虾葡萄柚牛油果沙拉

这道菜足够简单，可以成为你的早午餐；但也够特别，足以用来款待和你共进晚餐的座上宾。

选用海鲜

斑节对虾，或螯龙虾、白色蟹肉、鱿鱼、扇贝

- 准备时间：15分钟
- 烹饪时间：无
- 6人份

材料

30只煮熟的斑节对虾，剥去虾壳、挑去肠线 (见第285页)

2个大的粉红葡萄柚，去皮，切开，去除海绵层

1把薄荷叶，撕碎

3个小萝卜，切成薄片

3根大葱，切成薄片

2个牛油果，去皮，切块或者切片

1把西洋菜

沙拉蔬菜

制作沙拉酱的材料

3汤匙泰国鱼露

3汤匙青柠汁

2汤匙精白砂糖

2汤匙橄榄油

1 把制作沙拉酱所需的材料放在一个罐子里用力摇匀，制成沙拉酱。

2 用厨房纸把虾拍干，然后加入一点沙拉酱拌匀。

3 把制作沙拉的其他材料放在一个大碗里，加入一点沙拉酱拌匀。将沙拉分装在6个餐盘中。把虾摆放在每个盘子最上面，淋上一些沙拉酱上桌。

预先准备

可以提前数天做好沙拉酱，冷藏保存。使用前摇匀，使其重新乳化。

越南木瓜烤虾沙拉

各种各样的清新风味的完美融合。

选用海鲜

虾，或鱿鱼、扇贝

- 准备时间：15分钟
- 烹饪时间：2~3分钟
- 4人份

材料

12只生虾，剥去虾壳、挑去肠线，去除头尾 (见第285页)

2汤匙植物油

1茶匙米醋

1茶匙糖

1个红辣椒，去籽，细细剁碎

2瓣大蒜，拍碎

2汤匙越南鱼露或泰国鱼露

1汤匙青柠汁

1汤匙切碎的薄荷 (最好是越南薄荷)，另备几枝薄荷，上菜时用

1个青木瓜，去籽，纵向切成4份，再切成薄片

半根黄瓜，去籽，切丝

1 把烤炉调至最高挡预热。把虾一只只摊开，放在铺了一层锡箔纸的烤架上，刷上油，烤2~3分钟，或直至虾变成粉红色。

2 同时，在一个碗中，将醋、糖、辣椒、大蒜、鱼露、青柠汁和75毫升冷水一起搅拌，直至糖溶解，制成沙拉酱。放入虾搅拌，使虾裹上沙拉酱。静置使其完全冷却。

3 加入薄荷、木瓜和黄瓜搅拌。将沙拉倒入一个大浅盘中，将虾和薄荷枝摆在最上面。

预先准备

可以提前几个小时完成步骤1—2。密封冷藏，在装盘前先使其恢复到室温。

金枪鱼什锦豆沙拉

这个经典菜谱中需要用到罐装金枪鱼。但如果你喜欢的话，也可以将新鲜的金枪鱼大火快煎至上色后搭配什锦豆。

选用海鲜

罐装金枪鱼，或罐装鲑鱼、罐装鲭鱼

- **准备时间：** 20分钟
- **烹饪时间：** 无
- 4人份

材料

2份110克的罐装水浸金枪鱼，沥干水分

1份400克的罐装什锦豆，沥干水分

1个红洋葱，细细切碎

4汤匙切碎的扁叶欧芹

1个红甜椒，去籽并切丁

盐和现磨黑胡椒

1瓣大蒜，对半切开

制作沙拉酱的材料

4汤匙特级初榨橄榄油

1汤匙柠檬汁

少许糖

1 把金枪鱼倒入碗里，用餐叉分割成大块。加入豆子搅拌。

2 加入洋葱、欧芹和红甜椒，用盐和胡椒充分调味。

3 搅拌橄榄油、柠檬汁和糖，制成沙拉酱。依据个人喜好调味。

4 用大蒜的切面摩擦一个大沙拉碗的内壁。将沙拉酱倒入金枪鱼和豆子的混合物中，搅拌均匀，堆放在碗里，搭配蒜蓉面包上桌。

预先准备

至多可以提前1天做好沙拉，密封冷藏，味道会变浓。食用前先使其恢复到室温。

鲱鱼马铃薯甜菜根沙拉

鲱鱼富含油脂和Omega-3，鲜鱼保质期很短，所以常常加以腌制。

选用海鲜

腌鲱鱼，或腌黍鲱、腌渍鳀鱼、熏鲭鱼

- **准备时间：** 15分钟
- **烹饪时间：** 15分钟
- 4人份

材料

450克沙拉专用马铃薯，刷洗干净

4棵大甜菜根，煮熟，去皮、切成小方块

4根大葱，切成薄片

450克盐腌鲱鱼或醋渍鲱鱼卷，切成5厘米长的段（见第297页）

几枝莳萝，上菜时用

制作沙拉酱的材料

150毫升蛋黄酱

1汤匙奶油辣根酱

柠檬汁，依据个人喜好添加

1~2茶匙德国芥末酱或第戎芥末酱

盐和现磨黑胡椒

1 将马铃薯放入沸水中煮15分钟左右，或直至马铃薯变软，沥干水分，切成厚片。放入碗中，加入甜菜根和大葱。

2 在另一个碗中，把蛋黄酱、辣根酱、柠檬汁和芥末酱拌匀。用盐和黑胡椒调味。加入马铃薯和甜菜根搅拌，使马铃薯和甜菜根均匀裹上沙拉酱。

3 将马铃薯沙拉分装在4个餐盘中，在最上面摆上鲱鱼和莳萝。

预先准备

可以提前做好马铃薯沙拉，密封冷藏1~2天。食用前先恢复到室温。

黍鲱的理想搭配：

这些银光闪闪的鱼与带有泥土气息的甜菜根、辛辣的白葡萄酒醋或红葡萄酒醋、芫荽或微辣的芫荽籽搭配都很棒。

鱿鱼薄荷莳萝沙拉

新鲜香草和烤鱿鱼联手带来美味的温沙拉。

选用海鲜

鱿鱼，或墨鱼

- 准备时间：20分钟，另加腌制时间
- 烹饪时间：5分钟
- 4人份

材料

1千克小鱿鱼，去除内脏并清洗干净

85克野苣或西洋菜

12枝薄荷

1个小红洋葱，切成薄片

盐和现磨黑胡椒

1个青柠的青柠汁

2汤匙剁碎的莳萝

4汤匙特级初榨橄榄油

制作腌料的材料

2汤匙剁碎的扁叶欧芹

1汤匙剁碎的薄荷

1瓣大蒜，拍碎

2茶匙芫荽粉

1茶匙小茴香粉

2茶匙红椒粉

4汤匙橄榄油

1 切下鱿鱼腕足，除去鸟嘴状的鱿鱼嘴。将鱿鱼筒纵向切成两半，在鱿鱼肉上打菱形花刀，把鱿鱼腕足切成小段。放在碗里。

2 将制作腌料的材料拌在一起，慢慢倒入橄榄油，使其形成糊状。将鱿鱼裹在腌料中。加盖，冷藏，腌制至少30分钟。

3 将野苣和薄荷、洋葱拌在一起，备用。

4 把烤炉调至最高挡预热。将鱿鱼摆放在铺了一层锡箔纸的烤架上，烤4~5分钟，其间翻一次面。依据个人喜好调味，洒上一点青柠汁。

5 把剩下的青柠汁、莳萝和特级初榨橄榄油倒入一个罐子中，调味拌匀。将沙拉酱舀在沙拉上，把鱿鱼摆在最上面，立即上桌。

龙虾西洋菜沙拉

一道非常特别的夏季沙拉，适合户外野餐。

选用海鲜

螯龙虾，或白色蟹肉、挪威海螯虾、斑节对虾

- 准备时间：20分钟
- 烹饪时间：无
- 4人份

材料

½个红洋葱，切成薄片

1茶匙红葡萄酒醋

4个煮熟的螯龙虾尾，对半切开

一大束西洋菜，摘除老茎

半个球茎茴香，切成很薄的薄片

8个油浸樱桃番茄干，剁碎

新鲜的香草，比如细叶芹、莳萝、细香葱，作装饰

制作沙拉酱的材料

1个鸡蛋

1个蛋黄

2茶匙第戎芥末酱

1个柠檬的柠檬皮碎屑和柠檬汁

400毫升葵花籽油

10克细叶芹或细香葱

盐和现磨黑胡椒

1 把鸡蛋、蛋黄、芥末酱、柠檬皮碎屑、柠檬汁放入搅拌机中，以低速搅拌，同时慢慢倒入油，加入细叶芹，依据个人喜好用盐和黑胡椒调味，制成沙拉酱。备用。

2 把红洋葱和醋放在一个碗中，静置10分钟。

3 从螯龙虾壳中挑出龙虾肉，尽可能使虾肉保持完整。

4 将西洋菜摆放在盘子里，撒上茴香、沥干的洋葱和番茄干。把龙虾肉放在最上面，淋上沙拉酱，并以香草点缀。

预先准备

至多可以提前1天做好沙拉酱，密封冷藏，但必须在食用前再加入香草，防止过早放入香草导致变色。

海鲜茴香沙拉配鳀鱼酱

这道脆甜的什锦海鲜沙拉，只需片刻工夫就
能做好。

选用海鲜

什锦海鲜，比如虾、贻贝或鱿鱼圈

- 准备时间：15分钟
- 烹饪时间：无
- 4人份

材料

1把新鲜的什锦脆叶沙拉蔬菜，比如长叶莴苣

1个球茎茴香，切成薄片

450克即食什锦海鲜，洗净并滤干

6条橄榄油浸鳀鱼条，沥干

1个青辣椒，去籽并细细剁碎

1把芫荽，粗切

柠檬角，上菜时用

米线，上菜时用

制作鳀鱼沙拉酱的材料

3汤匙特级初榨橄榄油

1汤匙白葡萄酒醋

6条橄榄油浸鳀鱼条，沥干并细细切碎

少许糖

1把扁叶欧芹，切碎

盐和现磨黑胡椒

1　制作鳀鱼酱：在一个罐子里，把油和醋拌在
一起。加入鳀鱼、糖和欧片，用盐和黑胡椒调
味后再搅拌。

2　在一个碗中倒入蔬菜、球茎茴香、海鲜、
鳀鱼、辣椒和芫荽。淋上调味汁，小心地拌
在一起。将食材堆放在一个浅口碗中，配上
柠檬角（用来挤汁）和一些米线。

预先准备

至多可以提前1天做好沙拉酱，密封冷藏。上
桌前加入欧芹。

脆鱿鱼沙拉

一道既经济实惠又亮眼的菜肴。

选用海鲜

鱿鱼，或墨鱼、章鱼仔

- 准备时间：15分钟，另加腌制时间
- 烹饪时间：3分钟
- 4人份

材料

300克小鱿鱼，去除内脏并洗净

7汤匙橄榄油

盐和现磨黑胡椒

2汤匙白葡萄酒醋

3瓣大蒜，拍碎

1茶匙红椒粉

1把扁叶欧芹，切碎

1　将鱿鱼切成小块，鱿鱼身切成圈状，同时
保留，刷上一点油，充分调味。

2　在煎锅里热1汤匙油，倒入鱿鱼，用中火
翻炒2~3分钟，或直至鱿鱼炒熟。关火，将鱿
鱼盛在上菜碗中。

3　把剩余的油和醋、大蒜、红椒粉、欧芹拌
在一起，用盐和黑胡椒调味，浇在鱿鱼上，
充分搅拌，腌制至少30分钟。配上新鲜的脆
皮面包和一份蔬菜沙拉上桌。

汤羹

新英格兰蛤蜊浓汤

蛤蜊必须在购买的当天烹饪。所以，在你找到大蛤蜊后，也应保证你的厨房中备齐了所有材料，如此方能做出这道精美的蛤蜊浓汤。

选用海鲜

蛤蜊，或贻贝

- 准备时间：25~30分钟
- 烹饪时间：35·40分钟
- 4人份

材料

80克蛤蜊，清洗干净

1汤匙油

115克厚切去皮五花培根，切丁

2个粉质马铃薯，如"爱德华国王"马铃薯，削皮并切块

1个洋葱，切碎

2汤匙纯面粉

600毫升全脂牛奶

盐和现磨黑胡椒

120毫升稀奶油

2汤匙切碎的扁叶欧芹，作装饰

1 丢弃所有已经开口的蛤蜊，然后打开其余蛤蜊的壳，保留其汁液（见第279页）。在汁液中加入足量的水，制成600毫升蛤蜊汁。把蛤蜊肉剁碎。在一个又大又重的平底锅里热油，然后用中火煎培根5分钟，或直至培根变脆。盛出培根。

2 倒入马铃薯和洋葱炒5分钟。加入面粉搅拌2分钟，然后加入蛤蜊汁和牛奶，用盐和胡椒调味。盖上锅盖，以文火慢炖20分钟，或直至马铃薯炖软。

3 倒入蛤蜊肉，不盖锅盖，用文火慢炖5分钟。拌入奶油继续煮，但不要将其煮沸。撒上培根和欧芹上桌，并配上沙丁鱼或奶油薄脆饼干。

更多美味做法

曼哈顿鳕鱼贻贝浓汤
用1千克贻贝取代蛤蜊，在加水前，先在贻贝汁液中添加250毫升干白葡萄酒。在倒入马铃薯时，添加2罐400克的罐装番茄、4瓣剁碎的大蒜和1~2汤匙番茄泥。只用一半量的面粉，用鱼高汤代替牛奶。在开始步骤3时，放入1千克切成大片的鳕鱼。不要放稀奶油。撒上百里香，配上全麦面包上桌。

阿布鲁佐鱼汤

这道非常简单、朴实的炖鱼带有典型的意大利中部风格，是那些在亚得里亚海捕捞海鲜的渔民发明的。

选用海鲜

各类新鲜鱼肉排，如：无须鳕、鲔鱼、海鲂、赤魟、欧洲鲈、贻贝或蛤蜊

- 准备时间：30~40分钟
- 烹饪时间：1小时
- 4人份

材料

700克白身鱼肉排，剔除鱼刺、去皮

5汤匙特级初榨橄榄油

2瓣大蒜，剁碎

半茶匙辣椒碎

8个番茄，去皮并切碎（见第112页）

2茶匙番茄泥

150毫升中白葡萄酒

海盐和现磨黑胡椒

340克贻贝，处理好（见第278页）

脆皮面包，上菜时用

制作高汤的材料

1汤匙橄榄油

1瓣大蒜，剁碎

1个洋葱，切成厚片

4~5个鱼头，去鳃，洗净

4汤匙白葡萄酒醋

1片月桂叶

1 将全部鱼肉切成3~5厘米长的段并冷藏。

2 制作高汤：在一个大平底锅中热油，倒入大蒜和洋葱，炒3~4分钟，然后放入鱼头，翻炒3~4分钟。加入白葡萄酒醋、月桂叶和水，水需浸没食材。煮沸后，把火调小，用文火慢炖25分钟。滤去杂质。

3 在另一个大平底锅中热油。放入大蒜和辣椒，炒1分钟。然后加入番茄和番茄泥。用中火加热，将番茄煮软。倒入葡萄酒，用文火慢炖3分钟。倒入1升高汤，煮沸，把火关小，用文火慢炖10分钟。用盐和胡椒调味。

4 将少许汤舀入一个大焙盘中，盛入海鲜和贻贝，浇上剩余的汤。用小火煮12~15分钟，或直至鱼肉煮熟、贻贝开口。配上脆皮面包上桌。

无须鳕的理想搭配：

廉价、多肉的无须鳕在西班牙很受欢迎，可以尝试与伊比利亚风味食材搭配，比如果味橄榄油、大蒜、西班牙辣香肠、腌火腿、烟熏红椒粉。

龙虾白兰地浓汤

一道奢华的美食，暖身的白兰地恰到好处地衬托出螯龙虾肉的鲜甜。

选用海鲜

螯龙虾，或白色蟹肉

- **准备时间**：20分钟
- **烹饪时间**：1小时
- **4人份**

材料

1只小的煮熟的螯龙虾

150毫升干白葡萄酒

1片月桂叶

1块无盐黄油

2个红葱，切碎

4汤匙白兰地

1个大番茄，去皮切丁（见第112页）

2茶匙鳀鱼鱼露

4个大的新马铃薯，削皮切丁

8根玉米笋，切小段

盐和现磨黑胡椒

60克荷兰豆，切段

5汤匙稀奶油

4片柠檬（厚），上菜时用

4枝欧芹，上菜时用

1 挑出龙虾肉（见第291页）。把龙虾壳大致剁几下，与龙虾螯和龙虾腿一起放进平底锅里。倒入850毫升水、白葡萄酒和月桂叶。煮沸，转小火，盖上锅盖，文火慢炖30分钟。滤去杂质，保留高汤。

2 取一个大平底锅，用小火熔化黄油。放入红葱，翻炒1分钟。倒入白兰地，点燃，摇晃锅子直到火焰变小。放入番茄、鳀鱼露、马铃薯和玉米笋。倒入高汤，用盐和胡椒调味，煮沸。转小火，盖上锅盖，文火慢炖20分钟。

3 同时，在沸水中焯荷兰豆2分钟，沥干水分，将荷兰豆与龙虾肉和奶油一起倒入汤中。品尝并再次用盐和胡椒调味。加热汤，但不要煮沸。以柠檬片、欧芹作装饰，可以搭配坚果黑麦面包和黄油食用。

预先准备

至多可以提前1天按照步骤1—2做好汤底，然后冷却，密封冷藏。恢复到室温后再继续烹饪。

绿青鳕贻贝浓汤

浓汤中满是大块的绿青鳕，而贻贝增添了色泽、丰富了口味。在寒冷的季节，这是一道非常不错的令人感到温暖的菜。

选用海鲜

绿青鳕，或鳕鱼、青鳕；贻贝，或蛤蜊

- **准备时间**：45~50分钟
- **烹饪时间**：60分钟
- **8人份**

材料

3个马铃薯，总共约500克

1千克绿青鳕鱼肉，剔除鱼刺、去皮

1.5升鱼高汤

2片月桂叶

125毫升中白葡萄酒

175克五花培根，切丁

2个洋葱，切碎

2枝芹菜茎，切碎

1根胡萝卜，切碎

2茶匙干百里香

60克面粉

1千克贻贝，处理好（见第278页）

250毫升高脂奶油

盐和现磨黑胡椒

5~7枝莳萝，叶片切碎，上菜时用

1 马铃薯削皮，切成1厘米见方的小方块；绿青鳕切成2.5厘米见方的小方块。

2 把高汤和月桂叶放入一个大平底锅中，倒入酒。煮沸后用文火慢炖10分钟。

3 将培根放入另一个大炖锅中，中火翻炒至变脆。加入洋葱、芹菜、胡萝卜和百里香。翻炒至蔬菜变软，撒上面粉，煮1分钟。倒入月桂叶高汤煮沸，搅拌至汤汁浓稠。倒入马铃薯，文火慢炖40分钟左右，直至马铃薯完全变软。

4 直接在锅里将部分马铃薯压碎，保留一些马铃薯块。倒入贻贝，文火慢炖1~2分钟，然后再倒入绿青鳕，继续炖2~3分钟。倒入奶油，用盐和胡椒调味，煮沸。

5 丢弃所有没有开口的贻贝。把汤舀在温热的碗中，洒上莳萝。

奶香熏鳟鱼汤

这道暖心又暖胃的汤羹是用油面糊作为汤底做成的，所以应使用优质的高汤，使这道汤成为真正的美味。

选用海鲜

热熏鳟鱼，或热熏鲑鱼、熏鲭鱼

- 准备时间：15分钟
- 烹饪时间：10分钟
- 6人份

材料

50克黄油

35克面粉

750毫升热蔬菜高汤或鱼高汤

250毫升打发的淡奶油

4汤匙中白葡萄酒

2~3茶匙伍斯特沙司

盐和现磨黑胡椒

几滴柠檬汁

375克热熏鳟鱼，去皮，切成薄片

2汤匙切碎的欧芹，上菜时用

1 在锅中以小火熔化黄油，拌入面粉，搅拌至顺滑。煮2~3分钟，不断搅拌。慢慢拌入热高汤，确保不出现结块。煮沸后不盖锅盖，用文火继续煮约3分钟，不断搅拌。

2 依据个人喜好加入奶油、葡萄酒、伍斯特沙司、盐、黑胡椒和柠檬汁，再次煮沸。

3 加入鱼片，热透后撒上欧芹装盘。

预先准备

至多可以提前2天按照步骤1—2制作汤底，冷却并密封冷藏。在继续烹饪前先使其恢复到室温。

鲑鱼威士忌浓汤

如果你希望做出来的汤较为浓稠，可以将1汤匙玉米淀粉和威士忌调匀后拌入汤中。

选用海鲜

鲑鱼，或鳟鱼

- 准备时间：20分钟
- 烹饪时间：40分钟
- 4~5人份

材料

1个洋葱，切碎

1根韭葱，切片

15克黄油

1个大的蜡质马铃薯，削皮切丁

300克鲑鱼，剔除鱼刺、去皮，切成小块

60克新鲜或冷冻甜玉米

60克新鲜或冷冻豌豆（可选）

600毫升鱼高汤或鸡高汤

150毫升干白葡萄酒

1片月桂叶

1个大番茄，去皮去籽，切成小块（见第112页）

盐和现磨黑胡椒

2汤匙威士忌

4汤匙浓奶油

一些剁碎的欧芹，上菜时用

1 用黄油炒洋葱和韭葱，翻炒约5分钟，或直至蔬菜变软，但尚未变成焦黄色。加入除了威士忌、奶油、欧芹之外的材料。煮沸，转小火，虚掩锅盖，文火慢炖30分钟，直至马铃薯变软。

2 取出月桂叶。拌入威士忌和奶油，文火慢炖1分钟。如有必要，品尝并再次用盐和胡椒调味。舀入温热的碗中并撒上欧芹。

具有可持续性的选择

购买本地的海产品

购买本地的海产品，既能支持地方经济发展，也能支持本地的小型独立渔业。本地的渔船往往是由负责任的渔民运营的，因为他们需要维持本地鱼类资源，以长远地保证自己的生计。规模较小的本地渔船也能进行高质量的捕捞，渔民们出海的时间相对较少（2~10小时），而且他们会很快将捕捞上来的海产品冰镇保鲜。此外，购买本地海产品，可以缩短海产品运输距离，而现在许多新鲜的海产品被空运到很远的地方。如果你选购本地的海产品，则更容易弄清海产品是在哪里捕捞的，以及是如何被捕捞的。

穆卡拉式煮贻贝

一道来自法国大西洋海岸的鲜美靓汤，味道浓郁，令人唇齿留香。

选用海鲜

贻贝，或蛤蜊

- **准备时间**：20分钟
- **烹饪时间**：30分钟
- 4人份

材料

1.5千克小贻贝，处理干净（见第278页）

45克黄油

1个大的香蕉红葱，切碎

360毫升干白葡萄酒

几枝扁叶欧芹

¼个小的球茎茴香，粗切

1片月桂叶

海盐和现磨黑胡椒

少许辣椒粉

1个大蛋黄

5汤匙酸奶油或鲜奶油

1个大蒜瓣（大），拍碎

半茶匙中辣红椒粉或1茶匙淡味咖喱粉

几缕藏红花或¼茶匙藏红花粉

大块新鲜温热的面包，上菜时用

1 取一个大平底锅，开中火。倒入贻贝、15克黄油、红葱、葡萄酒和350毫升水。加入欧芹、球茎茴香和月桂叶，用海盐和胡椒调味，加一点辣椒粉。把火调大，煮沸。盖上锅盖，再煮4~5分钟，或煮至贻贝开口，其间摇晃几次。

2 盛出贻贝，丢弃未开口的贻贝。用细目筛网过滤汤汁，备用。剥出贻贝的肉，但留下12个贻贝不要剥壳。将贻贝肉盛放在一个碗里，浸泡在煮贻贝的汤汁里保温。

3 在一个小碗中，拌匀蛋黄和奶油。在另一个碗中，将剩下的黄油与大蒜、红椒粉、藏红花拌匀。

4 取一个大平底锅，开小火。倒入黄油混合物，待其沸腾时，添入贻贝汤汁，用文火慢炖。从锅中舀出3汤匙汤汁，拌入蛋奶液混合物中，随后一起倒入锅中。把所有贻贝分成4份，盛放在4个温热的碗中。把汤汁浇在上面，和面包一起装盘。

预先准备

可以提前准备这道菜，但重新加热贻贝时，尽可能用小火慢炖，否则会煮过头，贻贝肉变老。

贻贝的理想搭配：

味道鲜美的贻贝和干白葡萄酒、黄油、奶油、欧芹和大蒜搭配很不错，和辛辣刺激的姜、香茅、辣椒、香辛料，甚至茴芹籽和潘诺茴香酒搭配也很棒。

龙虾浓汤

一道味浓、奢华的海鲜浓汤。

选用海鲜

螯龙虾，或挪威海螯虾、虾

- **准备时间**：35分钟
- **烹饪时间**：1小时15分钟
- 4人份

材料

1只螯龙虾，约1千克，煮熟

45克黄油

1个洋葱，切碎

1根胡萝卜，切碎

2根芹菜茎，切碎

1根韭葱，切碎

半个球茎茴香，切碎

1片月桂叶

1枝龙蒿

2瓣大蒜，拍碎

75克番茄泥

4个番茄，粗切

120毫升干邑或白兰地酒

100毫升干白葡萄酒或苦艾酒

1.7升鱼高汤

120毫升浓奶油

盐和现磨黑胡椒

少许辣椒粉

半个柠檬的柠檬汁

剪短的细香葱，作装饰

1 切开龙虾，取出龙虾肉（见第291页）。用刀背敲碎龙虾壳。把龙虾壳剁成大块，把龙虾肉放进冰箱。

2 在一个大平底锅中以中火熔化黄油，加入蔬菜、香草、大蒜，烹煮10分钟，或直至变软，不时翻动几下。添加龙虾壳。拌入番茄泥、番茄、干邑、白葡萄酒和高汤。煮沸后转文火慢炖1小时。

3 冷却片刻后，将混合物放入食物加工机中搅拌均匀，直至龙虾壳被打成很小的碎块。先后用粗筛网和细目筛网过滤。再度加热。

4 煮沸，倒入龙虾肉和奶油，用盐和胡椒调味，加入辣椒粉和柠檬汁。盛在温热的碗中，配上细香葱。

预先准备

至多可以按照步骤1—3提前1天做好浓汤，密封冷藏。在上桌前完成步骤4即可。

奶油扇贝浓汤

由清甜的扇贝肉和辣香肠制成的美味浓汤,可以作为晚宴的前菜。

选用海鲜

虾、鳕鱼或青鳕;扇贝

- **准备时间:** 20分钟
- **烹饪时间:** 40分钟
- 4人份

材料

300毫升干白葡萄酒

15克黄油

1个小洋葱,切碎

1个小红葱,切得很碎

1个成熟的番茄,切碎

200克生虾,剥去虾壳,挑去肠线 (见第285页)

100克鳕鱼,剔除鱼刺、去皮,切成大块

12个小扇贝,或6个大扇贝,取出扇贝肉

2汤匙切碎的扁叶欧芹

2茶匙莳萝籽

3汤匙白兰地

海盐和现磨黑胡椒

100毫升稀奶油

75克司西班牙辣香肠,切丁

1汤匙切碎的细香葱,作装饰

1 倒入葡萄酒和750毫升水,煮沸。把黄油放入平底锅中,用中火加热。加洋葱和红葱,炒软并呈金黄色。加入番茄、虾、鳕鱼、扇贝子、欧芹和莳萝籽。翻炒5分钟。倒入白兰地,烹煮1分钟。倒入滚烫的葡萄酒,用盐和胡椒调味。转小火,用文火慢炖10分钟。关火。冷却后,用勺子大致捣碎。开小火加热奶油。

2 用搅拌机把汤羹打成泥状,过滤后倒回到平底锅中,拌入奶油。再用文火慢炖至即将沸腾。离火,用盐和胡椒调味,保温。

3 把一个平底煎锅放在中火上,倒入西班牙辣香肠,炒至表面酥脆。盛在铺有厨房纸的盘子里保温。

4 快速将扇贝肉放入锅中,煎2分钟后翻面,再煎1分钟。将汤舀入碗中,放入扇贝肉,撒上西班牙辣香肠即可。

预先准备

至多可以提前1天按照步骤1—2做好汤,密封冷藏。再次加热时使用小火。

茴香鱼汤

带有浓郁的白兰地和橙子的芳香。

选用海鲜

贻贝;任何肉质紧实的白身鱼,如鮟鱇鱼;斑节对虾

- **准备时间:** 10分钟
- **烹饪时间:** 1小时
- 4~6人份

材料

30克黄油

3汤匙橄榄油

1个大的球茎茴香,切碎

2瓣大蒜,拍碎

一小根韭葱,切片

4个成熟的李形番茄,切碎

3汤匙白兰地

¼茶匙藏红花丝,用少许热水调开

半个橙子的橙子皮碎屑

1片月桂叶

1.7升鱼高汤

300克马铃薯,切丁并煮5分钟至半熟

4汤匙干白葡萄酒

500克贻贝,处理好 (见第278页)

盐和现磨黑胡椒

500克肉质紧实的白身鱼,切成小方块

6只斑节对虾,挑去肠线 (见第285页)

欧芹,切碎,作装饰

1 在一个大深口锅中加热黄油和2汤匙橄榄油。放入球茎茴香、大蒜、韭葱,中火翻炒5分钟,或直至蔬菜变软或变成淡棕色。

2 加入番茄和白兰地,煮2分钟,或直至汤汁略微变少。加入藏红花丝、橙子皮碎屑、月桂叶、鱼高汤和马铃薯。煮沸后转小火,撇去浮沫。盖上锅盖,用文火慢炖20分钟,或直至马铃薯变软。取出月桂叶。

3 同时,把剩余的橄榄油和干白葡萄酒放在深口锅里煮沸。加入贻贝,盖紧锅盖,摇晃锅子,用大火煮2~3分钟。丢弃未开口的贻贝。将汁液过滤后加入汤中并用盐和胡椒调味。再次煮沸,放入鱼和虾,转小火,盖上锅盖,用文火慢炖5分钟。放入贻贝,煮至接近沸腾。撒上欧芹上桌。

预先准备

至多可以提前3天按照步骤1—2做好汤,密封冷藏。在继续烹饪前用文火重新加热。

马赛鱼汤

这道来自法国布列塔尼地区的汤羹，最初是渔民为了充分利用当天剩余的海产品而想出来的办法。

选用海鲜

什锦海鱼，如黑线鳕、青鳕或舒鳕

- **准备时间：** 20分钟
- **烹饪时间：** 30分钟
- 4人份

材料

2个大的粉质马铃薯，削皮

2汤匙轻质橄榄油

30克黄油

2个西班牙洋葱，粗切

1升淡味鱼高汤

3枝百里香

3片月桂叶

3枝扁叶欧芹

海盐和现磨黑胡椒

800克什锦鱼，剔除鱼刺、去皮，切成大块

4厚片乡村面包，上菜时用

制作调味汁的材料

5~6汤匙轻质橄榄油

半茶匙第戎芥末酱

海盐和现磨黑胡椒

1汤匙白葡萄酒醋或苹果醋

2汤匙切碎的扁叶欧芹

1 把马铃薯切成块。把橄榄油和黄油放在一个大而重的煎锅中。倒入洋葱，以中火炒软，直至洋葱刚刚变成金黄色，不时搅动。加入高汤，倒入马铃薯和3种香草。用盐和胡椒略加调味，翻炒，盖上锅盖，烹煮12~15分钟，或直至马铃薯接近煮熟。

2 将鱼下锅，用盐和胡椒调味。轻轻搅动，煮10分钟，或直至按压鱼身时鱼肉能够脱落。

3 制作调味汁在一个杯子里，混合油和芥末酱，用盐和胡椒调味，然后加入醋搅拌至乳化。拌入欧芹。

4 把汤从火上移开，用盐和胡椒调味。取出里面的香草。把面包分别放在4个温热的碗里，用少许调味汁淋湿。用勺子将汤舀在面包上，再将调味汁淋在上面。趁热上桌。

预先准备

至多可以提前6小时制作调味汁，然后加盖。使用前搅拌至再次乳化。

喀拉拉邦咖喱虾浓汤

这道香味浓郁的汤来自印度南部。如果你用的是干九里香，可多加一点高汤。

选用海鲜

斑节对虾

- **准备时间：** 20分钟
- **烹饪时间：** 40分钟
- 4~6人份

材料

1茶匙整粒黑胡椒

¾茶匙芥末籽

2茶匙芫荽籽

半茶匙葫芦巴籽

2~3个大红辣椒

4瓣大蒜，剁碎

5厘米鲜姜，剁碎

2~3汤匙植物油

一小把新鲜九里香叶

2个洋葱，切碎

750毫升鱼高汤

250毫升椰浆

250克生斑节对虾，剥去虾壳、挑去肠线（见第285页）

1汤匙浓缩椰浆

2汤匙切碎的芫荽叶

1个青柠的青柠汁，或依据个人喜好添加

1 取一个重的煎锅，开小火烤黑胡椒、芥末籽、芫荽籽和葫芦巴籽约30秒，直至芥末籽开始发出爆裂声。磨成粉末，备用。

2 将辣椒粗粗切碎（如果不想太辣，可只用2个辣椒，去掉辣椒籽）。放入一个小型食物加工机中，加入大蒜和姜。倒入4汤匙热水，打成糊状。备用。

3 取一个炒锅或炖锅热油。倒入九里香叶炒20秒钟。注意九里香叶会爆裂。放入洋葱，盖上锅盖，软化10分钟，不时搅动。

4 加入辣椒糊翻炒2~3分钟，直至水分蒸发。加入香料粉，搅拌30秒。倒入鱼高汤，用文火慢炖20分钟，或炖至汤减少⅓。加入椰浆继续煮，随后加入虾，继续煮4~5分钟。加入浓缩椰浆，最后撒上芫荽叶，淋上足量的青柠汁，让味道更浓郁。

预先准备

至多可以提前1天操作至汤量减少的步骤，密封冷藏。继续烹饪前用文火重新加热。

渔夫浓汤

这道经典的奶香牙鳕汤看上去平淡无奇，但是如果用非常新鲜的鱼做，将非常美味。

选用海鲜
牙鳕，或黑线鳕、绿青鳕、鳕鱼或舒鳕

- 准备时间：20分钟
- 烹饪时间：45分钟
- 4人份

材料
1千克牙鳕，片出整片鱼肉，保留鱼头和鱼骨

1根小胡萝卜，切片

1段芹菜茎，切片

1个洋葱，切成小丁

1把欧芹茎

1枝百里香

一小片月桂叶

一大撮盐

600毫升牛奶

60克黄油

3汤匙面粉

1~2汤匙奶油辣根酱，依据个人喜好添加

磨碎的肉豆蔻，依据个人喜好添加

现磨黑胡椒

2汤匙切碎的扁叶欧芹

5汤匙稀奶油

油炸面包丁，上菜时用

1 剔除鱼刺，并小心地剥去鱼皮（见第271页）。备用。

2 制作高汤：将所有的牙鳕鱼皮、鱼骨和鱼头（去掉鱼鳃）放在一个大平底锅中，倒入750毫升水，放入胡萝卜、芹菜、洋葱、3种香草和盐。慢煮至沸腾，随后掀开锅盖，用小火炖25~30分钟。滤去杂质。

3 把牙鳕放在一个大平底锅中，倒入牛奶，小火煮5~6分钟。过滤汤汁，留下备用。把鱼肉用食物加工机快速搅成糊状。备用。

4 在洗净的平底锅中加热熔化黄油，拌入面粉，用小火加热1分钟。倒入牛奶和过滤后的汤汁，慢慢煮沸。用文火慢炖2~3分钟。

5 离火，拌入鱼肉、辣根酱，撒入肉豆蔻、盐和黑胡椒，放入欧芹和奶油，用胡椒调味。把油炸面包丁放在另一个碗里，一起上桌。

预先准备
可以提前1天制作高汤，密封冷藏。需要用时取出。

冬阴功汤

罗望子给这道著名的泰式酸辣虾汤带来了恰到好处的辛辣味。

选用海鲜
斑节对虾、扇贝，或褐虾

- 准备时间：10~15分钟
- 烹饪时间：15分钟
- 4人份

材料
1汤匙葵花籽油或花生油

1茶匙虾膏

2个鸟眼辣椒，如果你喜欢，可切碎并去籽

2瓣大蒜，切碎

2茶匙棕榈糖

2根大葱，切成薄片

60克香菇，去柄并切片

2汤匙罗望子膏，依据个人喜好添加

1升鱼高汤

1根香茅，对半切开

1块5厘米见方的高良姜或鲜姜，去皮并切成薄片

几片卡菲尔酸橙叶

1~2汤匙泰国鱼露，依据个人喜好添加

1茶匙芝麻油

450克生斑节对虾，剥去虾壳但保持虾肉完整，挑去肠线，切开摊平（见第285页）

几滴青柠汁，依据个人喜好添加

1把芫荽叶，粗切

1 在一个大锅里热油，倒入虾膏，用小火炒1~2分钟，直至散发出香味。放入辣椒、大蒜、棕榈糖、大葱和香菇，翻炒2分钟。

2 放入罗望子膏、高汤、香茅、高良姜、卡菲尔酸橙叶。煮沸后用文火慢炖2~3分钟。用鱼露调味，倒入芝麻油和虾。用小火煮3~4分钟，或直至虾煮熟。

3 加入青柠汁或更多罗望子膏或鱼露，依据个人喜好而定。拌入芫荽并装盘。

更多美味做法

冬阴功海鲜汤
起始步骤同上，随后放入3个辣椒、1汤匙棕榈糖、3根大葱和1个切成丁的红甜椒。不要放香菇。放入400克的罐装椰浆。煮沸后转文火慢炖3分钟。倒入500毫升高汤、香茅、高良姜和卡菲尔酸橙叶。不要放罗望子膏和芝麻油。用文火慢炖几分钟。倒入2~3汤匙泰国鱼露和450克什锦海鲜（鱿鱼留到最后放）、青柠汁和芫荽叶。

牙鳕的理想搭配：
搭配甜黄油、牛奶、欧芹，做成渔夫浓汤；或搭配同样口感清淡的橄榄油，以及口感柔和的茴芹籽，享受牙鳕的美味。

比苏姆鱼汤

源自德国北海沿岸的石勒苏益格-荷尔斯泰因地区的一道佳肴。

选用海鲜

肉质紧实的什锦白身鱼，如青鳕或黑线鳕；斑节对虾

- 准备时间：15分钟
- 烹饪时间：20分钟
- 6~8人份

材料

1根大胡萝卜

1个大马铃薯（爱德华国王马铃薯或马里斯派柏马铃薯），削皮切丁

1个大洋葱，切丁

1升热的蔬菜高汤

1片月桂叶

盐和现磨黑胡椒

1个柠檬的柠檬汁

500克白身鱼肉，剔除鱼刺、去皮，切小块

200克白蘑菇或栗色蘑菇，切片

100克生斑节对虾，剥去虾壳（见第285页）

120毫升浓奶油

半束莳萝，切碎

1　把胡萝卜、马铃薯和洋葱放入一个平底锅中，加入热高汤和月桂叶，煮至沸腾。把火关小，用文火慢炖10分钟。

2　在鱼身上撒少许盐和黑胡椒，洒一半量的柠檬汁，把鱼和蘑菇放入高汤中。用文火慢炖5分钟。

3　放入虾和剩下的柠檬汁，煮3分钟，或直至虾变成粉色。取出月桂叶，依据个人喜好用盐和胡椒调味。加入奶油和一半量的莳萝搅拌，立即装盘，用剩余的莳萝作装饰。

预先准备

至多可以提前3天按步骤1制作汤底，密封冷藏。在继续烹饪前用中火慢炖至接近沸腾。

马铃薯蛤蜊汤

这是一道美味的秋季靓汤，可以供全家人一起享用。

选用海鲜

蛤蜊，或贻贝

- 准备时间：25分钟
- 烹饪时间：1小时15分钟
- 4~6人份

材料

1千克蛤蜊，彻底洗净

120毫升干白葡萄酒

2~3汤匙橄榄油

2根芹菜茎，切丁

1个红洋葱，切碎

1根胡萝卜，切碎

4个番茄，去皮去籽，切碎

2个马铃薯，去皮并切成小方块

1枝迷迭香

1汤匙切碎的扁叶欧芹或细叶芹

盐和现磨黑胡椒

4~6片乡村面包

1　丢弃外壳碎裂、已经开口、轻轻叩击后不会闭合的蛤蜊。把蛤蜊和葡萄酒倒入一个大煎锅里，盖上锅盖，用大火煮5分钟，或直至蛤蜊开口。丢弃仍然没有开口的蛤蜊。沥干，保留汁液备用。取出蛤蜊肉，放在碗中，加盖，放入冰箱冷藏。用细筛过滤汤汁。

2　在一个厚底大锅中热油，放入芹菜、洋葱和胡萝卜，小火烹煮10分钟，或直至蔬菜变成焦黄色。倒入番茄、马铃薯、保留的汤汁和1升水，煮沸。加入迷迭香，转小火，盖上锅盖，用文火慢炖1小时。

3　放入蛤蜊、欧芹或细叶芹，用盐和胡椒调味。取出迷迭香，在每个餐盘里放一片面包，舀上汤汁。

卡伦浓汤

以苏格兰东北部的卡伦镇命名，在当地，汤或炖菜称为"skink"。

选用海鲜

芬南黑线鳕，或熏鳟鱼、熏鳕鱼

- **准备时间：** 20分钟
- **烹饪时间：** 25分钟
- 4人份

材料

225克马铃薯，削皮切丁

盐和现磨黑胡椒

30克黄油

2条芬南黑线鳕（或四小片芬南黑线鳕鱼肉）

1个洋葱，切碎

300毫升牛奶

1 把马铃薯放在盐水里，用文火慢炖15分钟，或炖至马铃薯变软。沥干水分，然后加入黄油捣成泥状。备用。

2 把鱼放进一个平底煎锅中。倒入300毫升水，放入一些洋葱，煨8~10分钟。将鱼盛入盘中，把鱼肉撕下来，撕成大块。备用。

3 把鱼皮和鱼骨放回锅中再煮15分钟。过滤高汤，倒入一个大罐子中，放入切碎的洋葱，再加入牛奶搅拌，制成鱼高汤。

4 把牛奶、鱼高汤和洋葱倒回平底锅中，用中火加热，一边搅拌一边加入足够的马铃薯泥，形成厚厚的乳质糊状物。依据个人喜好调味，放入撕成块的鱼肉。立即上桌。

杧果笛鲷浓汤

一顿饭只需这一道菜就够了。青杧果让柑橘风味的热辣浓汤口感更浓郁。

选用海鲜

西大西洋笛鲷，或鲷鱼或海鲈

- **准备时间：** 15分钟，另加腌制时间
- **烹饪时间：** 10分钟
- 4人份

材料

1汤匙生抽

2汤匙泰国鱼露

1汤匙熟芝麻油

1汤匙味醂

1茶匙糖

2个青柠的青柠汁，或依据个人喜好添加

500克西大西洋笛鲷鱼肉，剔除鱼刺、去皮，切成2.5厘米见方的块

2根香茅，切碎

2汤匙植物油

4个红鸟眼辣椒，切成薄片

4根大葱，切成薄片

5厘米鲜姜，切成细丝

4瓣大蒜，粗切

4个小的青杧果（未成熟的杧果），去皮并切碎

2茶匙棕榈糖或红糖

2汤匙米醋

1升鱼高汤

8片卡菲尔酸橙叶，撕碎

100克鸡蛋面

100克优质四季豆，对半切开

盐

2汤匙切碎的芫荽叶

1汤匙撕碎的薄荷叶

1 把生抽、一半量的鱼露、芝麻油、味醂、糖、1个青柠的青柠汁混合，制成腌料汁，用勺子浇在鱼肉上，冷藏20分钟。用研钵和研杵将香茅与少许水一同捣成糊状，备用。

2 把油倒入炒锅或大平底锅中，用大火煸炒辣椒、大葱、姜、大蒜30秒。放入杧果，炒1分钟。加入糖搅拌，直至糖开始熬成焦糖。放入醋、香茅、高汤、卡菲尔酸橙叶和剩余的鱼露。煮沸。

3 拌入鸡蛋面、四季豆和鱼肉（不要放腌料汁）。用文火慢炖3~5分钟，直至面条煮熟、鱼肉熟透。用盐调味，用青柠汁提味，并佐以香草。

奶油蔬菜炖鱼汤

一道鲜美的佛兰芒靓汤，带有茴芹籽味的龙蒿特别提味。在春寒料峭、芦笋正当季的时候享用这道鲜美的鱼汤，简直太完美了。

选用海鲜

贻贝，或蛤蜊；鮟鱇鱼或任何肉质紧实的白身鱼；小头油鲽，或其他扁体鱼

- **准备时间：** 20分钟
- **烹饪时间：** 30分钟
- 4人份

材料

600毫升淡鸡高汤或鱼高汤

100毫升干白葡萄酒

三大根大葱，剁碎

1个大的蜡质马铃薯，削皮并切成棒状

1根大胡萝卜，切成棒状

1个中等偏大的小胡瓜，斜切成片

400克芦笋，切成5厘米长的芦笋段

500克贻贝，处理好（见第278页）

100毫升打发的淡奶油

盐和现磨黑胡椒

300克鮟鱇鱼，切块

1条小头油鲽，片出整片鱼肉并去皮，再对半切开

1汤匙切碎的龙蒿，上菜时用

1 把高汤、葡萄酒和大部分大葱放在焙盘中。用中火煮沸。放入马铃薯，转文火慢炖5分钟，然后放入胡萝卜炖5分钟，再放入小胡瓜和芦笋炖1~2分钟，或直至把所有蔬菜炖熟但仍有嚼劲。盛出蔬菜备用。

2 再次将汤汁煮沸，使汤的量蒸发掉⅓。改成文火慢炖，倒入贻贝，盖上锅盖，再煮3~4分钟。用一个细目筛网，将贻贝汤过滤到一个碗中，冷却片刻，丢弃尚未开口的贻贝。剥出贻贝肉备用。用中火将滤过的汤汁煮至接近沸腾，加入奶油并用盐和胡椒调味。放入鮟鱇鱼，煮2~3分钟，放入小头油鲽鱼片煮1分钟，随后将蔬菜和贻贝回锅煮2分钟。

3 用漏勺把蔬菜分别盛到4个温热的碗里。把鱼肉盛在蔬菜上，舀上汤汁，撒上贻贝、龙蒿和剩下的大葱。

法式海鲜汤

这道鲜美靓汤适合搭配抹了大蒜辣椒酱的烤蒜香面包片，并在上面放上格鲁耶尔奶酪。

选用海鲜

任何白身鱼，如绿青鳕；其他海鲜

- **准备时间：** 20分钟
- **烹饪时间：** 1小时
- 6人份

材料

5汤匙橄榄油

4个洋葱，切碎

2根韭葱，切碎

1.5~2千克白身鱼和其他海鲜

4根干茴香茎，5厘米长

4个成熟的番茄，每个一切为四

9瓣大蒜，拍碎

5枝扁叶欧芹

3片月桂叶

一大块干橙皮

1汤匙番茄泥

盐和现磨黑胡椒

少许藏红花丝

6块烤面包片，上菜时用

1 把油倒入大而重的炖锅中。放入洋葱和韭葱，以文火炒至蔬菜变成金黄色。

2 去除鱼鳞和内脏。清洗所有的鱼和其他海产品。放进锅中，倒入茴香茎、番茄、大蒜、欧芹、月桂叶、橙皮和番茄泥，搅拌。煮8~10分钟，直至鱼肉熟透。倒入2.5升热水，用盐和胡椒调味。转小火，用文火慢炖20分钟。

3 离火。冷却片刻，一边搅拌，一边用一把大木勺的背面把鱼肉捣碎。取出茴香茎、橙皮和月桂叶。用搅拌机把鱼汤快速搅拌成浓稠的糊状，然后用细目筛网把汤过滤进一个干净的平底锅里。用中火慢炖至接近沸腾。

4 用一勺汤将藏红花软化，然后将藏红花倒入锅中搅拌。品尝并用盐和胡椒调味。将汤舀入餐盘中，趁热上桌，配上烤面包片。

预先准备

可以提前1~2天煮好汤，密封冷藏。用文火加热即可上桌。

绿青鳕的理想搭配：

这种多肉的鱼和啤酒同煮滋味很妙，也可以尝试将它和放了韭葱、欧芹和茴香的奶油白汁搭配。

海鲜饭和意大利面

西班牙海鲜饭

西班牙海鲜饭在不同地区有不同的版本。这个版本添加了更多美味的海鲜。

选用海鲜

斑节对虾、鱿鱼、挪威海螯虾、鸟蛤，或任何什锦海鲜

- **准备时间：**10分钟
- **烹饪时间：**30分钟
- 4人份

材料

1.2升热的鱼高汤

一大撮藏红花丝

2汤匙橄榄油

1个洋葱，切碎

2瓣大蒜，拍碎

2个大番茄，去皮切丁

12只生的斑节对虾，剥去虾壳，挑去肠线（见第285页）

225克鱿鱼，去除内脏，洗净，切成鱿鱼圈（见第282页）

400克西班牙海鲜饭专用米

85克豌豆

4只挪威海螯虾，或非常大的斑节对虾

12~16只贻贝，处理好（见第278页）

1汤匙切碎的扁叶欧芹，作装饰

1 在一个罐子中倒入少许热的鱼高汤，放入藏红花红丝，备用。用一个大煎锅或西班牙海鲜饭锅热油，煸炒洋葱和大蒜，直至蔬菜变软。放入番茄，炒2分钟。放入对虾和鱿鱼，炒1~2分钟。

2 拌入米、藏红花汁、豌豆、900毫升高汤。用文火慢炖12~14分钟，不要盖锅盖，无需搅拌，或直至高汤蒸发、米粒刚好变软。如果需要的话，再添加一些鱼高汤。

3 同时，用150毫升接近沸腾的鱼高汤煮挪威海螯虾，煮3~4分钟，或煮至虾熟透。用漏勺将虾盛到温热的盘子里。轻轻叩击贻贝，丢弃始终开口的贻贝。将贻贝倒入高汤中，盖上锅盖，用大火烹煮2~3分钟。用漏勺盛出贻贝，丢弃仍未开口的贻贝。

4 留下8个完整的贻贝作装饰。将其余贻贝的肉剥出来，拌入海鲜饭中。把8个完整的贻贝和挪威海螯虾摆放在海鲜饭上，撒上欧芹做装饰。

意式金枪鱼烩饭

这道奶香鱼肉烩饭采用罐装金枪鱼，因此这是一道很棒的"长储"菜品。

选用海鲜

罐装金枪鱼

- **准备时间：**15分钟
- **烹饪时间：**40分钟
- 4人份

材料

30克黄油

4汤匙特级初榨橄榄油

1个人洋葱，切碎

1瓣大蒜，剁碎

250克意式烩饭米

120毫升中白葡萄酒

1升热的鱼高汤

1汤匙番茄泥

185克罐装水浸金枪鱼，沥干并将鱼肉打散

12个樱桃番茄，对半切开

2汤匙切碎的扁叶欧芹

盐和现磨黑胡椒

1 用一个大平底锅加热黄油和一半量的橄榄油。放入一半量的洋葱，用小火炒8~10分钟，直至洋葱变软。放入大蒜，炒1分钟。倒入米，烹2分钟，直至米粒变成半透明。加入一半量的酒，文火慢炖几分钟。倒入鱼高汤，每次倒入1勺，频繁搅动。待倒入的高汤被全部吸收后，再继续添加鱼高汤，炖20~25分钟。

2 与此同时，在另一个锅中，加热剩余的油，倒入剩余的洋葱，烹8~10分钟，直至洋葱变软。倒入番茄泥搅拌2分钟。倒入剩余的酒，煮沸，用文火慢炖5分钟。放入金枪鱼，搅拌2~3分钟。放入番茄和欧芹。

3 当米粒煮熟但仍有嚼劲、高汤都被吸收时，拌入金枪鱼混合物，依据个人喜好用盐和胡椒调味并装盘。

更多美味做法

意式墨鱼烩饭

只需在倒入鱼高汤之前，加入1袋墨鱼汁或鱿鱼汁，这道烩饭就变成了意式墨鱼烩饭。

挪威海螯虾的理想搭配：
清淡的柠檬汁或蛋黄酱能烘托出挪威海螯虾的美味。但挪威海螯虾也能搭配味道较重的大蒜、鼠尾草、红椒粉和辣椒。

意式大虾烩饭

非常适合在寒冷的夜晚享用，烹制好后马上上桌。

选用海鲜

虾，或挪威海螯虾或扇贝

- **准备时间**：15~20分钟
- **烹饪时间**：25~30分钟
- 6人份

材料

90毫升橄榄油

500克生虾，剥去虾壳，挑去肠线（见第285页）

2瓣大蒜，碾碎或切碎

一小把扁叶欧芹的叶子，切碎

盐和现磨黑胡椒

4汤匙干白葡萄酒

1升鱼高汤或鸡高汤

1个洋葱，切碎

420克意式烩饭米

1　在一个炖锅中热⅓量的橄榄油，放入虾、大蒜、欧芹、盐和黑胡椒。

2　烹煮、搅拌，直至虾变成粉色。倒入葡萄酒，搅拌均匀。把虾盛到碗中，备用。文火慢炖汤汁2~3分钟，直至汤汁减少¾。倒入高汤和250毫升水，煮沸。继续以文火慢炖汤汁。

3　在一个大平底锅里加热余下的橄榄油的一半。放入洋葱煸炒2~3分钟，直至洋葱变软，但尚未变成焦黄色。放入米，搅拌至米粒上均匀地裹上一层油。添入高汤，每次一勺，搅拌至吸收后再舀入下一勺高汤。继续烹煮，直至米粒煮熟，但仍有一点硬。需要20分钟左右。

4　拌入虾和剩余的橄榄油，用盐和胡椒调味。舀入温热的碗中，立即上桌。

黑线鳕四季豆洋蓟烩饭

如果你能找到海鲜饭专用米，就用这种米代替印度香米。

选用海鲜

黑线鳕，或鳕鱼或任何白身鱼

- **准备时间**：15分钟
- **烹饪时间**：40分钟
- 4~6人份

材料

1汤匙橄榄油，如有需要可增加用量

1个洋葱，切碎

盐和现磨黑胡椒

少许姜黄根粉

2瓣大蒜，拍碎或剁碎

200克四季豆，择净

280克罐装洋蓟心，沥干水分并洗净

4个番茄，去皮去籽并切碎

少许辣红椒粉或普通红椒粉

400克印度香米

1.4升热的蔬菜高汤

675克黑线鳕鱼肉，剔除鱼刺、去皮，切块

1把莳萝或扁叶欧芹，切碎

1个柠檬的柠檬汁

1　在一个又大又重的煎锅里用中火热油。加入洋葱和少许盐，煸炒5分钟直至洋葱变软、呈半透明。拌入姜黄根粉，放入大蒜、四季豆和洋蓟心。小火炒5分钟左右，直至四季豆开始发蔫，如果需要的话再加点油。

2　放入番茄和红椒粉，煮5分钟。倒入米搅拌。倒入一半量的热高汤。煮沸后，改用文火慢炖15分钟左右。加入剩余的高汤和鱼肉，盖上锅盖，用小火煮10分钟，或直至米粒和鱼煮熟。

3　不要揭开锅盖，直到准备装盘时再掀开，加入莳萝或扁叶欧芹和柠檬汁。品尝、用盐和胡椒调味，装盘。

预先准备

至多可以提前6小时将蔬菜烹煮至即将加入香米（但不要加入香米）的程度，冷却后密封冷藏。继续烹饪前，用小火加热蔬菜。

烟熏鱼蛋烩饭

这道经典的英式印度菜肴，在维多利亚时代是一种又欢迎的早餐。

选用海鲜

熏黑线鳕，或熏鲱鱼、熏鲭鱼

- 准备时间：15分钟
- 烹饪时间：25~30分钟
- 4人份

材料

175克长粒大米

125克冷冻豌豆

225克烟熏黑线鳕鱼肉

4个鸡蛋

25克黄油

半茶匙孜然粉

现磨肉豆蔻粉，依据个人喜好添加

盐和现磨黑胡椒

2汤匙切碎的扁叶欧芹

2~4汤匙稀奶油，依据个人喜好添加

1 根据包装上的说明烹煮米饭。将米饭平铺在一个大盘子里，用餐叉把米饭翻松。放在一旁冷却。根据包装上的说明煮熟冷冻豌豆，沥干水分，备用。

2 同时，把黑线鳕放入平底煎锅中，倒入水，水应达到鱼身高度的一半。慢慢煮沸，文火慢炖6~7分钟。沥干水分。当冷却到可以处理的时候，把鱼切成大片，去除鱼皮。

3 把一锅水煮沸，放入鸡蛋，煮7~8分钟。待鸡蛋煮熟，但蛋黄仍然有一定湿润度时捞出，剥去蛋壳。放凉后切成4瓣。

4 在煎锅中用中火熔化黄油。加入米饭，搅拌均匀，使米粒裹上一层黄油。将米饭和鱼肉、豌豆轻轻拌匀。撒入孜然、肉豆蔻、盐、黑胡椒，以及一半量的欧芹。加入奶油搅拌，一边煮一边翻动，直至将米饭热透。

5 把煮熟的鸡蛋放在米饭上面，撒上剩下的欧芹，即可上桌。

预先准备

至多可以提前1天烹煮米饭、豌豆、黑线鳕、鸡蛋，分别密封冷藏。需用时先恢复到室温后再继续烹饪。

意式海鲜烩饭

用鱿鱼代替扇贝和虾更加经济实惠。

选用海鲜

虾和扇贝，或者鱿鱼；任何什锦白身鱼，如黑线鳕、青鳕

- 准备时间：20分钟
- 烹饪时间：30分钟
- 8人份

材料

2~3汤匙橄榄油

450克生虾，剥去虾壳，挑去肠线 (见第285页)

盐和现磨黑胡椒

450克什锦白身鱼，切成小方块

16个扇贝，去除扇贝籽

2块黄油

2个洋葱，切碎

4瓣大蒜，碾碎或切碎

2升热的蔬菜高汤或鱼高汤

675克意式烩饭米

300毫升中白葡萄酒

6个番茄，去皮去籽并切碎

一大把扁叶欧芹，切碎

1把莳萝，切碎

柠檬角，上菜时用

1 在煎锅里加热一半量的油，倒入虾，用盐和胡椒调味，烹煮几分钟，取出备用。放入鱼肉，如果需要，再倒一点油，烹煮几分钟，或直至鱼煮熟。取出备用。

2 用盐和胡椒为扇贝肉调味，如果需要，在锅中再倒一点油，每面煎2分钟。取出备用。添加1块黄油，放入洋葱，用小火煸炒5~8分钟，直至洋葱变软。加入大蒜。把高汤倒入一个大平底锅里，文火慢炖。

3 把烩饭米拌入洋葱中。用盐和胡椒调味，倒入葡萄酒，把火调大。煮沸数秒，让酒精蒸发。加入高汤，每次添加一勺，搅拌至高汤全被吸收后再添下一勺。继续烹煮，直至米粒煮熟，但口感仍然偏硬。大概需要20分钟。

4 拌入番茄和所有海鲜，然后放入剩下的香草和黄油。品尝并用盐和胡椒调味，然后配以柠檬角上桌。

西班牙海鲜面

这道西班牙海鲜面里有各种美味的什锦海鲜，鲜美丰盛，令人心满点足。

选用海鲜

虾，扇贝，蛤蜊或其他贝类，肉质紧实的白身鱼，如鳕鱼或鲛鳒鱼

- **准备时间：** 15分钟
- **烹饪时间：** 25分钟
- 4人份

材料

少许藏红花丝

750毫升热的鱼高汤

2~3汤匙橄榄油

1个洋葱，细细剁碎

2瓣大蒜，拍碎

3个成熟的番茄，去皮去籽并切碎

1茶匙甜红椒粉或烟熏红椒粉

300克意式细面或意式扁面，掰成5厘米长的段

225克生虾，剥去虾壳，挑去肠线（见第285页）

8只小扇贝，扇贝肉对半切开

300克蛤蜊，洗净

225克肉质紧实的白身鱼，切成2厘米长的鱼段

140克豌豆

盐和现磨黑胡椒

2汤匙切碎的扁叶欧芹

1　把藏红花放在小碗里，加入2汤匙热高汤。备用。

2　在一个大煎锅里或西班牙海鲜饭锅里以中火热油。加入洋葱和大蒜，煸炒5~8分钟，或直至炒软，不停搅动。放入番茄和红椒粉，再煸炒5分钟。倒入藏红花及浸泡的高汤，以及剩余高汤的一半，把火调大，煮至沸腾。

3　加入意面，转文火慢炖5分钟，不盖锅盖，不时搅动。放入虾、扇贝肉、蛤蜊、白身鱼和豌豆，再煮5分钟，或直至意面和鱼煮熟即可。如果混合物开始变干，再加一点高汤。依据个人喜好用盐和胡椒调味，撒上欧芹，趁热直接将锅上桌。配上蒜泥蛋黄酱和脆皮面包享用。

预先准备

可以提前按照步骤1—2制作西班牙海鲜面的汤底。倒入碗中，至多可密封冷藏2天。需用时以小火加热至沸腾，再继续烹煮。

干白蛤蜊意面

意大利地中海和亚得里亚海沿岸地区广泛流行着这种经典美食，但做法略有不同。

选用海鲜

蛤蜊，或贻贝

- **准备时间：** 5分钟
- **烹饪时间：** 20分钟
- 4人份

材料

2汤匙橄榄油

1个洋葱，细细剁碎

2瓣大蒜，碾碎或细细剁碎

400克罐装碎番茄

2汤匙番茄干酱

120毫升干白葡萄酒

600克蛤蜊，去壳，保留汁液（见第279页）

盐和现磨黑胡椒

350克意式扁面

4汤匙细细剁碎的扁叶欧芹，另备一些作装饰

1　取一个大平底锅，以中火热油。倒入洋葱和大蒜煸炒5分钟，经常搅拌。放入番茄、番茄干酱、葡萄酒和蛤蜊汁，用盐和胡椒调味。煮沸，搅拌。将火调小，半掩锅盖，文火慢炖10~15分钟。

2　同时，将一大锅加了盐的水煮沸。放入意式扁面，根据包装上的说明煮面，直至面熟透且有嚼劲。沥水备用。

3　将蛤蜊和欧芹添入番茄酱汁中，文火慢炖1~2分钟。依据个人喜好用盐和胡椒调味。

4　将意式扁面拌入番茄酱汁中，不断搅拌，使意面均匀裹上一层酱汁。撒上欧芹，配上意大利脆皮面包和蔬菜沙拉，立即上桌。

预先准备

可以提前1天做好步骤1中的番茄酱汁，密封冷藏。需用时以小火加热，再继续烹饪。

更多美味做法

干白罐装蛤蜊意面

这道美食也可以用罐装蛤蜊来做。取2灌140克装的天然水浸罐装蛤蜊，过滤，保留汁液。由于罐装蛤蜊没有那么鲜美，在酱汁中添入一大撮辣椒碎来提味。

蛤蜊的理想搭配：

适合用奶油、洋葱、香草和白葡萄酒酱汁或番茄、大蒜、欧芹、培根和少许辣椒做成的酱汁搭配。

鱿鱼的理想搭配:

单独烹饪鱿鱼时,可以试着撒少量辣椒或面包糠,并搭配大蒜蛋黄酱,或简单地与橄榄油和柠檬角搭配。

普塔奈斯卡意面

这是一道人人都爱吃的辣味意大利面。

选用海鲜

橄榄油浸鳀鱼条

- 准备时间:15分钟
- 烹饪时间:25分钟
- 4人份

材料

4汤匙特级初榨橄榄油

2瓣大蒜,碾碎或细细剁碎

半个红辣椒,去籽并细细剁碎

6条橄榄油浸鳀鱼条,沥干并细细剁碎

115克黑橄榄,去核并切碎

1~2汤匙刺山柑,冲洗干净并沥干

450克番茄,去皮去籽并切碎(见第112页)

450克意式细面

切碎的扁叶欧芹,上菜时用

帕玛森干酪,上菜时用

1 在平底锅中热油,放入大蒜和辣椒,以小火煸炒2分钟,或炒至有一点点变色。放入鳀鱼、橄榄、刺山柑和番茄,搅拌,将鳀鱼捣成糊状。改文火炖10~15分钟,不要盖锅盖,不时搅动。

2 同时,根据包装上的说明,用放了少许盐的沸水煮意式细面。沥干水分。

3 将意式细面拌上酱汁,撒上欧芹和帕玛森干酪,配上菠菜沙拉和脆皮面包上桌。

预先准备

至多可以提前2天做好酱汁,密封冷藏,味道会变浓。在拌入意面之前,将酱汁用文火慢炖至即将沸腾的状态。

海鲜意面

一道传统的意大利面,由最新鲜的海鲜烹制而成,并带有一丝辛辣味。

选用海鲜

贻贝、鱿鱼仔、斑节对虾,或任何什锦海鲜

- 准备时间:25分钟
- 烹饪时间:20分钟
- 4人份

材料

3汤匙橄榄油

1个小洋葱,细细剁碎

2瓣大蒜,碾碎或细细剁碎

500毫升膏状生番茄泥

¼茶匙的辣椒碎

450克贻贝,处理好(见第278页)

450克鱿鱼仔,去除内脏,洗净切成鱿鱼圈(见第282页)

4汤匙干白葡萄酒

半个柠檬,切片

450克意式细面

12个生的大斑节对虾,剥去虾壳,挑去肠线,保留虾尾(见第285页)

3汤匙切碎的扁叶欧芹

盐和现磨黑胡椒

1 用一个大平底锅热油,用小火煸炒洋葱和大蒜3~4分钟,或直至炒软。放入生番茄泥和辣椒,用文火炖1分钟。

2 轻轻叩击贻贝,丢弃没有闭合的贻贝。把贻贝和鱿鱼倒入锅中,倒入葡萄酒和柠檬,盖上锅盖,煮至沸腾。煮3~4分钟,或直至贻贝开口,不时摇晃。用细目筛过滤并保留汤汁。丢弃柠檬和未开口的贻贝。保留几个贻贝不剥壳,将其他贻贝全部剥壳。

3 根据包装上的说明,用放了少许盐的沸水煮意式细面。沥干水分。

4 同时,将贻贝汁液倒入酱汁中,文火慢炖2~3分钟,或直至酱汁略微变少,不要盖锅盖。放入虾,再用文火慢炖2分钟。放入贻贝、鱿鱼、欧芹,依据个人喜好用盐和胡椒调味。

5 把意面放回锅里,轻颠锅子,将意面与酱汁拌匀。盛入碗中,把带壳的贻贝摆放在最上面,即可上桌。

预先准备

至多可以提前3天做好步骤1的番茄酱汁,密封冷藏。在继续烹饪前,先将其加热至即将沸腾的状态。

蛤蜊白汁菠菜意面

这道饱腹感十足的意面可以成为家常菜品，制作只需十分钟。

选用海鲜

蛤蜊，或贻贝

- 准备时间：20~25分钟
- 烹饪时间：5~10分钟
- 4~6人份

材料

800克蛤蜊

1个洋葱，细细剁碎

250毫升干白葡萄酒

盐和现磨黑胡椒

280克菠菜意式扁面

4汤匙橄榄油

2瓣大蒜，细细剁碎

2汤匙切碎的扁叶欧芹

1 用流动的冷水把蛤蜊清洗干净。丢弃所有开口的、壳上有裂缝的，或用力叩击后仍然没有闭合的蛤蜊。把它们放在一个有盖的大平底锅中，倒入洋葱和葡萄酒。盖上锅盖，用大火煮沸，晃动一两次。2~3分钟后，蛤蜊壳就会打开。

2 捞出蛤蜊，保留其汤汁。放凉后，丢弃所有没有开口的蛤蜊，并剥去大多数蛤蜊的壳。将汤汁倒回锅中，煮至汤汁剩下250毫升左右。

3 根据包装上的说明，用加了盐的沸水煮意式扁面。与此同时，用另一口锅中火热油、加入大蒜炒香。放入蛤蜊、欧芹、汤汁，用盐和胡椒调味。

4 意面沥去水分，保留一点面汤，将意面添加蛤蜊中。搅拌均匀，直至将意面和蛤蜊热透。盛在温热的盘中即可。

蛤蜊意面

这道简单的海鲜意面最能衬托出新鲜蛤蜊微咸的味道。

选用海鲜

蛤蜊，或贻贝、峨螺、玉黍螺、鸟蛤

- 准备时间：20分钟
- 烹饪时间：15分钟
- 4人份

材料

1.1千克蛤蜊

15克黄油

5汤匙橄榄油

2瓣大蒜，粗切

115克新鲜面包糠

盐和现磨黑胡椒

350克意式细面

半茶匙辣椒碎

75毫升干白葡萄酒

1汤匙特级初榨橄榄油，上菜时用

2汤匙帕玛森干酪粉，上菜时用

4汤匙切碎的扁叶欧芹，上菜时用

1 用流动的冷水把蛤蜊清洗干净。丢弃所有开口的、壳上有裂缝的，或且用力叩击后仍然没有闭合的蛤蜊。

2 在一口沉重的大煎锅中加热黄油和2汤匙油，倒入一半量的大蒜。倒入面包糠煎2分钟，或直至面包糠变成金黄色，不断搅动。离火，用盐和胡椒调味。

3 根据包装上的说明，用放了少许盐的沸水煮意式细面，直至意面熟透但仍有嚼劲。沥干水分，但需保留极少量的面汤。

4 同时，用一口又大又深的锅热剩下的油，放入辣椒碎和剩下的大蒜，并用中火翻炒1分钟。放入葡萄酒，依据个人喜好调味，煮沸，然后倒入蛤蜊。盖上锅盖，用大火煮4~5分钟，不断摇晃，直至蛤蜊全部开口。

5 用漏勺盛出蛤蜊，然后讯速煮沸汤汁，不要盖上锅盖，直至汤汁减少一半。

6 将蛤蜊和意面倒回锅中，轻轻拌匀。淋上特级初榨橄榄油，撒上炒过的大蒜、面包糠、帕玛森干酪和欧芹，即可上桌。

烤洋葱金枪鱼笔管面

本食谱使用新鲜的金枪鱼排，但也能用170克优质的罐装橄榄油浸金枪鱼替代。将罐装金枪鱼直接放入意面中即可，无须加工。

选用海鲜

金枪鱼，或鲭鱼、狐鲣

- **准备时间**：10分钟
- **烹饪时间**：20分钟
- 4人份

材料

3个红洋葱，切成洋葱角

1把樱桃番茄

几枝百里香

3汤匙橄榄油

盐和现磨黑胡椒

2块金枪鱼排，每块约175克

350克笔管意面

半个柠檬的柠檬皮碎屑

少许辣椒碎

几滴优质意大利香醋，上菜时用（可选）

1 将烤箱预热至200℃（煤气烤箱6挡）。把洋葱、番茄、百里香放在一个大的深烤盘中，淋2汤匙橄榄油，加盐调味，拌匀。烤15分钟，或直至蔬菜烤软、略带焦黄色。

2 与此同时，加热条纹煎锅或烤板。将剩下的油抹在金枪鱼排上，用盐和胡椒调味。将鱼排的两面分别烤3~4分钟（具体时间取决于鱼排的厚度和个人喜好），取出备用。

3 用沸腾的盐水煮意面，煮10分钟，或直至意面已熟但有嚼劲。沥去水分，保留少许面汤。把意面倒回锅中，倒入烤洋葱和番茄，拌匀。

4 将金枪鱼切成鱼块，将柠檬皮碎屑和辣椒碎倒入锅中，轻轻拌匀，依据个人喜好用盐和胡椒调味。淋上意大利香醋（可选）即可上桌。

柠檬螃蟹意面

一道清淡、雅致的夏夜美食。

选用海鲜

螃蟹，或螯龙虾、虾

- **准备时间**：5分钟
- **烹饪时间**：10分钟
- 4人份

材料

1汤匙橄榄油

1个大洋葱，切成薄片

盐和现磨黑胡椒

2瓣大蒜，切成薄片

1个柠檬的柠檬皮碎屑和柠檬汁

1把扁叶欧芹，细细剁碎

200克新鲜的白色蟹肉，或罐装白色蟹肉，沥干

350克意式扁面或意式细面

辣椒油，上菜时用（可选）

1 在一个大煎锅中热橄榄油，放入洋葱和少许盐，用小火煸炒5分钟，或直至洋葱变得软且透明。拌入大蒜和柠檬皮碎屑，再煸炒片刻。

2 拌入欧芹和螃蟹，用盐和大量黑胡椒调味。依据个人喜好添加柠檬汁。

3 根据包装上的说明，用一大锅沸腾的盐水煮面，或直至意面煮熟但仍有嚼劲。沥干，保留少量面汤。将面倒回锅中，与螃蟹酱汁拌匀，淋上辣椒油（可选）上桌。

更多美味做法

爽口柠檬螃蟹意面

在蟹肉中添入1茶匙冲洗干净的刺山柑或1个切碎的绿甜椒。

扇贝意面

放入少许辣椒和青柠，便是一份完美的晚餐，甚至可以拿来宴客。

选用海鲜

王扇贝，或鮟鱇鱼、虾

- 准备时间：10分钟
- 烹饪时间：8分钟
- 4人份

材料

400克意式扁面

1个青柠的青柠汁

5汤匙橄榄油，另备一些刷在扇贝上

1个红辣椒，细细剁碎

2汤匙切碎的芫荽

盐和现磨黑胡椒

12个扇贝王，去除扇贝子

1 根据包装上的说明，用一大锅沸腾的盐水煮面，或直至意面煮熟但仍有嚼劲。沥干，保留少量面汤，保温。

2 同时，将青柠汁和油拌匀，拌入辣椒和一半量的芫荽。拌匀。将调味汁与意面拌匀，保温备用。

3 大火加热一个大的条纹煎锅或一个沉重的煎锅，在扇贝肉表面刷橄榄油，放在锅中大火快煎3分钟至上色，翻一次面，不要煎太久。

4 将意面分别盛在4个盘子中，在意面上放扇贝肉。撒上剩下的芫荽，配上脆皮面包和沙拉，立即上桌。

海陆风情意面

制作这道著名的意面用到了各种山珍海味。

选用海鲜

斑节对虾

- 准备时间：15分钟，另加浸泡时间
- 烹饪时间：15分钟
- 4人份

材料

15克干牛肝菌，冲洗干净

6个成熟的李形番茄

2汤匙特级初榨橄榄油

150克小白蘑菇

2瓣大蒜，碾碎或细细剁碎

1片月桂叶

150毫升中白葡萄酒

225克煮熟的斑节对虾

盐和现磨黑胡椒

400克意式细面

1 把牛肝菌放在碗里，倒入150毫升沸水，浸泡30分钟。切开牛肝菌，用细目筛过滤并保留汁液。

2 同时，把番茄放在一个耐热的碗中。在每个番茄的表皮上划一刀，浇上沸水浸没番茄。静置30秒，沥干水分，将番茄去皮去籽并粗粗切碎。

3 在一个大煎锅中热油。倒入所有的蘑菇，煸炒至金黄。放入大蒜，煸炒30秒。倒入牛肝菌汁液，放入月桂叶，文火炖一会儿，直至汤汁减少并变浓稠。把火调小。

4 倒入葡萄酒和番茄，用文火炖7~8分钟，或直至番茄软烂。取出月桂叶，倒入虾，煮1分钟。依据个人喜好用盐和胡椒调味。

5 根据包装上的说明，用一大锅沸腾的盐水煮面，或直至意面煮熟但仍有嚼劲。沥干，保留少量面汤，然后将面倒回锅里，倒入酱汁拌匀，即可上桌。

预先准备

至多可以提前2天制作酱汁，做到把番茄炖烂为止，密封冷藏。需用时先用小火重新加热酱汁，再继续烹饪。

海鲜番茄意面

本食谱中用了生的海鲜，但如果你觉得更方便，也可以使用已经烹熟的海鲜。

选用海鲜

任何什锦海鲜，如虾、鱿鱼和贻贝

- 准备时间：5分钟
- 烹饪时间：20分钟
- 4人份

材料

1汤匙橄榄油

1个洋葱，细细剁碎

盐和现磨黑胡椒

3瓣大蒜，碾碎或细细剁碎

400克罐装碎番茄

350克意式扁面或意式细面

350克生的什锦海鲜

1把扁叶欧芹，细细剁碎

1 在一个大煎锅中热油，放入洋葱和少许盐，用小火煸炒5分钟，或直至洋葱变软且半透明。放入大蒜，再煸炒数秒。加入番茄，煮至沸腾，文火慢炖10~12分钟。

2 同时，根据包装上的说明，用一大锅沸腾的盐水煮面，或直至意面煮熟但仍有嚼劲。沥干，保留少量面汤，把面倒回锅中。

3 将海鲜拌入番茄混合物中，再烹制几分钟至海鲜熟透。用盐和黑胡椒调味，拌入欧芹，与意面拌匀，即可上桌。

鳀鱼辣椒柠檬意面

在线上商城和一些大型超市都能买到油浸白鳀鱼。

选用海鲜

橄榄油浸鳀鱼条

- 准备时间：10分钟
- 烹饪时间：10分钟
- 4人份

材料

1汤匙橄榄油

2个红洋葱，细细剁碎

盐

2瓣大蒜，磨碎或细细剁碎

1个红辣椒，去籽并细细剁碎

1个青辣椒，去籽并细细剁碎

1个柠檬的柠檬皮屑

350克意式扁面或意式细面

12条橄榄油浸鳀鱼条，沥干

1把细细剁碎的扁叶欧芹

1个柠檬的柠檬汁，上菜时用

1 在一个大煎锅中热油，放入洋葱和少许盐，用小火煸炒5分钟，或直至洋葱变软。放入大蒜、辣椒和柠檬皮屑，继续煸炒几分钟，其间不断翻炒，确保没有炒焦。

2 同时，根据包装上的说明，用一大锅沸腾的盐水煮面，或直至意面煮熟但仍有嚼劲。沥干，保留少量面汤，把面倒回锅中。

3 将鳀鱼拌入洋葱混合物中，再和意面拌匀，放入欧芹，轻颠锅子拌匀，滴上几滴柠檬汁上桌。

派、挞和焗菜

豌豆青鳕派

即使在辛苦工作了一天之后，做这道菜也只是小菜一碟、非常容易，而且这道菜非常受欢迎。

选用海鲜

青鳕，或任何肉质紧实的白身鱼，如黑线鳕、无须鳕或舒鳕，甚至鲑鱼

· 准备时间：15分钟
· 烹饪时间：25分钟
· 4人份

材料

900克粉质马铃薯，削皮，切块

450毫升牛奶，另备3汤匙

盐和现磨黑胡椒

675克青鳕鱼肉，剔除鱼刺，去皮并切块

30克黄油

30克面粉

1汤匙第戎芥末酱

175克冷冻豌豆

4个鸡蛋，煮熟并粗粗切碎

1 将烤箱预热至200℃（煤气烤箱6挡），或将烤炉预热至最高温。用盐水煮马铃薯15分钟，或煮至马铃薯变软。沥干水分，倒入3汤匙牛奶，用盐和胡椒调味，捣成泥状，备用。

2 把鱼肉放在一个浅煎锅中。用盐和胡椒调味。浇入足够牛奶覆盖鱼肉（约150毫升），用中火煮3~4分钟。用漏勺盛出鱼肉，盛在一个耐热的餐盘中。

3 在锅中加热熔化黄油。离火，用木勺拌入面粉，搅拌至顺滑。重新放到火上加热，缓缓倒入剩下的牛奶，然后煮5~10分钟，直至汤汁变稠。如果需要，添加更多的牛奶。拌入芥末酱，用盐和胡椒调味。倒入豌豆和鸡蛋。

4 将酱汁舀在鱼肉上，在上面放上土豆泥，用餐叉将其塑形成山峰状。如果你喜欢的话，可以在上面点一点黄油。放在烤箱中或烤炉中烤10分钟左右，直至表面酥脆金黄。

预先准备

在烤之前提前1天拼装食材，密封冷藏。

牙鳕韭葱派

做这道菜需要一个1.2升以上的派盘。

选用海鲜

牙鳕，或任何肉质紧实的白身鱼

· 准备时间：15分钟
· 烹饪时间：50分钟
· 4人份

材料

1汤匙橄榄油

1个洋葱，细细剁碎

盐和现磨黑胡椒

4根韭葱，切碎

1茶匙面粉

150毫升苹果酒

1把扁叶欧芹，细细剁碎

150毫升浓奶油

675克牙鳕鱼肉，剔除鱼刺、去皮，切成块

300克酥皮面团

面粉，用于撒在台面上

1个鸡蛋，轻轻打成蛋液

1 将烤箱预热至200℃（煤气烤箱6挡）。热油，文火炒软洋葱，用盐调味。放入韭葱，煸炒10分钟。离火，拌入面粉和一点苹果酒。重新放到火上，倒入剩下的全部苹果酒，煮5~8分钟。拌入欧芹和奶油，和鱼一起舀入派盘中。

2 在台面上撒面粉将酥皮面团擀至直径比派盘大5厘米的面饼。从边缘切下2.5厘米宽的酥皮条，贴在沾湿的派盘边缘并压实。刷蛋液，把整张酥皮贴在上面。压实并封严酥皮边缘。在表面划2刀，使蒸汽能够逸出。刷蛋液，烘焙20~30分钟，直至膨胀并呈金黄色。

预先准备

提前1天制作馅料，密封冷藏。

大虾鲑鱼派

大虾鱼派是所有人的最爱，而本食谱是奢华版的大虾鱼派，需用容量大于1.2升的耐热容器来做。

选用海鲜
吃剩的冷鲑鱼，或吃剩的冷鳟鱼；虾

- 准备时间：15分钟
- 烹饪时间：35分钟
- 2人份

材料

675克马铃薯，削皮切块

300毫升牛奶，另备2汤匙

盐和现磨黑胡椒

350克吃剩的烤鲑鱼，切成薄片

200克煮熟的虾，剥去虾壳，挑去肠线

1块黄油，另备一些烘烤时用

1汤匙面粉

1汤匙整粒芥末籽酱

1　将烤箱预热至200℃（煤气烤炉6挡）。把马铃薯放在盐水中煮15分钟，直至马铃薯煮软。倒入2汤匙牛奶，用盐和胡椒调味，捣成泥状。

2　把鲑鱼和虾放在耐热的容器里。用盐和胡椒调味，备用。

3　在锅中用小火熔化黄油。离火，拌入血粉。加点牛奶，搅拌至顺滑。把锅重新放到火上，继续倒入牛奶，每次只倒入少许，不断搅拌，直至牛奶变稠。不停搅拌并打散结块，随后拌入芥末籽酱。

4　把酱汁倒在鲑鱼上，覆上土豆泥，上面点一些黄油。放入烤箱中烘烤15~20分钟，直至表面变得酥脆金黄。

预先准备
提前1天拼装食材，密封冷藏。

渔夫派

这道美味而简单的渔夫派经常一上桌就被一扫而光，鸡蛋和虾的加入令人更有食欲。你需要一个2升的派盘。

选用海鲜
任何肉质紧实的白身鱼，如黑线鳕、无须鳕、鳕鱼或青鳕；虾

- 准备时间：35~45分钟
- 烹饪时间：50分钟
- 6人份

材料

625克马铃薯，削皮并切块

1升牛奶，另备4汤匙

盐和现磨黑胡椒

10粒整粒黑胡椒

2片月桂叶

1个小洋葱，切成4份

750克白身鱼肉，剔除鱼刺、去皮，切成大块

90克黄油，另备一些用于涂在派盘上

60克面粉

5~7枝欧芹的叶子，切碎

125克煮熟的虾，剥去虾壳，挑去肠线（见第285页）

3个鸡蛋，煮熟并粗粗切碎

1　将烤箱预热至180℃（煤气烤箱4挡）。将马铃薯煮软，沥干水分。放入4汤匙牛奶、少许盐和黑胡椒，捣成泥状。

2　将剩下的牛奶倒入锅中，放入黑胡椒粒、月桂叶和洋葱。煮至沸腾，离火，加盖，静置10分钟。放入鱼肉，用文火炖5~10分钟。滤干并保留汤汁。

3　用小火熔化黄油。拌入面粉搅拌，倒入保留的汤汁。重新放到火上，搅拌至汤汁变稠。放入欧芹。

4　在派盘上涂一层黄油，舀入鱼肉、虾和鸡蛋。铺上马铃薯泥，烘烤20~30分钟。

预先准备
提前1天拼装食材，密封冷藏。

更多美味做法

奶油香酥鱼

准备好鱼肉和虾的混合物，但不要放马铃薯泥。将90克黄油揉入150克面粉中。放入1汤匙切碎的欧芹、45克燕麦片、1汤匙帕玛森干酪粉、盐和黑胡椒，在6个小烤盘中抹上黄油，放入鱼肉，覆上燕麦混合物。烘烤20~25分钟。

鲑鱼烤饼

一道经典的俄罗斯特色菜，你可以略加改动，比如用薄饼代替米饭来搭配鱼肉馅料。

选用海鲜

鲑鱼，或鳟鱼、鲟鱼

- 准备时间：40分钟
- 烹饪时间：45分钟
- 4~6人份

材料

450克千层酥皮面团

30克黄油

1个小洋葱，细细剁碎

60克白蘑菇，细细剁碎

5汤匙牛奶

250克熟的鲑鱼（水煮或罐装），剔除鱼刺、去皮，切成薄片

2个鸡蛋，煮熟并切丁

115克长粒米饭，放凉

1汤匙细细剁碎的扁叶欧芹

1汤匙细细剁碎的莳萝

盐和现磨黑胡椒

1个鸡蛋，打散，用于刷蛋液

1 将⅓酥皮面团擀成25厘米×15厘米大小的饼底，放在烤盘上，用餐叉扎几个洞。冷藏10分钟。将烤箱预热至200℃（煤气烤箱6挡）。将剩下的酥皮面团擀成比饼底大⅓的面饼，冷藏。

2 在一个炖锅中加热熔化黄油，放入洋葱，用小火煸炒4~5分钟，直至洋葱炒软。把火调大，倒入蘑菇。炒2~3分钟。倒入牛奶，文火慢炖，直至蘑菇煮熟。放凉。

3 把饼底放入烤箱中烤5~10分钟，或直至其变得酥脆，放在冷却架上冷却。

4 把鲑鱼、熟鸡蛋、米饭和香草拌在一起，用盐和胡椒调味，放入蘑菇混合物。

5 将鲑鱼等馅料舀在饼底上，再将生的酥皮面饼放在上面，将其边缘塞到熟酥皮下封口。

6 用整形时切下的生酥皮雕刻出小鱼或树叶的形状，在烤饼上戳一个小洞，在表面刷上蛋液，用小鱼等形状的酥皮装饰烤饼表面。冷藏15分钟。再刷一遍蛋液，烘烤25~30分钟，直至烤饼变成金黄色。

预先准备

至多可以提前2天按照步骤1—5提前制作烤饼，密封冷藏。在继续烹饪前先使其恢复到室温。

鲑鱼千层酥

把鲑鱼包在酥皮中烘焙，能够使鱼肉保持鲜嫩多汁的口感。

选用海鲜

鲑鱼，或鳟鱼

- 准备时间：25分钟
- 烹饪时间：30分钟
- 4人份

材料

85克西洋菜，摘去老茎，细细剁碎

115克奶油奶酪

盐和现磨黑胡椒

400克千层酥皮面团

面粉，用于撒在工作台上

600克鲑鱼肉，剔除鱼刺、去皮，对半切开

油，用于涂在烤盘上

蛋液或牛奶，用于刷酥皮

1 将烤箱预热至200℃（煤气烤箱6挡）。把西洋菜放在碗中，倒入奶油奶酪，用盐和胡椒充分调味并拌匀。

2 工作台上撒面粉，把酥皮面团擀至3毫米厚。酥皮应比鲑鱼肉长7.5厘米、宽2倍以上。整理酥皮的边缘使其形状规整。把酥皮放在一个抹了薄薄一层油的烤盘上。

3 把一片鲑鱼放在酥皮中间，涂抹西洋菜奶油奶酪混合物，把另一片鲑鱼放在上面。将酥皮的边缘沾上一点水，然后将酥皮的长边和短边分别向下折，把鲑鱼肉包在里面。使酥皮的边缘互相略有交叠，捏紧边缘。刷上蛋液，用烤肉叉在酥皮上戳2~3个小洞，以便蒸汽逸出。烘烤30分钟，直至酥皮膨胀发起、呈金黄色。

4 从烤箱中取出，静置几分钟，然后切块，上桌。

预先准备

至多可以提前12小时做好。密封冷藏，烤之前先使其恢复到室温。

鲑鱼的理想搭配：

鲑鱼和莳萝、龙蒿、酸模、柠檬和海蓬子搭配很经典。另外，鲑鱼和姜，甚至印尼酱油膏或印尼甜酱油也能搭配得当。

法式比萨

法国版的比萨。

选用海鲜

橄榄油浸鳀鱼片

- 准备时间：20分钟，另加发面的时间
- 烹饪时间：85分钟
- 4人份（作主菜）或8人份（作前菜）

材料

制作比萨馅料的材料

4汤匙橄榄油

900克洋葱，切成薄片

3瓣大蒜

几枝百里香

1茶匙普罗旺斯香料

1片月桂叶

100克瓶装或罐装的橄榄油浸鳀鱼条

12颗尼斯黑橄榄，去核，或意大利橄榄

制作比萨饼底的材料

225克高筋面粉，另备一些撒在台面上

盐和现磨黑胡椒

1茶匙黄糖

1茶匙快速干酵母

1汤匙橄榄油

1 制作饼底：在一个大碗中混合面粉、1茶匙盐和黑胡椒，在另一个碗中倒入150毫升温水，倒入黄糖和酵母搅拌，静置10分钟使其发泡，然后倒入面粉和油。揉成一个面团，如果太干，再加一些水。在一块撒过面粉的案板上揉10分钟，或直至面团变得有弹性，把面团揉成球状，放回碗中，并盖上一块茶巾。在温暖的环境中静置1小时，或直至面团发酵至原来的2倍大。

2 在一个炖锅中用小火热油，放入洋葱、大蒜、百里香和普罗旺斯香料，文火慢炖1小时，或直至洋葱非常软但仍保持条状。放在一旁备用，丢弃月桂叶。

3 将烤箱预热至180℃（煤气烤箱4挡）。在一个撒过面粉的台面上揉面团片刻，使其大小适合放入32.5厘米×23厘米的瑞士卷模具，将面团铺满模具，并用餐叉在面团上戳几个洞。

4 将洋葱铺在面团上。鳀鱼沥干并纵向切成两半，保留3汤匙油，在面团上嵌上几排橄榄，并在上面呈十字形地铺上鳀鱼。淋上鳀鱼罐头中的油，撒黑胡椒。烘烤25分钟，趁热或放凉后享用，食用前把比萨切成长方形即可。

鱼肉挞

这种挞需要用到挞圈或烤模。剩菜很适合用来做这种挞。做挞皮时需要一些重石。

选用海鲜

熟鳟鱼，或熟鲑鱼、熟鳕鱼，或熟黑线鳕、煮熟的熏鱼、熟虾

- 准备时间：45分钟，另加冷藏时间
- 烹饪时间：55分钟
- 4人份

材料

225克奶油酥皮面团

面粉，用于撒在台面上

1个洋葱，细细剁碎

45克黄油

4个成熟的番茄，去皮去籽并切丁（见第112页）

一小瓣大蒜，拍碎

2茶匙切碎的百里香叶

一大撮现磨的肉豆蔻

150毫升稀奶油

2个鸡蛋，打散

盐和现磨黑胡椒

175克熟鳟鱼，剔除鱼刺，切成大片

1汤匙格鲁耶尔奶酪粉

在一个撒过面粉的台面上，把面团擀成25厘米的圆形，把它嵌在直径20厘米的挞圈中。冷藏15分钟。将烤箱预热至180℃（煤气烤箱4挡）。

1 将挞圈衬上防油纸，再压上重石。烘烤12~15分钟，或烤至挞皮成形。去除防油纸和重石，放回烤箱中再烤5分钟，静置冷却。将烤箱温度降至150℃（煤气烤箱2挡）。

2 用黄油炒洋葱4~5分钟，或直至洋葱变透明。倒入番茄和大蒜，倒入百里香、肉豆蔻、奶油和鸡蛋液拌匀，用盐和胡椒调味。

3 将鱼肉放入挞皮中，舀上番茄混合物。撒上格鲁耶尔奶酪粉，把挞放回烤箱中，烘烤25~35分钟，或直至挞成形并呈金黄色。趁热或放凉后食用均可。

预先准备

至多可以提前1天烘烤挞皮，完全冷却后放入密封容器中，室温下保存。

鳟鱼的理想搭配：

将鳟鱼和白葡萄酒醋或柠檬搭配，能够突出鱼肉的鲜美。也可以将鳟鱼和醇香的油酥面团、扁桃仁或榛子搭配，并用细香葱提鲜。

熏黑线鳕韭葱芥末籽挞

本食谱中使用的是染过色的熏黑线鳕，菜品十分亮眼。你需要一个20~25厘米的挞模和一些重石。

选用海鲜

烟熏黑线鳕，或熏鳕鱼、罐装鲑鱼

- **准备时间：**15~20分钟，另加冷却时间
- **烹饪时间：**1小时10分钟~1小时20分钟
- 4人份

材料

300克奶油酥皮面团

面粉，用于撒在台面上

350克染过色的熏黑线鳕鱼片，带鱼皮

300毫升牛奶

1枝百里香

1片月桂叶

60克无盐黄油

1根韭葱（只取葱白），剁得极碎

1汤匙面粉

1个鸡蛋，另备1个蛋黄

盐和现磨黑胡椒

1汤匙芥末籽

2汤匙帕玛森干酪粉

1　在一个撒上面粉的台面上擀酥皮，嵌入挞模中，冷藏30分钟。将烤箱预热至190℃（煤气烤箱5挡）。铺上防油纸，放入重石。烘烤15~18分钟。出炉后取出防油纸和重石，将挞底静置冷却。将烤箱温度降至170℃（煤气烤箱3挡）。

2　把鱼肉放在平底炒锅中，倒入牛奶，放入百里香和月桂叶。煮至沸腾，把火调小，文火炖5~6分钟。剥去鱼皮，将鱼肉切成大块。滤出牛奶。

3　在炖锅中加热熔化黄油，放入韭葱，盖上锅盖，烹6~8分钟。倒入面粉，烹1分钟。离火，缓缓拌入牛奶。把锅重新放到火上，煮至沸腾，然后离火并冷却。拌入鸡蛋液、蛋黄，用盐和胡椒调味。

4　在挞皮上撒上芥末籽。把鱼肉放在上面，舀上酱汁，撒上帕玛森干酪粉，烘烤30~40分钟。冷却片刻后再上桌。

预先准备

至多可以提前1天将挞拼装好。在将馅料放入挞模前，应确保所有食材已经冷透。密封冷藏。

熏鲭鱼大葱挞

这个挞让不起眼的熏鲭鱼摇身一变，成为一道奢华精致的美食。你需要一个18厘米、活底直边的挞模和一些重石。

选用海鲜

熏鲭鱼，或熏鲑鱼

- **准备时间：**15分钟
- **烹饪时间：**50分钟
- 4人份

材料

250克奶油酥皮面团

面粉，用于撒在台面上

2个鸡蛋，打散，另备1个用于刷蛋液

1汤匙橄榄油

1把大葱，细细剁碎

盐和现磨黑胡椒

2片熏鲭鱼，每片约100克，去皮并切成薄片

200毫升鲜奶油

1把扁叶欧芹，细细剁碎

1把细香葱，细细剁碎

1　将烤箱预热至200℃（煤气烤箱6挡）。在撒过面粉的工作台上擀酥皮面团，将酥皮嵌入挞模中。剔去多余的酥皮，铺上防油纸，放入重石。烘烤15~20分钟，直至酥皮边缘呈金黄色。出炉后取出重石和防油纸，在挞皮表面刷上蛋液，放回烤箱中再烤2~3分钟，烤至发脆。将烤箱温度降至180℃（煤气烤箱4挡）。

2　在煎锅中用小火热油，放入一半量的大葱和一小撮盐，用文火煸炒5分钟。将其与生的大葱一起舀在挞皮上。撒上鲭鱼，用黑胡椒调味。

3　把鲜奶油和2个鸡蛋的蛋液拌匀，放入香草，用少许盐调味，拌匀。将混合物小心地倒入挞皮中，烘烤20~30分钟，直至成形并呈金黄色。静置冷却10分钟后再从挞模中取出，配上番茄和黄瓜沙拉上桌。

预先准备

可以提前1天制作挞皮，放在室温下密封保存。

熏黑线鳕配菠菜及意式培根

这道美味可口、令人满足的菜肴，作为一顿速战速决的晚餐很棒。

选用海鲜

熏黑线鳕，或熏鳕鱼

- 准备时间：10分钟
- 烹饪时间：20~25分钟
- 6人份

材料

15克黄油，再备一些抹在餐盘上

1汤匙橄榄油

1个洋葱，细细剁碎

100克意式培根，切碎

450克菠菜

100克鲜奶油

盐和现磨黑胡椒

75克帕玛森干酪，碾碎

800克熏黑线鳕鱼肉排，去皮

半个柠檬的柠檬汁

30克面包糠

1 将烤箱预热至190℃（煤气烤箱5挡），把一个耐热的餐盘抹上黄油。在煎锅中同时加热熔化橄榄油和黄油，炒洋葱和意式培根5分钟。

2 放入菠菜，翻炒至菠菜发蔫，拌入鲜奶油，用盐和胡椒调味后加入绝大部分帕玛森干酪。文火慢炖至汤汁略微变稠。

3 将菠菜混合物舀入盘中，把肉堆叠在上面。滴几滴柠檬汁，撒上面包糠和剩下的帕玛森干酪，烘烤15~20分钟，或烤至鱼肉熟透。

预先准备

至多可以提前1天拼装，密封冷藏，到准备烘烤时取出。

奶汁焗熏鱼

口感丰腴、味道浓郁的一道菜，非常适合在寒冷的冬夜享用。

选用海鲜

熏鲭鱼和熏鲑鱼，或任何什锦熏鱼

- 准备时间：10分钟
- 烹饪时间：30分钟
- 4人份

材料

125克熏鲭鱼，去皮

125克熏鲑鱼

8~12条橄榄油浸鳀鱼条，沥干

4个蜡质马铃薯，削皮，煮熟，切片

1块融化的黄油

制作酱汁的材料

1块黄油

1个洋葱，细细剁碎

1瓣大蒜，碾碎或细细剁碎

1汤匙面粉

300毫升牛奶

盐和现磨黑胡椒

1把卷叶欧芹，细细剁碎

1 将烤箱预热至200℃（煤气烤箱6挡）。制作酱汁：在锅中用小火熔化黄油，放入洋葱，用义火慢慢加热5分钟，直至洋葱变软、呈半透明状，放入大蒜，再烹制几分钟。离火，拌入面粉，倒入一点牛奶，搅拌至顺滑。

2 把锅重新放到火上，缓缓倒入剩下的牛奶，搅动至混合物变稠，用盐和胡椒调味，拌入欧芹。

3 把熏鱼和鳀鱼堆放在一个耐热的盘子中，舀上酱汁，轻轻拌匀。之后在上面铺一层马铃薯片，用融化的黄油刷马铃薯表面，放在烤箱中烘烤15~20分钟，或直至表面酥脆金黄、内部均匀受热。可以搭配脆爽的蔬菜沙拉上桌。

预先准备

至多可以提前2天制作酱汁并冷却，拼装好后，密封冷藏。在继续烘烤前先使其恢复到室温。

西班牙饺子

这种可口的西班牙点心用途广泛并很实在。你需要一个直径9厘米的圆形饼干模具。

选用海鲜

罐装金枪鱼，或罐装沙丁鱼

- **准备时间**：45分钟，另加冷藏时间
- **烹饪时间**：40~50分钟
- 24个

材料

450克面粉，另备一些用于擀面团

盐和现磨黑胡椒粉

85克黄油，切丁

2个鸡蛋，打散，另备一些刷蛋液

1汤匙橄榄油，另备一些抹在烤盘上

1个洋葱，细细剁碎

1~2个罐装李形番茄，沥干水分

2茶匙番茄泥

185克罐装水浸金枪鱼，沥干水分

2汤匙细细剁碎的扁叶欧芹

1 做油酥面团：将面粉筛进一个大的搅拌碗中，放入半茶匙盐。加入黄油，用指尖揉搓，直至将面粉混合物揉搓得像面包糠一样。添加鸡蛋和4~6汤匙水，拌匀，揉成面团。盖上保鲜膜，冷藏30分钟。

2 同时，在煎锅里热油，放入洋葱，用中火翻炒5~8分钟，或炒至洋葱呈半透明。放入番茄、番茄泥、金枪鱼和欧芹，用盐和胡椒调味。改文火慢炖10~12分钟，不时搅拌。

3 将烤箱预热至190℃（煤气烤箱5挡）。把面团擀成3毫米厚的面皮。用饼干模具压出24片小面皮。在每片面皮上放1茶匙馅料，在面皮边缘刷上水，将面皮对折，并将边缘捏合在一起。

4 把饺子放在抹了油的烤盘里，刷上蛋液。烘烤25~30分钟，或直至饺子呈金黄色。趁热上桌。

预先准备

至多可以提前2天将金枪鱼馅料制作完成并彻底冷却，然后制作饺子，密封冷藏。在烘焙前先使其恢复到室温。

更多美味做法

迷你西班牙饺子

将面皮切至一口大小，就能成为一道完美的前菜。烘烤15~20分钟即可。

罐装金枪鱼的理想搭配：

罐装金枪鱼味道强烈，很适合与洋葱、橄榄、番茄和大蒜搭配。与味道清淡的意面或奶油芝士酱搭配也很出彩。

法式奶油焗蘑菇扇贝

一道优雅的主菜。你需要4个扇贝壳或4个小烤杯及一个裱花袋。

选用海鲜

扇贝王，或鸟蛤

- **准备时间**：20分钟
- **烹饪时间**：50分钟
- 4人份

材料

450克粉质马铃薯，削皮，切块

85克黄油

一大撮肉豆蔻粉

盐和现磨黑胡椒

3个蛋黄

8个扇贝王，去除扇贝子

6汤匙档次适中的白葡萄酒

1片月桂叶

7.5厘米长的芹菜茎

4粒黑胡椒粒

一小枝百里香

225克白蘑菇

半个柠檬的柠檬汁

1汤匙面粉

6汤匙浓奶油或鲜奶油

50克格鲁耶尔奶酪或埃曼塔奶酪，磨碎

1 煮熟马铃薯，将马铃薯与30克黄油、肉豆蔻一起捣成马铃薯泥，用盐和胡椒调味，打至蓬松，拌入蛋黄后舀入裱花袋中，在每个扇贝壳或小烤杯边缘挤一圈。

2 将烤箱预热至220℃（煤气烤箱7挡）。将扇贝肉放在中等大小的炖锅中，放入150毫升水、葡萄酒、月桂叶、芹菜、黑胡椒粒、百里香和少许盐。煮沸，盖上锅盖，文火炖1~2分钟，或直至扇贝肉变白。过滤，保留汤汁，丢弃蔬菜。

3 在锅中放入蘑菇、柠檬汁、2汤匙水、盐和黑胡椒，盖上锅盖炖5~7分钟，如果锅中还有汤汁，文火慢炖至汤汁全部蒸发。

4 把剩下的黄油放在锅里加热熔化，拌入面粉，烹煮1分钟。缓缓倒入先前保留的扇贝汤汁，慢慢煮沸，并搅拌至汤汁变稠。用盐和胡椒调味，用小火炖4~5分钟后，加入奶油和一半量的奶酪。把扇贝肉对半切开，和蘑菇一起拌入酱汁中。

5 把混合物舀入每个扇贝壳或小烤杯中，撒上剩下的奶酪。烘烤15分钟，或直至变成金黄色，即可上桌。

奶酪白汁烤黑线鳕

这是一道色泽亮丽的菜，在煮黑线鳕在菠菜的映衬下十分抢眼。

选用海鲜

黑线鳕，或熏鳕鱼、熏狭鳕

- **准备时间**：10分钟
- **烹饪时间**：30分钟
- **4人份**

材料

675克黑线鳕鱼排，剔除鱼刺、去皮，切成4等分

150毫升鱼高汤或水

300毫升牛奶

45克黄油，用于抹在盘子上

45克面粉

115克车达干酪，磨碎

盐和现磨黑胡椒

250克菠菜叶，切碎

少许肉豆蔻粉

60克新鲜的全麦面包糠

2汤匙切碎的扁叶欧芹

60克帕玛森干酪，磨碎

1 将鱼肉放在一个深煎锅中，倒入高汤和牛奶，慢慢煮沸，然后盖上锅盖，用文火炖6~8分钟，或直至鱼肉炖熟。从锅中盛出鱼肉并保温，保留煮鱼的汤汁。

2 在一个锅中加热熔化黄油，倒入面粉，搅拌至顺滑。烹1分钟，随后缓缓拌入煮鱼的汤汁。边煮边搅拌，直至汤汁变稠，拌入车达干酪，用盐和胡椒调味并离火。

3 把菠菜放在一个锅中，盖上锅盖，用小火烫1分钟，直至菠菜叶发蔫。用肉豆蔻调味，之后平铺在一个抹了油的耐热浅盘中。预热烤炉。

4 将黑线鳕放在菠菜上，淋上酱汁。拌匀面包糠、欧芹和帕玛森干酪，撒在黑线鳕上。烤至金黄色即可上桌。

预先准备

可以提前几个小时拼装好，密封冷藏。在烤之前以文火加热。

鲑鱼焗辣根羽衣甘蓝

将辣根与有益健康的羽衣甘蓝搭配，这绝对是一道绝佳的冬季焗烤美食。

选用海鲜

鲑鱼，或熏黑线鳕

- **准备时间**：10分钟
- **烹饪时间**：35分钟
- **4人份**

材料

4片鲑鱼肉，每片约150克，剔除鱼刺、去皮

600毫升牛奶

2把羽衣甘蓝

30克黄油

1汤匙面粉

115克浓味车达干酪，磨碎

1~2汤匙奶油辣根酱

1 将烤箱预热至200℃（煤气烤箱6挡）。把鲑鱼肉放在煎锅中，倒入足量的牛奶没过鱼身。以小火慢炖10分钟左右，直至鱼肉变得不透明，表明鱼肉煮熟了，然后用漏勺或煎鱼铲将鲑鱼盛到一个耐热的盘子中，保留牛奶。

2 摘除羽衣甘蓝的老茎，把叶片粗粗切碎。煮或蒸5分钟左右，直至羽衣甘蓝有点变软，然后沥干水分，放入鲑鱼，轻轻拌匀。

3 用炖锅加热熔化黄油，拌入面粉。煮1分钟左右，直至起泡。随后缓缓倒入煮鱼的牛奶，不断搅拌，打散结块。煮沸、搅拌4~5分钟，直至变稠。离火后放入车达干酪搅拌，直至奶酪融化，然后放入辣根酱。

4 将奶酪酱汁浇在鲑鱼上，烘烤15分钟左右，直至呈现金黄色。

预先准备

可以提前几个小时拼装好，密封冷藏。在烘烤前先使其恢复到室温。

金枪鱼焗意面

在忙碌一天后,这道制作迅速、既有蔬菜又有蛋白质、可用易储存食材制作的餐点是非常理想的选择。你需要一个1.5升的耐热餐盘。

选用海鲜

罐装金枪鱼,或罐装鲭鱼

- **准备时间:** 10分钟
- **烹饪时间:** 40分钟
- 6人份

材料

盐和现磨黑胡椒

200克贝壳意面

油,用于刷在餐盘上

300克罐装浓缩奶油蘑菇汤

120毫升牛奶

200克罐装水浸金枪鱼,沥干

200克罐装甜玉米,沥干并冲洗干净

1个洋葱,细细剁碎

1个红甜椒,去籽并细细剁碎

4汤匙切碎的扁叶欧芹

少许辣椒粉(可选)

115克车达奶酪或柴郡奶酪,磨碎

1 用大火将一大炖锅加入盐的水煮沸,放入贝壳面搅拌。煮面时间应比包装上建议的时间少2分钟,沥水,备用。

2 将烤箱预热至220℃(煤气烤箱7挡),并将一个1.5升的耐热餐盘涂上一层油。

3 把煮面的水倒掉,用这个炖锅小火热蘑菇汤和牛奶,再拌入金枪鱼、甜玉米、洋葱红甜椒、欧芹、辣椒粉(可选)和一半量的奶酪。等汤汁煮热后拌入贝壳意面,依据个人喜好调味。

4 将混合物倒入餐盘中并抹平,撒上剩下的奶酪。烘烤30~35分钟,或直至变成金黄色。取出后直接趁热上桌,可搭热的香蒜面包和一份蔬菜沙拉享用。

预先准备

可以提前几个小时拼装好,密封冷藏。在烘烤前先使其恢复到室温。

美式鮟鱇鱼

鮟鱇鱼肉质紧实,是做这道菜的绝佳食材。

选用海鲜

鮟鱇鱼,或斑节对虾、螯龙虾

- **准备时间:** 45~50分钟
- **烹饪时间:** 1小时
- 4~6人份

材料

1.35千克鮟鱇鱼,带骨

2个洋葱,切碎

125毫升干白葡萄酒或半个柠檬的柠檬汁

1茶匙黑胡椒粒

3~5枝欧芹

30克面粉

盐和现磨黑胡椒

2汤匙橄榄油

125克黄油

制作美式酱汁的材料

1根胡萝卜,切丁

2瓣大蒜,细细剁碎

400克罐装碎李形番茄

150毫升干白葡萄酒

3汤匙法国白兰地

3~4枝龙蒿的叶片,切碎,保留茎

少许辣椒粉(可选)

1束香料束

4汤匙浓奶油

1汤匙番茄泥

少许糖(可选)

1 把鱼切成1厘米厚的片。用一把宽刃刀的侧向把鱼片略微压扁。

2 把一半量的洋葱放在一个大炖锅中,放入鱼骨、葡萄酒、黑胡椒粒、欧芹和500毫升水。慢慢煮沸,然后不盖锅盖,用文火慢炖20分钟。过滤并保存汤汁。

3 把面粉撒在盘子里,用盐和胡椒调味。把鱼片裹上面粉。在深煎锅中热油和¼份黄油,倒入一半量的鱼肉,煎2~3分钟。盛入盘中,煎剩下的鱼肉。

4 制作美式酱汁:在炖锅中倒入胡萝卜、大蒜和剩余的洋葱,炒3~5分钟,或直至蔬菜变软。放入番茄、葡萄酒、法国白兰地、龙蒿茎、盐、黑胡椒、辣椒粉、香料束,倒入刚煮好的汤汁中煮沸,再以文火慢炖15~20分钟。

5 用筛网将酱料过滤到一个大炖锅中。将酱汁倒入筛网,用长柄勺按压筛网中的食材以充分过滤。使酱汁沸腾5~10分钟,直至酱汁变稠。拌入奶油和番茄泥,如果需要可再加点糖。

6 倒入鮟鱇鱼,文火慢炖5~10分钟。离火,一小块一小块地放入剩下的黄油并晃动锅子。撒上龙蒿叶即可上桌。

一锅煮

阿斯图里亚斯炖鱼

这道标志性的炖菜来自西班牙的阿斯图里亚斯地区,通常用当天捕捞上来的海鲜烹制。

选用海鲜

什锦白身鱼,如无须鳕、鮟鱇鱼、红鲻鱼(纵带羊鱼或羊鱼);虾、贝类海鲜,如鱿鱼、贻贝、虾、蛤蜊

- 准备时间:25分钟
- 烹饪时间:40分钟
- 6人份

材料

1千克白身鱼排,剔除鱼骨、去皮

4只小鱿鱼,去除内脏并洗净(见第282页)

500克贻贝,处理好(见第278页);蛤蜊,洗净

150毫升干白葡萄酒

3汤匙特级初榨橄榄油

1个大的西班牙洋葱,切碎

3瓣大蒜,碾碎或细细剁碎

一大撮辣椒粉

满满1汤匙面粉

300毫升鱼高汤

一大把扁叶欧芹,切碎(8~10汤匙)

250克生的虾,剥去虾壳,挑去肠线(见第285页)

2个大的红甜椒,去籽并切成4块

盐和现磨黑胡椒

柠檬汁,依据个人喜好添加

1 将烤箱预热至180℃(煤气烤箱4挡)。把鱼切成大块,把鱿鱼切成大方块,使用前保持冷藏。

2 用力叩击贻贝和蛤蜊的外壳,检查其是否闭合。把葡萄酒倒入一个大炖锅,煮沸,放入贻贝和蛤蜊,用中火煮3~4分钟,或直至贻贝和蛤蜊开口。丢弃所有仍然闭合的贻贝和蛤蜊。过滤并保留汤汁。将贻贝肉和蛤蜊肉从壳中剥出来。

3 在一个大焙盘中热油,放入洋葱炒软。放入大蒜、辣椒粉和面粉。拌1·2分钟。放入贝类汁液、鱼高汤和欧芹。

4 放入牛海鲜和黑胡椒,用盐调味。盖上盖子,放入烤箱中烤20~25分钟。取出,放入贻贝和蛤蜊,再烤5分钟。洒上柠檬汁,可搭配脆皮面包上桌。

预先准备

至多可以提前2天按照步骤3制作酱汁底料,密封冷藏。继续烹饪前先将其慢炖至即将沸腾的状态。

茄汁炖鱼

一道简单但非常可口的炖菜。

选用海鲜

红鲻鱼(纵带羊鱼或羊鱼)、海鲂、牙鳕、鳀鳅、蛤蜊或任何什锦海鲜

- 准备时间:20分钟
- 烹饪时间:20~25分钟
- 6~8人份

材料

3条中等大小的红鲻鱼,刮除鱼鳞,片出整片鱼肉

4小片日本海鲂鱼肉,去皮

225克牙鳕鱼肉,去皮

225克鳀鳅鱼肉,去皮

150毫升橄榄油

1个洋葱,细细剁碎

2根芹菜茎,切成薄片

2根小胡萝卜,切成薄片

1个球茎茴香,切成薄片

3瓣大蒜,拍碎

1茶匙番茄泥

3汤匙潘诺茴香酒

150毫升干白葡萄酒

8个李形番茄,去籽,粗切

2茶匙百里香叶

2茶匙马郁兰叶,切碎

1升鱼高汤

盐和现磨黑胡椒

225克蛤蜊,洗净

1 将鱼肉剔除鱼刺(见第271页)并切成大片备用。

2 用大焙盘热大部分油。小火煸炒蔬菜和大蒜4~5分钟。放入番茄泥、潘诺茴香酒、葡萄酒、番茄和香草。煮沸,文火慢炖5分钟后放入高汤,再煮5分钟。用盐和胡椒调味。

3 倒入鱼肉,用小火煮4~5分钟,或直至鱼肉不再透明且紧实。倒入蛤蜊,煮至蛤蜊开口。用盐和胡椒调味淋上剩下的油上桌,食用时可搭配温热的拖鞋面包。

更多美味做法

意式番茄海鲜汤

用贻贝、小扇贝和2只煮熟的螃蟹(切成小块)代替蛤蜊。将白身鱼的重量减至500克。不要放芹菜、胡萝卜和球茎茴香。装盘时撒上切碎的扁叶欧芹。

日本海鲂的理想搭配:

日本海鲂适合搭配番茄,制成茄汁炖鱼等菜品。此外,日本海鲂和奶油酱汁、野蘑菇、鼠尾草、刺山柑、柠檬和鲜奶油搭配也很不错。

贻贝球茎茴香汤

一道提神的佳肴，味道香浓、营养健康。

选用海鲜

贻贝，或文蛤、硬壳蛤

- 准备时间：10分钟
- 烹饪时间：20分钟
- 4人份

材料

1汤匙橄榄油

1个洋葱，细细剁碎

1个球茎茴香，细细剁碎

盐和现磨黑胡椒

2瓣大蒜，碾碎或细细剁碎

2个蜡质马铃薯，削皮并切成小粒

300毫升热的蔬菜高汤或鱼高汤

400克罐装椰浆

1.35千克贻贝，处理好（见第278页）

1把罗勒叶，撕碎

1 在一个大平底锅中用小火热油，放入洋葱和球茎茴香、少许盐，用文火炒5分钟，直至蔬菜变软。放入大蒜和马铃薯，再炒几分钟，小心不要把食材炒焦。

2 倒入高汤煮沸。倒入椰浆，把火调小，小火慢炖10分钟左右，或直至马铃薯炖熟。再次煮沸，放入贻贝，盖上锅盖。煮5分钟，直至贻贝开口。丢弃所有仍然闭合的贻贝。

3 拌入罗勒，用盐和胡椒调味，立即上桌。

预先准备

至多可以提前2天准备这道汤，做到马铃薯煮熟为止，密封冷藏。继续烹饪前用文火加热。

贻贝辣椒姜汤

这些浸泡在姜汁中的贻贝味美多汁，搭配蓬松的米饭很不错。

选用海鲜

贻贝，或文蛤、硬壳蛤

- 准备时间：20分钟
- 烹饪时间：25分钟
- 2~4人份

材料

1.5千克贻贝，处理好（见第278页）

100克黄油

2个洋葱，细细剁碎

2个红鸟眼辣椒，细细剁碎

5厘米鲜姜，切丝

5大瓣大蒜，碾碎或细细剁碎

2根香茅，纵向撕开，略微拍碎

120毫升姜汁酒

400毫升鱼高汤

150毫升椰浆

3汤匙浓缩椰浆

盐和现磨黑胡椒

1~2个青柠的青柠汁，依据个人喜好添加

3汤匙切碎的芫荽叶

1 逐个叩击贻贝，丢弃所有没有闭合的贻贝。

2 在一个大平底锅中用小火熔化黄油，用文火烹制辣椒、姜、大蒜和香茅10分钟，直至变软但还没有变色。

3 把火调大，倒入酒和高汤。煮沸后倒入贻贝。盖上锅盖，煮5~7分钟，直至贻贝开口。丢弃香茅和仍然闭合的贻贝。

4 倒入椰浆和浓缩椰浆，煮沸。用盐和胡椒调味，用青柠汁提味，拌入芫荽叶，即可上桌。

藏红花什锦炖鱼

道食材丰富的大菜，适合多人聚餐。

选用海鲜

任何什锦鱼，如黑线鳕、鮟鱇鱼或鲽鱼；任何虾、贝或蟹类海鲜

- 准备时间：15分钟
- 烹饪时间：30分钟
- 8人份

材料

2.25千克什锦鱼肉，刮除鱼鳞并剔除鱼刺；虾、贝或蟹类海鲜剥去外壳

3汤匙橄榄油

4瓣大蒜，碾碎或细细剁碎

2汤匙番茄泥

1个洋葱，细细剁碎

8个番茄，去皮去籽，切碎（见第112页）

1茶匙茴香籽

几根藏红花丝

少许红椒粉

1.2升鱼高汤

盐和现磨黑胡椒

1根法式长棍面包

125克格鲁耶尔奶酪，碾碎

1把扁叶欧芹，细细剁碎

1　洗净鱼肉，切成小块备用。把油倒在一个大广口锅中，放入大蒜、番茄泥和洋葱，用小火煸炒5~8分钟，或直至洋葱开始变软、但还没有变色。

2　放入番茄、茴香籽、藏红花和红椒粉，倒入鱼高汤，用盐和黑胡椒调味并煮沸，随后改为文火慢炖，炖煮10分钟。放入鱼肉、虾、贝及蟹类海鲜，再用文火慢炖10分钟，或直至炖熟。

3　长棍面包斜切片后烘烤。将炖鱼配上烤过的面包，撒上奶酪和欧芹上桌。

预先准备

至多可以提前2天制作汤底，可完成放入鱼肉之前的步骤，密封冷藏。在继续烹饪前先将其慢炖至即将沸腾的状态。

辣酱鮟鱇鱼

什寒冷的冬季，这是一道令人满足的美餐。

选用海鲜

鮟鱇鱼，或鲻鱼、鲯鳅、西人西洋笛鲷

- 准备时间：30~35分钟
- 烹饪时间：30~35分钟
- 6人份

材料

4汤匙植物油

2个洋葱，切成薄片

2汤匙红椒粉

300毫升鱼高汤

2×400克的罐装番茄

6瓣大蒜，碾碎或细细剁碎

4片月桂叶

2根芹菜茎，撕去老筋，切成薄片

2根胡萝卜，切成薄片

盐和现磨黑胡椒

1千克鮟鱇鱼肉，去皮并切成2.5厘米见方的块

制作辣酱的材料

30克黄油

1个洋葱，细细剁碎

1个苹果，削皮、去核、切丁

1茶匙孜然粉

1茶匙芫荽粉

半茶匙生姜粉

半茶匙丁香粉

¼茶匙辣椒粉或半茶匙辣椒碎

半汤匙玉米淀粉

200毫升椰浆

150毫升鱼高汤

1　制作辣酱：在一个炖锅中加热熔化黄油，放入洋葱和苹果，用小火煸炒3~5分钟，直至洋葱变软，加入5种香料粉，搅拌2~3分钟。将玉米淀粉与2~3汤匙椰浆混合，制成糊状物。

2　把剩下的椰浆和高汤放入炖锅中煮沸。拌入玉米椰浆糊，酱汁会变浓稠。备用。

3　在一个焙盘中热油。放入洋葱炒3~5分钟，直至洋葱变软。放入红椒粉、高汤、番茄、大蒜、月桂叶、芹菜和胡萝卜，用盐和胡椒调味并煮沸。改文火慢炖，炖至汤汁减少⅓。

4　倒入酱汁，再次煮沸。放入鱼肉。盖上锅盖，文火慢炖12~15分钟。丢弃月桂叶，盛入温热的碗中。

预先准备

至多可以提前3天制作辣酱和汤底，将两者混合，密封冷藏。在放入鱼肉前先将其煮沸。

具有可持续性的选择

让你的餐桌更丰富

　　建议每个人都尝试一些不太受关注的鱼，这样做能为那些被大量捕捞的鱼类带来喘息的机会。需求量小的鱼类通常价格更合理。也可以试着丰富自己的选择，那些目前未受关注的海产品，其数量可能尚未受到监控，因此也许很快就会发生过度捕捞的问题。英国的牙鳕（如图所示）就是一个很好的例子。这是一种未得到充分利用的鱼类，完全可以更多地被端上餐桌。建议在可靠的超市和餐厅中尝试购买或品尝一些没有那么出名的海产品。

虾仁秋葵浓汤

这是美国路易斯安那州的一道经典菜肴，褐色面糊浇汁，并加入秋葵使汤汁更浓稠。

选用海鲜

斑节对虾，或鳕鱼、扇贝、大耳马鲛；面包蟹蟹肉

- 准备时间：30分钟
- 烹饪时间：1小时
- 6~8人份

材料

85克黄油

1千克生的斑节对虾，剥去虾壳，挑去肠线 (见第285页)

4汤匙面包蟹蟹肉

2汤匙面粉

半茶匙辣椒粉

1个大洋葱，切碎

2瓣大蒜，碾碎或细细切碎

115克秋葵，摘净

1个大红甜椒，去籽，切丁

2×400克罐装番茄或750克新鲜番茄，对半切开

1升虾、贝或蟹类高汤

1片月桂叶

2枝百里香

1个柠檬的柠檬皮碎屑

1汤匙菲力粉（可选）

盐和现磨黑胡椒

1 将黄油放入大炖锅中加热熔化，分批放入虾，中火快炒2~3分钟，或直至熟透。装盘放凉。

2 把蟹肉和面粉倒入黄油中，用小火炒3~4分钟，或直至面粉变成金黄色。加入辣椒粉、洋葱和大蒜，再炒3分钟。

3 拌入秋葵和红甜椒。加入番茄、高汤、2种香草和柠檬皮碎屑。煮沸后用文火慢炖25~30分钟至浓稠。

4 将虾拌入秋葵浓汤中煮至温热，倒入菲力粉（可选），依据个人喜好调味。配上米饭和塔巴斯科辣酱上桌。

预先准备

至多可以提前1天煮好秋葵浓汤，冷却后密封冷藏。重新加热时用小火，否则虾肉会变硬。

法式海鲜浓汤

一道可以在家宴上享用的鲜美靓汤。

选用海鲜

什锦油性白身鱼，如鲂鮄、海鲂、鮟鱇鱼、鲱鱼和赤鲉；虾及贝类海鲜，如虾和贻贝

- 准备时间：20分钟
- 烹饪时间：50分钟
- 4人份

材料

4汤匙橄榄油

1个洋葱，切成薄片

2根韭葱，切段

1个球茎茴香，切成薄片

6~7瓣大蒜，碾碎或细细切碎

4个番茄，去皮、去籽、切碎

2汤匙番茄泥

250毫升干白葡萄酒

1.5升鱼高汤或鸡高汤

1撮藏红花丝

若干橙皮丝

1束香料束

盐和现磨黑胡椒

1.35千克什锦油性白身鱼，剔除鱼刺、切段；以及虾及贝类海鲜

2汤匙潘诺茴香酒

125克蛋黄酱

1个鸟眼辣椒，去籽并粗切

8片薄薄的隔夜法式面包，烘烤，上菜时用

1 在一个大炖锅里用中火热油。加入洋葱、韭葱、球茎茴香、2~3瓣大蒜，翻炒5~8分钟，或直至蔬菜变软。加入番茄、一半量的番茄泥和全部葡萄酒，搅拌至充分混合。

2 加入高汤、藏红花、橙皮和香料束。用盐和胡椒调味，煮沸，改成小火，半掩锅盖，文火慢炖30分钟，或炖至汤汁略有减少，不时加以搅拌。

3 拣出汤汁中的橙皮和香料束，先倒入肉质较硬的鱼。将火调小，文火慢炖5分钟，然后加入肉质细腻的鱼肉，再以文火慢炖2~3分钟。拌入茴香酒，用盐和胡椒调味。

4 把剩下的大蒜和番茄泥、蛋黄酱、辣椒和半茶匙盐放入食物加工机中，搅拌均匀，制成大蒜蛋黄酱。在每一片烤面包上涂抹大蒜蛋黄酱，在每个碗的底部放2片烤面包。把汤舀在面包片上面，上桌。

螃蟹的理想搭配：

味道浓郁的深色蟹肉可以搭配辣椒粉或鳀鱼露。白色蟹肉搭配蛋黄酱为最佳。

意式炖海鲜

一种来自意大利托斯卡纳的简单炖鱼，是在亚得里亚海捕捞海鲜的贫穷渔民发明的。

选用海鲜

鲻鱼、牛眼鲷，或任何什锦白身鱼；墨鱼

- **准备时间**：10分钟
- **烹饪时间**：20分钟
- 6~8人份

材料

2条鲻鱼，刮除鱼鳞，片成整片鱼肉

4条牛眼鲷，刮除鱼鳞，片成整片鱼肉

1条墨鱼，去除内脏并洗净（见第283页）

5汤匙特级初榨橄榄油

2个洋葱，切成薄片

1个红辣椒，去籽并切丁

3瓣大蒜，切碎

400克罐装碎李形番茄

150毫升干白葡萄酒

600毫升鱼高汤

2汤匙切碎的扁叶欧芹

盐和现磨黑胡椒粉

切成厚片并烤好的意式乡村面包，上菜时用

1 剔除鱼刺，片出整片鱼肉（见第271页），切成大片。把墨鱼切成薄片。备用。

2 锅中热橄榄油，放入洋葱，用小火煸炒5~6分钟，或直至洋葱变得半透明。放入辣椒、大蒜，再煸炒几分钟。拌入番茄、葡萄酒、高汤、煮沸，文火慢炖至汤汁黏稠。放入欧芹并依据个人喜好用盐和胡椒调味。

3 放入鲻鱼和牛眼鲷，小火炖煮6~8分钟，或直至鱼肉熟透。熟透的鱼肉呈不透明状。放入墨鱼，不时搅动，直至墨鱼开始变得不透明。

4 把烤好的面包分别盛在6~8个餐盘中，把炖海鲜舀在上面。

预先准备

可以提前1天将汤煮好，密封冷藏。在继续烹饪前用小火重新加热。

辣番茄酱汁炖鮟鱇鱼

这道经典的菜肴味道格外热辣明快。

选用海鲜

鮟鱇鱼，或鲷鱼、鲯鳅、斑节对虾

- **准备时间**：20分钟
- **烹饪时间**：20分钟
- 4人份

材料

1千克鮟鱇鱼尾，片成整片鱼肉并去除筋膜（见第270页）

2汤匙特级初榨橄榄油，另备少许用于煎鱼

1个小洋葱，切碎

2瓣大蒜，切碎

1~2个红辣椒，去籽并切碎

10个李形番茄，去皮去籽并切碎（见第112页），或400克罐装碎李形番茄

200毫升生番茄泥

1茶匙糖

1汤匙切碎的牛至

12颗黑橄榄，去核并对半切开

2汤匙刺山柑，冲洗干净

盐和现磨黑胡椒

1 把鮟鱇鱼切成4等分，冷藏至需用时取出。

2 在一个大的深煎锅中热2汤匙橄榄油，放入洋葱，煸炒3~4分钟，或直至洋葱变软。放入大蒜和辣椒，用小火或中火煸炒1~2分钟。

3 放入番茄、生番茄泥和糖煮沸，改文火慢炖5分钟，或直至番茄开始煮烂变软。

4 在一个小煎锅中热少许油，放入鮟鱇鱼煎1~2分钟使其变黄。把煎好的鱼放入酱汁中，小火烹煮5~7分钟，或直至鮟鱇鱼煮熟，煮熟的鱼肉肉质紧实且不透明。

5 在酱汁中拌入牛至、橄榄和刺山柑并用盐和胡椒调味。和米饭或意面一起上桌。

预先准备

至多可以提前2天制作番茄酱汁，密封冷藏。需用时用小火重新加热，并在装盘前加入牛至、橄榄和刺山柑。

鲻鱼的理想搭配：

这种肉质紧实的鱼有时会带有一点土腥味，与柠檬汁、白葡萄酒和白葡萄酒醋，或任何有番茄的菜肴搭配，都能改善其味道。

蔬菜炖咸鳕鱼

大蒜、月桂叶和藏红花散发的香味，使这道西班牙菜肴香味扑鼻。

选用海鲜

咸鳕鱼，或咸青鳕

- **准备时间**：20分钟，另加浸泡时间
- **烹饪时间**：40分钟
- 4人份

材料

800克厚切咸鳕鱼，加水浸泡，刮除鱼鳞，切成4块

3汤匙橄榄油

1个洋葱，切丁

2根韭葱的葱白部分，切成薄片

3瓣大蒜，碾碎或细细剁碎

3个番茄，去皮去籽并切碎（见第112页）

500克马铃薯，削皮并切丁

盐和现磨黑胡椒

2片月桂叶

一大撮藏红花丝

120毫升干白葡萄酒

2汤匙切碎的扁叶欧芹

1 把鱼浸泡在足量的水中24小时以上，水须浸没鱼身，其间换水2~3次。

2 在一个耐热的浅口大焙盘中热油。放入洋葱和韭葱，轻轻翻炒5分钟，或直至蔬菜炒软。

3 放入大蒜和番茄，继续翻炒2分钟。放入马铃薯，用盐和胡椒调味，放入月桂叶和藏红花。

4 放入咸鳕鱼，有皮的一面朝上。倒入葡萄酒和250毫升水，慢慢煮沸，再以文火慢炖25~30分钟，每隔几分钟摇晃一两次焙盘，使酱汁变得更为浓稠。

5 撒上欧芹，直接将焙盘端上桌。

预先准备

至多可以提前2天按照步骤2和步骤3煮好蔬菜汤底，密封冷藏。在继续烹饪前先使其恢复到室温。

匈牙利炖鱼

选用来源可靠的养殖鲨鱼肉来做这道菜。红椒粉将使鱼肉更鲜美。如果希望更辣一些，可以多放点香辛料。

选用海鲜

鲨鱼，或鲤鱼

- **准备时间**：15~20分钟
- **烹饪时间**：25分钟
- 4人份

材料

1千克鲨鱼肉，去皮

调味面粉（以盐和胡椒调味，见第55页）

3汤匙葵花籽油，如果需要可准备更多

1个大洋葱，切碎

1~2个红甜椒或绿甜椒，切成较大的片

1~2茶匙红椒粉，依据个人喜好添加

200~250毫升中白葡萄酒

1汤匙切碎的莳萝

1汤匙切碎的扁叶欧芹

盐和现磨黑胡椒

250毫升酸奶油

1 将鱼肉切成2.5厘米见方的小块。裹上调味面粉。

2 在一个大煎锅中热油，分批煎鱼肉，煎3~4分钟，或直至鱼肉熟透。如果需要，在煎下一批次之前，再加一点油，将煎好的鱼肉放在一个盘子中保温。

3 在煎锅中放入洋葱和红甜椒，用中火煸炒3~4分钟，或直至洋葱变软。依据个人喜好酌量拌入红椒粉，再煸炒2分钟。

4 倒入葡萄酒煮沸，文火慢炖2~3分钟使汤汁减少⅓。加入煎好的鱼肉，放入香草。依据个人喜好调味。

5 拌入酸奶油并加热，沸腾前一刻，关火。用盐和胡椒调味，配上米饭或面条上桌。

预先准备

如果提前36小时烹煮这道炖鱼并密封冷藏，其滋味将更美妙。在放入酸奶油前用小火重新加热。

鲨鱼的理想搭配：

柔软的养殖鲨鱼肉适合搭配味道强劲的食材，比如红椒粉、开胃的塔塔酱、咸味的酱油、芝麻油、姜或辣椒。

越南焦糖鲛鳒鱼

焦糖赋予鲛鳒鱼强烈的甜味，而随着咸咸的鱼露的加入，甜味与咸味取得了平衡。

选用海鲜

鲛鳒鱼，或鲯鳅、斑节对虾

· **准备时间：** 10分钟
· **烹饪时间：** 30分钟
· 2~4人份

材料

750克鲛鳒鱼，片出整片鱼肉并去除筋膜（见第270页）

50克砂糖

2汤匙植物油

2瓣大蒜，切碎

4个小红葱，切碎

3~4汤匙越南鱼露

2根大葱，切成薄片

现磨黑胡椒

一大把芫荽叶，作装饰

青柠角，作装饰

1 把鲛鳒鱼切成3~4厘米见方的小块。备用。

2 把120毫升水和糖倒入一个沉重的炖锅中。用小火煮，偶尔搅动一下，直至糖全部溶解。改大火煮沸，直至糖水开始变成棕色。用一块布垫着转动锅子，以免烫手，使焦糖能均匀地变色，不要去搅动焦糖。等焦糖变成深棕色并散发出一种类似坚果的气味时，迅速添加120毫升水。水会溅起来，操作时要小心。等嘶嘶的响声变小后，把糖水倒入一个罐子中。

3 在一个大炒锅中热油，放入大蒜和红葱，用中火翻炒直至蔬菜开始变色。放入鲛鳒鱼，用大火炒至呈焦黄色，改中火并拌入焦糖汁，直到鲛鳒鱼肉变白、肉质变得紧实。放入鱼露和大葱，翻炒至大葱微微变软。用黑胡椒调味。

4 盛入餐盘，用芫荽叶和青柠角作装饰，配上米饭或面条上桌。

预先准备

可以提前制作焦糖汁，加盖并放在室温下保存。如果焦糖汁变硬，在继续烹饪前用小火重新加热。

章鱼的理想搭配：

肉质紧实、滋味鲜甜的章鱼肉很适合用来制作亚洲风味的香辣炒菜，和意式风味的红葡萄酒、洋葱、意大利香醋和鼠尾草搭配也不错。

香辣炒鱿鱼

一道传统的泰国菜，但类似的菜品在亚洲多个国家和地区都很常见。

选用海鲜

鱿鱼，或墨鱼、章鱼、虾

· **准备时间：** 20分钟
· **烹饪时间：** 5~6分钟
· 2~4人份

材料

8条小鱿鱼，去除内脏并洗净（见第282页）

1汤匙植物油

1根香茅，竖切成4等分

2片卡菲尔酸橙叶

1个黄甜椒或橙甜椒，去籽并切丁

1把罗勒叶，最好带根带叶

盐和现磨黑胡椒

制作酱汁的材料

3瓣大蒜，切碎

2个红葱，粗切

1汤匙碾碎的鲜姜

1~2个红辣椒，依据个人喜好添加（去籽会减轻辣味）

50克切碎的芫荽，最好既有叶，也有根

适量植物油

1汤匙棕榈糖或红糖

1汤匙泰国鱼露

1 将鱿鱼筒打上花刀并切块（见第282页），连同鱿鱼腕足放在一旁备用。

2 制作酱汁：把大蒜、红葱、姜、辣椒、芫荽、植物油、棕榈糖和鱼露放在食物加工机中，打成细腻的绿色糊状物。

3 取一个大炒锅，热1汤匙植物油，放入绿色糊状物，用中小火煸炒2~3分钟，或直至炒出香味。放入鱿鱼、香茅、酸橙叶和甜椒。把火调大，快速翻炒、抛起翻面，直至鱿鱼肉不再透明，并均匀裹上酱汁。不要把鱿鱼炒太久，否则会变硬。

4 拌入罗勒，用盐和胡椒调味，挑出香茅和酸橙叶，可搭配米饭或面条，以及一份蔬菜沙拉上桌。

预先准备

至多可以提前1天制作酱汁，密封冷藏，这样酱汁会变得更辣。

酸甜大虾

大虾配上喷香的酱汁，并用辣椒、大蒜和姜提味，是一道很棒的主菜。

选用海鲜

斑节对虾，或鱿鱼、扇贝、鮟鱇鱼

- 准备时间：20分钟
- 烹饪时间：10分钟
- 4人份

材料

3汤匙米醋

2汤匙液态蜂蜜

1汤匙精白砂糖

2汤匙生抽

2汤匙番茄沙司

2汤匙植物油

3个红葱，剥皮，切片

2厘米鲜姜，碾碎

1个红辣椒，去籽并细细剁碎

1瓣大蒜，拍碎

1根小胡萝卜，切成火柴棍大小的长条

1根芹菜茎，切成火柴棍大小的长条

1个绿甜椒，去籽并切条

500克生的斑节对虾，剥去虾壳，挑去肠线 (见第285页)

2根大葱，竖切，上菜时用

1　把醋、蜂蜜、糖、生抽和番茄沙司放在一个小炖锅中，以小火加热，直至蜂蜜和糖熔化。离火，放在一旁备用。

2　在一个炒锅中热油，放入红葱、姜、辣椒、大蒜、胡萝卜、芹菜和甜椒，翻炒4分钟。

3　放入虾翻炒2分钟，或直至虾肉变成粉红色。倒入醋混合物，翻炒1分钟，或直至虾和蔬菜均匀裹上酱汁并已热透。

4　盛在盘子里，撒上大葱，可搭配米饭上桌。

泰式炒河粉

这是泰国的一道国菜，通常卷在薄薄的煎蛋饼里食用。

选用海鲜

斑节对虾，或鱿鱼、鮟鱇鱼

- 准备时间：20分钟
- 烹饪时间：10分钟
- 4人份

材料

2汤匙切碎的芫荽叶

1个红鸟眼辣椒，去籽并细细剁碎

4汤匙植物油

250克生的斑节对虾，剥去虾壳，挑去肠线 (见第285页)

4个红葱，细细剁碎

1汤匙糖

4个大鸡蛋，打散

2汤匙蚝油

1汤匙泰国鱼露

1个青柠的青柠汁

350克扁河粉，按照包装上的说明煮熟

250克豆芽

4根大葱，切片

115克无盐烤花生，粗粗切碎

1个青柠，切成青柠角，上菜时用

1　拌匀芫荽、辣椒和植物油。取一半量的混合物放入炒锅中炒匀，再放入斑节对虾，翻炒1分钟。离火，备用。

2　在炒锅中放入剩下的芫荽辣椒油，翻炒红葱1分钟。放入糖和鸡蛋，翻炒1分钟，炒蛋时应持续搅动。

3　拌入蚝油、鱼露、青柠汁、河粉、豆芽，将虾放回炒锅中，翻炒2分钟，随后放入大葱和一半量的花生，翻炒1~2分钟，或直至滚烫。

4　分别盛入4个温热的碗中，将剩下的花生撒在上面，并在每个碗中放1个青柠角。食用时可搭配用青柠汁提味的豆芽和胡萝卜丝沙拉，味道好极了。

大虾牛油果荞麦面

荞麦面通常是用荞麦粉制成的，这种面食起源于日本。

选用海鲜

斑节对虾，或扇贝

- 准备时间：15分钟，另加静置时间
- 烹饪时间：15分钟
- 4人份

材料

250克荞麦面

45克干裙带菜

2汤匙植物油或花生油

16只生的斑节对虾，剥去虾壳，挑去肠线，保留虾尾（见第285页）

6个香菇，切片

4个樱桃番茄，对半切开

2汤匙生姜，冲洗干净并细细剁碎

4汤匙味醂

2汤匙米醋

2汤匙日本酱油

1个牛油果，切片

2汤匙芝麻粒，上菜时用

2汤匙粗切的芫荽叶，上菜时用

1 煮一锅水，根据包装上的说明煮面，煮至面条变软。沥干水分并用冷水冲淋，再次沥干水分，备用。

2 将裙带菜放在冷水中泡软，沥干水分，切成条状，备用。

3 在炒锅中热油，放入虾和香菇，翻炒1分钟。放入番茄再翻炒1分钟，放在一旁冷却，然后倒入面条。

4 将腌姜、味醂、醋和酱油拌匀，制成调味汁。将调味汁、裙带菜、牛油果与面条拌匀。

5 分装在4个餐盘中，撒上芝麻粒和切碎的芫荽。

预先准备

至多可以提前1天煮面，不要放牛油果，密封冷藏。需用时使其恢复到室温，再放入牛油果，撒上芝麻粒和芫荽。

鲜姜酸甜炒鱼

做这道菜需要购买肉质非常紧实的鱼，这样鱼肉才不会被炒碎。

选用海鲜

任何肉质紧实的白身鱼，如黑线鳕

- 准备时间：10分钟
- 烹饪时间：20分钟
- 4人份

材料

1~2汤匙玉米淀粉

盐和现磨黑胡椒

675克厚切白身鱼肉，剔除鱼刺、去皮，并切成条状

1~2汤匙植物油或葵花籽油

1个洋葱，粗切

2瓣大蒜，碾碎或细细剁碎

1块2.5厘米见方的鲜姜，切成薄片

一大把甜豆或荷兰豆，切成小段

制作酸甜酱的材料

1汤匙白葡萄酒醋

1汤匙番茄泥

1汤匙糖

1茶匙玉米淀粉

2茶匙生抽

2汤匙菠萝汁

1 在一个罐子中拌匀醋、番茄泥、糖、玉米淀粉、生抽和菠萝汁，制成酸甜酱，备用。把玉米淀粉撒在一个盘子里，用盐和胡椒调味，将鱼肉裹上淀粉。

2 在炒锅中加热一半量的油，放入鱼肉。翻炒5分钟，或直至鱼肉呈金黄色。用漏勺盛出鱼肉，并将其保温。用厨房纸将炒锅仔细地擦拭干净，再放入一点油。等油热后，放入洋葱翻炒，或直至洋葱变软，随后放入大蒜和姜，再翻炒几分钟。

3 倒入酸甜酱煮几分钟，经常搅动。调中火，放入甜豆，翻炒1分钟。把鱼肉倒回到炒锅中，快速拌匀，配上米饭上桌。

预先准备

至多可以提前2天制作酸甜酱，密封冷藏。

咖喱粉炒螃蟹

泰国各地都有这道街头小吃。如果在家里吃这道菜，你需要准备足量的餐巾纸和放了柠檬片的洗手盅。

选用海鲜

螃蟹，或虾、扇贝

- **准备时间：** 30分钟
- **烹饪时间：** 15~20分钟
- 4人份

材料

1只生螃蟹，带壳约1千克

1个鸡蛋，稍稍打散

2大瓣大蒜，切碎

2.5厘米鲜姜，切碎

少许盐

500毫升浓缩椰浆

4汤匙咖喱粉

4茶匙泰国鱼露

少许白糖

4茶匙米醋

120毫升椰浆

30克芹菜茎（最好是亚洲芹菜），切成2厘米长的段

半个小的白洋葱，切片

1把芫荽叶，切碎

1 把螃蟹处理好（见第287页）。如果螃蟹里有橙色的蟹黄或芥末色的蟹膏（两者都是美味佳肴），保留下来备用。将螃蟹分成8块，掰下蟹腿。如有蟹膏和蟹黄，将其和鸡蛋液拌匀。

2 用研钵和研杵将大蒜、姜和盐捣成粗糙的糊状物。加热炒锅，放入400毫升浓缩椰浆，等锅中发出嘶嘶响声后放入糊状物。待其开始变色时，放入螃蟹，用中火炒一会儿。撒上咖喱粉。继续翻炒。炒香后用鱼露、糖和醋调味。

3 放入剩下的浓缩椰浆和椰浆，充分搅拌。盖上锅盖，文火慢炖至螃蟹煮熟，经常搅动。

4 打开锅盖，把火调大，拌入鸡蛋混合物，直至蛋液开始凝固。

5 拌入芹菜和洋葱，撒上芫荽，可搭配米饭或蚝油炒芥兰上桌。

茄汁虾仁

这道菜做起来既快又方便，配上暖身的辣番茄汁，在结束一天的工作后吃，是非常棒的享受。

选用海鲜

斑节对虾，或扇贝、鮟鱇鱼、鱿鱼

- **准备时间：** 5分钟
- **烹饪时间：** 20分钟
- 4人份

材料

2汤匙橄榄油

1个洋葱，切碎

1个红甜椒，去籽切片

3瓣大蒜，拍碎

120毫升干白葡萄酒或高汤

250毫升生番茄泥

450克熟的斑节对虾，剥去虾壳，挑去肠线（见第285页）

1~2汤匙辣椒酱

2茶匙伍斯特沙司

1 在一个大炖锅中热油，加入洋葱炒5分钟。放入红甜椒，再炒5分钟，或直至蔬菜变软。

2 放入大蒜，炒几秒。加入葡萄酒，拌匀，煮1~2分钟。

3 拌入生番茄泥煮沸，搅动，改文火慢炖5分钟。

4 炖到汤汁滚烫时，拌入虾，随后放入辣椒酱和伍斯特沙司，立即上桌可搭配米饭。

预先准备

提前2~3天制作番茄酱汁，密封冷藏。继续烹饪前先将其慢炖至沸腾的状态。

黄咖喱炒蟹

这道鲜为人知的老挝菜味道鲜美，一旦品尝过，就会爱上这道菜。

选用海鲜

螃蟹

- **准备时间：**25分钟
- **烹饪时间：**20~25分钟
- 4人份

材料

4汤匙植物油

5汤匙老挝酱汁（见步骤1）

1茶匙印度咖喱粉（可选）

8只小螃蟹，每只约225克，对半切开或切成4块

2根大葱，斜切成葱丝

制作老挝酱汁的材料

1½茶匙孜然籽

1汤匙芫荽籽

1根香茅，摘干净叶，切碎

30克高良姜，切碎

1个卡菲尔酸橙的酸橙皮碎屑

3大瓣大蒜，拍碎

1个大的红葱头，切碎

3汤匙细细剁碎的芫荽根

半茶匙姜黄粉

2.5厘米鲜姜，切碎

4~6个青泰椒或红泰椒，去籽

2茶匙泰国虾酱

1汤匙印度咖喱粉（可选）

1 制作老挝酱汁：用中火加热煎锅，炒孜然籽和芫荽籽，直至炒香。把香茅、高良姜、酸橙皮碎屑、大蒜、红葱头、芫荽根、姜黄粉、姜、辣椒与炒香的孜然籽和芫荽籽一起放入搅拌机中，搅打至顺滑，加水。拌入虾酱和咖喱粉（可选）。

2 在炒锅中用大火热油，翻炒酱汁约5分钟，或直至酱汁变成金黄色并散发出香味。放入咖喱粉（可选），翻炒至混合均匀。

3 改成中火，放入螃蟹，颠锅以使螃蟹翻面，盖上锅盖煮5分钟。颠锅以使螃蟹锅盖，抛起翻面，再煮5分钟，盛到一个大浅盘中，撒上葱。

预先准备

至多可以提前2天制作老挝酱汁，密封冷藏，其味道会变浓。

马铃薯番茄炖鱼

简单而丰盛，味道丰富。

选用海鲜

任何肉质紧实的什锦鱼，如红鲻鱼（纵带羊鱼或羊鱼）、黑线鳕、鲷鱼、海鲈、青鳕或鳕鱼

- **准备时间：**30分钟
- **烹饪时间：**35分钟
- 8人份

材料

3汤匙橄榄油

5个大的马铃薯，削皮并切成小块

盐和现磨黑胡椒

4瓣大蒜，碾碎或细细剁碎

1把扁叶欧芹，细细剁碎

550克樱桃番茄，对半切开

300毫升干白葡萄酒

675克肉质紧头的什锦鱼肉，刮除鱼鳞，剔除鱼刺并切成小块

16条橄榄油浸鳀鱼条，沥干

1 在一个厚底浅口大锅中热油，放入马铃薯，用盐和黑胡椒调味。用中火煎10~15分钟，不时搅动，或直至马铃薯开始变成金棕色。把火调小，拌入大蒜和欧芹，炒几秒，放入番茄。

2 煮6~8分钟，随后把火调大，放入葡萄酒，使其沸腾几分钟，让酒精蒸发。改小火，放入鱼肉和鳀鱼，盖上锅盖，煮10分钟。

3 盛到一个浅口盘中，可搭配清爽的沙拉和脆皮面包上桌。

预先准备

至多可以提前3天制作番茄汤底，做到让葡萄酒中的酒精蒸发，密封冷藏。继续烹饪前先将其慢炖至沸腾的状态。

咖喱菜

椰浆姜黄咖喱红笛鲷

咖喱辣而咸，带有一点酸。

选用海鲜

西大西洋笛鲷，或鲷鱼、海鲈

- 准备时间：20分钟
- 烹饪时间：10~15分钟
- 4人份

材料

500毫升椰浆

250毫升淡鸡高汤或水

2根香茅，拍碎

少许精白砂糖

1汤匙罗望子膏，或依据个人喜好添加

4汤匙泰国鱼露，或依据个人喜好添加

200克西大西洋笛鲷鱼肉或400克西大西洋笛鲷全鱼，刮除鱼鳞并去除内脏

120毫升浓缩椰浆

5片卡菲尔酸橙叶，切得极碎

制作咖喱酱的材料

5~6个小的干红辣椒

少许盐

2~3个鸟眼辣椒，去籽（如你喜欢的话）

50克切碎的香茅

4汤匙切碎的红葱

2½汤匙切碎的大蒜

满满1汤匙姜黄粉

满满1汤匙泰国虾酱

1 把制作咖喱酱的所有材料放在食物加工机中，倒入足够的水，搅打成润滑的糊状物。

2 在炖锅中混合椰浆和高汤，放入香茅煮沸。用糖、罗望子膏和鱼露调味，放入4汤匙咖喱酱。以文火炖煮片刻，放入鱼肉。继续以文火慢炖至鱼肉煮熟。

3 尝一下味道，如你喜欢，可放入更多鱼露或罗望子膏，随后拌入浓缩椰浆，撒上切碎的酸橙叶，可配黄瓜片、几枝薄荷、几枝芫荽、烤虾和米饭上桌。

预先准备

至多可以提前3天制作咖喱酱，密封冷藏，其味道会变浓。

咖喱菠萝贻贝

这道泰式咖喱菜起源于曼谷西南一个繁荣的区佛丕（Phetchburi）。

选用海鲜

贻贝，或蛤蜊

- 准备时间：20~25分钟
- 烹饪时间：25分钟
- 4人份

材料

120毫升浓缩椰浆

2~2½汤匙棕榈糖，依据个人喜好添加

2½汤匙泰国鱼露

半汤匙罗望子膏，或依据个人喜好添加

500毫升椰浆

300克细细刹碎的菠萝

300克贻贝，处理好（见第278页）

3片卡菲尔酸橙叶，撕碎

1个长红辣椒或长青辣椒，去籽（如你喜欢的话），斜切成丝

制作咖喱酱的材料

10个大的干红辣椒，浸泡并切碎

满满3汤匙切碎的红鸟眼辣椒，去籽（如你喜欢的话）

少许盐

2½汤匙切碎的高良姜

5汤匙切碎的香茅

2茶匙细细碾碎的卡菲尔酸橙皮碎屑

1茶匙切碎的芫荽根

5汤匙切碎的大蒜

2½汤匙切碎的红葱

1圆汤匙泰国虾酱

1 把制作咖喱酱的所有材料放在食物加工机中，倒入足够的水，搅打成润滑的糊状物。

2 用中火煮浓缩椰浆，放入4汤匙咖喱酱炒香。大约需要10分钟。

3 用棕榈糖和鱼露调味（不要放入多，因为贻贝自带咸味），依次放入罗望子膏、椰浆、菠萝和贻贝。文火炖煮到贻贝开口，经常搅动。丢弃所有闭合的贻贝。

4 撒上酸橙叶和辣椒。可搭配米饭上桌。

预先准备

至多可以提前3天准备咖喱酱，密封冷藏，其味道会变浓。

肯尼亚咖喱鱼

味道浓烈、类似浓汤的咖喱菜，罗望子能提味，而椰浆则丰富了口感。

选用海鲜

任何白身海鲜，如黑线鳕、虾或鱿鱼

- **准备时间：** 20分钟
- **烹饪时间：** 35~40分钟
- 4人份

材料

1个青柠的青柠汁

1茶匙黑胡椒碎

600克白身鱼片，剔除鱼骨、去皮并切块

6汤匙植物油

制作复合香辛料的材料

2个干红辣椒

¾茶匙芫荽籽

¾茶匙孜然籽

1茶匙芥末籽

¼茶匙姜黄粉

制作马萨拉酱的材料

1个红洋葱，细细剁碎

1个红甜椒，去籽并剁碎

1个红辣椒，剁得极碎，去籽（如你喜欢的话）

4瓣大蒜，碾碎或细细剁碎

250克李形番茄，去皮，去籽并细细剁碎（见第112页）

200毫升椰浆

2汤匙罗望子膏，或依据个人喜好添加

1　制作复合香辛料：在煎锅中把辣椒、芫荽籽、孜然籽和芥末籽炒香，将其碾成粉末，加入姜黄粉。

2　混合青柠汁和黑胡椒碎，倒入鱼肉。用一个煎锅热油，将鱼肉的两面各煎1分钟，直至鱼肉略微上色。把鱼盛到一个盘子中，加盖。

3　制作马萨拉酱：在锅中放入红洋葱，盖上锅盖焖5分钟。掀开锅盖，倒入红甜椒、红辣椒和大蒜，炒至洋葱即将变色。拌入复合香辛料，快炒1分钟。放入番茄，煮沸，随后倒入200毫升水。用文火慢炖15分钟。倒入椰浆和足量的罗望子膏，这些食材能带来浓郁的味道。咖喱不应太厚，稠度应该如浓汤一般。

4　将鱼肉倒回锅中，文火慢炖5~10分钟，或直至鱼肉熟透。趁热上桌。

罗望子咖喱鱼

在印度南部到处生长着高大的罗望子树，这种树木能够遮阴，而其酸甜的果实可以做菜。

选用海鲜

任何白身海鲜，如小头油鲽、虾或鱿鱼

- **准备时间：** 10分钟
- **烹饪时间：** 35~40分钟
- 6人份

材料

2汤匙植物油

1茶匙芥末籽

10片九里香叶

少许葫芦巴籽

2瓣大蒜，切碎

2个洋葱，切碎

¼茶匙姜黄粉

半茶匙辣椒粉

3个番茄，切碎

1茶匙番茄泥

海盐

1汤匙罗望子膏

500克白身鱼肉，去皮

1　在一个大炖锅中热油，放入芥末籽。当芥末籽开始发出爆裂声时，放入九里香叶、葫芦巴籽和大蒜，炒1~2分钟，或直至大蒜变成焦黄色。拌入洋葱，用中火烹煮，不时搅动，煮10分钟，或直至洋葱变成金黄色。

2　放入姜黄粉和辣椒粉拌匀，随后放入番茄、番茄泥、少许盐，再烹煮2分钟。放入罗望子膏和200毫升水。煮沸并用文火慢炖12分钟，不时搅动，直至酱汁变稠。用盐调味，如果你喜欢，可以多放一些罗望子膏。

3　将鱼肉切片，和酱汁拌匀。把火调小，用小火煮4~5分钟，或直至鱼肉熟透，可搭配米饭上桌。

预先准备

至多可以提前2天制作咖喱酱汁，密封冷藏，其味道会变浓。在放入鱼肉前先将其慢炖至即将沸腾的状态。

泰式绿咖喱鱼配嫩豌豆

泰式咖喱的味道很棒，虽然吃起来辣，但辣味很快就会消散。

选用海鲜

任何白身海鲜，如鳕鱼、绿青鳕；或虾、扇贝、鱿鱼、墨鱼、鮟鱇鱼、笛鲷、鲷鱼

- 准备时间：15分钟
- 烹饪时间：15分钟
- 4人份

材料

2个蜡质马铃薯，擦去表皮，切块

盐和现磨黑胡椒

115克嫩豌豆

400克罐装椰浆

2汤匙泰式绿咖喱酱

550克白身鱼，剔除鱼刺、去皮并切块

1~2个青辣椒，去籽并切丝

若干撕碎的罗勒叶或芫荽叶

1 用淡盐水煮马铃薯5分钟左右，或直至其即将变软。煮制过程中在锅上面放一个金属沥水篮或蒸篮，放入嫩豌豆蒸3分钟。控干马铃薯的水分。

2 在一个锅中混合椰浆和咖喱酱。放入鱼肉、马铃薯、辣椒，用盐和胡椒稍加调味。煮沸，盖上锅盖，改文火慢炖10分钟，直至鱼肉和马铃薯变软。

3 轻轻拌入嫩豌豆。如有必要，品尝并调味，将其舀在事先煮好并保温的泰国香米饭上，撒上罗勒或芫荽叶上桌。

更多美味做法

泰式绿咖喱鱼配什锦蔬菜

可以用西蓝花、四季豆、小胡瓜代替嫩豌豆。

泰式红咖喱笛鲷

亲手制作的咖喱酱给这道咖喱菜带来浓郁的香味和温暖的感觉。

选用海鲜

笛鲷，或篮子鱼、大西洋白姑鱼、鲂

- 准备时间：10分钟
- 烹饪时间：20分钟
- 4人份

材料

2汤匙葵花籽油

2茶匙虾酱

1个大洋葱，细细剁碎

2瓣大蒜，拍碎

1汤匙棕榈糖或红糖

4个番茄，去籽并切丁

400克罐装椰浆

300毫升泰国鱼高汤或虾、贝或蟹类高汤

1~2汤匙鱼露，依据个人喜好添加

½~1个青柠的青柠汁

4片笛鲷鱼肉，每片约175克，刮除鱼鳞、剔除鱼刺，对半切开

3汤匙粗切的芫荽叶

制作咖喱酱的材料

4个红辣椒，去籽并切碎

1个红甜椒，炙烤，去皮

1汤匙芫荽粉

2根香茅，粗切

2汤匙高良姜末或鲜姜末

1汤匙泰国鱼露

1茶匙虾酱

1茶匙棕榈糖

1 把制作咖喱酱的所有材料放在食物加工机中，搅打成糊状物。

2 在炒锅中热油，放入虾酱，用小火炒1~2分钟。放入洋葱，再炒2分钟，放入大蒜、棕榈糖、番茄和咖喱酱，炒2分钟，放入椰浆和高汤。煮沸，文火慢炖4~5分钟。用鱼露和青柠汁调味。

3 放入鱼肉，再次煮沸，把火调小，文火慢炖5~6分钟，或直至鱼肉刚熟。鱼肉会变成白色，并形成肉瓣。撒上芫荽，可搭配米饭上桌。

预先准备

咖喱酱至多能密封冷藏保存1周。

篮子鱼的理想搭配：

这种口感细腻的鱼最好搭配泰国风味的咖喱，或试着搭配椰子、芫荽和香辛料。

咖喱烤庸鲽

现磨椰肉赋予了咖喱形与神。

选用海鲜

庸鲽，或大菱鲆、菱鲆

- 准备时间：55分钟
- 烹饪时间：40分钟
- 4人份

材料

1~2片大蕉叶，择净

500毫升浓缩椰浆

75克泰国罗勒叶

6~10片卡菲尔酸橙叶，切丝

4片庸鲽鱼肉，每片约175克，去皮

制作红咖喱酱的材料

6~10个干红辣椒，用水浸泡并剁碎

几个鸟眼辣椒，去籽（可依个人喜好保留）

少许盐和现磨白胡椒

切碎的大蒜和香茅各4汤匙

5汤匙切碎的红葱

一大汤匙切碎的高良姜

1茶匙卡菲尔酸橙皮碎屑

1茶匙切碎的芫荽根

1茶匙泰国虾酱

少许肉豆蔻皮（可选）

制作椰子调味汁的材料

240毫升浓缩椰浆

2½汤匙棕榈糖或黑砂糖

4汤匙泰国鱼露，或依据个人喜好添加

100克现磨椰肉

1 将制作红咖喱酱的材料放入搅拌机中，加水打成糊状物。制作椰子调味汁：倒入一半量的浓缩椰浆和5汤匙咖喱酱，用文火炖出香味，放入糖、鱼露和椰肉，微滚后倒入剩下的浓缩椰浆。

2 把蕉叶切成8段，其中4段宽14厘米，4段宽20厘米。把小叶放在大叶上，光面朝上。在小蕉叶的半边抹浓缩椰浆，随后依次放罗勒叶、椰子调味汁、罗勒叶、酸橙叶和浓缩椰浆。把鱼肉摆在最上面。然后按相反次序再次堆叠食材。

3 折叠小蕉叶覆盖食材，然后用大蕉叶紧紧裹住小蕉叶。用酒扦固定，烤30分钟。外层大蕉叶会被烤焦，去除外层的大蕉叶里面的小蕉叶直接装盘。

丛林咖喱鲑鱼

热辣、新鲜的味道，给鲑鱼带来了新生。

选用海鲜

鲑鱼，或鮟鱇鱼

- 准备时间：10分钟
- 烹饪时间：20分钟
- 4人份

材料

2汤匙植物油

2汤匙泰国绿咖喱酱

3瓣大蒜，拍碎

1块5厘米见方的鲜姜，碾碎

2个很辣的红辣椒，去籽并切成条状

400克罐装椰浆

适量泰国鱼露

200克控干水分的竹笋

满满2汤匙泰国青茄（可选）

75克玉米笋，对半竖切

400克鲑鱼肉，剔除鱼刺、去皮、切块

一小把罗勒叶（最好是泰国罗勒）

1 在一个大煎锅中热油，放入咖喱酱，翻炒。倒入大蒜、姜和辣椒。继续翻炒2~3分钟。

2 倒入椰浆。煮沸，放入鱼露、竹笋、泰国青茄（可选）和玉米笋。把火略微调小，用文火慢炖5分钟。

3 放入鲑鱼和罗勒，继续用文火慢炖5~10分钟，直至鱼肉煮熟。依个人喜好调味并装盘，可搭配泰国香米饭上桌。

预先准备

可以提前1天制作咖喱酱汁，密封冷藏。在放入鱼肉前先将其慢炖至即将沸腾的状态。

咖喱王鱼

王鱼（即大耳马鲛）浓郁的味道和罗望子、椰浆搭配得当。

选用海鲜

大耳马鲛，或剑鱼

- 准备时间：15分钟
- 烹饪时间：25分钟
- 4~6人份

材料

2汤匙植物油

半茶匙芥末籽

10片九里香叶

少许葫芦巴籽

1个洋葱（大），切碎

2.5厘米鲜姜，切片

半茶匙姜黄粉

半茶匙辣椒粉

1茶匙芫荽粉

2个番茄，切碎

海盐

1汤匙罗望子膏

500克大耳马鲛鱼肉，剔除鱼刺、去皮，切成4厘米长的段

200毫升椰浆

少许压碎的黑胡椒粒

1　在一个大炒锅中热油。放入芥末籽，等芥末籽开始发出爆裂声后，放入九里香叶和葫芦巴籽，快炒1分钟，或直至葫芦巴籽开始变成金黄色。随后放入洋葱，用中火翻炒5分钟。

2　放入姜、姜黄粉、辣椒粉和芫荽粉，搅拌均匀，然后依据个人喜好放入番茄和盐。翻炒5分钟。拌入罗望子膏和300毫升水，慢慢煮沸。把火调小，放入鱼肉，文火慢炖5~6分钟，直至鱼肉熟透。

3　把火调到最小，倒入椰浆。放入黑胡椒粒。文火慢炖2分钟，离火。立即装盘，可搭配米饭或煮马铃薯上桌。

预先准备

至多可以提前2天制作酱汁，做到放入鱼肉之前的一步，密封冷藏。继续烹饪前先将其文火慢炖至即将沸腾的状态。

咖喱海鲜

这道快手咖喱菜用辣椒、椰子和青柠提味，简单易做，可以作为工作日的晚餐。

选用海鲜

任何肉质紧实的白身鱼，如鳕鱼或黑线鳕；斑节对虾

- 准备时间：15分钟
- 烹饪时间：12分钟
- 4人份

材料

600克白身鱼，剔除鱼刺、去骨、去皮，切成一口大小的小块，冲洗干净并拍干

半茶匙盐

半茶匙姜黄粉

半个洋葱，切碎

1厘米鲜姜，切碎

1瓣大蒜，拍碎

2汤匙葵花籽油

1茶匙黑芥末籽

4个小豆蔻荚，压碎

2~4个干红辣椒，压碎

100克浓缩椰浆，用500毫升沸水溶解

12只生的斑节对虾，剥去虾壳，挑去肠线（见第285页）

2汤匙新鲜的青柠汁

芫荽叶，上菜时用

青柠角，上菜时用

1　将鱼块放在一个非金属材质的碗中，撒上盐和姜黄粉，拌匀。备用。

2　将洋葱、姜和大蒜放在食物加工机或搅拌机中打成糊状。用大火加热一个深口煎锅，放入油并在锅中转一圈，改中火放入洋葱糊，翻炒3~5分钟，或直至洋葱糊开始变色。拌入芥末籽、小豆蔻和辣椒，搅拌30秒。

3　拌入浓缩椰浆，使其沸腾2分钟，之后调成中低火，放入鱼块和腌渍后形成的汁液，并不时将汤汁舀在鱼块上。文火慢炖2分钟，小心不要弄碎鱼块。

4　放入虾，文火慢炖2分钟，或直至虾呈粉红色。放入青柠汁，装盘，放上芫荽叶和青柠角上桌。

椰浆叻沙面

椰浆使这道马来西亚美食的滋味浓郁。

选用海鲜

鲯鳅和斑节对虾、贻贝、鱿鱼

· 准备时间：20分钟

· 烹饪时间：15分钟

· 4人份

材料

400克罐装椰浆

450毫升虾、贝或蟹类高汤

1根香茅

4片卡菲尔酸橙叶

2.5厘米高良姜或鲜姜，切成薄片

450克鲯鳅鱼肉，剔除鱼刺、去皮，切成大块

12只生的斑节对虾，剥去虾壳，挑去肠线，保留虾尾（见第285页）

450克贻贝，处理好（见第278页）

2条鱿鱼，去除内脏，洗净并切成鱿鱼圈（见第282页）

350克意式细面，上菜时用

青柠角，上菜时用

制作咖喱酱的材料

2茶匙植物油

少许芝麻油

2茶匙棕榈糖

3瓣大蒜，对半切开

半把大葱，粗切

1茶匙虾酱

2个红辣椒，去籽并切碎

一大把芫荽（最好是带根的芫荽）

孜然粉、姜黄粉和盐各1茶匙

1 把制作咖喱酱的材料与一半量的椰浆一起放在食物加工机中搅打成润滑的糊状物，制成咖喱叻沙酱。

2 把糊状物倒入一个大炒锅，用小火煮1分钟。放入剩下的椰浆和高汤，煮沸，放入香茅、酸橙叶和高良姜，文火慢炖5分钟。放入鲯鳅、虾和贻贝，煮3~4分钟。放入鱿鱼。

3 同时，根据包装上的说明煮意式细面。分别盛在4个碗中，把咖喱叻沙酱舀在上面。配上青柠角上桌。

预先准备

至多可以提前1周制作咖喱酱叻沙，混合椰浆密封冷藏。

椰香咖喱鱼

这道来自印度喀拉拉邦南部的美食是清淡咖喱爱好者的理想选择。

选用海鲜

任何白身鱼，如罗非鱼，或虾、贝及蟹类海鲜

· 准备时间：25分钟

· 烹饪时间：20分钟

· 6人份

材料

2汤匙植物油

200克红葱头，切碎

10片九里香叶

500克白身鱼肉，剔除鱼刺、去皮

1汤匙柠檬汁

制作辛辣调味酱的材料

100克现磨椰肉

1茶匙芫荽粉

半茶匙辣椒粉

少许姜黄粉

1 制作辛辣调味酱：将椰肉、芫荽粉、辣椒粉和姜黄粉放入搅拌机中，倒入200毫升水，打成润滑的糊状物。

2 在一个大煎锅或炒锅中热油，放入红葱头和九里香叶，用中火烹制5分钟，或直至红葱变软。倒入100毫升水并煮沸。煮5分钟左右，不时搅动，直至酱汁变稠。

3 将鱼肉切成2.5厘米长的段，放入酱汁中。倒入柠檬汁搅拌均匀。用小火煮4~5分钟，或直至鱼肉煮熟。离火，可搭配米饭或者印度面包上桌。

预先准备

可以提前2~3天制作咖喱汤底，密封冷藏，味道会变浓。在继续步骤3前用小火重新加热。

罗非鱼的理想搭配：

这种鱼的鱼肉味道清甜、独特，适合制作泰国风味菜肴，可以试着将它和鸟眼辣椒、卡菲尔酸橙、鱼酱、虾酱、高良姜搭配。

咖喱鱼头

鱼头价格低廉，还带有被老饕视为珍宝的鱼颊肉。

选用海鲜

鲑鱼头、鳕鱼头，或笛鲷鱼头

- 准备时间：15分钟
- 烹饪时间：30分钟
- 4人份

材料

400克罐装椰浆

2汤匙植物油

1个洋葱，切成薄片

10个小豆蔻荚，撕开

2.5厘米高良姜或鲜姜，切成薄片

4个番茄，去籽并切碎

1汤匙罗望子膏

450毫升鱼高汤

4个大鱼头，除去鱼鳃，清洗干净

盐和现磨黑胡椒

3汤匙切碎的芫荽

制作咖喱酱的材料

1汤匙切碎的夏威夷果

1瓣大蒜，切碎

半把大葱

1茶匙虾酱

3个红辣椒（如你喜欢辣一点，可以多放）

姜黄粉、孜然粉各1茶匙

2茶匙格拉姆马萨拉粉

少许盐

1 制作咖喱酱：把所需材料放入食物加工机中细细搅碎。放入3汤匙椰浆，搅打成润滑的糊状物。

2 在一个大焙盘中热植物油，放入洋葱，用中火烹制8~10分钟，或直至洋葱略微呈金黄色。放入咖喱酱、小豆蔻、高良姜和番茄，煸炒3~4分钟。放入罗望子膏、剩下的椰浆和高汤，煮沸，改文火慢炖。

3 放入鱼头、盖上锅盖，煮12~15分钟，煮到一半时将鱼头翻面，或一直煮到鱼头开始裂开，将鱼头盛到一个餐盘中。将锅中汤汁煮沸，用盐和胡椒调味，拌入芫荽，把汤汁浇在鱼头上即可上桌。

预先准备

可以提前1天制作咖喱酱，密封冷藏。需用时取出。

果阿咖喱鱼

这道菜非常辣，但可以根据个人口味调节辣度。

选用海鲜

笛鲷，或鲳鱼、大西洋白姑鱼

- 准备时间：10~15分钟
- 烹饪时间：30分钟
- 6人份

材料

1千克笛鲷，刮除鱼鳞并片出整片鱼肉

2汤匙芫荽籽

1茶匙孜然籽

6~8个干红辣椒，依据个人喜好添加

3瓣大蒜，切碎

1汤匙碾碎的鲜姜

半茶匙姜黄粉

半茶匙盐

2×400克罐装椰浆

2汤匙花生油

1个大洋葱，切成薄片

2个大番茄，去籽并切碎

1~2个青辣椒，去籽并切碎

2汤匙罗望子膏

盐和现磨黑胡椒

青柠汁，或1把切碎的芫荽

1 剔除笛鲷的鱼刺，把每片笛鲷切成3段，密封冷藏。

2 把芫荽籽和孜然籽放入炖锅炒，直至它们开始发出爆裂声。离火冷却，将芫荽籽、干辣椒、大蒜、姜、姜黄粉和盐放入食物加工机中彻底搅碎。放入4~5汤匙椰浆，搅打至均匀。

3 在一个大炖锅中热油，放入洋葱，用小火烹制12~15分钟，直至洋葱变成金棕色。放入番茄、青辣椒和辣酱汁，用中火炒2~3分钟，直至发出浓郁香味。倒入剩下的椰浆，煮沸，文火慢炖5~7分钟。放入罗望子膏并用盐和胡椒调味。

4 放入笛鲷，把火调小，煮4~6分钟，或直至鱼肉变得不透明且肉质紧实。

5 用盐和胡椒调味，然后放入青柠汁或切碎的芫荽。可搭配米饭上桌。

预先准备

至多可以提前1天预先完成步骤2和3，冷却后密封冷藏，味道会变浓。在继续烹饪前先将其慢炖至即将沸腾的状态。

乌鲳的理想搭配：

这种肉质紧实、味道清甜的鱼天然适合做咖喱菜。也可以用乌鲳搭配中东风味的食材，例如古斯古斯、橙子、大量芫荽或切尔穆拉腌料。

咖喱鱿鱼

在斯里兰卡，渔夫们直接在渔船上烹饪刚捕捞上来的鱿鱼，并佐以香辛料。

选用海鲜

鱿鱼，或墨鱼、章鱼

- 准备时间：15分钟
- 烹饪时间：30~35分钟
- 4人份

材料

3汤匙植物油

半茶匙芥末籽

2个大洋葱，切片

3个青辣椒，竖切

2.5厘米鲜姜，切成薄片

半茶匙辣椒粉

半茶匙芫荽粉

2个大番茄，切片

400克鱿鱼，去除内脏，洗净，并切成1厘米宽的鱿鱼圈，保留腕足（见第282页）

1汤匙切碎的芫荽叶，上菜时用

1　在一个大煎锅中热油，放入芥末籽。当芥末籽爆裂时，放入洋葱炒5分钟，或直至洋葱变成金黄色。

2　拌入青辣椒和姜，随后放入辣椒粉和芫荽粉。放入番茄，用中火烹5~10分钟，或直至番茄软烂，形成浓稠的酱汁。

3　放入鱿鱼，拌匀。盖上锅盖，用小火煮15分钟，经常搅动，防止粘锅。如果太干就加一点水。

4　趁热装盘，撒上芫荽，可搭配印度抛饼、印度面包，或任何调味米饭上桌。

预先准备

提前2天按照步骤1—2制作酱汁，密封冷藏，其味道会变浓。放入鱿鱼前先将酱汁文火慢炖至即将沸腾的状态。

咖喱蒸扇贝

在泰国，这道菜是放在蕉叶上蒸制的。

选用海鲜

任何白身鱼，如大菱鲆；扇贝

- 准备时间：35~40分钟
- 烹饪时间：20~25分钟
- 4人份

材料

50克白身鱼肉，剔除鱼刺、去皮

120毫升浓缩椰浆

1~3汤匙泰国鱼露

少许精白砂糖（可选）

1个小鸡蛋

5片卡菲尔酸橙叶，切成细丝

4个扇贝，去除扇贝子，每个扇贝肉切成3片

4个扇贝壳，用浓盐水煮几分钟并清洗干净

1把罗勒叶（最好是泰国罗勒）

1片海滨木巴戟叶，切成细丝（可选）

少许红辣椒，切丝，上菜时用

少许芫荽叶，上菜时用

制作超浓椰浆的材料

少许粘米粉

5汤匙浓缩椰浆

少许盐（可选）

制作红咖喱酱的材料

6~8个干红辣椒，用水浸泡并切碎

少许盐

2½汤匙切碎的大蒜

4汤匙切碎的红葱

4汤匙切碎的香茅

1大汤匙切碎的高良姜

1茶匙卡菲尔酸橙皮碎屑

1茶匙切碎的芫荽根

2茶匙泰国虾酱

少许现磨白胡椒

1　将制作红咖喱酱的材料放入搅拌机中，倒入足量的水，搅打成糊状物。

2　用搅拌机把鱼肉打成鱼肉泥，随后拌入4汤匙红咖喱酱和浓缩椰浆。用鱼露和糖（可选）调味。放入鸡蛋。拌入绝大部分的酸橙叶和所有扇贝肉。

3　在扇贝壳里铺上大量罗勒和海滨木巴戟叶（可选）。舀入扇贝咖喱混合物。用小火蒸15分钟左右。扇贝肉变得紧实就说明蒸熟了。不要蒸太久，否则扇贝肉会裂开。

4　同时，将粘米粉和1汤匙浓缩椰浆混合。将剩下的浓缩椰浆煮沸，拌入米粉混合物。可以依个人口味用盐调味。在扇贝肉上舀上超浓椰浆，用剩下的酸橙叶、红辣椒丝和芫荽叶点缀。

预先准备

至多可以提前3天制作红咖喱酱，密封冷藏，味道会变得更浓。

甜酸咖喱虾

如果你喜欢很辣的咖喱，可以多放一些辣椒。本食谱是中辣的用量。

选用海鲜

斑节对虾

· 准备时间：15分钟
· 烹饪时间：30分钟
· 8人份

材料

350克红扁豆

盐和现磨黑胡椒

2汤匙植物油，或1汤匙印度酥油

6个小豆蔻荚，拍碎

3茶匙芥末籽

2茶匙中辣辣椒粉

2茶匙姜黄粉

2茶匙肉桂粉

2个洋葱，细细剁碎

1块10厘米见方的鲜姜，细细剁碎

4瓣大蒜，碾碎或细细剁碎

3~4个青辣椒，去籽并切成薄片

675克生的斑节对虾，剥去虾壳，挑去肠线（见第285页）

1个菠萝，削皮并切成一口大小的小块

8个番茄，去皮去籽，粗粗切碎（见第112页）

1把新鲜的芫荽，细细剁碎

1 将红扁豆放在一个厚底大锅中，用盐和胡椒调味，加冷水浸没。煮沸，把火调小，文火慢炖20分钟，或直至红扁豆变软。沥干水分备用。

2 同时，在一个厚底大煎锅中加热一半量的植物油或印度酥油，放入5种干香料，翻炒到发出爆裂声。拌入洋葱、姜、大蒜、辣椒，炒5分钟，或直至食材变软并发出香味。

3 在锅中倒入剩下的植物油或酥油，随后放入虾。把火调大，炒6~8分钟，偶尔搅动一下。拌入菠萝、红扁豆、番茄和一点热水，使混合物变稀一点，文火慢炖5分钟。用盐和胡椒调味，拌入芫荽，装盘上桌。

预先准备

至多可以提前3天按照步骤2制作咖喱，密封冷藏。在继续烹饪前用小火重新加热。

绿咖喱虾配茄子罗勒

来自泰国的鲜美淡咖喱菜。

选用海鲜

虾，或扇贝，或任何肉质紧实的白身鱼

· 准备时间：15分钟
· 烹饪时间：20分钟
· 4人份

材料

5汤匙浓缩椰浆

1~3汤匙泰国鱼露，依据个人喜好添加

250毫升椰浆，或鸡高汤或虾高汤

3个小茄子，去蒂，每个切成6段

100克泰国青茄

8~12只生的虾，挑去肠线（见第285页）

3~4片卡菲尔酸橙叶，撕碎

3只青辣椒，去籽并切成薄片

1把罗勒叶（最好是泰国罗勒）

一圆汤匙鲜姜丝

制作咖喱酱的材料

满满1汤匙鸟眼辣椒，去籽（如你喜欢的话）

少许盐

一大汤匙切碎的高良姜

2½汤匙切碎的香茅

1茶匙卡菲尔酸橙皮碎屑

2茶匙切碎的芫荽根

1茶匙姜黄粉

一大汤匙切碎的鲜姜

2½汤匙切碎的红葱

2½汤匙切碎的大蒜

1茶匙泰国虾酱

1茶匙白胡椒粒

1茶匙烤芫荽籽

几片肉豆蔻皮，烤好（可选）

1 将制作咖喱酱的所有材料放入搅拌机，放入足量的水搅打成糊状物，制成咖喱酱。

2 在锅中加热浓缩椰浆，放入2汤匙咖喱酱，用大火翻炒5分钟，直至炒香且出油。

3 用鱼露调味，随后放入椰浆或高汤。煮沸，随后放入茄子。文火慢炖10~12分钟，随后放入虾。文火慢炖3~4分钟，直至虾熟透。

4 放入所有剩下的材料，搅匀，静置片刻再装盘。咖喱汁应出现分层，椰油分离出来，并浮在汤汁表面。

预先准备

可以提前3天制作咖喱酱，密封冷藏，其味道会变得更浓。

香辣蟹

享用这道菜的最佳方式是将自己全副武装,围上餐巾,并且卷起袖子。根据用餐人数准备若干小碗,盛入温水,放入柠檬片,用于洗手。

选用海鲜

螃蟹,或淡水螯虾或龙虾

- 准备时间:10分钟
- 烹饪时间:20分钟
- 4人份

材料

8只小的生蓝蟹,或其他小螃蟹,每只约重225克

2汤匙葵花籽油

2茶匙芫荽籽

2茶匙芥末籽

1个大洋葱,细细剁碎

4个鸟眼辣椒,如你喜欢的话,去籽,细细剁碎

4瓣大蒜,切碎

2汤匙碾碎的鲜姜

1茶匙姜黄粉

2汤匙棕榈糖或黑糖 (muscovado sugar)

1把大葱,切碎

3汤匙罗望子膏

1茶匙玉米淀粉

150毫升虾、贝或蟹类高汤

切碎的芫荽,上菜时用

1 如有必要,先将螃蟹清洗干净。在一大锅沸水中煮螃蟹5分钟 (可能需要分2批煮)。把煮好的螃蟹对半切开,并将蟹螯敲开。

2 在一个大炖锅中热油,放入芫荽籽和芥末籽,用中火炒至发出爆裂声。放入洋葱,炒3~4分钟,或直至洋葱半透明。

3 放入辣椒、大蒜、姜、姜黄粉和糖,翻炒2~3分钟,或直至炒香。倒入大葱并炒1分钟。

4 将罗望子膏、玉米淀粉和高汤混合,加入辣椒和芫荽籽混合物并煮沸,加入螃蟹,撒上芫荽装盘上桌。

预先准备

可以提前2天制作酱汁,密封冷藏,味道会变得更浓。准备食用前用小火重新加热,再加入对半切开的螃蟹。

绿咖喱虾配莳萝

莳萝能中和酸橙叶强烈的味道。

选用海鲜

斑节对虾,或扇贝,鲛鲽鱼,或海鲈

- 准备时间:30分钟
- 烹饪时间:30分钟
- 4人份

材料

3汤匙植物油

5汤匙泰国绿咖喱酱

1汤匙虾酱

1汤匙棕榈糖或砂糖

500毫升椰浆

500毫升鸡高汤或蔬菜高汤

4~6片卡菲尔酸橙叶,稍稍拍碎

泰国鱼露,依据个人喜好添加

2个大的蜡质马铃薯,削皮并切成2.5厘米厚的片

675克生的斑节对虾,剥去虾壳,挑去肠线 (见第285页)

1把莳萝

1 锅中倒油,用中火加热,翻炒咖喱酱2分钟左右,或直至咖喱酱炒出香味。放入虾酱和糖,翻炒1分钟。

2 把火调小,放入椰浆、高汤、卡菲尔酸橙叶和鱼露。放入马铃薯,盖上锅盖,煮20分钟。

3 放入虾拌匀,随后盖上锅盖,煮5分钟左右,或直至虾肉变成粉红色。撒上莳萝。

4 可以趁热吃。但在老挝,人们会将其冷却至室温,配上蒸糯米饭吃:用手指把少量糯米饭捏成一个饭球,蘸上咖喱汤汁,与虾和莳萝一起吃。

预先准备

至多可以提前2天按照步骤1—2制作咖喱汤底,密封冷藏。在继续烹饪前用小火重新加热。

杧果咖喱螃蟹

这道来自马尔代夫的美味咖喱菜，将热带水果与香辛料、海鲜结合在一起。

选用海鲜

蟹螯，或斑节对虾

- 准备时间：15~20分钟
- 烹饪时间：25~30分钟
- 4人份

材料

1个青柠的青柠汁

¼茶匙姜黄粉

¾茶匙碎黑胡椒粒

8只生的蟹螯

1只硬邦邦、尚未完全成熟的杧果，切成2厘米见方的小方块

1汤匙棕榈糖或黑糖

制作马萨拉咖喱酱的材料

4汤匙植物油

¾茶匙芥末籽

2枝九里香叶（约2汤匙叶片）

4厘米长的肉桂

1个大洋葱，切片

2个红辣椒，去籽并切碎

3瓣大蒜，细细剁碎

2厘米鲜姜，细细剁碎

半茶匙孜然粉

半茶匙辣椒粉

1茶匙茴香籽，烤好并磨成粉

4个大的李形番茄，去皮并细细剁碎（见第112页）

1 拌匀青柠汁、姜黄粉和黑胡椒粒碎。将蟹螯裹上混合物，备用。

2 在炒锅中热油并放入芥末籽。芥末籽会发出爆裂声。倒入九里香叶和肉桂。30秒后，放入洋葱。把火调小，盖上锅盖，烹5分钟使其变软。

3 拌入辣椒、大蒜、姜煸炒1分钟。放入孜然粉、辣椒粉和茴香粉。翻炒，随后倒入番茄，炒至番茄变软。

4 放入蟹螯搅拌，放入杧果和糖，大火炒10分钟至蟹螯熟透。用小锤子或蟹钳把蟹螯壳弄碎。可搭配无酵饼和米饭上桌。

预先准备

可以提前2天做马萨拉咖喱酱，密封冷藏。

大虾巴尔蒂

巴尔蒂锅菜在英国比在巴基斯坦更常见，很受咖喱爱好者追捧。

选用海鲜

斑节对虾，或海鲈、鲷鱼、扇贝或鲛鳒鱼

- 准备时间：20~25分钟
- 烹饪时间：15~20分钟
- 4人份

材料

500克生的斑节对虾，剥去虾壳，但保留完整的虾尾，并挑去肠线（见第285页）

1个青柠的青柠汁

1½茶匙红椒粉

制作马萨拉咖喱酱的材料

3汤匙植物油

1个红洋葱，切丁

1块4厘米见方的鲜姜，切成细丝

2瓣大蒜，碾碎或细细剁碎

2个青辣椒，切丝

1个红甜椒，去籽并切丝

400克罐装碎番茄，取一半量即可

¼茶匙姜黄粉

¼~½茶匙辣椒粉

半茶匙肉桂粉

半茶匙格拉姆马萨拉粉

半茶匙芫荽粉

半茶匙精白砂糖

2汤匙粗粗切碎的芫荽叶

1 把虾放在碗中，挤入青柠汁并拌入红椒粉。备用。

2 在炒锅中用中火热油，煸炒洋葱，直至洋葱开始变成金黄色。放入大部分的姜、大蒜、青辣椒和红甜椒。炒1分钟。

3 把火调大，放入番茄、姜黄粉、辣椒粉、肉桂粉、格拉姆马萨拉粉、芫荽粉和糖。烹煮片刻，直至番茄变浓稠。倒入150毫升热水，搅拌并把火调小。放入虾和青柠汁，小火慢炖至虾肉变成粉红色。

4 撒上切碎的芫荽和剩下的姜丝，装盘上桌。

预先准备

至多可以提前2天制作马萨拉咖喱酱，密封冷藏，味道会变得更浓。继续烹饪前先将其煮至即将沸腾的状态。

煎炸

油煎马萨拉沙丁鱼

这些咖喱鱼带有一种令人愉快的香辣味。

选用海鲜

沙丁鱼，或鲱鱼、小鲭鱼

- **准备时间**：10~15分钟，另加腌制时间
- **烹饪时间**：20分钟
- 2~4人份

材料

4条沙丁鱼，总共约300克，刮除鱼鳞、去除内脏

5汤匙植物油

1个小洋葱，切成薄片

一小把切碎的芫荽叶，上菜时用

柠檬角，上菜时用

制作马萨拉咖喱酱的材料

1个洋葱，切碎

2个青辣椒，切碎，可去籽

1块1厘米见方的鲜姜，细细剁碎

10片九里香叶

10粒黑胡椒粒

半茶匙辣椒粉

半茶匙姜黄粉

2汤匙葡萄酒醋或苹果酒醋

1茶匙柠檬汁

盐

1　把制作马萨拉咖喱酱的所有材料放在搅拌机中，搅拌成糊状，备用。

2　将鱼洗净，拍干。取一把极其锋利的刀，在鱼身两面每隔2.5厘米左右划一刀。把鱼放在烤盘里，在鱼身上和切口处均匀抹上马萨拉酱。静置15~20分钟。

3　在一个大煎锅中热2汤匙油。放入洋葱，开大火炒5~6分钟，或直至洋葱变黄变脆。离火并用厨房纸吸干油。

4　在同一个锅中用小火热剩下的油。倒入鱼，盖上锅盖，两面各煎6分钟。把鱼盛在餐盘中，撒上洋葱脆，配上芫荽、柠檬角装盘上桌。

预先准备

提前3天制作马萨拉咖喱酱，密封冷藏。需用时取出。

油煎燕麦裹鲭鱼

柠檬角和热辣芥末的加入，让这道菜成了寒冷季节的佳肴。

选用海鲜

鲭鱼，或鲱鱼、黍鲱

- **准备时间**：15~20分钟
- **烹饪时间**：15分钟
- 6人份

材料

2个鸡蛋

30克面粉

175克燕麦片

盐和现磨黑胡椒

6片大的鲭鱼肉，剔除鱼刺、去皮

75毫升植物油，如有需要可增加用量

柠檬角，上菜时用

西洋菜枝，上菜时用

制作芥末酱汁的材料

60克黄油

2汤匙面粉

半个柠檬的柠檬汁

1汤匙第戎芥末酱，或依据个人喜好添加

1　在一个盘子中打散鸡蛋，将面粉筛入一个碗中。在另一个碗中拌匀燕麦片、少许盐和黑胡椒。将每片鱼都裹上面粉，蘸上蛋液，最后裹上燕麦片。

2　制作酱汁：加热熔化⅓的黄油。放入面粉搅打至起泡。倒入300毫升沸水，一边倒一边搅拌。将混合物倒入中锅，开火，搅动1分钟。离火，放入剩下的黄油，搅拌均匀。倒入柠檬汁和芥末酱，用盐和黑胡椒调味。

3　在烤盘里铺上一层厨房纸。用一个大煎锅热油，放入一半量的鱼，两面各煎2~3分钟，使鱼肉表面变得酥脆金黄。把鱼盛入烤盘，注意保温，同时煎剩下的鱼。配上柠檬角、西洋菜和酱汁装盘上桌。

脆煎鲑鱼配芫荽青酱

尚未完全断生的鲑鱼,新鲜、喷香,非常可口。

选用海鲜

鲑鱼,或海鲈、金枪鱼、剑鱼、海鲂、鳐鱼

- **准备时间**:5~10分钟
- **烹饪时间**:10~15分钟
- 4人份

材料

4片鲑鱼肉,每片约175克,保留鱼皮,刮除鱼鳞并剔除鱼刺

3汤匙植物油

2茶匙海盐

柠檬角,上菜时用

芫荽叶,上菜时用

制作青酱的材料

一大把芫荽的叶片

2~3瓣大蒜

2汤匙松仁

75毫升橄榄油

30克帕玛森干酪,磨得极碎

盐和现磨黑胡椒

1 制作青酱:把芫荽、大蒜、松仁和2汤匙橄榄油放在一个食物加工机中。在搅打的过程中,缓缓倒入剩下的油,使其形成一条稳定的细流。拌入帕玛森干酪,依据个人喜好用盐和胡椒调味,放入碗中,密封保存。

2 在鲑鱼带皮的一面刷上一点植物油。把剩下的油放在煎锅中加热。放入鲑鱼,带皮的一面朝下。用中火煎鱼,直至鱼皮变脆。改大火,将鱼翻面,快速将每片鲑鱼的其余3面煎成焦黄色。鱼肉应该还是软软的,这说明内部是生的。

3 把煎好的鲑鱼放在温热的盘中,撒上海盐,并舀上一些青酱。配上柠檬角和芫荽叶装盘上桌。

预先准备

如果青酱的表面以一层薄油隔绝空气隔离,则可以冷藏保存2天。如果不用油封住,芫荽会变色,青酱将变得不新鲜。

煎鲑鱼卷

将新鲜鲑鱼浸泡在腌料中,然后将其裹在熏鲑鱼外面。

选用海鲜

鲑鱼、鲹鲦鱼或金枪鱼;熏鲑鱼

- **准备时间**:20~25分钟,另加腌制时间
- **烹饪时间**:5分钟
- 4~6人份

材料

1千克鲑鱼肉,保留鱼皮,剔除鱼刺

250克熏鲑鱼片

5~7枝罗勒的叶片

45克黄油

制作腌料的材料

半个柠檬的柠檬汁

175毫升橄榄油

3~4枝百里香的叶片

2片月桂叶,压碎

制作番茄罗勒装饰的材料

4个番茄,去皮去籽并切碎（见第112页）

2汤匙橄榄油

一小把罗勒的叶片,切碎

盐和现磨黑胡椒

精白砂糖

1 将鲑鱼放在案板上,使其与你垂直,尾巴在远端,按从头向尾的方向用片鱼刀将鲑鱼斜切成12片。尽量切成均匀的薄片,保留鱼皮。

2 制作腌料:把柠檬汁和橄榄油、百里香叶和月桂叶倒在一个浅盘中。放入鲑鱼肉,密封冷藏1小时。

3 将装饰用的番茄、油和罗勒拌匀,用盐和胡椒调味,依据个人喜好放糖。在室温下静置30~60分钟。

4 把鲑鱼从腌料中取出,拍干。将熏鲑鱼片切成和新鲜鲑鱼大小相同的薄片。在每片新鲜鲑鱼肉上放一片熏鲑鱼片,再放一片罗勒叶,像卷瑞士卷一样,延长边将鱼肉卷起来,并用酒针固定好。

5 在一个煎锅中倒入黄油,放入鲑鱼卷。每个鲑鱼卷之间须留一定空隙。用大火煎鲑鱼1~2分钟,翻面。取出酒针,配上番茄罗勒装饰装盘上桌。

预先准备

腌料和番茄装饰都可以提前6小时制作,密封冷藏。需用时先使其恢复到室温。

越南脆皮鱼

这道经典菜肴需要放大量辣椒，棕榈糖则能中和辛辣味。

选用海鲜
鲷鱼，或笛鲷、红鲻鱼（纵带羊鱼或羊鱼）

- 准备时间：10~15分钟
- 烹饪时间：20分钟
- 2人份

材料

2条鲷鱼，每条约450克，刮除鱼鳞，去除内脏并修剪干净，去除鱼头

盐

4汤匙植物油

3瓣大蒜，切碎

6个番茄，去籽并粗切

2个红辣椒（最好是鸟眼辣椒），去籽并切成薄片

1汤匙棕榈糖

2汤匙鱼酱

1茶匙玉米淀粉

2根大葱，切碎

2汤匙粗粗切碎的芫荽

1 在鱼的两面各划几刀，用盐调味。取一个大煎锅热油，放入鱼身，两面各煎6~8分钟，或直至鱼煎熟。

2 在一个大平底锅中热剩下的油，放入大蒜、番茄、辣椒，用大火加热，直至番茄变软。放入棕榈糖、鱼酱和6汤匙水，煮1~2分钟，或直至汤汁减少并变黏稠。拌入玉米淀粉、大葱和芫荽，再煮片刻。

3 将鱼盛在一个盘子中，舀上粘稠的甜酱汁。装盘，可搭配米饭上桌。

预先准备
至多可以提前3天制作步骤2中的黏稠酱汁，密封冷藏。在继续烹饪前用小火重新加热。调成你喜欢的稠度，可能需要加一点水。

煎红鲻鱼

用煎的方法烹饪红鲻鱼能保留鱼肉清甜的滋味。

选用海鲜
红鲻鱼（纵带羊鱼或羊鱼），或鲻鱼、鲷鱼

- 准备时间：5分钟
- 烹饪时间：5分钟
- 4人份

材料

4条红鲻鱼，每条约450克，刮除鱼鳞，去除内脏，修剪干净，去除鱼头

海盐和现磨黑胡椒

玉米粉，用于裹在鱼肉上

葡萄籽油，煎鱼用

柠檬汁，上菜时用

几枝西洋菜，上菜时用

1 用盐和胡椒给鱼肉调味，然后将鱼的两面裹上玉米粉，抖落多余的玉米粉。取一个不粘锅或铸铁煎锅，开中高火，放入足量的油，使锅底均匀地覆盖上一层油。

2 将加工好的鱼放进热油中，将稍后装盘时朝上的一面此时朝下放置。煎2分钟，或直至鱼皮煎成金黄色。

3 用食物夹将鱼翻面，煎至另一面也呈金黄色。如需查看鱼肉是否煎熟，将一把薄刃刀插入鱼身中央，然后拔出来，用你的指尖触碰刀尖。如果刀尖是温热的，说明鱼已经煎熟了。用厨房纸迅速吸掉多余的油，洒上柠檬汁，配上几枝西洋菜装盘。

扁裸颊鲷的理想搭配：
试着将这种鱼和番茄、大蒜、橄榄油、马郁兰、茴香、百里香，或更辛辣的红辣椒、鱼露、孜然、芫荽搭配。

香煎黑芝麻脆皮金枪鱼

烤金枪鱼与黑芝麻组合，带来一道视觉效果惊艳的菜肴。让满满坚果味的芝麻充当鲜美多汁的金枪鱼的"外衣"真是相得益彰。

选用海鲜

金枪鱼，或剑鱼、旗鱼、鲑鱼

- **准备时间：**10分钟，另加腌制时间
- **烹饪时间：**1分钟
- 4人份

材料

4汤匙橄榄油，另备少许用来煎金枪鱼

1瓣大蒜，碾碎或细细剁碎

1个很辣的小红辣椒，细细剁碎

2汤匙黑芝麻，另备一些撒在菜肴上（可选）

盐

2块金枪鱼排，每块约300克，分别沿长边竖着对半切开

2个小萝卜

1个柠檬的柠檬汁

半把细香葱，切成5厘米长的段

1 在一个大浅盘中，拌匀油、大蒜、辣椒、芝麻和少许盐。洗净金枪鱼，用厨房纸拍干。把鱼压入芝麻混合物中，使其沾在鱼身上。把鱼翻面，将另一面也沾均。盖上盖子，放入冰箱中腌制1小时以上。

2 同时，把小萝卜切成与火柴棍等长的条状，把萝卜条放入碗中，撒上一半量的柠檬汁，防止萝卜条变色。

3 在煎锅中用大火热少许油。将金枪鱼的两面各大火快煎上色20秒，静置5分钟。

4 把金枪鱼排分别盛放在4个餐盘中，淋上剩下的柠檬汁。控干小萝卜的水分，撒上细香葱和剩余的芝麻（可选）上桌。

更多美味做法

黑芝麻金枪鱼配沙拉

将材料数量增加1倍，做成一道主菜，再配上用新鲜橙子瓣、切成薄片的黄瓜、几枝莳萝或薄荷、小萝卜条做成的沙拉。

香煎金枪鱼

这道菜中的金枪鱼做得很生，因此需要购买最新鲜的金枪鱼。

选用海鲜

金枪鱼，或剑鱼、旗鱼

- **准备时间：**15分钟，另加冷却时间
- **烹饪时间：**6分钟
- 4人份

材料

4汤匙橄榄油，另备一些刷在鱼排上

4块金枪鱼排，约150克

盐和现磨黑胡椒

1个球茎茴香，切片

2个红葱，细细剁碎

1根黄瓜，去籽去皮，细细剁碎

30克薄荷叶、罗勒叶和细叶芹叶，撕碎

1个柠檬的柠檬汁

8条橄榄油浸鳀鱼条，沥干

柠檬角，上菜时用

1 在金枪鱼上抹2汤匙油，撒大量黑胡椒。备用。

2 热2汤匙油，放入球茎茴香，炒4~5分钟使其刚刚变软。用盐和胡椒调味。将球茎茴香倒入一个大碗中，放在一旁冷却片刻。

3 将红葱、黄瓜和香草放入球茎茴香。拌入柠檬汁和剩下的油。

4 加热一个沉重的煎锅或条纹煎锅，直至冒烟。在金枪鱼排上薄薄地刷一层油，煎30秒。再刷上一点油，把鱼翻面，再煎30秒。

5 把金枪鱼排分别盛在各个盘子中，将球茎茴香沙拉堆叠在上面，再覆以2条鳀鱼条。搭配柠檬角上桌，可以与温热的欧芹奶油新马铃薯一起享用。

预先准备

至多可以提前1天炒球茎茴香，密封冷藏。在继续后续步骤前，先使其恢复到室温。

鱼条配厚塔塔酱

可以用烤箱以200℃（煤气烤箱6挡）的温度烘烤8分钟代替油煎。孩子们也喜欢吃这种煎鱼条。

选用海鲜

任何肉质紧实的白身鱼，如黑线鳕、鳕鱼、青鳕

- **准备时间**：15分钟
- **烹饪时间**：7分钟
- 4人份

材料

115克新鲜面包糠

675克白身鱼厚鱼肉（腰肉最佳），剔除鱼刺、去皮

1~2汤匙面粉

1个鸡蛋，轻轻搅打

60克帕玛森干酪，磨得极碎

盐和现磨黑胡椒

1汤匙植物油

3汤匙塔塔酱

1茶匙刺山柑，冲洗干净，沥干并切碎

3条泡菜小黄瓜，沥干并细细剁碎

1 把面包糠铺在烤盘里，放在烤箱中烤5分钟左右，或直至面包糠变成金黄色。将其倒入食物加工机中打至细碎。

2 将鱼均匀切成约2.5厘米宽的鱼条，共有约20根鱼条。

3 将面粉倒在一个盘子中，将鸡蛋在另一个盘子中打散。将面包糠和帕玛森干酪拌匀并用盐和胡椒调味。将鱼条裹上面粉，随后蘸蛋液，最后将鱼条压入面包糠混合物中。

4 在一个大煎锅中用中火热油。分批放入鱼条，这样锅子里不会太拥挤。煎3~4分钟，翻面再煎2~3分钟。如果鱼条煎熟了，只需轻轻按压，鱼肉就会碎。离火，用厨房纸吸去多余的油，注意保温，同时煎剩下的鱼条。

5 将塔塔酱放入碗中，拌入刺山柑和泡菜小黄瓜，配上热乎乎的炸鱼条装盘上桌。

预先准备

如果鱼肉没有被冷冻过，可以在煎之前把它们冷冻起来。先把鱼条放在烤盘里冷冻，鱼条之间留出空隙。等鱼条冻硬后，放入保鲜袋中冷冻保存。在煎鱼条前先将其解冻。

椰香辣椒青柠香煎黑线鳕

这是一道不同寻常的美味晚餐，适合在寒冷的冬夜享用。

选用海鲜

黑线鳕，或鲑鱼、鳕鱼、青鳕、绿青鳕、牙鳕

- **准备时间**：10分钟
- **烹饪时间**：20分钟
- 4人份

材料

4片黑线鳕鱼肉，总共约675克

盐和现磨黑胡椒

400毫升罐装椰浆

1个中辣的红辣椒，去籽并细细剁碎

1个青柠的青柠汁

少许泰国鱼露

少许糖（可选）

150克四季豆，择净

1汤匙花生油或葵花籽油

制作复合香辛料的材料

1~2茶匙辣椒粉，依据个人喜好添加

1茶匙红椒粉

1茶匙肉桂粉

1茶匙芫荽粉

1汤匙玉米淀粉

1 制作混合香辛料：所有材料倒在一个碗中混合。用盐和胡椒为黑线鳕片调味，裹上混合香辛料。备用。

2 将椰浆倒入一口锅中，放入辣椒并煮沸。改文火慢炖，放入青柠汁、鱼露和糖（可选）。倒入四季豆，文火慢炖5分钟。

3 同时，在一个不粘锅中用大火热油。放入鱼肉，每面煎5分钟，使鱼肉变成金黄色。

4 既可将鱼肉浸在酱汁中上桌，也可将鱼肉和酱汁分开上桌。

扁桃仁煎鳟鱼

这是一道经典菜肴，遍布全欧洲。通常会放扁桃仁，但放榛子也同样美味。

选用海鲜

鳟鱼，或鲭鱼

- **准备时间：**10分钟
- **烹饪时间：**15分钟
- 2人份

材料

2条小鳟鱼，刮除鱼鳞、去除内脏和鱼鳃

2汤匙调味面粉（见第55页）

2~3汤匙植物油

柠檬角，上菜时用

制作扁桃仁焦化黄油酱汁的材料

50克无盐黄油

50克焯过水的扁桃仁，切碎

1汤匙切碎的扁叶欧芹

1个柠檬的柠檬汁

1 洗净鳟鱼，并确保血线已经完全清除（见第266页）。按照传统做法，鱼头会被保留，因为从鱼眼睛能看出鱼肉是否煮熟（鱼眼变白表明鱼熟了），而且鱼颊肉是最好吃的。

2 将鳟鱼拍干，裹上调味面粉。在一个大煎锅中热油，放入鳟鱼，用小火煎4~5分钟。用食物夹或煎鱼铲将鱼翻面，将另一面煎3~4分钟，或直至鱼肉煎熟。不要频繁翻动鱼身，因为这样鱼肉会碎。盛在一个温热的餐盘中，备用。

3 擦干净煎锅，放入黄油，加热至黄油冒泡，随后放入扁桃仁。一边炸一边翻动，直至扁桃仁炸好并变成焦黄色。避免将扁桃仁炸得太焦，否则会发苦。

4 等扁桃仁变色后，放入欧芹和柠檬汁。往后站一点，因为热油可能会溅出来，转动锅子，在锅内发出嘶嘶响声时倒入鳟鱼。配上柠檬角装盘上桌。

巴厘岛香辣鲭鱼

一道经典的印度尼西亚菜，本食谱中使用印度尼西亚甜酱油。

选用海鲜

鲭鱼，或鲑鱼、大西洋白姑鱼、鲯鳅

- **准备时间：**10分钟，另加冷藏时间
- **烹饪时间：**15分钟
- 4人份

材料

4条小鲭鱼，带皮，片出整片鱼肉并剔去鱼刺

2个青柠的青柠汁和青柠皮碎屑

半茶匙姜黄粉或2茶匙现磨姜黄

半茶匙盐

3汤匙植物油

1根香茅，纵向分成4条

3汤匙印度尼西亚甜酱油

制作辣椒酱的材料

3个红辣椒，去籽（可选）并细细剁碎

6个红葱，切碎

2瓣大蒜，拍碎

5颗烤好的石栗或夏威夷果

1汤匙碾碎的鲜姜

1汤匙罗望子膏

半茶匙精白砂糖

盐和现磨黑胡椒

1 将鲭鱼肉纵向对半切开，洒上青柠汁，加入青柠皮碎屑、姜黄粉和盐，密封冷藏15~30分钟。

2 将辣椒、红葱、大蒜、坚果、姜、罗望子膏和糖放在一个小型食物加工机中，打得极细。用盐和胡椒略加调味。

3 用厨房纸把鲭鱼拍干。用一个大煎锅或炒锅热油煎鲭鱼，带皮的一面朝下。一次只放入几片鲭鱼，煎到鲭鱼肉质变硬、呈不透明且变成焦黄色为止。避免翻搅，防止把鱼肉弄碎。把鱼从锅中盛出。

4 将辣椒酱放入锅中，用中火炒香。放入150毫升水和香茅，煮沸，以文火慢炖2~3分钟。将鱼肉倒回锅中，放入印度尼西亚甜酱油，用小火翻炒，直至所有材料拌匀，酱汁量减少并冒泡。装盘，用青柠角和芫荽（可选）作为装饰，配上米饭上桌。

预先准备

至多可以提前1天做辣椒酱，密封冷藏。

鲭鱼的理想搭配：

富含油脂的鲭鱼和亚洲风味的辣椒、日本酱油、芝麻、味醂、米醋、白萝卜、黄瓜、芫荽搭配甚佳，和地中海风味的罗勒、橄榄油和大蒜搭配也不错。

嫩煎鳟鱼配榛子

松脆的榛子和柔软的鱼肉在口感上形成了鲜明的对比，味道鲜美可口。

选用海鲜

鳟鱼，或鲭鱼

- 准备时间：20~25分钟
- 烹饪时间：20分钟
- 4人份

材料

4条鳟鱼，每条约300克，刮除鱼鳞并去除内脏

60克榛子

2个柠檬

20~30克面粉

盐和现磨黑胡椒

125克黄油

2汤匙切碎的扁叶欧芹

1 把鳟鱼里里外外清洗干净，用厨房纸拍干。

2 将烤箱预热至180℃（煤气烤箱4挡）。把榛子平铺在一个烤盘里，烤8~10分钟，直至榛子皮被烤成焦黄色。趁热用茶巾搓去榛子皮。柠檬削皮，去除所有海绵层，切成圆形薄片。去除所有果核。放在一旁备用。

3 把面粉倒在一个大盘子中用盐和胡椒调味。将鳟鱼压入面粉中，翻面，使整条鳟鱼均匀裹上面粉。而后轻轻抖落多余的面粉。

4 在一个大煎锅中加热一半量的黄油，直至黄油冒泡。放入2条鳟鱼，用中火煎2~3分钟，煎至焦黄。小心地把鱼翻面，再煎3~5分钟，直至能用餐叉轻易剥下鱼肉。鱼盛出后注意保温，并用剩下的黄油煎另2条鱼。

5 在锅中放入榛子，炒3~4分钟，直至榛子变成金黄色。拌入大部分欧芹。用温热的盘子盛放鳟鱼，把榛子舀在上面，撒上柠檬片和剩下的欧芹上桌。

预先准备

可以提前1天炒榛子。将榛子存放在密封容器中，室温保存。

菠菜松仁青鳕

一道特别健康的菜肴，简单方便，很快就能做好。

选用海鲜

青鳕，或任何肉质紧实的白身鱼，如大菱鲆、黑线鳕、鳕鱼

- 准备时间：10分钟
- 烹饪时间：15分钟
- 4人份

材料

4片青鳕鱼肉，每片约重150克，刮除鱼鳞，剔除鱼刺

盐和现磨黑胡椒

2汤匙橄榄油

1个洋葱，细细剁碎

1把泡软的葡萄干

1把烤好的松仁

1~2茶匙刺山柑，冲洗干净并轻轻挤干水分

2大把菠菜叶

1 用盐和黑胡椒给鱼调味。烹饪前在鱼肉上抹盐能去除水分，使鱼肉紧实。海盐最佳。

2 在一个大的不粘锅中用中火加热一半量的油。放入青鳕，带皮的一面朝下，用小火煎5~6分钟。翻面，煎另一面，直至轻轻按压鱼肉时鱼肉开始碎掉。煎鱼时间取决于鱼肉的厚度，但注意不要煎太久。把鱼从锅中盛出，放在一旁备用，注意保温。

3 用厨房纸把锅子擦干净，放入剩下的油。炒洋葱5分钟左右，直至洋葱变软变透明。放入葡萄干、松仁和刺山柑，再炒几分钟。用餐叉的背面压碎刺山柑。

4 放入菠菜，烫至菠菜叶开始发蔫。用盐和胡椒调味。将鱼肉放在菠菜混合物上即可上桌。

阿诺德·贝内特煎蛋

这是英国伦敦萨沃伊烧烤餐厅 (Savoy Grill) 专为维多利亚时代的小说家阿诺德·贝内特创制的著名菜肴。

选用海鲜

熏黑线鳕，或熏鲭鱼

- **准备时间**：5分钟
- **烹饪时间**：20分钟
- 4人份

材料

8个大鸡蛋，将蛋黄和蛋白分开

150毫升稀奶油

350克熏黑线鳕鱼肉，用水煮过，削去鱼皮，切成薄片

4汤匙帕玛森干酪粉

现磨黑胡椒

60克黄油

1　在碗中放入2汤匙奶油，打散蛋黄，搅拌至顺滑并呈乳脂状。在另一个干净的碗中搅打蛋清，直至把蛋清打发。在蛋黄奶油混合物中放入1汤匙蛋清，使其变得蓬松一点。将剩下的蛋清和黑线鳕薄片、一半量的干酪粉和足量的黑胡椒拌匀。

2　将烤炉用最高挡预热。在一个不粘煎锅中加热熔化黄油，当黄油冒泡时，放入蛋奶混合物。煎至混合物开始在锅底凝固时，用抹刀将锅子边缘的蛋铲到锅子中间，使还没有熟的蛋奶混合物流到锅子的边缘。

3　等蛋奶混合物在锅底凝固后，把剩下的干酪撒在上面，倒入剩下的奶油。将煎锅移入烤炉烘烤，直至烤成金黄色并凝固。立刻装盘上桌。

番茄酱汁煎鳕鱼

番茄和葡萄酒给这道西班牙菜肴增添了风味。

选用海鲜

鳕鱼，或黑线鳕、绿青鳕、青鳕、牙鳕

- **准备时间**：10分钟
- **烹饪时间**：30分钟
- 4人份

材料

1千克鳕鱼肉，去皮，切成4块

2汤匙橄榄油

1个大洋葱，切成薄片

1瓣大蒜，碾碎或细细剁碎

4个大的李形番茄，去皮去籽并切碎 (见第112页)

2茶匙番茄泥

1茶匙精白砂糖

300毫升鱼高汤

120毫升干白葡萄酒

2汤匙切碎的扁叶欧芹

盐和现磨黑胡椒

1　将烤箱预热至200℃ (煤气烤箱6挡)。剔除鳕鱼的鱼刺。在一个耐热焙盘中热油，焙盘要足够大，足以平铺所有鳕鱼块。用中高火煎鳕鱼1分钟，翻面后再煎1分钟。离火，备用。

2　在焙盘中放入洋葱和大蒜，用中火炒软。放入番茄、番茄泥、糖、高汤和葡萄酒，文火慢炖至即将煮沸，随后再炖10~12分钟。放入鳕鱼，移至烤箱烤5分钟。取出鳕鱼并保温。

3　把焙盘放在中高火上，将酱汁炖至黏稠。拌入一半量的欧芹并用盐和胡椒调味。将酱汁分别倒入4个温热的盘子中，把鳕鱼放在上面。撒上剩下的欧芹即可上桌。

预先准备

至多可以提前2天制作番茄酱汁，密封冷藏。在继续烹饪前先将其慢炖至即将沸腾的状态。

菠萝酸甜笛鲷

笛鲷肉多、多汁鲜美，适合制成经典的中国酸甜风味菜肴。

选用海鲜

笛鲷

- **准备时间：** 25分钟
- **烹饪时间：** 15分钟
- 4人份

材料

800克笛鲷鱼肉，剔除鱼刺并刮除鱼鳞

5汤匙玉米淀粉

4~5汤匙葵花籽油，如需要可增加用量

1个洋葱，细细剁碎

1汤匙切碎的鲜姜

1瓣大蒜，切碎

1个红甜椒、1个黄甜椒，去籽并切成较大的片

2根芹菜茎，切片

2汤匙番茄沙司

2汤匙苏梅酱

2汤匙生抽

5汤匙红葡萄酒醋

225克浸泡在天然果汁中的菠萝块，及少许汤汁

1 将笛鲷切成5厘米长的鱼段，放在4汤匙玉米淀粉里滚一滚。在大炒锅中加热一半量的油，分批煎鱼段，每批煎3~4分钟，或直至鱼段煎熟。煎熟后鱼肉是白色而紧实的。有可能需要在几次煎鱼的间隙添油。把鱼段煎好备用。

2 在同一个炒锅中热剩下的油，放入洋葱、姜、大蒜、红甜椒、黄甜椒和芹菜，用大火翻炒，不时抛起翻面，炒3~4分钟，或直至蔬菜变软。

3 将番茄沙司、苏梅酱、生抽、醋和少许菠萝罐头中的汤汁拌匀，拌入剩下的玉米淀粉，将混合物倒入蔬菜中，用小火煮2~3分钟，或直至汤汁略微变稠。将笛鲷回锅，放入菠萝块。热透后上桌，可搭配米饭食用。

预先准备

至多可以提前2天制作酸甜酱，密封冷藏。需用时再用小火加热。可能需要加更多的水，每次加入少量的水，多加几次，直至汤汁达到你满意的稠度。

红鲻鱼海鲜盅

海鲜盅中通常会加入葡萄酒和奶油，但最关键的是要放入产自诺曼底地区的贻贝。

选用海鲜

红鲻鱼（纵带羊鱼或羊鱼），或赤鲉；海鲂鱼肉，或无须鳕鱼肉；贻贝，或蛤蜊

- **准备时间：** 20分钟
- **烹饪时间：** 25分钟
- 4人份

材料

1个红葱，细细剁碎

150毫升干白葡萄酒

500克贻贝，处理干净（见第278页）

30克黄油

115克白蘑菇，切成厚片

150毫升厚奶油

盐和现磨黑胡椒

柠檬汁，依据个人喜好添加

2汤匙橄榄油

4~8条小的红鲻鱼 (具体数目视鱼的大小而定)，刮除鱼鳞，去除内脏，修剪干净，鱼肝保留

1汤匙调味面粉（见第55页）

1 将红葱和葡萄酒倒入一个小炖锅中，煮沸，文火慢炖2~3分钟，使汤汁减少⅓。放入贻贝，盖紧锅盖，用中火煮3~4分钟，或直至贻贝开口。尽量不要在中途揭开锅盖。煮好后将贻贝盛到盘子中冷却，并滤出汤汁。丢弃尚未开口的贻贝，并将贻贝肉从壳中剥出来。

2 在一个大炖锅中热黄油，放入蘑菇，快炒2~3分钟，或直至把蘑菇炒熟，放入煮贻贝的汤汁，文火慢炖2~3分钟，使汤汁减少一半。倒入奶油慢炖至即将沸腾，或炖至酱汁变得黏稠。用盐和胡椒调味，依据个人喜好放入柠檬汁。倒入贻贝加热。

3 同时，在一个大煎锅中热油，将鱼裹上调味面粉，用热油分2批煎鱼，每面煎3分钟。把鱼盛到餐盘中，舀上酱汁上桌。

红鲻鱼的理想搭配：

漂亮的红鲻鱼适合与白葡萄酒、奶油、蘑菇、番茄、大蒜、胡椒搭配，也可以尝试和柑橘、细叶芹、龙蒿等香草搭配。

大蒜辣椒炒虾

这道美味的菜肴制作简单，香辣开胃，让人吃得停不下来!

选用海鲜

虾，或扇贝、鮟鱇鱼

- 准备时间：5分钟
- 烹饪时间：10分钟
- 4人份

材料

4汤匙橄榄油

6瓣大蒜，碾碎或细细剁碎

1茶匙辣椒碎

1汤匙干型雪莉酒

250克生虾，剥去虾壳，挑去肠线（见第285页）

盐和现磨黑胡椒

1 在煎锅中用中火热油，放入大蒜和辣椒，文火炒2分钟。

2 放入雪莉酒和虾，把火调大，翻炒5分钟，或直至汤汁减半。用盐和胡椒调味，装盘，可搭配脆皮面包和爽口沙拉上桌。

橄榄番茄煎大虾

浓郁的地中海风味衬托出虾的清甜。

选用海鲜

虾，或鮟鱇鱼、扇贝、鱿鱼

- 准备时间：5分钟
- 烹饪时间：15分钟
- 4人份

材料

1汤匙橄榄油

1个洋葱，细细剁碎

2瓣大蒜，碾碎或细细剁碎

12只生虾，剥去虾壳，挑去肠线，保留完整的虾尾（见第285页）

少许干型雪莉酒，或干白葡萄酒

6个番茄，去皮去籽并切碎

一大把橄榄，去核

盐和现磨黑胡椒

1把罗勒和扁叶欧芹，切碎

1 在大煎锅中用中火热油。放入洋葱，煸炒5分钟，或直至洋葱变软且透明。放入大蒜，炒几秒，倒入虾，并用大火爆炒，直到虾变为粉红色。

2 倒入雪莉酒，继续煮5分钟，不时搅动，直至酒精蒸发。放入番茄和橄榄，再煮几分钟，偶尔翻动一下，直至番茄开始软烂。用盐和胡椒调味并拌入香草。立即装盘，可搭配新鲜的脆皮面包上桌。

蒜香欧芹煎蛤蜊

一道口味清淡、适合冬季享用的健康美食。

选用海鲜

蛤蜊，或贻贝

- 准备时间：10分钟
- 烹饪时间：20分钟
- 4人份

材料

1汤匙橄榄油

1个洋葱，细细剁碎

盐

2瓣大蒜，碾碎或细细剁碎

1~2个绿甜椒，去籽并细细剁碎

150毫升干白葡萄酒

450克蛤蜊，处理好

1把扁叶欧芹，细细剁碎

柠檬角，上菜时用

1　在一个大煎锅中用中火热油。放入洋葱和少许盐，用文火加热5分钟左右，直至洋葱变软且透明。放入大蒜和绿甜椒，用文火加热使甜椒变软。改大火，放入葡萄酒。煮几分钟，直至酒精蒸发。

2　放入蛤蜊，不断晃动锅子，煮5~6分钟，直至蛤蜊开口，丢弃所有仍然闭合的蛤蜊。放入欧芹，拌匀。可搭配新鲜的脆皮面包（用于吸收汤汁）再配上柠檬角，趁热装盘上桌。

辣椒鲜姜煎扇贝配鳗鱼酱

对喜欢冒险的人来说，这是一道重口味的大餐。

选用海鲜

扇贝王，或鱿鱼、鮟鱇鱼

- 准备时间：10分钟
- 烹饪时间：30分钟
- 4人份

材料

2~3汤匙橄榄油

675克蜡质马铃薯，削皮并切成薄片

12个扇贝王，去除扇贝子

盐和现磨黑胡椒

1个很辣的红辣椒，去籽并细细剁碎

2.5厘米鲜姜，碾碎

半个柠檬的柠檬汁

1把扁叶欧芹，细细剁碎

制作鳗鱼酱的材料

3汤匙特级初榨橄榄油

1汤匙白葡萄酒醋

8条橄榄油浸鳗鱼条，沥干并细细剁碎

少许糖（可选）

1　在一个不粘煎锅中用中火热1~2汤匙橄榄油。放入马铃薯，煎15~20分钟，直至马铃薯熟透、变成金黄色。将马铃薯放在厨房纸上吸干多余的油，放在一旁保温。

2　同时制作鳗鱼酱。在一个罐子中，将特级初榨橄榄油、醋和鳗鱼拌匀。尝一下味道，如果有需要，放入少许糖。用黑胡椒调味。

3　用厨房纸将扇贝肉拍干，并用盐和黑胡椒调味。把剩下的橄榄油倒入煎锅，用大火加热。油热后，放入扇贝肉，大火快煎上色1分钟左右，然后翻面。放入辣椒和姜，挤入若干柠檬汁。挤的时候小心一点，因为柠檬汁有可能会溅出来。离火，撒上欧芹。

4　配上马铃薯，淋上少量鳗鱼酱装盘上桌。

预先准备

至多可以提前2天制作鳗鱼酱，密封冷藏。在需用时先使其恢复到室温并摇匀。

具有可持续性的选择

不要购买产自繁殖季的海产品

　　鱼、虾、贝或蟹类生物繁殖的时间段各有不同，但其中有许多种类都在春季和初夏时节繁殖。应避免购买带有大量精子和卵子的海产品，给这些生物留下繁殖后代的机会。鱼和虾虽然一次会产下数以百万计的卵，但只有极少数卵能长大并存活下来。所以，我们需要给动物一点生长的时间，使其维持正常的种群数量。处于体内制造卵子和精子的后期和刚刚排卵、排精的海洋生物，其滋味通常也令人失望，味道和质地较差，与其他时节无法相比。

蒜香黄油煎大虾

虾可以剥壳，也可以不剥。如果没有剥壳，需要准备好洗手盅和大量纸巾。

选用海鲜

斑节对虾，或扇贝、鮟鱇鱼、鳕鱼鱼颊

- 准备时间：5分钟
- 烹饪时间：10分钟
- 4人份

材料

85克无盐黄油

1个柠檬的柠檬汁，另准备一些上菜时用

2瓣大蒜，拍碎

2汤匙细细剁碎的扁叶欧芹，另准备一些上菜时用

盐和现磨黑胡椒

2汤匙橄榄油

16~20只生的斑节对虾，剥去虾壳，挑去肠线并切开摊平（见第285页）

柠檬角，上菜时用

1 将黄油、柠檬汁、大蒜和欧芹拌在一起，依据个人喜好用盐和大量黑胡椒调味。

2 在一个大煎锅中热油，放入一半量的虾，用中火煎2分钟，或直至虾肉不再透明，呈粉红色。盛到一个大浅盘中并保温，然后用同样方式煎剩下的虾。

3 如有必要，先把煎锅擦干净。放入蒜香黄油。将黄油加热至滚烫冒泡，大蒜变软但还没有变成焦黄色，倒入少许柠檬汁，离火，立即将黄油柠檬汁酱在虾上。

4 用欧芹和柠檬角装饰即可上桌，可搭配大量脆皮面包，以吸收蒜香黄油。

预先准备

至多可以提前2天制作蒜香黄油。用防油纸包好，储存在冰箱中。

熏培根煎鲽鱼

这道菜适合浪漫的二人晚餐，因为鲽鱼超过2条便很难煎。

选用海鲜

鲽鱼，或任何扁体鱼，如欧洲黄盖鲽、小头油鲽

- 准备时间：10分钟
- 烹饪时间：20分钟
- 2人份

材料

2条中等大小的鲽鱼

115克厚切熏培根，去皮，切丁

1汤匙调味面粉（见第55页）

柠檬角，上菜时用

切碎的扁叶欧芹，上菜时用

1 除去鲽鱼的鱼鳃和血线，剪去鱼鳍（见第272页）。

2 加热一个大煎锅，放入培根，直至焦黄酥脆。将培根盛在一个盘子中，将煎出来的油留在锅中。

3 在鱼肉上撒上调味面粉。用培根煎出来的油煎鲽鱼，每次煎1条，每面煎3~4分钟。煎好后把鱼盛在盘子里保温。

4 2条鱼都煎好后，盛放在一个大盘子中，把培根舀在鱼上，用柠檬角和欧芹装饰。可搭配蒸熟的四季豆或一份番茄沙拉上桌。

鲽鱼的理想搭配：

味道清淡、肉质细腻的鲽鱼适宜与味道温和的食材搭配。可尝试搭配黄油、柠檬角、欧芹、面包糠、鼠尾草、栗色蘑菇或马铃薯泥。

干煎鲽鱼

用澄清黄油干煎是一种经典又简易的法式烹鱼法。

选用海鲜

小头油鲽，或菱鲆、大菱鲆、鲽鱼

- **准备时间：** 5分钟
- **烹饪时间：** 10分钟
- 2人份

材料

2条小头油鲽，去皮并片出整片鱼肉

2汤匙调味面粉（见第55页）

6~8汤匙黄油

2汤匙细细剁碎的扁叶欧芹

半个柠檬的柠檬汁

1 将鱼肉放在调味面粉里滚一滚，使其均匀裹上面粉。将鱼肉全部平摊在一个盘子中。不要堆叠在一起，因为鱼肉会粘在一起，面粉会被浸湿。

2 制作澄清黄油：在一个厚底炖锅中用极小的火熔化黄油。等黄油不再四处飞溅时，小心地将其倒入一个盘子中，将白色沉淀物（乳固体）留在锅底。

3 在一个大煎锅中加热一半量的澄清黄油，直至锅内不再发出嘶嘶声。放入鱼肉，用煎鱼铲轻轻按压。煎1分钟。将鱼翻面，再煎30秒左右。把鱼盛到一个盘子中并保温。（有可能需要分2批煎鱼）

4 把煎锅擦干净，放入剩下的黄油。加热几分钟，直至黄油变成金黄色，随后倒入欧芹，挤上几滴柠檬汁，趁着锅内还在嘶嘶作响时淋在鱼肉上，立即上桌。

埃及炸鱼

这是一道经典的埃及街头美食。如果你买不到整条的红鲻鱼，可以用红鲻鱼肉代替。

选用海鲜

红鲻鱼（纵带羊鱼或羊鱼），或小鲻鱼、沙丁鱼、小鲭鱼、小鲳鱼

- **准备时间：** 15分钟
- **烹饪时间：** 5~10分钟
- 2人份

材料

6~8条小的红鲻鱼，刮除鱼鳞，去除内脏和鱼鳃

8瓣大蒜，拍碎

4汤匙切碎的扁叶欧芹

1个柠檬的柠檬皮碎屑

盐和现磨黑胡椒

橄榄油，用于油炸

3汤匙调味面粉（见第55页）

柠檬角，上菜时用

制作酱汁的材料

3~4汤匙中东芝麻酱

4瓣大蒜，拍碎

1~2个柠檬的柠檬汁，依据个人喜好添加

1汤匙切碎的扁叶欧芹

1 冲洗红鲻鱼，把血洗干净，用厨房纸把鱼拍干。

2 将大蒜、欧芹和柠檬皮碎屑拌在一起，多加些盐和黑胡椒调味。用混合物涂抹鱼身，里里外外都要抹到。

3 用一个大平底锅或深口油炸锅（见第308页）把油加热至180℃。

4 油热后，在鱼身上撒上调味面粉，入锅炸鱼，每次炸2~3条鱼。待鱼肉变白且不透明，把鱼盛在一个温热的餐盘中，同时煎剩下的鱼。

5 制作酱汁：将中东芝麻酱、大蒜、适量柠檬汁和欧芹拌匀。如果混合物太稠了，可以加一点水。将炸鱼配上芝麻酱酱汁和柠檬角上桌。

预先准备

可以提前1天用大蒜、欧芹、柠檬汁涂抹鱼身，并制作芝麻酱酱汁。将鱼和酱汁分别密封冷藏。在继续烹饪前先使鱼和酱汁恢复到室温。

小头油鲽的理想搭配：

小头油鲽清淡的味道、软嫩的肉质备受赞誉。可选用简单的烹饪方法，裹调味面粉或加了香草的面包糠后煎炸。

炸什锦海鲜

这道菜也可以使用鱿鱼圈制作，但小心不要炸过头。

选用海鲜

任何什锦海鲜，如鳕鱼、鲑鱼、笛鲷；斑节对虾，或鱿鱼圈

- **准备时间：** 20分钟
- **烹饪时间：** 10分钟
- 4人份

材料

4汤匙面粉

2个鸡蛋，稍微打散

85克干的白面包糠或日式面包糠

3片什锦鱼肉，每片约115克，剔除鱼刺、去皮

12只生的斑节对虾，剥去虾壳，挑去肠线，去除虾头（见第285页）

油，用于油炸

制作酱汁的材料

60克芝麻菜，另备一些上菜时用

1瓣大蒜，拍碎

100毫升蛋黄酱

1茶匙柠檬汁

盐和现磨黑胡椒

1 将制作酱汁的材料放入食物加工机，用盐和胡椒调味并搅打至顺滑。

2 用盐和胡椒给面粉调味。将面粉、鸡蛋和面包糠分别放在3个盘子里。将每片鱼切成4段。把鱼段和虾裹上面粉，蘸上蛋液，裹上面包糠。

3 在一个大平底锅或深口油炸锅（见第308页）中将油加热至180℃。分批炸海鲜，炸2~3分钟，或直至海鲜变得酥脆金黄。用厨房纸吸干多余的油。

4 在每一个餐盘中放几片芝麻菜叶，把海鲜放在上面。立即上桌，旁边放上酱汁。

青鳕南瓜条

用青鳕替代鳕鱼是一个很好的选择。油炸青鳕简单快捷。

选用海鲜

青鳕，或任何白身鱼，如绿青鳕、鲈鱼、罗非鱼

- **准备时间：** 25分钟
- **烹饪时间：** 30~40分钟
- 4人份

材料

1个南瓜，约1.25千克

橄榄油，用于淋在南瓜条上

115克面粉，另备一些用盐和胡椒调味，用于裹在鱼肉上

少许盐

2汤匙植物油，另备一些用于油炸

150毫升牛奶

1个大鸡蛋的蛋清

4片青鳕鱼肉，每片约175克，剔除鱼刺、去皮

1 将烤箱预热至240℃（煤气烤箱9挡），或预热至最高温度。南瓜去皮，切成条。把南瓜条放入烤盘，淋上油，烤30分钟，烤至外酥里嫩。烤至一半时翻面，然后接着烤。

2 同时，把面粉筛到一个碗中。在面粉中间挖一个坑，放入盐、2汤匙油和牛奶，搅拌至顺滑。将蛋清打发，然后拌入面糊中。

3 在一个大平底锅或深口油炸锅（见第308页）中把油加热至180℃。将鱼肉裹上调味面粉，随后裹上面糊，一次一片地分批炸制，大约炸8分钟，直至鱼肉酥脆金黄。小心地盛出保温，同时炸剩下的鱼肉。

4 即刻装盘，配上南瓜条和新鲜薄荷蒸豌豆上桌。

芙蓉蛋

这种中式蛋饼清淡而美味，主要用料是虾和炒蔬菜。

选用海鲜

虾，或任何肉质紧实的白身鱼

- **准备时间**：15分钟
- **烹饪时间**：20分钟
- 4人份

材料

200毫升蔬菜高汤

1汤匙蚝油

1汤匙生抽

1汤匙黄酒

植物油，用于油炸

3个红葱，切成薄片

2瓣大蒜，拍碎

1个绿甜椒，去籽并切碎

1根芹菜茎，切碎

85克豆芽

115克生的虾，剥去虾壳，挑去肠线 (见第285页)

5个鸡蛋，打散

2茶匙玉米淀粉

1 将高汤、蚝油、生抽和黄酒倒入一个小炖锅。备用。

2 在炒锅中热2汤匙油，翻炒红葱、大蒜、甜椒、芹菜3分钟。放入豆芽和虾，继续翻炒2~3分钟，直至虾肉变成粉红色。盛到碗中备用。

3 混合物冷却后，倒入蛋液。用厨房纸把炒锅擦干净。

4 将炒锅放到火上，倒入直径5厘米的油。油热后，用大汤勺舀入¼的混合物，煎2分钟，煎至金黄色。用勺子把油舀在蛋饼上面，使其表面凝固。小心地翻面，煎另一面。把煎好的蛋饼放在厨房纸上并注意保温，同时煎剩下的蛋饼。

5 将玉米淀粉和一点水拌匀，拌入炖锅中的高汤混合物中。煮沸，搅动，文火慢炖1分钟，直至汤汁变稠，成为酱汁。把汤汁舀在蛋饼上，装盘，配上米饭上桌。

预先准备

提前1天制作酱汁，密封冷藏。需用前用小火加热，如果酱汁太稠了，可以加一点水。

面包糠炸大虾

很容易做，而且比商店售卖的好吃多了。

选用海鲜

斑节对虾，或鱿鱼、扇贝

- **准备时间**：20分钟，另加冷藏时间
- **烹饪时间**：15分钟
- 4人份

材料

12汤匙干的面包糠

6汤匙玉米粉

2茶匙干马郁兰或牛至

2茶匙干百里香

现磨黑胡椒

24只生的斑节对虾，剥去虾壳，挑去肠线，保留虾尾 (见第285页)

面粉，用于裹在虾上

3~4个鸡蛋，打散

葵花籽油，用于油炸

1 将面包糠、玉米粉、马郁兰、百里香和黑胡椒混合均匀并铺在盘子中。

2 用厨房纸将虾拍干，裹上面粉，虾尾不要沾上面粉。刷上蛋液，随后压入面包糠混合物中，使其均匀裹上面包糠。冷藏30分钟。

3 在一个大平底锅或深口油炸锅（见第308页）中将油加热至180℃。分批次炸虾，每批炸2~3分钟，直至虾表面的酥皮变得金黄酥脆。用厨房纸吸干多余的油，立即装盘，可搭配上甜辣酱享用。如果是特殊场合，可以配上撒了香草和辣椒的米线。

酥炸什锦海鲜

在意大利的沿海地区，例如那不勒斯和利古里亚，这道菜是用海鲜做的，其他地区则用内脏和蔬菜代替。

选用海鲜

任何什锦小鱼，如沙丁鱼、黍鲱、鳀鱼、红鲻鱼（纵带羊鱼和羊鱼）；以及虾、贝类海鲜和鱿鱼

- **准备时间：** 10分钟
- **烹饪时间：** 10~15分钟
- 4人份

材料

8条沙丁鱼或黍鲱，刮除鱼鳞并去除内脏

16条新鲜的鳀鱼（如有），或新鲜的黍鲱，刮除鱼鳞并去除内脏

4条小红鲻鱼，刮除鱼鳞并去除内脏

8条小鱿鱼，去除内脏，洗净，切成鱿鱼圈（见第282页）

6汤匙调味面粉（见第55页）

橄榄油，用于油炸

柠檬角，上菜时用

1　处理海鲜：把鱼的内脏和鱼鳃摘除干净，并且清理血线。用厨房纸把鱼拍干。在所有的海鲜上撒上调味面粉。

2　在一个大平底锅或深口油炸锅（见第308页）中把油加热至180℃。

3　分批次油炸海鲜，每批油炸3~4分钟，具体时间根据海鲜的种类和数量而定。为了炸得均匀，将同样大小的海鲜放在同一批次炸，随后用厨房纸把油吸干。

4　将炸好的海鲜堆叠在餐盘中，配上柠檬角，让食客自取。

欧洲黄盖鲽的理想搭配：

这种鲽形目的鱼味道清淡，可以用白葡萄酒醋、刺山柑、柠檬汁提味，或与马铃薯、鼠尾草和蘑菇一起烘烤。

科尔伯特鳎鱼

这道法国埃科菲厨皇协会的经典美食通常与pont neuf（一种极薄的薯条）搭配食用。

选用海鲜

鳎或任何小型扁体鱼，如欧洲黄盖鲽、鲽鱼或小头油鲽

- **准备时间：** 25分钟
- **烹饪时间：** 5~7分钟
- 2人份

材料

2条小的鳎鱼，去皮

植物油，用于油炸

2汤匙调味面粉（见第55页）

1个鸡蛋，打散

6汤匙干的白面包糠，过筛

制作香草黄油的材料

60克无盐黄油，化软

3汤匙细细剁碎的扁叶欧芹

柠檬汁，依据个人喜好添加

盐和现磨黑胡椒

1　处理鳎鱼，但不要剪掉鱼的脊柱（见第276页）。

2　在一个大平底锅或深口油炸锅（见第308页）中把油加热至180℃。

3　将调味面粉均匀地撒在鱼身上，蘸上蛋液，裹上面包糠。备用。

4　把制作香草黄油的所有材料混合在一起，放入柠檬汁，并依据个人喜好用盐和胡椒调味。揉捏成香肠形状，裹上保鲜膜，冷藏。

5　将鱼煎5~7分钟，鱼的边缘会略微卷曲并呈金黄色。盛在厨房纸上，并剪断脊柱两端，拉出脊柱，使其与鱼肉分离。

6　将鱼摆放在餐盘上。将香草黄油切成0.5厘米厚的片，在每条鱼的中段放2~3片，香草黄油会融化成浓稠鲜美的调味汁。可搭配油炸细薯条和鲜花沙拉上桌。

预先准备

可以提前2~3天制作香草黄油并冷藏。

啤酒面糊炸黑线鳕

依据个人喜好决定是否保留鱼皮，坚持纯粹主义的人认为应该去除鱼皮。

选用海鲜

黑线鳕，或任何白身鱼，如鳕鱼、青鳕、绿青鳕、罗非鱼、熏黑线鳕（一个意外发现）

- 准备时间：10分钟
- 烹饪时间：7~10分钟
- 4人份

材料

油，用于油炸

4片黑线鳕鱼肉，每片175~225克，剔除鱼刺、去皮

4汤匙调味面粉（见第55页）

制作啤酒面糊的材料

115克面粉

1茶匙泡打粉

半茶匙盐

250~300毫升淡色艾尔啤酒

盐和现磨黑胡椒粉

1 把面粉、泡打粉和盐筛到碗中。在面粉中间挖一个坑，倒入一半量的啤酒。慢慢搅拌，使面糊保持顺滑。随着面糊变稠，倒入更多啤酒，直至面糊达到和稀奶油一样的稠度，用盐和胡椒调味。

2 在一个大平底锅或深口油炸锅（见第308页）中把油加热至180℃。在鱼肉上撒上调味面粉。用食物夹将鱼肉完全浸入啤酒面糊中，随后把鱼夹出，并让多余的面糊流回碗中。在热油中快速划动鱼肉，使面糊凝固，随后松开食物夹。

3 炸7~10分钟，或直至面糊变成金黄色。把炸好的鱼肉放在厨房纸上，撒上盐。可搭配炸薯条和塔塔酱上桌。

天妇罗

与其他面糊不同的是，优质的天妇罗面糊中应该有很多小小的结块。

选用海鲜

任何白身鱼，如笛鲷、小头油鲽、海鲈；或鲑鱼和其他海鲜

- 准备时间：25分钟
- 烹饪时间：10~15分钟
- 4人份

材料

制作面糊的材料

600毫升冷气泡水

1个鸡蛋，打散

60克玉米淀粉

225克自发粉

准备海鲜：

油，用于油炸

175克白身鱼肉，剔除鱼刺、去皮

115克生的斑节对虾，剥去虾壳，挑去肠线（见第285页）

8个扇贝

2条鱿鱼，去除内脏，洗净，切成鱿鱼圈（见第282页）

制作传统蘸汁的材料

150毫升沸水浸泡2汤匙鲣节，滤出汤汁

150毫升日本酱油

1汤匙精白砂糖

1茶匙碾碎的鲜姜

制作新派蘸汁的材料

2汤匙糖姜的姜汁

2汤匙红葡萄酒醋

2汤匙老抽

1汤匙液态蜂蜜

2根大葱，切碎

1 制作面糊：把气泡水倒入大碗，放入蛋液和面粉，搅拌成含有许多细小块状物的面糊。密封冷藏20~30分钟。

2 用2个碗分别调配传统蘸汁和新派蘸汁。

3 在一个大平底锅或深口油炸锅（见第308页）中把油加热至180℃。把海鲜裹上面糊，分批次炸至酥脆。炸好后面糊仍应保持浅色。将炸好的海鲜放在厨房纸上并保温。配上2种蘸汁装盘上桌。

黑线鳕的理想搭配：

新鲜的、咸味浓郁的黑线鳕可裹上醇香的面糊搭配辛辣的塔塔酱食用，而红皮藻、车达奶酪和马苏里拉奶酪等食材也能为之提味。

烘烤

欧芹青酱黄瓜烤鲑鱼

这是一个充分利用吃剩的鲑鱼的好办法。

选用海鲜

鲑鱼，或海鲈、鲷鱼、鲻鱼

- **准备时间：** 20分钟
- **烹饪时间：** 10分钟
- 4人份

材料

350克鲑鱼肉，剔除鱼刺、去皮

1汤匙橄榄油

1根黄瓜

制作欧芹青酱的材料

1把罗勒叶

1把薄荷叶

1把扁叶欧芹

2汤匙白葡萄酒醋，依据个人喜好添加

2茶匙刺山柑，冲洗干净并细细剁碎

2瓣大蒜，碾碎或细细剁碎

8条橄榄油浸鳀鱼条，沥干并细细剁碎

2茶匙整粒芥末籽酱

盐和现磨黑胡椒

6汤匙特级初榨橄榄油，依据个人喜好添加

1 将烤箱预热至200℃（煤气烤箱6挡）。将橄榄油抹在鱼身上，把鱼放在烤盘里烤10分钟，或直至鱼肉变得不透明，且按压鱼肉很容易碎。放在一旁冷却备用。

2 制作欧芹青酱：把所有香草剁碎，放在碗中。淋上醋拌匀。放入刺山柑、大蒜和鳀鱼，再次拌匀。放入芥末籽酱调味。缓缓倒入橄榄油，品尝，根据需要添加醋或油。倒入碗中。

3 黄瓜削皮，纵向对半切开，并用勺子挖去黄瓜籽。把黄瓜切成丁。将鲑鱼放在盘子中，浇上欧芹青酱，把黄瓜放在旁边上桌。

预先准备

可以提前1天制作欧芹青酱，密封冷藏，味道会变浓。在装盘前先使其恢复到室温。

罗勒松仁烤鳎鱼

这道简单的威尼斯菜肴能否成功，取决于鱼、罗勒和意大利橄榄油的质量。

选用海鲜

鳎鱼，或小头油鲽、鲽鱼

- **准备时间：** 10~15分钟，另加腌制时间
- **烹饪时间：** 15分钟
- 4人份

材料

4条小的鳎鱼，每条约350克

2汤匙特级初榨橄榄油，再备一些抹在烤盘上

半个柠檬的柠檬汁

1汤匙切碎的罗勒叶

盐和现磨黑胡椒

柠檬角，上菜时用

制作酱汁的材料

4汤匙松仁

2汤匙特级初榨橄榄油

1~2汤匙切碎的罗勒，另备一些装饰用

½个柠檬的柠檬汁

1 将鱼去皮并处理干净（见第276页），务必去除血线。摆在盘子里，淋上橄榄油和柠檬汁，撒上罗勒，用盐和胡椒稍加调味。密封冷藏腌制30分钟。

2 将烤箱预热至210℃（煤气烤箱6.5挡）。把腌好的鱼放在一个抹了少许油的烤盘中，浇上腌料汁。在烤箱中烤8~10分钟，或直至鱼肉不再透明。

3 同时，在煎锅中干炒松仁，直至松仁开始呈焦黄色，放入橄榄油和罗勒，烫几秒。放入柠檬汁。此时站远一些，因为油和水可能会溅起来。将酱汁立即倒在鱼肉上。

4 把鱼重新放入烤箱烤2~3分钟。将鱼盛在温热的盘子中。可以配上烤盘里的汤汁和柠檬角上桌。

鳎鱼的理想搭配：

鳎鱼的肉质紧实、细腻，适合搭配柠檬，也可以用薄荷和黄瓜来提味。鳎鱼和松露油、野生菌的搭配也非常鲜美。

烤鲑鱼配蘑菇青菜

这道菜肴简单易做，辛辣的亚洲风味和鲑鱼很搭。适合在工作日的晚餐享用，简单准备后入炉，很快即可上桌。

选用海鲜

鲑鱼，或笛鲷

· 准备时间：15分钟

· 烹饪时间：25分钟

· 4人份

材料

1汤匙橄榄油

1汤匙老抽

半汤匙味醂或干型雪莉酒

5厘米鲜姜，细细剁碎

2瓣大蒜，碾碎或细细剁碎

盐和现磨黑胡椒

4片鲑鱼肉，每片约150克

2根青菜，纵向切成4份

200克栗色蘑菇，如果蘑菇较大，对半切开

1　将烤箱预热至200℃（煤气烤箱6挡）。在碗中放入橄榄油、老抽、味醂、姜和大蒜，拌匀，并用盐和黑胡椒调味。

2　把鲑鱼、青菜和蘑菇放在烤盘中，淋上橄榄油调味料，放入烤箱烤20~25分钟，或直至鲑鱼烤熟。装盘，可搭配米饭上桌。

厚皮菜香草黄油烤鲑鱼

用羽衣甘蓝或菠菜代替厚皮菜同样美味。

选用海鲜

鲑鱼，或鳟鱼、大菱鲆、菱鲆

· 准备时间：10分钟

· 烹饪时间：30分钟

· 4人份

材料

4片鲑鱼肉，每片150克

1汤匙橄榄油

盐和现磨黑胡椒

2把厚皮菜，择净并切碎

1个柠檬的柠檬汁

少许辣椒碎

制作香草黄油的材料

125克黄油

1把卷叶欧芹，细细剁碎

1把莳萝，细细剁碎

1　制作香草黄油：把黄油和香草放在一个搅拌碗中调匀。舀在防油纸上，卷成圆柱形。将两端扭紧，将黄油卷放入冰箱中。

2　将烤箱预热至200℃（煤气烤箱6挡）。将鲑鱼肉放入不粘深烤盘中，淋上橄榄油并调味。烘烤15~20分钟，或直至烤熟。

3　在大锅中用加过盐的沸水煮厚皮菜5~8分钟，直至厚皮菜已熟但仍有嚼劲，沥干水分，盛入餐盘中。挤上柠檬汁，拌入辣椒碎。分成4份，盛在4个温热的盘子中。

4　将烤鲑鱼放在厚皮菜上，在每块鲑鱼上放一块香草黄油，立即上桌。

预先准备

可以提前1~2天制作香草黄油，冰箱中冷藏保存。

纸包鲑鱼

纸包鱼，即用烘焙纸把鱼紧紧包起来烤制，这样做能保证鱼肉水分充足。

选用海鲜

鲑鱼，或海鲈、鲷鱼、红鲻鱼（纵带羊鱼和羊鱼）、笛鲷

- 准备时间：25分钟
- 烹饪时间：15分钟
- 4人份

材料

4块鲑鱼片或鱼肉，每块约175克

橄榄油，用于抹在防油纸上

4个番茄，切片

2个柠檬，切片

8枝龙蒿

现磨黑胡椒

1 剪下8张圆形防油纸，剪好的纸应为鱼肉的两倍大，每块鱼肉须用两张纸裹两层。在内侧的一层防油纸上稍稍抹一点橄榄油。将所有的防油纸都这样准备好。

2 将烤箱预热至160℃（煤气烤箱3挡）。将番茄分别放在4张纸上，置于每张防油纸的上半部分或下半部分，将鲑鱼放在番茄上，随后放上柠檬片和龙蒿。用黑胡椒调味。折起防油纸，把鱼包住并把纸的边缘封严，将鱼密封起来。把纸包鱼放在烤盘里，烘烤15分钟。

3 把成品盛在温热的盘子中，配上白黄油酱汁（Beurre blanc，见第245页），立即上桌。

预先准备

可以提前2小时包好鲑鱼，放入冰箱保存。

亚洲风味纸包庸鲽

纸包留住了庸鲽的全部鲜香美味。

选用海鲜

庸鲽，或大菱鲆、菱鲆

- 准备时间：15~20分钟
- 烹饪时间：10~12分钟
- 4人份

材料

125克嫩豌豆，择净

30克豆豉，或2汤匙豆豉酱

4瓣大蒜，碾碎或细细剁碎

2.5厘米鲜姜，细细剁碎

3汤匙生抽

2汤匙干型雪莉酒

半茶匙砂糖

1汤匙芝麻油

2汤匙植物油

1个鸡蛋

半茶匙盐

4块庸鲽鱼片或鱼肉，每块175克，去皮

4根大葱，切成薄片

1 将烤箱预热至200℃（煤气烤箱6挡）。用小火将嫩豌豆在加过盐的水中慢炖1~2分钟。沥干水分。如果使用豆豉，将其洗净并大致剁碎。

2 将豆豉或豆豉酱、大蒜、姜、酱油、雪莉酒、糖和芝麻油拌匀备用。

3 把防油纸对折，沿设计好的曲线剪开，使其展开后成为心形。心形防油纸应比鱼肉大7.5厘米。重复这一步骤，剪好4张防油纸。展开所有防油纸，刷上油，留出2.5厘米宽的边缘不刷油。将鸡蛋打散，用盐调味，将蛋液刷在防油纸边缘未刷油的部分。

4 把嫩豌豆摆在心形纸的半边，把庸鲽鱼肉叠放在上面。舀上豆豉调味料，撒上葱。把空的半边防油纸折过来，将纸包封口。

5 把纸包放在烤盘里，烘烤10~12分钟，或直至纸包鼓起来。让每位用餐者亲手打开喷香的纸包，享用美餐。

预先准备

可以提前2小时包好鱼，放入冰箱保存。

纸包鲷鱼

用纸把鱼包起来，并佐以各种香辛料烤，是一种经典的烹鱼方式。

选用海鲜

鲷鱼，或海鲈、笛鲷

· **准备时间：** 10分钟
· **烹饪时间：** 12~15分钟
· 1人份

材料

1条小鲷鱼，刮除鱼鳞并去除内脏、片出整片鱼肉，剪去鱼鳍

几片大葱或球茎茴香

若干你喜欢的香草（试试莳萝、龙蒿、迷迭香或牛至）

1块黄油或少许橄榄油

少许潘诺茴香酒或白葡萄酒

海盐和现磨黑胡椒

柠檬角或青柠角，上菜时用

1 将鱼片出整片鱼肉（见第268~269页）。将烤箱预热至210℃（煤气烤箱6.5挡）。将鱼肉摆放在一大张防油纸上，带皮的一面朝上。

2 将香草和蔬菜摆在鱼肉旁边，并用盐和胡椒略微调味。倒入黄油或橄榄油，淋上潘诺茴香酒或葡萄酒，略微调味。

3 把鱼包好，但不要包得太紧，让蒸汽能够在纸包里循环。放入烤箱烤12~15分钟，或直至把鱼烤熟。烤熟的鱼肉是紧实且不透明的。

4 将纸包端上桌，配上柠檬角或青柠角。吃的时候打开纸包，在鱼肉上挤一些青柠汁或柠檬汁。

预先准备

提前1天把纸包鱼包好并冷藏，在烘烤前先使其恢复到室温。

烤无须鳕配调味蛋黄酱

调味蛋黄酱类似塔塔酱，也十分适合与煎、炸或烤制的白身鱼搭配。

选用海鲜

无须鳕，或小鳞犬牙南极鱼、鲽鱼、小头油鲽、青鳕、绿青鳕

· **准备时间：** 5~10分钟
· **烹饪时间：** 6~8分钟
· 4人份

材料

4片无须鳕鱼肉，每片约175克，剔除鱼刺、去皮

1汤匙特级初榨橄榄油

盐和现磨黑胡椒

4小枝百里香

几枝西洋菜，上菜时用

柠檬角，上菜时用

制作调味蛋黄酱的材料

5汤匙蛋黄酱

5汤匙半脂鲜奶油

1茶匙第戎芥末酱

2茶匙切碎的刺山柑

2茶匙切碎的泡菜小黄瓜

1汤匙切碎的龙蒿

1汤匙切碎的细叶芹或扁叶欧芹

半茶匙或1茶匙鳀鱼鱼露，依据个人喜好添加

1 将烤箱预热至200℃（煤气烤箱6挡）。制作调味蛋黄酱：将所有制作调味蛋黄酱的材料放在小碗中拌匀，并依据个人喜好用鳀鱼鱼露和黑胡椒调味。

2 在无须鳕上刷橄榄油，用盐和胡椒略微调味，摆放在烤盘里，并撒上百里香。在烤箱中烘烤6~8分钟，或直至烤熟，鱼肉会变得不透明，肉质白而紧实。取出鱼肉，用厨房纸吸干。

3 将鱼盛在一个温热的餐盘中，一旁摆放西洋菜和柠檬角。将调味蛋黄酱盛在酱料碗里，与烤鱼一起上桌。

预先准备

至多可以提前1天制作调味蛋黄酱，密封冷藏。在装盘前先使其恢复到室温。

小鳞犬牙南极鱼的理想搭配：

这种肉质密实、鲜甜的鱼适合与掺了刺山柑的蛋黄酱搭配，也可以尝试与具有亚洲风味的酱油、芝麻、辣椒、芫荽搭配。

那不勒斯酿鱿鱼

将松仁和葡萄干填入鱿鱼筒，随后浸在番茄酱汁中，放入焙盘烘烤。

选用海鲜

鱿鱼，或墨鱼、章鱼仔

- **准备时间：** 35分钟
- **烹饪时间：** 1小时30分钟
- 4人份

材料

4条大鱿鱼，去除内脏，洗净，保留腕足（见第282页）

5汤匙特级初榨橄榄油

2瓣大蒜，切碎

1汤匙切碎的马郁兰

1汤匙切碎的扁叶欧芹

2汤匙苏丹娜葡萄干

2汤匙松仁

12颗意大利绿橄榄，切碎

2条橄榄油浸鳀鱼条，沥干并切碎

盐和现磨黑胡椒

5汤匙新鲜的白面包糠

制作番茄酱汁的材料

2汤匙特级初榨橄榄油

1个小洋葱，细细剁碎

5汤匙中白葡萄酒

400克装罐头番茄的¼

少许糖（可选）

1 准备鱿鱼，不要把鱿鱼筒切开。在鱿鱼筒上轻轻打花刀备用。把腕足切碎。

加热橄榄油，放入鱿鱼腕足、大蒜和香草，翻炒1分钟。拌入葡萄干、松仁、橄榄和鳀鱼，用盐和胡椒调味。放入面包糠，静置冷却。将烤箱预热至170℃（煤气烤箱3.5挡）。

2 制作番茄酱汁：加热一半量的油，炒洋葱至透明，放入葡萄酒和番茄，用文火慢炖5分钟。用盐和胡椒调味，如果味道偏酸，可以加一点糖。

3 在鱿鱼筒中填满馅料，并用酒针封口。在一个耐热焙盘中热剩下的油，将鱿鱼煎至淡金黄色。倒入番茄酱汁，盖上盖子，烘烤1~1.5小时。

4 把鱿鱼盛在温热的盘中，取下酒针。如有必要，将番茄酱汁煮得再稠一些，随后浇在鱿鱼上，配上面条或米饭上桌。

鲷鱼配番茄酱汁

应确保番茄经过充分调味，因为番茄的味道将决定菜的品质。

选用海鲜

鲷鱼，或无须鳕、海鲈

- **准备时间：** 10分钟
- **烹饪时间：** 25分钟
- 4人份

材料

4条小鲷鱼，总共约重340克，刮除鱼鳞，去除内脏，剪去鱼鳍

1汤匙调味面粉（见第55页）

5汤匙意大利特级初榨橄榄油

1个洋葱，细细剁碎

2根芹菜茎，切成薄片

2瓣大蒜，切碎

8个李形番茄，粗切

5汤匙干白葡萄酒

盐和现磨黑胡椒

少许糖

2汤匙切碎的扁叶欧芹

1 将烤箱预热至190℃（煤气烤箱5挡）。将鱼身的两面各划3~4刀。撒上调味面粉，摆放在烤盘中。

2 在煎锅中热橄榄油，放入洋葱、芹菜和大蒜，用小火炒2~3分钟，直至蔬菜变软。放入番茄和葡萄酒，炒3~4分钟，直至汤汁收干。用盐和胡椒调味并放糖。

3 把番茄酱汁舀在鲷鱼上，放入烤箱烤15~20分钟，或直至烤熟。烤熟的鱼肉是白色不透明的。

4 将鱼盛到温热的大餐盘中，撒上欧芹上桌。不要忘记吃鱼头上的鱼颊肉，这个部分特别美味。

预先准备

可以提前2~3天制作番茄酱汁，密封冷藏。在继续烹饪前先使其恢复到室温。

金头鲷的理想搭配：

可以尝试将这种多肉、肉质紧实的鱼与地中海风味的食材搭配，比如番茄、球茎茴香、潘诺茴香酒、柠檬、藏红花、欧芹和大蒜，搭配芫荽也不错。

葡萄酒香草烤绿青鳕

这道菜有益健康，而且很快就能做好。

选用海鲜

绿青鳕，或任何白身鱼，如黑线鳕、青鳕、大菱鲆、鳕鱼

- 准备时间：5分钟
- 烹饪时间：20分钟
- 4人份

材料

675克绿青鳕鱼肉，剔除鱼刺、去皮，并切成4段

盐

200毫升干白葡萄酒

12个樱桃番茄

1把扁叶欧芹，细细剁碎

1 将烤箱预热至190℃（煤气烤箱5挡）。在绿青鳕上撒盐，放在耐热的盘子中。浇上葡萄酒，放入番茄和香草。

2 用锡箔纸将盘子密封，放在烤箱中烤15~20分钟，直至鱼肉烤熟、酒精蒸发。夏季可配上沙拉和新鲜的脆皮面包，冬季可配上奶油马铃薯泥一起享用。

香草烤剑鱼

在这道风味浓郁的菜肴里，迷迭香和百里香与剑鱼的搭配堪称完美。

选用海鲜

剑鱼，或旗鱼、金枪鱼、鳐鱼

- 准备时间：20分钟
- 烹饪时间：15~20分钟
- 4人份

材料

4块剑鱼排，每块175克，去皮

现磨黑胡椒

2汤匙特级初榨橄榄油，另备一些抹在盘子上

1个球茎茴香，切成薄片

4个番茄，切片

1个柠檬，切片

4汤匙切碎的扁叶欧芹

1汤匙切碎的薄荷

4枝百里香

2茶匙切碎的迷迭香叶

100毫升干白葡萄酒

1 将烤箱预热至180℃（煤气烤箱4挡）。用足量的黑胡椒给剑鱼调味。在一个耐热的盘子上薄薄地涂一层油，并均匀地撒上球茎茴香。

2 将鱼肉平铺在盘子中，把番茄和柠檬片摆在上面。撒上香草，浇上葡萄酒，淋上橄榄油，用锡箔纸将盘子密封。

3 烘烤15~20分钟，或直至鱼肉刚刚烤熟。将盘子中的汤汁舀在鱼肉上，立即上桌。煮制或炒制的新马铃薯、西蓝花或四季豆非常适合作为这道菜的配菜。

沙丁鱼填番茄刺山柑

这道菜便宜、健康且味道鲜美。

选用海鲜

沙丁鱼，或鲱鱼、鲭鱼

- **准备时间：**15分钟
- **烹饪时间：**10分钟
- 4人份

材料

4~6个番茄，去皮并细细剁碎

2茶匙刺山柑，沥干并冲洗干净

1把扁叶欧芹，细细剁碎，另备一些作装饰

2瓣大蒜，碾碎或细细剁碎

盐和现磨黑胡椒

12条新鲜的沙丁鱼，从腹部入手去除鱼骨

少许橄榄油

1个柠檬的柠檬汁

1 将烤箱预热至200℃（煤气烤箱6挡）。把番茄、刺山柑、欧芹和大蒜放在碗中，用盐和胡椒调味并拌匀。

2 把沙丁鱼平铺在若干盘子中，带皮的一面朝下，舀上番茄混合物。把沙丁鱼身卷起来或将鱼身对折，随后将它们码放在一个烤盘中。淋上橄榄油和柠檬汁。

3 在烤箱中烤10~15分钟，直至烤熟。如果你愿意的话，可以用欧芹装饰，并配上脆爽的蔬菜沙拉上桌。

香草油鲽

味道清淡的小头油鲽非常适合用来制作味道鲜美的菜肴。

选用海鲜

小头油鲽，或鲽鱼、菱鲆，或任何其他扁体鱼

- **准备时间：**10分钟
- **烹饪时间：**20分钟
- 4人份

材料

3汤匙特级初榨橄榄油

1汤匙白葡萄酒醋

1茶匙第戎芥末酱

一小把香草，如欧芹、百里香和莳萝，切碎

盐和现磨黑胡椒

4片小头油鲽鱼肉，每片约175克

1 将烤箱预热至200℃（煤气烤箱6挡）。制作酱汁：在一个罐子中拌匀油和醋。放入芥末酱和香草，充分搅拌。用盐和胡椒调味后再次搅拌。

2 将鱼放在烤盘中，随后倒入约0.5厘米深的水，用盐和胡椒调味。在烤箱中烤15~20分钟，直至鱼肉烤熟，且水基本蒸发。烤熟的鱼肉是白色的，没有丝毫粉红色。

3 用煎鱼铲或抹刀小心地把鱼肉盛在温热的餐盘中或分别盛在4个小餐盘中。浇上酱汁。趁热与你喜爱的配菜（可选马铃薯和西蓝花）一起上桌。

迷迭香大蒜脆皮庸鲽

酥脆的烤鱼搭配古斯古斯脆皮。这道菜做起来快、吃起来香，深受孩子们的喜爱。

选用海鲜

庸鲽，或鳕鱼、黑线鳕、鮟鱇鱼、大菱鲆、菱鲆、鲑鱼

- **准备时间：** 20分钟
- **烹饪时间：** 15分钟
- 4人份

材料

60克古斯古斯

1茶匙姜黄粉

1汤匙切碎的迷迭香，另备几小枝作装饰

1瓣大蒜（大），碾碎或细细剁碎

60克佩科里诺奶酪或帕玛森干酪，擦碎

盐和现磨黑胡椒粉

葵花籽油，用于涂抹

1个鸡蛋，打散

3汤匙调味面粉

4片庸鲽，每片约150克，刮除鱼鳞

200毫升生番茄泥

半茶匙液态蜜

1 将烤箱预热至190℃（煤气烤箱5挡）。在碗中将5汤匙沸水与古斯古斯拌匀。盖上盖子焖5分钟，随后倒在一个盘中冷却。拌入姜黄粉、切碎的迷迭香、大蒜、奶酪，用盐和胡椒调味。在一个烤盘抹油，放在烤箱中加热。

2 把鸡蛋在一个盘子中打散，把面粉倒入另一个盘子。将鱼肉裹上面粉，随后蘸上蛋液，最后裹上古斯古斯，放在热烤盘中，烤15分钟，直至鱼肉金黄熟透，其间翻面一次。

3 同时，在锅中倒入生番茄泥和蜂蜜并加热，依据个人喜好用盐和胡椒调味。把混合物舀在5个温热的盘子中，把庸鲽盛在上面。用几枝迷迭香作装饰，可搭配煮好的马铃薯和四季豆上桌。

烤鲷鱼

这道经典的菜肴来自西班牙伊比利亚，是鱼和马铃薯的一种绝好搭配。

选用海鲜

鲷鱼，或笛鲷、海鲈

- **准备时间：** 10分钟，另加腌渍时间
- **烹饪时间：** 1小时
- 4人份

材料

2条鲷鱼，每条约600克

1汤匙橄榄酱

2片柠檬，切成厚片

1个柠檬的柠檬汁

3汤匙橄榄油

675克马铃薯，切成薄片

1个洋葱，切成薄片

2个红甜椒，去籽并切成细圈

4瓣大蒜，切碎

2汤匙切碎的欧芹

1茶匙辣红椒粉

120毫升干白葡萄酒

盐和现磨黑胡椒粉

1 刮除鱼鳞，去除内脏。在每条鱼的鱼身两面肉最厚的地方斜切2刀，放在一个非金属盘子里，在鱼身内外抹上橄榄酱。在鱼鳃部位塞1片柠檬，淋上柠檬汁，放入冰箱冷藏1小时。

2 将烤箱预热至190℃（煤气烤箱5挡），在一个耐热的盘子里抹1汤匙油。把一半量的马铃薯铺在盘子中，随后放洋葱和甜椒，撒大蒜和欧芹，之后撒红椒粉，随后把剩下的马铃薯堆叠在上面。淋上剩下的油，浇上2~3汤匙水。用锡箔纸密封，烤40分钟，或直至烤熟并变成金黄色。

3 将烤箱的温度调高至220℃（煤气烤箱7挡）。将鱼肉放在马铃薯上，倒入葡萄酒，用盐和胡椒调味，放回烤箱中，不要密封，烤20分钟，或直至烤熟。立即上桌。

预先准备

可以提前6小时完成步骤1，把鱼清洗处理好，密封冷藏。在继续烹饪前先使其恢复至室温。

照烧鱼配乌冬面

这盘看似简单的食物一定会惊艳四座。照烧酱香味浓郁，和鲜甜的厚鱼片搭配在一起，味道鲜美、很受欢迎。

选用海鲜

鳕鱼腰肉，或鲑鱼厚片、鲭鲅厚片

- **准备时间**：10分钟
- **烹饪时间**：15分钟
- 4人份

材料

4片鳕鱼腰肉，每片约150克，刮除鱼鳞并剔除鱼刺

250克中等粗细或粗乌冬面，或细米线

4根大葱，切片

1把芫荽，只取叶片

青柠角，上菜时用

制作照烧酱的材料

1~2汤匙老抽

1汤匙液态蜜

1块2.5厘米见方的鲜姜，碾碎

少许糖

1汤匙味酥或干型雪莉酒

1 将烤箱预热至200℃（煤气烤箱6挡）。将制作照烧酱的所有材料在碗中混合。将混合物倒在鳕鱼上，静置10分钟。

2 将鱼肉和酱汁移至烤盘，放入烤箱烤15分钟，直至烤熟。

3 同时，根据包装上的说明煮熟乌冬面。静置几分钟，随后沥干水分，放入大葱和芫荽。与鱼肉和青柠角装盘上桌。

烤剑鱼串配刺山柑浆果

一道简单易做且美味、辛辣的菜肴。需要12~15根短的木扦子或酒针。

选用海鲜

剑鱼，或金枪鱼、鲭鲅、旗鱼

- **准备时间**：15分钟
- **烹饪时间**：10分钟
- 4人份

材料

450克剑鱼排，切成小块

盐和现磨黑胡椒粉

3汤匙橄榄油

1汤匙白葡萄酒醋

2汤匙刺山柑浆果

2瓣大蒜，切成薄片

少许辣椒油，上菜时用

1 把木扦子放在水中浸泡30分钟。将烤箱预热至200℃（煤气烤箱6挡）。在每根木扦子上穿3块剑鱼，放在一个烤碟中，用盐和黑胡椒调味。

2 把油、醋、刺山柑浆果和大蒜放在小碗中，用餐叉的背面将一半量的刺山柑浆果压碎。均匀地倒在剑鱼串上，烤10分钟。可佐少许辣椒油并搭配新鲜的脆皮面包食用。

香草脆皮狗鱼

许多略带泥土味的鱼都适合用来做这道菜。狗鱼有很多大鱼刺，务必剔除干净。

选用海鲜

狗鱼，或白梭吻鲈、河鲈、鲤鱼、鲻鱼、鳟鱼

- 准备时间：15分钟
- 烹饪时间：12~15分钟
- 4人份

材料

4片狗鱼肉，每片约175克，剔除鱼刺、去皮

45克黄油

1汤匙切碎的扁叶欧芹

半个柠檬的柠檬汁

盐和现磨黑胡椒

几枝鼠尾草，作装饰

柠檬角，作装饰

制作脆皮的材料

8汤匙新鲜面包糠

2汤匙融化的黄油

1汤匙切碎的鼠尾草

1汤匙切碎的细香葱

半个柠檬的柠檬皮碎屑

1 将烤箱预热至200℃（煤气烤箱6挡）。把鱼肉摆放在烤盘中。

2 将黄油、欧芹、柠檬汁拌匀，用盐和足量的黑胡椒调味。在每片鱼上抹薄薄一层黄油。

3 将面包糠、融化的黄油、鼠尾草、细香葱、柠檬皮碎屑混合在一起，略加一些盐和胡椒，将混合物撒在鱼肉上，稍稍按压使其附着在黄油上。

4 放入烤箱中烤12~15分钟，或直至鱼肉烤熟。烤熟的鱼肉是白色的、肉质紧实且不透明。

5 取出烤鱼，放在温热的餐盘中，用鼠尾草和柠檬角作装饰，可搭配四季豆上桌。

盐烤脆皮海鲈

这道经典的意大利北方菜肴通常佐以蒜泥蛋黄酱或蛋黄酱。这是少数几道在烹制前不刮除鱼鳞的海鲜菜之一，因为保留鱼鳞能避免鱼肉吸收过多盐分。

选用海鲜

海鲈，或鲷鱼、鲻鱼

- 准备时间：25分钟
- 烹饪时间：22~25分钟
- 4人份

材料

1整条海鲈，约1.35~2千克，剪去鱼鳍

1千克粗海盐

1~2个鸡蛋的蛋清

1 将烤箱预热至220℃（煤气烤箱7挡）。从鱼鳃入手去除内脏（见第266页）。把鱼清理并冲洗干净，但不要刮除鱼鳞。

2 在烤盘上铺一大张锡箔纸，在锡箔纸上铺一层盐，把鱼放在上面。将剩下的盐与蛋清混合，如有必要，可加一点水。将盐和蛋清混合物裹住鱼身，将鱼完全包在里面。

3 在烤箱中烤22~25分钟。将鱼取出，放在餐盘中。上桌后小心地将所有盐壳清理干净。剥去鱼皮，不要去骨，可搭配蒜泥蛋黄酱或蛋黄酱上桌。

狗鱼的理想搭配：

美味的狗鱼配上无盐黄油、气味浓烈的鼠尾草、奶油和月桂叶，味道更佳。柠檬角和白葡萄酒能除去鱼肉的土腥味。

哈里萨辣酱青柠烤鲭鱼

哈里萨辣酱和柑橘类水果是鲭鱼的完美搭档，它们适合和味道浓郁的食物搭配。

选用海鲜

鲭鱼，或鲱鱼、鳟鱼

- **准备时间：**10分钟
- **烹饪时间：**30分钟
- 4人份

材料

4条大鲭鱼或8条小鲭鱼，刮除鱼鳞，去除内脏并洗干净

3~4茶匙哈里萨辣酱

1½汤匙橄榄油

2个青柠，每个切成4份

1.1千克新马铃薯薯仔，较大的对半切开

1把新鲜的芫荽，细细剁碎

1 将烤箱预热至200℃（煤气烤箱6挡）。将鲭鱼摆在烤盘里，将哈里萨辣酱和一半量的油拌匀，浇在鱼肉上，确保鲭鱼里里外外都浇上了辣酱。在烤盘中放入青柠，随后将马铃薯和剩下的油拌匀，也倒入烤盘中。

2 在烤箱中烤20~30分钟，或直至马铃薯和鱼烤熟。撒上芫荽，可搭配脆爽的蔬菜沙拉上桌。

庸鲽配罗梅斯科酱

罗梅斯科酱是西班牙加泰罗尼亚地区的一种传统酱汁，通常由番茄、大蒜、洋葱、辣椒、扁桃仁和橄榄油调配而成。

选用海鲜

庸鲽，或海鲂、鲯鳅

- **准备时间：**10分钟
- **烹饪时间：**30分钟
- 6人份

材料

3汤匙特级初榨橄榄油，另备一些抹在盘子上

1千克庸鲽鱼肉，2厘米厚，刮除鱼鳞

盐和现磨黑胡椒

2瓣大蒜，碾碎或细细剁碎

75克扁桃仁，粗粗切碎

125克面包糠

3汤匙切碎的扁叶欧芹

制作罗梅斯科酱的材料

350克罐装烤红甜椒，冲洗干净，拍干并粗粗切碎

1汤匙雪利酒醋

¼茶匙辣椒粉

少许烟熏红椒粉

1 将烤箱预热至230℃（煤气烤箱8挡），在一个耐热的盘子底部刷上橄榄油，放入鱼段，带皮的一面朝下。依据个人喜好用盐和胡椒调味。

2 在一个厚重的煎锅中热2汤匙油。放入大蒜、扁桃仁和面包糠，用中火翻炒6~8分钟，直至食材刚开始变成金黄色。不要把坚果炒焦。拌入欧芹，舀在鱼段上。

3 将鱼肉不覆盖锡箔纸烤5分钟，随后用锡箔纸稍加覆盖，再烤15分钟，或直至鱼肉刚刚烤熟。烤熟的鱼肉很容易碎。从烤箱中取出鱼，淋上剩下的橄榄油。

4 同时，把所有制作罗梅斯科酱的材料拌匀，将混合物浇在鱼肉上，或单独盛在另一个碗中上桌。

预先准备

可以提前2天制作罗梅斯科酱，密封冷藏，味道会变浓。坚果和面包糠浇料可以提前6小时制作，放在密封容器中，室温下保存。

蒜香番茄烤鲭鱼

一道能迅速上桌的营养美餐。

选用海鲜

鲭鱼，或沙丁鱼、鲱鱼、鳟鱼

- **准备时间：** 10分钟
- **烹饪时间：** 25分钟
- **4人份**

材料

24只连在藤蔓上的樱桃番茄

4瓣大蒜

几枝百里香

1个柠檬的柠檬皮碎屑

少许辣椒碎

1~2汤匙橄榄油

盐和现磨黑胡椒

4片鲭鱼肉，每片约115~150克，刮除鱼鳞

1 将烤箱预热至200℃（煤气烤箱6挡）。把番茄、大蒜和百里香放在烤盘中。撒上柠檬皮碎屑和辣椒，淋上油并调味。在烤箱中烤10分钟，直至番茄变软、表皮皱缩。

2 从烤箱中取出，将鲭鱼盛在番茄上，随后用锡箔纸覆盖，放回烤箱再烤10~15分钟，直至鱼肉烤熟。可搭配沙拉和新鲜的脆皮面包趁热上桌。

烤马铃薯鱿鱼配辣味芫荽青酱

这道菜清新健康且令人满足，是一种别致的鱿鱼做法。

选用海鲜

鱿鱼，或金枪鱼、剑鱼、海鲂、鲼鱼

- **准备时间：** 10分钟
- **烹饪时间：** 20分钟
- **4人份**

材料

1.1千克蜡质马铃薯，削皮并切丁

2汤匙橄榄油

盐和现磨黑胡椒

350克鱿鱼，去除内脏，洗净，打花刀（见第282页）

少许辣椒碎（可选）

制作青酱的材料

芫荽叶和罗勒叶各一大把

2瓣大蒜，切碎

一大把松仁

60克帕玛森干酪，新鲜磨碎

少许辣椒碎

150毫升特级初榨橄榄油

1 将烤箱预热至200℃（煤气烤箱6挡）。制作青酱：将香草、大蒜、松仁、大部分帕玛森干酪和辣椒碎放在食物加工机中打碎。缓缓倒入橄榄油，使其形成细流，打至混合物变成顺滑的糊状物。拌入剩下的帕尔马干酪。

2 把马铃薯放在一个烤盘中。淋上一半量的油，拌匀并用盐和胡椒调味，在烤箱中烤15~20分钟，直到烤成金黄色。

3 同时，将鱿鱼和剩下的油和辣椒（可选）拌匀，放入烤盘，与马铃薯一起再烤10分钟。把所有材料拌匀，配上芫荽青酱装盘上桌。

预先准备

至多可以提前3天制作青酱，用一层特级初榨橄榄油覆盖青酱，密封并冷藏。如果没有完全用橄榄油密封，青酱会变色腐坏。

蒜香烤鳕鱼

以高温烹饪时，裹面粉煎烤是烹饪鱼肉的绝好方法。

选用海鲜

鳕鱼，或任何紧实、多肉的白身鱼，如青鳕、黑线鳕、舒鳕、笛鲷、小鳞犬牙南极鱼

- **准备时间：** 5分钟
- **烹饪时间：** 15分钟
- 4人份

材料

5汤匙特级初榨橄榄油

2枝迷迭香

4瓣大蒜，不要剥皮

4片鳕鱼脊肉，每片约170克，保留鱼皮，刮除鱼鳞并剔除鱼刺

2汤匙调味面粉（见第55页）

1　将烤箱预热至230℃（煤气烤箱8挡）。将橄榄油淋入一个耐热结实的大号深烤盘中，放入迷迭香和大蒜，入烤箱烤2~3分钟，取出。

2　用厨房纸吸干鳕鱼上的水分。撒上调味面粉，抖去多余的面粉。

3　将鱼放入热油中，带皮的一面朝下，将烤盘置于中火上，煎2~3分钟，或直至鱼皮变脆。把鱼翻面，放入烤箱，烤6~7分钟，或直至鱼肉刚刚烤熟，鱼肉会变白，并能轻松压碎，且大蒜会变软。立即装盘上桌。

培根烤鲂鮄

这种鱼肉风味独特，带骨烹饪最佳。

选用海鲜

鲂鮄，或鲛鰊鱼

- **准备时间：** 5分钟
- **烹饪时间：** 7~10分钟
- 4人份

材料

4条中型或小型鲂鮄，刮除鱼鳞，去除内脏，剪去鱼鳍

盐和现磨黑胡椒

4片烟熏五花培根片，对半切开

4枝百里香

1汤匙初榨橄榄油

柠檬角，上菜时用

扁叶欧芹，上菜时用

1　将烤箱预热至200℃（煤气烤箱6挡）。将鱼肉放在烤盘中并用盐和胡椒调味。

2　削去培根皮，用刀背将每片培根拉长。

3　在每片鱼上覆盖2片对半切开的培根，不要将培根塞在鱼肉下面。淋上橄榄油，放入烤箱烤7~10分钟，或直至培根变成焦黄色，鱼肉烤熟，呈白色且不透明。

4　盛入温热的盘子，配上柠檬角和欧芹装盘上桌。

鲂鮄的理想搭配：

鲜甜的鲂鮄适合与大量橄榄油搭配，也适合与意式培根、普通培根或西班牙乔里索香肠搭配。咸味能提鲜，并能让鱼肉保持湿润。

意式熏火腿裹鮟鱇鱼

这种鱼鲜美肉多，很受欢迎，适合搭配风味鲜明的食材，它的脂肪含量也很低。

选用海鲜

鮟鱇鱼，或魴鮄、鲇鱼、鲑鱼

- **准备时间：**5分钟
- **烹饪时间：**12~15分钟
- **2人份**

材料

2片鮟鱇鱼肉，每片约140克，去除筋膜（见第270页）

少许橄榄油

半汤匙切碎的扁叶欧芹

半汤匙切碎的罗勒

4片意式熏火腿或意式培根

现磨黑胡椒

1　将烤箱预热至220℃（煤气烤箱7挡）。将鮟鱇鱼摆放在抹了少许油的烤盘中，撒上香草，在鱼身上覆盖熏火腿片。刷上更多橄榄油，用黑胡椒调味。

2　在烤箱中烤12~15分钟，或直至鱼肉变得紧实且不透明，火腿片烤脆。可搭配蔬菜沙拉上桌。

鮟鱇鱼的理想搭配：

这种肉质紧实、滋味鲜甜的鱼适合与味道强劲的西班牙乔里索香肠、鼠尾草和芝麻菜搭配，与罗勒、意式熏火腿搭配也不错，还可以试着抹上香料烹饪。

烤咸鳕鱼

鳕鱼、黄线狭鳕等咸鱼是制作鱼饼和烤鱼的极佳食材，适合存放在食橱中备用。

选用海鲜

咸鳕鱼，或咸狭鳕、咸舒鳕

- **准备时间：**40分钟，另加浸泡过夜的时间
- **烹饪时间：**40分钟
- **4人份**

材料

450克去皮去骨的咸鳕鱼段

3汤匙特级初榨橄榄油

450克马铃薯，去皮并切丁

1个大洋葱，切成薄片

2瓣大蒜，拍碎

2个红甜椒，粗切

现磨黑胡椒

300毫升鱼高汤

1把黑橄榄

2汤匙切碎的扁叶欧芹

1　将咸鳕鱼放在水中浸泡24小时，其间换几次水。

2　将烤箱预热至190℃（煤气烤箱5挡）。在一个大焙盘中以中火热油，倒入马铃薯，翻炒5~6分钟，或直至马铃薯开始变成焦黄色。放入洋葱，再炒3~4分钟。拌入大蒜和红甜椒。用黑胡椒调味。倒入高汤，盖上盖子，放入烤箱烤15分钟。

3　把咸鳕鱼逐一塞入马铃薯和红甜椒之间，放回烤箱中再烤15~20分钟，或直至咸鳕鱼变白，鱼肉能轻松被压碎。

4　从烤箱中取出鱼和蔬菜，拌入橄榄和欧芹。可搭配蔬菜沙拉上桌。

预先准备

咸鳕鱼必须提前24小时浸泡，步骤2中的马铃薯汤底必须提前1天制作，密封冷藏。在继续烹饪前将其放入烤箱中加热10分钟。

匈牙利烤鲤鱼

鲤鱼是全球养殖最广泛的鱼，这种鱼在一些内陆地区很受欢迎，包括匈牙利和中国的部分地区。

选用海鲜

鲤鱼，或海鲈、鲷鱼，或河鲈

- **准备时间：**25分钟，另加浸泡时间
- **烹饪时间：**30分钟
- 4人份

材料

1.25千克鲤鱼，刮除鱼鳞，去除内脏，剪去鱼鳍

3汤匙白葡萄酒醋

2汤匙调味面粉（见第55页）

1茶匙红椒粉

制作浇料的材料

45克粉质马铃薯，削皮并切成1.5厘米的小方块

盐和现磨黑胡椒

少许植物油

110克条状厚切培根

3汤匙粗切的泡菜小黄瓜或莳萝泡菜

2汤匙切碎的扁叶欧芹

1 将烤箱预热至190℃（煤气烤箱5挡）。将鲤鱼放在一盆冷水中，加入醋，浸泡10分钟。把鱼捞出，放在沥水板上，用厨房纸拍干。

2 将调味面粉和红椒粉拌匀，撒在鱼肉上，使鱼肉均匀地裹上面粉混合物。把鱼放在烤盘中，在烤箱中烤15分钟。

3 同时，用沸腾的盐水煮马铃薯3~4分钟，将马铃薯煮至半熟。沥干水分，留下300毫升的煮马铃薯的水备用。

4 在另一个煎锅中热油煎马铃薯，直至马铃薯开始变得焦黄。放入培根，再煎2~3分钟。放入泡菜小黄瓜和欧芹，用盐和胡椒充分调味。

5 将马铃薯混合物舀在鲤鱼上，倒入备用的煮马铃薯水。放回烤箱中，再烤15~20分钟，或直至鱼肉完全烤熟。烤熟的鱼肉应是白色不透明的，且很容易从鱼骨上脱落。可以搭配烤红甜椒一起享用。

意式烤龙虾

这道来自意大利那不勒斯的菜肴制作简单，极为适合节庆场合。

选用海鲜

螯龙虾，或挪威海螯虾、斑节对虾

- **准备时间：**15分钟
- **烹饪时间：**15分钟
- 4人份

材料

2只熟的螯龙虾，更好的选择是龙虾，切开并处理干净（见第290—291页）

4汤匙意大利特级初榨橄榄油

4汤匙细细剁碎的扁叶欧芹

2瓣大蒜，拍碎

3~4汤匙新鲜面包糠

盐和现磨黑胡椒

柠檬角，上菜时用

1 将烤箱预热至190℃（煤气烤箱5挡）。把切开的龙虾放在一个大烤盘或烤碟里。

2 取一个小炖锅热橄榄油，放入欧芹和大蒜，烫30秒，拌入面包糠，用盐和胡椒充分调味。

3 将混合物舀在切开的龙虾肉上，放入烤箱烤7~10分钟，或直至龙虾烤热。从烤箱中取出，摆放在温热的大餐盘中，配上欧芹和柠檬角上桌。

鲤鱼的理想搭配：

这种鱼和中欧风味的红椒粉、黄油、刺山柑、莳萝、大蒜、欧芹和玉米粉搭配最佳，与中式口味的鲜姜、米酒和芝麻搭配，味道也不错。

蒸煮

家常鳎鱼

一道鲜美的传统菜品。

选用海鲜

鳎，或任何扁体鱼

- **准备时间：** 30分钟
- **烹饪时间：** 30分钟
- 4人份

材料

15克黄油，另备一些用于烤鱼

250克蘑菇，切片

盐和现磨黑胡椒

2个红葱，细细剁碎

2条鳎鱼，每条约1千克，片出整片鱼肉，保留鱼头和鱼骨

制作鱼高汤的材料

1个洋葱，切片

3~5枝扁叶欧芹

1茶匙黑胡椒粒

250毫升干白葡萄酒或1个柠檬的柠檬汁

制作天鹅绒酱的材料

30克黄油

2汤匙纯面粉

3汤匙浓奶油

3个蛋黄

半个柠檬的柠檬汁，或依据个人喜好添加

1 制作鱼高汤：在炖锅中将鱼头和鱼骨与洋葱、500毫升水、欧芹、黑胡椒粒和葡萄酒文火慢炖20分钟。

2 将烤箱预热至180℃（煤气烤箱4挡）。在锅中加热熔化黄油，放入蘑菇、盐和黑胡椒。烹5分钟。备用。

3 在一个烤盘中抹黄油，放入红葱。将每一片鱼对折，没有鱼皮的一侧朝内，放在红葱上。倒入高汤，浸没鱼肉的一半即可。覆上锡箔纸，放入烤箱中煮15~18分钟。沥干，保留烤鱼的汤汁，并保温。

4 将汤汁和红葱一起倒入剩下的高汤中，煮至剩余360毫升汤汁。在另一个炖锅中加热熔化黄油。拌入面粉。烹1~2分钟，滤入汤汁，文火慢炖5分钟。离火，放入蘑菇，制成天鹅绒酱。

5 在小碗中打匀奶油和蛋黄。拌入一点热的天鹅绒酱汁，随后与炖锅里的酱汁混合。用文火翻炒2~3分钟。放入柠檬汁、盐和黑胡椒。

6 将烤炉以最高挡预热。将鱼肉摆放在耐热的盘子中。舀入酱汁，烤1~2分钟即可上桌。

维洛尼克式鲽鱼

这是一道经典的法国菜肴，加入了白葡萄。

选用海鲜

小头油鲽，或乔式虫鲽、菱鲆、大菱鲆

- **准备时间：** 30分钟
- **烹饪时间：** 20分钟
- 4人份

材料

4条小头油鲽，去皮并片出整片鱼肉

半个洋葱，切成薄片

6粒黑胡椒粒

1片月桂叶

100毫升干白葡萄酒

175克无核白葡萄

制作酱汁的材料

45克黄油

满满1汤匙面粉

5汤匙温牛奶

5汤匙浓奶油

盐和现磨白胡椒

1 将烤箱预热至180℃（煤气烤箱4挡）。将鱼排折为3折，去皮的一面朝内，摆放在一个耐热的盘子里，撒入洋葱、黑胡椒粒和月桂叶。将葡萄酒和100毫升水混合，倒入盘中，并用涂了黄油的防油纸覆盖。

2 在烤箱中煮10~12分钟，或直至鱼肉煮熟。煮熟的鱼肉是白色且不透明的。取出鱼，保温。将汤汁滤在炖锅中，快煮至汤汁减少至150毫升。剥去葡萄皮（借助回形针能够轻松完成），备用。

3 在另一个炖锅中加热熔化一半量的黄油，离火并拌入面粉。用小到中火烹30秒，倒入牛奶，随后倒入鱼汤。用小火煮沸并不时搅动。拌入奶油后离火。拌入剩下的黄油。用盐和胡椒调味后放入葡萄，将葡萄热透。

4 将鱼盛到温热的盘子中，仔细地舀入酱汁即可上桌。

预先准备

至多可以提前4小时将葡萄剥皮，密封冷藏。在加入酱汁前先使其恢复到室温。

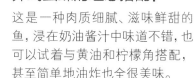

乔式虫鲽的理想搭配：

这是一种肉质细腻、滋味鲜甜的鱼，浸在奶油酱汁中味道不错，也可以试着与黄油和柠檬角搭配，甚至简单地油炸也全很美味。

蓝鳟鱼

做这道菜需用刚刚捕捞上来、还未清洗过的鳟鱼，从鱼鳃入手去除内脏。鳟鱼之所以会呈现蓝色，是因为醋和鱼皮上的黏液发生了反应。

选用海鲜

鳟鱼，或任何淡水鱼，如鲤鱼或河鲈

- **准备时间：** 10分钟
- **烹饪时间：** 35分钟
- 2人份

材料

270毫升白葡萄酒醋

1个洋葱，切片

1根胡萝卜，切片

2片月桂叶

4枝百里香

4枝扁叶欧芹

6粒黑胡椒粒

2条新鲜捕捞、尚未清洗的小鳟鱼，刮除鱼鳞，从鱼鳃入手去除内脏（见第266页）

50克黄油，上菜时用

盐和现磨黑胡椒，上菜时用

几滴柠檬汁，上菜时用

1　在炖锅中倒入1升水、120毫升醋、洋葱和胡萝卜，以及一半量的香草、黑胡椒粒。文火慢炖15分钟。将煮鱼汤料滤入一个干净的炖锅中，再次煮沸。

2　处理好鳟鱼后，把鳟鱼放在一个耐热的烤盘中。将剩下的醋煮沸，直接倒在鱼身上，随后把煮鱼汤料倒在鱼身上。汤汁应刚刚没过鱼身。撒入剩下的香草。

3　将鱼和汤汁煮沸后继续煮12~15分钟，或直至鱼肉煮熟。煮熟的鱼眼睛会变成白色，背鳍能轻易扯落，鱼肉易于脱落，且呈现出娇嫩的粉红色。将鱼从烤盘中取出，静置片刻使鱼身上的水滴落变干，然后放在餐盘中。

4　在放了少许盐和黑胡椒的炖锅中加热黄油，等黄油中的乳固体变成焦黄色后，立即倒入柠檬汁，锅中会发出嗞嗞声。将黄油柠檬汁直接浇在鱼上，可搭配煮马铃薯和简单的沙拉上桌。

大菱鲆的理想搭配：

肉质紧实且美味的大菱鲆适合与野生菌、奶油、格鲁耶尔奶酪或帕玛森干酪、黄油搭配，与用虾、贝或蟹类高汤和柠檬做成的酱汁搭配也很鲜美。

香槟酒牡蛎煮大菱鲆

这道菜味道浓郁，使人陶醉其中。它是埃科菲厨皇协会的一道经久不衰的经典菜肴。

选用海鲜

大菱鲆，或庸鲽、菱鲆；牡蛎，或贻贝、扇贝

- **准备时间：** 35分钟
- **烹饪时间：** 30分钟
- 4人份

材料

4片大菱鲆鱼肉，每片约175克，刮除鱼鳞

300毫升香槟酒或索姆起泡酒

150毫升鱼高汤

1茶匙黑胡椒粒

2枝百里香

1片月桂叶

几枝扁叶欧芹

4茶匙闪光鲟鱼子酱（可选），作装饰

制作酱汁的材料

30克黄油

1汤匙面粉

150毫升浓奶油

盐和现磨黑胡椒

2汤匙切碎的细香葱

6只牡蛎，最好是本地产品，剥壳

1　大菱鲆去皮，对折。将香槟酒、高汤、黑胡椒粒和香草放在深煎锅中煮沸，文火慢炖1分钟。离火。

2　将大菱鲆放在热汤中，覆上涂了黄油的防油纸，缓缓煮沸。把火调到最小，煮6~7分钟，或直至鱼肉变得不透明。

3　取一个小炖锅加热熔化黄油，离火，拌入面粉。

4　鱼肉煮熟后，从汤汁中盛出，保温。开小火，在黄油和面粉中少量多次添入鱼汤，不断搅拌。将鱼汤全部倒入后，煮沸，搅拌均匀。文火炖4~5分钟，直至汤汁变稠。拌入奶油，文火慢炖至酱汁能附着在勺子的背面。用盐和胡椒调味，制成酱汁。

5　放入细香葱和牡蛎，煮1分钟，或直至牡蛎变硬。将大菱鲆盛在温热的盘子中，浇上酱汁和牡蛎。在每片鱼肉上舀一小勺鱼子酱（可选）上桌。

鳐鱼配刺山柑黑黄油酱汁

鳐鱼目前已遭到过度捕捞,可以用可持续的、生长快速、体型较小的鱼代替,比如纳氏鹞鲼或杂斑鳐。在这道经典的法国菜肴中,鱼肉用略酸的煮鱼汤料煮制。

选用海鲜

鳐鱼翅,或任何扁体鱼

- **准备时间:**15分钟
- **烹饪时间:**30分钟
- 2人份

材料

1个洋葱,切片

1根胡萝卜,切片

1根芹菜茎,切片

300毫升中白葡萄酒

1片月桂叶

2片鳐鱼翅,每片约175克,去皮 (见第277页)

60克无盐黄油

2汤匙白葡萄酒醋或红葡萄酒醋

2茶匙刺山柑

2茶匙切碎的扁叶欧芹

1 将3升水、洋葱、胡萝卜、芹菜、白葡萄酒和月桂叶放入一个大的深煎锅中,煮沸,文火慢炖15分钟。离火并冷却几分钟。

2 将鳐鱼翅放入煮鱼汤料中,煮沸,把火调小,煮10~12分钟。当鳐鱼翅"肩部"软骨周围较厚的肉能轻易扯下时,说明鱼肉煮熟了。盛到盘子中,用厨房纸拍干。

3 取一个大煎锅加热熔化黄油,加热过程中会嘶嘶作响,一直加热到黄油呈深棕色,但还没有冒烟。倒入醋、刺山柑和欧芹,趁热酱汁嘶嘶作响时浇在鳐鱼翅上。

预先准备

至多可以提前2天制作煮鱼汤料,密封冷藏。在继续烹饪前先将其小火慢炖至即将沸腾的状态。

蒜香蛋黄贻贝羹

这道口感丰腴、奶香浓郁的菜肴在很多法式餐厅都能吃得到。本食谱以贻贝作为主料,但用其他海鲜代替贻贝也同样美味。

选用海鲜

贻贝,或黑线鳕、鳕鱼、小鳞犬牙南极鱼

- **准备时间:**35分钟
- **烹饪时间:**20分钟
- 4人份

材料

2千克贻贝,处理好 (见第278页)

30克无盐黄油

2个红葱,细细剁碎

3瓣大蒜,拍碎

一大撮藏红花丝

1茶匙中辣咖喱粉

2~3条橙皮

150毫升干白葡萄酒

150毫升蛋黄酱

2汤匙切碎的扁叶欧芹

几滴柠檬汁

盐和现磨黑胡椒

温热的法棍面包,上菜时用

1 检查贻贝是否全部是闭合的,丢弃外壳破损或在用力叩击后仍然没有闭合的贻贝。

2 取一只超大的炖锅或焙盘,用小火熔化黄油,放入红葱和1瓣大蒜,加热1~2分钟,使蔬菜变软。放入藏红花、咖喱粉和橙皮,搅拌后倒入葡萄酒。煮沸,再炖1~2分钟。

3 放入贻贝。盖上一个大小合适的锅盖,煮4~5分钟,或直至贻贝完全开口。将贻贝盛到一个大的汤碗中,或者分别盛到4个小碗中,保温。

4 用大火将汤汁快速煮沸,使汤量减少至一半。将3~4汤匙汤汁和蛋黄酱拌匀,拌入剩下的大蒜、欧芹、柠檬汁并用盐和胡椒调味。将蛋黄酱倒回到滚烫的汤汁中,用小火煮,不断搅动,直至汤汁即将煮沸。(不要煮沸,否则蛋黄酱会散开)。把汤汁舀在贻贝上,配上法棍面包上桌。

鳐鱼的理想搭配:

刺激、辛辣的食材是鳐鱼的好搭档。试着将鳐鱼与醋、刺山柑、欧芹和柠檬汁搭配,并佐以大量黄油。

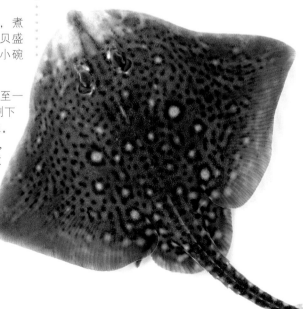

煮鲑鱼配莳萝黄油

煮是烹制鲑鱼最简单的方式，这样烹饪的鲑鱼鲜美多汁。

选用海鲜

鲑鱼，或红点鲑、鳟鱼、青鳕

· 准备时间：10分钟

· 烹饪时间：10分钟

· 4人份

材料

4块去皮的鲑鱼肉或鱼排，每块约175克，剔除鱼刺

600毫升煮鱼汤料（见第302页）

50克黄油，软化

2汤匙细细剁碎的莳萝

半个柠檬的柠檬汁和柠檬皮碎屑

盐和现磨黑胡椒

几枝莳萝，作装饰

柠檬角，作装饰

1 将鲑鱼放入一个深口煎锅中。倒入煮鱼汤料和适量的水，水量以刚刚浸没鱼身为宜。慢慢煮沸后把火调小，用小火炖煮，维持在汤汁刚要翻滚的状态。盖上锅盖，煮4~6分钟，或直至肉不再透明，呈现出浅粉色。

2 同时，将黄油、莳萝和柠檬皮碎屑倒入一个小碗中，搅打至顺滑。随后一点点拌入柠檬汁，用盐和胡椒充分调味。

3 将鱼从煮鱼汤料中盛出，并用厨房纸拍干。用煎锅加热熔化莳萝黄油，放入鱼，使鱼肉均匀地裹上莳萝黄油。把鱼盛到一个温热的餐盘中，淋上剩下的黄油。用莳萝和柠檬角作装饰，可搭配新马铃薯和蒸芦笋上桌。

更多美味做法

芫荽青柠黄油煮鲑鱼

按照上述步骤烹饪，将步骤2中所用的莳萝和柠檬替换为黄油、一大把切碎的新鲜芫荽和2个粗粗切碎的青柠。配上新马铃薯趁热上桌。

浇汁煮鲑鱼

经典的冷餐菜品，通常搭配荷兰汁。

选用海鲜

鲑鱼，或海鳟、较大的鳟、较大的虹鳟

· 准备时间：40分钟

· 烹饪时间：45分钟

· 8~10人份

材料

2~3千克鲑鱼，刮除鱼鳞，从鱼鳃入手去除内脏（见第266页），剪去鱼鳍

3~4升煮鱼汤料（见第302页）

作装饰的材料

1根黄瓜，切成薄片

24只带壳的熟虾，挑去肠线

1把莳萝枝

300毫升增香肉冻（可选）

上菜时的材料

1个柠檬的柠檬皮碎屑，几滴柠檬汁

300毫升蛋黄酱

1 确保已剪去鱼鳍，去除血线。用剪刀将鱼尾修剪成"V"字形。

2 把鱼放在一个耐热烤盘中，或放在煮鱼锅中。倒入煮鱼汤料。盖上盖子，煮沸，把火调小，维持微沸的状态。煮15分钟，离火，继续把鱼浸在汤汁中15分钟。把鱼盛出，使其彻底冷却。

3 小心地剥去朝上一面的鱼皮，翻面，剥去另一面的皮。将鱼滑到餐盘中。将黄瓜片摆在鱼上，用虾和莳萝装饰。如果这道菜在1~2小时内不上桌，在鱼身上覆盖一层肉冻能使其保持光泽。根据包装上的说明处理肉冻，彻底冷却后酌在鱼身上，作为装饰。

4 将柠檬拌入蛋黄酱中，盛入酱料碗，可搭配马铃薯和附餐沙拉上桌。

预先准备

至多可以提前6小时煮鱼，密封冷藏。在装饰和上桌前，先使其恢复到室温。

红点鲑的理想搭配：

这种鱼佐以黄油、莳萝煮制极佳，还可以用白葡萄酒醋和柠檬提味，甚至搭配烤榛子和烤扁桃仁。

蒸庸鲽配莳萝黄油酱汁和黄瓜

养殖的庸鲽（即大西洋庸鲽）产量丰富，狭鳞庸鲽（即太平洋庸鲽）也有大量供应且常常是冷冻的。

选用海鲜

庸鲽，或大菱鲆、鲑鱼

- 准备时间：40分钟，另加浸泡时间
- 烹饪时间：20分钟
- 4人份

材料

2汤匙海盐

4块庸鲽鱼排或厚切鱼片，每块约175克，刮除鱼鳞

制作莳萝黄油酱汁的材料

115克无盐黄油，另备30克上菜时用，再备一些用于蒸鱼

1个红葱，细细剁碎

150毫升鱼高汤

5汤匙干白葡萄酒

2汤匙阿夸维特酒或苦艾酒

2汤匙切碎的莳萝

几滴柠檬汁

现磨黑胡椒

1根大黄瓜，削皮去籽，切成薄片

1　用中火加热300毫升水，加入盐，搅动至盐溶在水中。冷却。

2　将庸鲽放在深口盘中，倒上冷却的盐水，浸泡15分钟。

3　在蒸锅中铺一层抹了黄油的烘焙纸，从盐水中捞出鱼，摆在烘焙纸上（你可能需要2个蒸锅）。蒸10~12分钟，或直至鱼肉变白且不透明。

4　制作莳萝黄油酱汁：取一个小炖锅，加热熔化一小块黄油，放入红葱。用小火烹3~4分钟。放入高汤、葡萄酒和阿夸维特酒，煮沸，继续文火慢炖至汤汁减少⅓。把锅从火上移开一点，放入黄油并打散，每次放一小块，直至酱汁散发出浓郁的黄油味。放入莳萝、柠檬、盐和黑胡椒。备用。

5　在煎锅中加热熔化30克黄油，待黄油开始变成棕色时放入黄瓜，翻炒1~2分钟，使其熟透。

6　将黄瓜舀在一个大盘子中，把鱼摆在上面。舀上莳萝黄油酱汁即可上桌。

海鲈的理想搭配：

海鲈和中式风味食材很搭，但也可以试着搭配番茄、大蒜、橄榄油、红甜椒，甚至潘诺茴香酒等地中海风味的食材。

海鲈配豆豉酱

一个美妙的组合。鲜美的鲈鱼和咸咸的豆豉酱是好搭档。

选用海鲜

海鲈，或鲷鱼、鲳鱼、笛鲷

- 准备时间：25分钟
- 烹饪时间：30分钟
- 4人份

材料

3汤匙豆豉

2汤匙葵花籽油

2根大葱，细细剁碎

5厘米鲜姜，切成火柴棍状的长条

1瓣大蒜，切得极薄

3汤匙老抽

2汤匙黄酒或干型雪莉酒

1茶匙精白砂糖

300毫升鱼高汤

1茶匙玉米淀粉

4片海鲈鱼肉，每片约175克，刮除鱼鳞并剔除鱼刺

几枝芫荽，作装饰

少许芝麻油

1　用流动的冷水将豆豉彻底冲洗干净。取一个大煎锅，用小火热油。放入葱和姜，用小火炒香。放入大蒜，再翻炒几分钟。

2　离火，放入老抽、黄酒和糖，煮沸。放入¾高汤，放回火上。煮沸后再用文火慢炖几分钟。在一个小碗中将玉米淀粉和剩下的高汤拌匀。

3　把鱼放在竹蒸笼中，盖上笼盖，置于一大炖锅沸水上蒸7~8分钟。

4　同时，将玉米淀粉混合物、豆豉拌入热的汤汁中搅匀。沸腾后文火慢炖2~3分钟，直至汤汁略稠，制成豆豉酱。

5　在鱼上撒芫荽，摆放在盘子中。舀上浓稠的豆豉酱，淋少许芝麻油。可搭配米饭上桌。

预先准备

可以提前1天制作豆豉酱，密封冷藏。在继续烹饪前先将其慢炖至即将沸腾的状态。放入少许水，使酱汁达到你喜欢的稠度。

啤酒酱汁蒸鲤鱼

如果你喜欢辛辣一点的口味，蒸鱼时加一些杜松子、黑胡椒粒或丁香。

选用海鲜

鲤鱼，或海鲈、鲷鱼、扇贝、鲛鳒鱼

- 准备时间：10分钟
- 烹饪时间：15分钟
- 4人份

材料

1条鲤鱼，约1.35千克，片出整片鱼肉，剔除鱼刺、去皮

330毫升麦芽啤酒或黑啤酒、小麦啤酒

1个洋葱，切成薄片

1根芹菜茎，切成薄片

1根胡萝卜，切成薄片

4~5根扁叶欧芹的粗茎

1片月桂叶

1茶匙盐

110克无盐黄油

110克姜饼屑

2~3茶匙玉米淀粉（可选）

现磨黑胡椒

2汤匙切碎的扁叶欧芹

1 将鲤鱼片切成合适的大小。将鱼肉放在蒸笼中。

2 把啤酒、洋葱、芹菜、胡萝卜、欧芹、月桂叶和盐放入大炖锅中，煮沸后用文火慢炖2~3分钟。把蒸笼置于沸腾的啤酒汤汁上，蒸7~10分钟，或直至鲤鱼蒸熟。熟的鱼肉会变白且不透明。

3 从蒸笼中取出鲤鱼并保温。将啤酒汤汁中的蔬菜过滤掉，随后把锅放回火上。分多次加入黄油并搅拌，拌入足量的姜饼屑，制成顺滑的酱汁。如果你喜欢，也可以过滤一下酱汁。如果酱汁太稀薄，将玉米淀粉和足量的水兑在一起，形成糊状物，将糊状物缓缓拌入酱汁中，开小火，直至酱汁变稠。依个人喜好用黑胡椒调味。

4 把鲤鱼盛在一个深口盘中，浇上一点酱汁，撒上欧芹。把剩下的酱汁浇在鱼肉周围即可上桌。

中式蒸鲈鱼

一道好吃、易做的菜，能呈现出海鲈细腻、清爽的美味。

选用海鲜

海鲈，或笛鲷、鲷鱼

- 准备时间：15分钟
- 烹饪时间：20~24分钟
- 4人份

材料

8汤匙老抽

8汤匙黄酒或干型雪莉酒

6汤匙新鲜姜丝

4条小海鲈，刮除鱼鳞、去除内脏并冲洗干净

2汤匙芝麻油

1茶匙盐

4根大葱，择净，剁碎

8汤匙葵花籽油

4瓣大蒜，碾碎或细细剁碎

2个红辣椒，去籽并切丝

2个青柠的柠檬皮碎屑

1 准备一个蒸锅，或将蒸笼架放入炒锅。注水并煮沸。

2 将老抽、黄酒和4汤匙姜丝拌匀备用。取一把锋利的刀，在鱼身两面各划几刀，每刀之间相隔2.5厘米左右，避免碰到鱼骨。用芝麻油和盐涂抹鱼身内外。

3 将¼份大葱撒在一个耐热餐盘的底部，这个餐盘要能放2条鱼并能放入蒸锅内。把2条鱼摆在餐盘中，倒入一半量的酱汁。

4 把餐盘放入蒸锅中，盖上锅盖，蒸10~12分钟，或直至用刀触碰鱼肉时，鱼肉能轻易脱落。取出鱼，盖上盖子保温。用同样方式蒸熟剩下的鱼。

5 同时，在一个小炖锅中用中高火加热葵花籽油，直至油泛起小泡。将剩下的大葱、姜、大蒜、辣椒和青柠皮碎屑撒在鱼身上，淋上热油即可上桌。

清蒸红点鲑嵌香草

"Saibling"是德国巴伐利亚地区红点鲑的德语名称，其鱼颊肉非常美味。

选用海鲜

北极红点鲑，或鲑鱼、鳟鱼、鲭鱼

- **准备时间：**5分钟
- **烹饪时间：**15~20分钟
- 大份的2人份

材料

1条重约1千克的北极红点鲑，刮除鱼鳞、去除内脏

海盐和现磨黑胡椒

一小把香草，包括扁叶欧芹、莳萝、细叶芹和鼠尾草

150毫升中白葡萄酒

30克无盐黄油，融化

柠檬角，上菜时用

1 将鱼洗净，检查鱼腹，确保没有残留血迹。在鱼腹中用盐和胡椒调味，并塞满香草。

2 在大炖锅中倒入5厘米深的水，放入葡萄酒煮沸。把鱼放在一个大盘子或蒸笼里。找一个能够密封的锅盖盖在炖锅上，蒸15~20分钟，或直至鱼眼变白，并且按压鱼肉时，会感到鱼肉会脱落。

3 把鱼盛到一个温热的盘子中，把融化的黄油舀在鱼上。配上柠檬角上桌，红甜椒作为配菜，形成一道可口的夏日佳肴。

预先准备

至多可以提前12小时在鱼腹中塞入香草，密封冷藏。香草的气味会充分渗透到鱼肉中。

生菜蒸鳟鱼

非常新鲜的鳟鱼清蒸口感最佳，而且清蒸还是一种低脂健康的烹饪方法。煮熟的生菜略带一丝苦味。

选用海鲜

鳟鱼，或鲛鲽鱼、鲂鮄

- **准备时间：**15分钟
- **烹饪时间：**10分钟
- 2人份

材料

8片大的圆生菜叶

4片鳟鱼肉，剔除鱼刺、去皮

盐和现磨黑胡椒

1汤匙葵花籽油

4根大葱，切成薄片

8个香菇，切成薄片

2汤匙切碎的龙蒿

少许柠檬汁

制作调味汁的材料

150毫升希腊酸奶

1汤匙切碎的刺山柑

2汤匙切碎的欧芹

1个红葱，细细剁碎

1 把生菜叶放入沸水中焯20~30秒。用流动的冷水冲洗，用厨房纸拍干。将生菜中间的粗茎切掉，以便将其摊平。将2片生菜叶叠在一起，在上面放一片鳟鱼，用盐和胡椒调味。

2 取一个小炖锅热油，放入大葱和香菇，快炒3~4分钟直至炒熟。放入龙蒿和柠檬汁，出锅冷却。

3 将香菇分别堆叠在每片鳟鱼上，用生菜叶包好。

4 将鳟鱼摆放在一个大竹蒸笼中。每个鱼肉卷之间留一定空隙。蒸5~6分钟，直至鱼肉一碰就散落。

5 同时，把酸奶、刺山柑、欧芹和红葱混合在一起，用盐和胡椒略加调味。将鱼肉卷盛在一个大餐盘中，调味汁放在一旁一起上桌。

预先准备

至多可以提前1天做好鱼肉卷，密封冷藏。在继续烹饪前先使其恢复到室温。

清蒸龙虾配香草柠檬黄油

海滨野餐会中往往会用到龙虾。本食谱是一个快手做法。

选用海鲜

螯龙虾，或贻贝、蛤蜊

- 准备时间：5分钟，另加冷冻时间
- 烹饪时间：10分钟
- 2人份

材料

盐和现磨黑胡椒

1只活的螯龙虾，约1千克

60克黄油，化软

半个或1个柠檬的柠檬汁和柠檬皮碎屑，依据个人喜好添加

2汤匙切碎的扁叶欧芹，另备几枝上菜时用

2汤匙切碎的龙蒿

1 把龙虾放入冰箱冷冻，使其失去意识（见第290页）。在一个大锅中倒入¾的水，撒入盐，煮沸。把龙虾放在沸水中煮5分钟。将其对半切开，去除胃囊。

2 在一个盛有沸水的大炖锅中架上蒸笼，将分成两半的龙虾放在蒸笼中，切开的一面朝上。用一个大小适合的盖子盖上，蒸5分钟。

3 同时，把黄油、柠檬皮碎屑和柠檬汁放入一个碗中，撒入香草，用黑胡椒略加调味。

4 把龙虾盛到一个温热的餐盘中，撒上欧芹即可上桌，可搭配脆皮面包享用。

预先准备

至多可以提前2天制作柠檬香草黄油。用防油纸包好，放入冰箱保存。需用时取出。

亚洲风味鲽鱼蔬菜卷

用菜叶裹住鱼肉，能保留鱼肉的水分。放入一点辣椒会更刺激一些。

选用海鲜

小头油鲽，或红鲻鱼（纵带羊鱼或羊鱼）、庸鲽

- 准备时间：15分钟
- 烹饪时间：10分钟
- 4人份

材料

4片小头油鲽鱼肉，每片约175克，刮除鱼鳞

4茶匙柠檬汁

4茶匙老抽

2茶匙碾碎的鲜姜

¼茶匙白胡椒粉

芝麻油，用于淋在鱼上

16~20片大青菜叶，去除老茎

1 在每片鱼上淋柠檬汁、老抽、姜、胡椒粉、几滴芝麻油。轻轻地将鱼肉纵向卷起来，摆放在一个耐热的盘子里。

2 在一个适合放蒸笼架的大炖锅中倒入2.5厘米深的水，把水煮沸，把火调小。

3 把青菜放入沸水中焯30秒，随后放入冰水中降温。把水沥干。

4 每一片鱼用4~5片青菜叶裹住，如有需要，可用酒针固定。装盘，放入蒸笼架，盖上锅盖，蒸8~10分钟，或直至鱼肉变得不透明。配上炒蔬菜或白米饭上桌。

预先准备

可以提前1天准备鱼肉卷，密封冷藏。继续烹饪前先使其恢复到室温。

更多美味做法

鲽鱼菠菜卷

用菠菜代替青菜，无需将菠菜焯水。在鱼肉上放一点黄油，取代老抽、姜和芝麻油，并撒上一些什锦干香草。

大蒜米酒煮蛏子

注意不要把蛏子煮得过久。等蛏子一开口就立即盛入餐盘中。

选用海鲜

竹蛏，或扇贝、海鲈、鲷鱼、鲛鳒鱼

- 准备时间：5分钟
- 烹饪时间：10分钟
- 2人份

材料

1.25千克竹蛏

2汤匙葵花籽油

2瓣大蒜，切碎

1个红辣椒，去籽并细细剁碎

1汤匙磨碎的鲜姜

4汤匙米酒

盐和现磨黑胡椒

2汤匙粗粗切碎的芫荽

1 清洗蛏子，并检查蛏子是不是活的，活蛏子的壳通常是紧闭的，或者当你用一把刀去触碰打开的壳的边缘时，壳就会闭合。丢弃所有外壳碎裂、破损的蛏子。

2 取一个大焙盘热油，放入大蒜、辣椒和姜，用小火翻炒2~3分钟。倒入米酒，煮沸并放入蛏子。用大小适合的盖子盖好，用中火煮2~3分钟，或煮至蛏子开口。

3 将蛏子盛到一个温热的大餐盘中。让汤汁再沸腾1分钟，使汤量减少。依据个人喜好用盐和胡椒调味，放入芫荽。将汤汁舀在蛏子上即可上桌。

蒸鱼配热油醋汁

鲭鱼、小头油鲽、笛鲷的鱼皮颜色各异，使这道菜色彩纷呈。

选用海鲜

西大西洋笛鲷、小头油鲽和鲭鱼；或鲑鱼、小头油鲽和鲽鱼

- 准备时间：35~40分钟
- 烹饪时间：20~30分钟
- 6人份

材料

制作蒸鱼汤料的材料

1束香料束

6粒黑胡椒粒

2粒丁香

1根胡萝卜，切成4份

1个洋葱，切成4份

备料：

375克笛鲷鱼肉，保留鱼皮，刮除鱼鳞

375克小头油鲽鱼肉，保留鱼皮，刮除鱼鳞

375克鲭鱼肉，保留鱼皮，刮除鱼鳞

盐和现磨黑胡椒

制作油醋汁的材料

120毫升红葡萄酒醋

2茶匙第戎芥末酱

2个红葱，细细剁碎

75毫升橄榄油

150毫升植物油

5~7枝龙蒿或百里香的叶片，细细剁碎，另备一些作装饰

7~10枝扁叶欧芹或细叶芹的叶片，细细剁碎，另备一些作装饰

1 制作蒸鱼汤料：在一个能放大蒸笼的锅中倒入1升水，放入香料束、黑胡椒粒、丁香、胡萝卜和洋葱，用文火慢炖20~30分钟。

2 将鱼整理好，使其长度大致相同。将每片鱼切成6段，放入蒸笼中，撒上盐和黑胡椒。把蒸笼置于蒸鱼汤料上。盖上盖子，蒸8~10分钟，直至鱼肉能轻易碎掉。

3 在一个小炖锅中拌匀醋、芥末酱和红葱，随后倒入橄榄油和植物油拌匀。用小火加热至温热，不时搅拌。离火，依据个人喜好拌入适量的香草、盐和黑胡椒。把油醋汁分别舀在6个温热的盘子中，把鱼肉盛入盘中。取几枝香草作装饰即可上桌。

更多美味做法

蒸鱼配温雪莉酒醋汁

制作蒸鱼汤料：将鱼肉切成均匀的菱形块。上锅蒸5~7分钟，具体时间根据鱼肉的厚度而定。准备热油醋汁：用雪利酒醋代替红葡萄酒醋，用核桃油代替橄榄油。舀一点油醋汁在鱼上，将剩下的油醋汁盛入酱料碗一起上桌。

烧烤

炭烤剑鱼

多肉的鱼更适合炭烤或烧烤，而不是炙烤。高温能为其表面上色。

选用海鲜

剑鱼，或金枪鱼、旗鱼、鲯鳅

- **准备时间：** 5分钟
- **烹饪时间：** 5分钟
- 2人份

材料

2块剑鱼排，每块约140克，厚度最好为2.5厘米左右

少许橄榄油

盐和现磨黑胡椒

1 预热一个干燥的条纹煎锅，直到煎锅开始冒烟。同时，在剑鱼上刷橄榄油并用盐和胡椒调味。

2 用铲刀将鱼排压在滚烫的煎锅上。烤1~2分钟，或直至鱼排能干净利落地脱离煎锅。翻面，用铲刀将鱼压平。再烤1~2分钟，或直至鱼排能干净利落地脱离煎锅。把火调小，再次翻面。试着将鱼排放在合适的位置上，使烤出的纹路和上一次烤时留下的纹路成一定角度。继续烤1分钟，然后翻面。

3 不需要第3次将鱼排翻面，但需烤至鱼肉紧实。静置1分钟，然后配上一份简单的沙拉和调过味的黄油即可上桌。

剑鱼的理想搭配：

这种多肉的鱼只需简单地炭烤就很美味，也可以试着用牧豆树木柴熏制（见第307页），或在鱼身上涂抹红椒粉、孜然粉、芫荽粉等香辛料。

蕉叶炭烤笛鲷

用蕉叶包裹着烤鱼，鱼会在自身散发的水汽中烤熟。蕉叶也能带来一种美妙的烟熏味。

选用海鲜

西大西洋笛鲷，或大西洋白姑鱼、条纹锯鲄、小鳞犬牙南极鱼

- **准备时间：** 20分钟，另加腌制时间
- **烹饪时间：** 20分钟
- 4人份

材料

1条笛鲷，约1.5千克，刮除鱼鳞、去除内脏

2~3片大蕉叶

1茶匙芝麻油，另备一些抹在蕉叶上

青柠角，上菜时用

制作腌料的材料

2汤匙粗粗切碎的芫荽

半汤匙碾碎的鲜姜

2瓣大蒜，切碎

2汤匙老抽

1汤匙米醋

1个青柠的柠檬皮碎屑

1个红辣椒，去籽并切碎

盐和现磨黑胡椒

1 在鱼身两面各划3~4刀，划到接近鱼骨的深度。

2 将制作腌料的材料放入搅拌机中搅碎。将搅碎的腌料抹在鱼身上的切口和鱼腹中。静置15~20分钟。

3 将蕉叶放入沸水中焯30秒，使其变软。用食物夹夹出后，用流动的冷水冲一下。切除中间的粗茎，叠放在一块大案板上，有光泽的一面朝下。在蕉叶上刷芝麻油。把鱼放在蕉叶上，卷起蕉叶裹住鱼身（鱼头和鱼尾可以露出来）。如有必要，用酒针固定蕉叶。

4 将烧烤炉预热，炭呈灰白色并透出红光。烤鱼时须不时翻面，防止蕉叶燃烧。需烤18~20分钟。将一根金属肉叉穿透蕉叶，插入鱼肉，停留30秒。如果鱼肉烤熟了，那么取出时肉叉是烫的。

5 将蕉叶烤鱼盛到餐盘中，旁边放青柠角。在餐桌上打开蕉叶，可搭配米饭食用。

烤剑鱼配球茎茴香番茄干

这是一道适合宴请时制作的优雅菜肴，球茎茴香和潘诺茴香酒散发出浓郁的香味。

选用海鲜

剑鱼，或金枪鱼、旗鱼、鲯鳅

- 准备时间：25~30分钟，另加腌制时间
- 烹饪时间：65分钟

4人份

材料

2~3枝百里香的叶片

2汤匙植物油，另备一些刷在烤盘上

半个柠檬的柠檬汁

盐和现磨黑胡椒

4块剑鱼排，每块约250克，削去鱼皮

60克黄油，另备一些抹在锡箔纸上

3个球茎茴香，切片

60克油浸番茄干，沥干并切碎

1~2汤匙潘诺茴香酒，或其他茴香酒

1 制作腌料：把百里香、油和柠檬汁放在一个非金属材质的浅盘中。用盐和胡椒为剑鱼调味，裹上腌料。密封冷藏1小时。

2 取一个炖锅，加热熔化黄油，放入球茎茴香，用盐和胡椒调味，将一张抹了黄油的锡箔纸压在上面。盖上锅盖，用小火将球茎茴香烹至极软，需要耗时40~45分钟。

3 倒入番茄干和潘诺茴香酒，煮10分钟左右，依据个人喜好用盐和胡椒调味。

4 加热一个烤盘。在烤盘上刷油，放入剑鱼，将腌料刷在鱼上，烤2~3分钟，不要翻面，直到鱼排能轻松从烤盘上分离。翻面，刷上剩下的腌料，再烤2~3分钟。装盘，在鱼的旁边放上球茎茴香混合物即可上桌。

预先准备

至多可以提前2天制作球茎茴香混合物，密封冷藏。需用时用小火加热。

橙子芥末糖浆烤鳟鱼

厨师喜欢烤全鱼，这种菜式烹饪快速、成品美观。

选用海鲜

鳟鱼，或海鲂、海鲈

- 准备时间：15~20分钟
- 烹饪时间：20~30分钟
- 6人份

材料

6条鳟鱼，每条约重375克，刮除鱼鳞，从鱼鳃入手去除内脏（见第266页）

6~8枝龙蒿的叶片

3~4汤匙植物油，用于涂抹烤架

3个大的甜洋葱，切成厚片

250克蘑菇，择净

3个成熟的番茄，去核并对半切开

制作橙子芥末糖浆的材料

4汤匙第戎芥末酱

2茶匙蜂蜜

2个橙子的橙汁

4汤匙植物油

盐和现磨黑胡椒

1 将鱼身两面各斜切3~4刀。在每个切口中塞一片龙蒿叶。备用。

2 拌匀芥末酱、蜂蜜和橙汁。缓缓倒入油并拌匀，直至混合物变稠。依据个人喜好用盐和胡椒调味。

3 把烤炉调到最高挡预热。在烤架上刷油。将洋葱、蘑菇和番茄刷糖浆并用盐和胡椒调味。烤蔬菜的过程中需不时刷糖浆并翻面。蘑菇烤3分钟，洋葱和番茄烤5~7分钟，食材会变成焦黄色。保温备用。

4 将鱼放在烤架上烤4~7分钟，直至鱼呈焦黄色。小心地把鱼翻面，刷大量糖浆。烤至鱼肉能轻易脱落，可能需要烤4~7分钟。装盘时可搭配蔬菜和剩下的糖浆。

预先准备

可以提前1周制作糖浆，密封冷藏。在使用前先搅拌均匀。

更多美味做法

香草黄油烤鳕鱼排

不要放糖浆。把75克黄油打成糊状。将1个细细剁碎的红葱和一大把细细剁碎的欧芹、半个柠檬的柠檬汁、盐和黑胡椒拌匀。把香草黄油卷成卷，冷藏至变硬。在6块已经刮除鱼鳞的鳕鱼排上刷上橄榄油，每面各烤3~5分钟。在每块鱼上放一片黄油，上桌。

混合香料烤鲷鱼

紧实的鲷鱼肉和本食谱中味道浓重的食材很搭。

选用海鲜

鲷鱼，或海鲈、大西洋白姑鱼、笛鲷

- **准备时间：** 15分钟
- **烹饪时间：** 10~15分钟
- 4人份

材料

4片鲷鱼肉，每片约150克，刮除鱼鳞并剔除鱼刺

柠檬角，上菜时用

制作混合香料的材料

3汤匙核桃油或橄榄油

4汤匙切碎的芫荽叶

2瓣大蒜，拍碎

1茶匙碾碎的芫荽籽

1茶匙柠檬汁

1个小的青辣椒，剁得极碎

盐

制作番茄沙拉的材料

1汤匙核桃

4个李形番茄，切碎

1汤匙切碎的芫荽叶

1½茶匙核桃油或橄榄油

海盐和现磨黑胡椒

1 把制作混合香料的所有材料拌在一起，用盐调味。把烤炉调至最高挡预热。

2 在烤盘上铺锡箔纸，放上鱼肉，带皮的一面朝下。将混合香料刷在鱼肉上。把鱼放在灼热的烤炉里烤6~8分钟，直至鱼肉烤熟并略呈金黄色。离火并保温。

3 同时，在一个干燥的煎锅中不断搅动核桃，以中火烤2~3分钟，将核桃烤好。随后离火，并将核桃轻轻压碎。将核桃与制作番茄沙拉的所有其他材料拌在一起并用盐和胡椒调味，把鱼肉装盘，可搭配沙拉和柠檬角上桌。

预先准备

至多可以提前6小时制作混合香料并将烤核桃烤好，分别盛放在密封容器中室温保存。

燕麦烤鲱鱼配醋栗酱汁

醋栗酱汁通常用来搭配烤鲭鱼，但在这道菜中与它搭配的是鲱鱼。

选用海鲜

鲱鱼，或鲭鱼

- **准备时间：** 10分钟
- **烹饪时间：** 15分钟
- 4人份

材料

4条鲱鱼，刮除鱼鳞，去除内脏，剪去鱼鳍

125克燕麦片

制作醋栗酱汁的材料

350克新鲜或冷冻醋栗

30克黄油

30克糖

¼茶匙现磨肉豆蔻

盐和现磨黑胡椒

1 在锅中放1~2汤匙水，放入醋栗煮4~5分钟，或直至醋栗变软。放入食物加工机中打成醋栗泥，放入黄油、糖、肉豆蔻，用盐和胡椒调味。

2 切下鲱鱼头，把鱼从腹部剖开，一直剖到尾部。将鲱鱼展开摊平，放在案板上，带皮的一面朝上。用你的掌根用力按压鱼脊柱。将鱼翻过来拉出鱼脊柱，用剪刀从鱼尾处剪掉鱼脊柱。用剔刺钳或镊子拔除剩下的鱼刺。

3 将烤炉调至最高挡预热，在一个大盘子里铺上燕麦，用盐和胡椒充分调味。将鱼放入盘中，用力按压使鲱鱼裹上燕麦。把鱼放入烤炉，烤6~8分钟，或直至鱼肉变软且容易脱落，烤鱼时翻一次面。

4 同时，用极小的火重新加热酱汁，配上鲱鱼上桌。

预先准备

可以提前数小时制作酱汁，或提前做好放入冰箱中冷冻，最多可冷冻保存6个月。

生态的选择

购买绳钓鱼

　　将饵线放入水中钓鱼的绳钓法是一种选择性更强的捕捞方式。相对拖网捕捞、桁拖网捕捞等其他方法而言，这种捕捞方式产生的副渔获物要少得多。在各种绳钓法中，最生态的方法是钓竿法和手钓法。在小型船只上手钓捕鱼（如图所示）尤其环保，因为这种方式只会捕获鲭鱼、海鲈等几种鱼类。以这种方式捕获的鱼通常质量很好，因为每条鱼都是单独钓上来的。这样的鱼通常会被贴上特别的标签，你也可以通过鱼嘴上的伤痕识别出来。

芝麻烤大虾

多肉的虾很适合烧烤，但烧烤时最好保留虾壳，因为虾壳能保护虾肉免受高温炙烤。需要8根预先在水中浸泡30分钟的木扦子。

选用海鲜

斑节对虾，或鲛鲢鱼、扇贝

- **准备时间**：40分钟，另加制时间
- **烹饪时间**：10分钟
- 4人份

材料

16只生的、未剥壳的斑节对虾，每只约50克

一把芫荽叶，作装饰

青柠角，装盘用

制作腌料的材料

2汤匙葵花籽油

2茶匙熟芝麻油

2汤匙老抽

1汤匙液态蜜

2茶匙泰国鱼露

1个大的红辣椒，去籽并切碎

1汤匙碾碎的鲜姜

1瓣大蒜，拍碎

盐和现磨黑胡椒

2汤匙芝麻粒

1　剪去虾腿和触须。剪开背部的虾壳，如果能看到肠线的话（有时看不到，特别是养殖虾），去除肠线。

2　把除了芝麻之外的所有制作腌料的材料放入一个小型搅拌机中，搅打至顺滑，再拌入芝麻。把虾放在一个非金属材质的盘子里，倒入腌料，腌制30分钟。

3　预热烧烤炉，直至炭火发光、呈灰白色。

4　在每根扦子上穿2只虾。刷上腌料，将虾的两面各烧烤2~3分钟。将烤好的虾堆放在一个大盘子中，并用芫荽和青柠角装饰。可搭配芝麻菜、西洋菜等带有苦味的绿叶菜制成的沙拉上桌。

预先准备

至多可以提前2天制作腌料，密封冷藏。虾不可腌制超过30分钟，否则虾肉的质地会发生改变。

沙茶酱烤大虾

需要8根木扦子，在水中浸泡30分钟后再使用。

选用海鲜

斑节对虾，或鲛鲢鱼、鲯鳅、扇贝

- **准备时间**：40分钟，另加腌制时间
- **烹饪时间**：20分钟
- 4人份

材料

16只生的、未剥壳的斑节对虾，每只约50克

青柠角，作装饰

制作腌料的材料

2瓣大蒜，拍碎

1汤匙碾碎的鲜姜

1个大的红辣椒，去籽并切碎

2汤匙罗望子膏

2汤匙印尼甜酱油

盐和现磨黑胡椒

制作沙茶酱的材料

1汤匙植物油

1个小洋葱，细细剁碎

1瓣大蒜，切碎

2汤匙碾碎的鲜姜

1茶匙虾膏

115克无颗粒花生酱

150毫升椰浆

2~3茶匙红糖

1汤匙印尼甜酱油

1　剪去虾腿和触须。剪开背部的虾壳，如果能看到肠线的话（有时看不到，特别是养殖虾），去除肠线。

2　把制作腌料的材料放入一个小型搅拌机中，搅打至顺滑。把虾放在一个非金属材质的盘子里，倒入腌料，腌制30分钟。

3　在炖锅中热油，放入洋葱、大蒜和姜，用小火炒3~4分钟。放入虾膏、花生酱、椰浆和糖。用小火翻炒，直至形成顺滑的糊状物。放入印尼甜酱油并用盐和胡椒调味。离火。

4　预热烧烤炉，直至炭火发出红光，表面呈灰白色。在每根扦子上穿2只虾。刷上腌料，将虾的两面各烧烤2~3分钟。堆放在一个盘子中，用青柠角装饰。将酱汁盛入酱料碗，与烤大虾一起上桌。

斑节对虾的理想搭配：

这种虾肉质紧实，能承受高温猛火的考验。可以和亚洲风味的食材搭配，或配以柠檬汁和刺山柑，使鲜甜的虾肉更鲜美。

腌甜辣金枪鱼排

这道菜多汁、健康、快捷,令人吃了还想吃。

选用海鲜

金枪鱼,或剑鱼、鲑鱼

- **准备时间:** 10分钟,另加腌制时间
- **烹饪时间:** 5分钟
- 4人份

材料

2汤匙老抽

2汤匙橄榄油

2个青柠的青柠汁

2瓣大蒜,碾碎

2.5厘米鲜姜,碾碎

2汤匙黑糖

1茶匙辣椒粉

盐和现磨黑胡椒

4块去皮的金枪鱼排,每块约200克

1 把老抽、油、青柠汁、大蒜、姜、糖和辣椒粉放在碗中,用盐和黑胡椒调味,搅拌均匀制成腌料。把金枪鱼排放在一个保鲜袋中,倒入腌料,将袋子密封。隔着塑料袋揉搓金枪鱼,使金枪鱼均匀裹上腌料。放入冰箱中腌制30分钟。

2 加热烧烤炉炭火烤炉或煎盘,直至滚烫。用大火将金枪鱼排的两面各烤2分钟,放在温暖的地方静置2分钟。可搭配新鲜的蔬菜沙拉上桌。

烤大虾配辣椒酱

用少许辣椒碎代替新鲜辣椒,能更快地做好这一道菜。

选用海鲜

虾,或鱿鱼、扇贝

- **准备时间:** 10分钟
- **烹饪时间:** 4分钟
- 4人份

材料

250克生的、未剥壳的虾

2汤匙橄榄油

1个很辣的红辣椒,去籽并细细剁碎

制作辣椒酱的材料

1瓣大蒜,碾碎或细细剁碎

1茶匙辣椒粉

1茶匙红椒粉

少许孜然粉

1个青柠的青柠汁

4~5汤匙蛋黄酱

盐和现磨黑胡椒

1 把虾放在碗中,放入一半量的油和辣椒,搅拌均匀备用。

2 制作辣椒酱:把剩下的油、大蒜、辣椒粉、红椒粉、孜然粉、青柠汁和蛋黄酱拌匀。试尝味道并依个人口味进行调整。

3 用大火加热一个又大又重的煎锅或条纹铸铁锅,倒入虾,每一面煎2分钟左右,直至虾呈粉红色。配上辣椒酱上桌,也可以搭配沙拉和新鲜的脆皮面包享用。

预先准备

至多可以提前6小时制作辣椒酱,密封冷藏,味道会更辣。在上桌前先使其恢复到室温。

更多美味做法

烤大虾串配辣椒酱

把虾穿在扦子上,为每人准备2~3串。如果用竹扦子,先将竹扦子放在水中浸泡30分钟。

烤沙丁鱼配欧芹青酱

一道快手且健康的菜肴，意式香草酱既迷人又略带刺激感。

选用海鲜

沙丁鱼，或黍鲱

- **准备时间：** 20分钟
- **烹饪时间：** 6~8分钟
- 4人份

材料

1把西洋菜

3枝扁叶欧芹

2枝马郁兰

30克面包糠

120毫升橄榄油

3汤匙柠檬汁

1汤匙醋浸刺山柑，冲洗干净

盐和现磨黑胡椒

8条大沙丁鱼，刮除鱼鳞、去除内脏

1 将西洋菜的老茎切除，把西洋菜、欧芹、马郁兰、面包糠、油、柠檬汁和刺山柑放在搅拌机中，搅打至混合物形成酱汁，必要时可将残留在搅拌机内壁的酱汁都刮下来。依据个人喜好用盐和胡椒调味。

2 在烤架上铺一张锡箔纸，把沙丁鱼放在锡箔纸上。每面烤3~4分钟，直至鱼肉发出嘶嘶声、呈焦黄色并烤熟。舀上欧芹青酱上桌。

预先准备

至多可以提前3小时制作欧芹青酱，倒入油将欧芹青酱覆盖，防止其变色。密封冷藏。

更多美味做法

烤鲭鱼或鲱鱼配欧芹青酱

把鲭鱼或鲱鱼放在金属架上，置于预热好的烧烤炉上烤，炭火应呈灰白色。鱼身两面各烤5~8分钟。配上欧芹青酱上桌。

烤牡蛎配欧芹青酱

在食用前将欧芹青酱舀在牡蛎上。

地中海式烤沙丁鱼

这道菜在整个南欧地区都很流行，这是享用富含脂肪的鱼类的最佳方式。

选用海鲜

沙丁鱼，或小鲭鱼、小鲱鱼、黍鲱

- **准备时间：** 15分钟，另加腌制时间
- **烹饪时间：** 4~6分钟
- 4人份

材料

8条大沙丁鱼，刮除鱼鳞、去除内脏

8枝百里香或柠檬百里香，另备一些作装饰

4个柠檬

3汤匙橄榄油

2瓣大蒜，拍碎

1茶匙孜然粉

1 将沙丁鱼里里外外清洗干净，用厨房纸拍干。在每条鱼的鱼腹中放1枝白里香，将鱼放在非金属材质的浅口盘中。

2 取3个柠檬，擦皮碎屑并挤柠檬汁，放在一个小碗中。放入油、大蒜和孜然粉，拌匀。将混合物浇在沙丁鱼上，覆盖冷藏2小时以上。

3 把烤炉调至最高挡预热。把沙丁鱼放在一个烤盘中，在每条鱼之间留出一定空隙，将鱼的两面各烤2~3分钟，烤制过程中涂抹腌料。

4 把剩下的1个柠檬切成柠檬角。把沙丁鱼盛在温热的餐盘中，配上柠檬角和几枝百里香上桌。

预先准备

在烹饪前将沙丁鱼腌制2~4小时，然后密封冷藏，能使沙丁鱼更美味。

烤庸鲽配白黄油酱汁

庸鲽肉质细腻，脂肪含量低，味道和质地适合搭配清淡的配料。

选用海鲜

庸鲽，或海鲂、鲑鱼、大菱鲆

- **准备时间：** 5分钟
- **烹饪时间：** 15分钟
- 2人份

材料

2块庸鲽鱼排，每块约140克，刮除鱼鳞

115克无盐黄油，另备一些融化的黄油抹在鱼身上

1个红葱，细细剁碎

5汤匙鱼高汤

1汤匙白葡萄酒醋

盐和现磨黑胡椒

柠檬汁，依据个人喜好添加

1 把烤炉调至最高挡预热，或用大火加热条纹煎锅。将庸鲽鱼排刷上融化的黄油。每面烤3~4分钟。

2 把剩下的黄油切成块。在一个小炖锅中加热熔化25克黄油，放入红葱炒2~3分钟，或直至红葱炒软。放入高汤和醋，煮沸后小火炖至汤汁减少至3汤匙左右。

3 把火调得极小，放入剩下的黄油，一次只放入几小块，在每次添加黄油后用力搅拌。让高汤保持滚烫，但不要使其沸腾，这点很关键。在放入所有黄油后，酱汁应呈奶油状且相当浓稠。离火，用盐和胡椒调味，依据个人喜好添加柠檬汁，制成白黄油酱汁。将白黄油酱汁倒在庸鲽上，配上豌豆上桌。

烤海鲈配烤洋蓟和球茎茴香

意大利拉齐奥是全球品质最佳的洋蓟产地之一。洋蓟和海鲈搭配很美味。

选用海鲜

海鲈，或黑椎鲷、金头鲷、大西洋白姑鱼

- **准备时间：** 45分钟
- **烹饪时间：** 25分钟
- 4人份

材料

6汤匙特级初榨橄榄油

4块海鲈鱼肉，刮除鱼鳞并剔除鱼刺

盐和现磨黑胡椒

8个小的或3~4个大的洋蓟心

几滴柠檬汁

1个大球茎茴香，切成薄片

3瓣大蒜，切成薄片

一大把罗勒，切碎

1 将烤箱预热至200℃（煤气烤箱6挡）。在煎盘上刷2汤匙油。在每片鱼上划3刀，用盐和胡椒调味，备用。

2 将洋蓟心切成4等分，用加了柠檬汁的沸水焯3~4分钟。吸干水分，和球茎茴香、大蒜一起放在一个大烤盘中，倒入剩下的橄榄油拌匀。用盐和胡椒充分调味后放入烤箱中烤15~18分钟，或直至球茎茴香烤熟、洋蓟变软。

3 加热煎盘直至冒烟，放入鱼肉，带皮的一面朝下，每面烤2~3分钟。鱼皮会烤焦，鱼肉将变得雪白而紧实。

4 把罗勒拌入烤好的洋蓟中，将其堆放在一个餐盘中。把鱼放在上面即可上桌。

预先准备

至多可以提前6小时烤蔬菜，加盖室温保存。继续烹饪前用文火重新加热。

黑椎鲷的理想搭配：

黑椎鲷与炖熟的球茎茴香一同食用鲜美可口，也可以搭配潘诺茴香酒，或佐以藏红花、芜菁和大量大蒜。

牙买加式鲑鱼

本食谱所用的是干性调味料,源自牙买加。传统上,这种调味料用于腌制肉类,如鸡、鸭、猪和牛,但也能用于腌制鱼肉。

选用海鲜

鲑鱼、或鲯鳅、笛鲷、金枪鱼、剑鱼

- **准备时间:** 20分钟,另加腌制时间
- **烹饪时间:** 10分钟
- 4人份

材料

4块厚切的鲑鱼肉,每片约175克,刮除鱼鳞并剔除鱼刺

1~2汤匙葵花籽油

制作牙买加干调味料的材料

1汤匙多香果粉

半茶匙肉桂粉

茶匙新鲜磨碎的肉豆蔻

2汤匙红糖

4瓣大蒜,切碎

2个苏格兰帽辣椒,去籽

半汤匙百里香叶

4根大葱,只取葱白部分,粗切

2汤匙青柠汁

1汤匙葵花籽油

盐和现磨黑胡椒

1 将制作牙买加干调味料的所有材料放入小型搅拌机中搅碎。把一部分调味料抹在鱼肉上。不必全部用光。

2 在一个煎锅上刷葵花籽油,加热至煎锅冒烟。放入鱼肉,把火调小。每面烤3~4分钟,直至鱼皮略焦、鱼肉烤熟。烤熟的鱼肉应该容易脱落,色泽较白且不透明。

预先准备

可以提前1~2周制作牙买加干调味料,装入密封罐,放入冰箱保存。

烤金枪鱼排配莎莎酱

烹饪金枪鱼时要格外留心,让鱼排内部的鱼肉始终保持湿润和半生不熟的状态。

选用海鲜

金枪鱼、或剑鱼、鲯鳅

- **准备时间:** 25~30分钟,另加腌制时间
- **烹饪时间:** 4~6分钟
- 4人份

材料

4块去皮的金枪鱼排,每块约250克

盐和现磨黑胡椒

4个番茄,去皮去籽并切碎(见第112页)

200克罐装甜玉米,沥干

1把芫荽,摘下叶片,细细剁碎

1个洋葱,切碎

1个红甜椒,切丁

罐装莎莎酱

2个青柠

制作腌料的材料

2~3枝百里香

2汤匙植物油

半个柠檬的柠檬汁

1 制作腌料:摘下百里香叶,放入一个非金属材质的盘子里,倒入油和柠檬汁。用腌料为金枪鱼调味,放入盘中。加盖腌制1小时,其间把鱼翻一次面。

2 把番茄、甜玉米、芫荽、洋葱和黑胡椒放在碗中。将1个青柠的青柠汁滴入混合物中,然后用盐和胡椒调味。静置。

3 加热煎锅。把金枪鱼烤2~3分钟,翻面后刷上腌料。再烤2~3分钟。金枪鱼排内部的鱼肉应该是生的。

4 把金枪鱼盛在4个温热的盘子中。在一旁摆上莎莎酱和青柠角上桌。

鲯鳅的理想搭配:

这种味浓、多肉的鱼适合与辣椒或加勒比风味香料搭配,佐以亚洲风味的鱼露、青柠、大蒜和芫荽也不错。

烤菱鲆配奶油鱼酱

菱鲆天然带有一种甜味，和咸咸的奶油鱼酱相得益彰。

选用海鲜

菱鲆，或大菱鲆、庸鲽、小头油鲽

- 准备时间：15分钟
- 烹饪时间：4~6分钟
- 4人份

材料

4块菱鲆鱼肉，每片约175克，去皮

黄油，用于抹在锡箔纸上

115克芝麻菜叶

柠檬角，作装饰

制作奶油鱼酱的材料

50克无盐黄油，化软

2条盐渍鳀鱼条，冲洗干净并拍干

1茶匙鳀鱼鱼露

几滴柠檬汁

现磨黑胡椒

1 将烤炉调至最高挡预热。在烤盘中铺一大张抹了少许黄油的锡箔纸，把鱼肉放在锡箔纸上，去皮的一面朝下。

2 将黄油、鳀鱼和鳀鱼鱼露放在研钵中或小型食物加工机中充分拌匀。拌入柠檬汁，并用黑胡椒调味。

3 将菱鲆烤2~3分钟，翻面，在每片鱼上涂抹厚厚一层奶油鱼酱。将鱼放回烤炉，放在较低的架子上，再烤2~3分钟，或直至鱼肉呈现金黄色。

4 在一个大餐盘中摆上芝麻菜叶，将烤熟的鱼放在上面，用柠檬角装饰后上桌。

预先准备

可以提前1~2天制作奶油鱼酱，用烘焙纸裹起来，冷藏保存。

烤鲱鱼配芥末黄油

许多作为早餐享用的鲱鱼菜品会佐以培根和燕麦。但本食谱中采用了芥末，从而使这道美食成为你开启新一天的绝佳选择。

选用海鲜

鲱鱼，或黍鲱、鲭鱼、沙丁鱼、鳟鱼

- 准备时间：10分钟
- 烹饪时间：4~6分钟
- 4人份

材料

8条鲱鱼，刮除鱼鳞，去除内脏和鱼肉，剪去鱼鳍

1汤匙植物油

盐和现磨黑胡椒

115克西洋菜，作装饰

柠檬角，作装饰

制作芥末黄油的材料

75克黄油，化软，另备一些用于炙烤

1汤匙整粒芥末籽酱

1茶匙百里香叶

少许柠檬汁

1 把烤炉调至最高挡预热。用厨房用纸把鲱鱼拍干，刷上油，用盐和胡椒略加调味。在烤盘上铺一大张抹了少许黄油的锡箔纸，把鱼放在锡箔纸上。

2 把黄油、芥末籽酱、百里香混合，放入一点柠檬汁并用盐和胡椒调味。

3 将鲱鱼的两面各烤2~3分钟，或直至鲱鱼烤熟。烤熟的鱼肉是紧实的。

4 把鲱鱼盛在一个温热的大餐盘中，并在鱼上点一些芥末黄油，使其在鱼上融化。用西洋菜和柠檬角装饰后上桌。

预先准备

可以提前1~2天制作芥末黄油，将其用烘焙纸裹起来，冷藏保存。

菱鲆的理想搭配：

肉质鲜美紧实的菱鲆可以搭配黄油酱汁，或用白葡萄酒、香槟酒或奶油做成的酱汁，与用野生菌和帕玛森干酪做成的酱汁也不错。

热月龙虾

这道经典焗烤龙虾的另一种做法是将生的螯龙虾沿着中线切开（见第290页），先焙烤后炙烤，最后浇上酱汁。

选用海鲜

螯龙虾，或挪威海螯虾

· 准备时间：20分钟

· 烹饪时间：10~15分钟

· 4人份

材料

2只龙虾，每只约675克，煮熟

红椒粉，作装饰

柠檬角，上菜时用

制作酱汁的材料

30克黄油

2个红葱，细细剁碎

120毫升干白葡萄酒

120毫升鱼高汤

150毫升浓奶油

半茶匙已调好的英式芥末

1汤匙柠檬汁

2汤匙切碎的扁叶欧芹

2茶匙切碎的龙蒿

盐和现磨黑胡椒

75克格鲁耶尔奶酪，磨碎

1 将龙虾纵向对半切开。取出虾螯和虾尾中的龙虾肉，以及龙虾头中的龙虾子和龙虾肉（见第291页）。将龙虾肉切成适口的小块。把龙虾壳清理干净，留下备用。

2 制作酱汁：在一个小炖锅中加热熔化黄油，放入红葱，文火烹至红葱变软，但尚未变成焦黄色。倒入葡萄酒，煮沸2~3分钟，或煮至汤汁减少一半。

3 放入高汤和奶油，快速煮沸，一边煮一边搅拌，直至汤汁减少并略微变稠。拌入芥末、柠檬汁和香草，依据个人喜好用盐和胡椒调味。拌入一半量的奶酪。

4 将烤炉调到最高挡预热。在酱汁中放入龙虾肉，随后分别盛在2只龙虾壳中。把剩下的酱汁浇在上面。

5 把龙虾放在铺了锡箔纸的烤盘中，烤2~3分钟，或直至冒泡并变成金黄色。撒一点红椒粉，配上柠檬角趁热上桌。

哈里萨辣酱烤沙丁鱼

非常新鲜的沙丁鱼仍带有刚刚死去时的僵直感，味道清甜鲜香。

选用海鲜

沙丁鱼，或鲭鱼、黍鲱、鲱鱼

· 准备时间：25分钟

· 烹饪时间：2~3分钟

· 4人份

材料

12~16条沙丁鱼，刮除鱼鳞，去除内脏，剪去鱼鳍

1~2汤匙橄榄油

盐和现磨黑胡椒

1茶匙芫荽粉

制作哈里萨调味汁的材料

2汤匙特级初榨橄榄油

2汤匙哈里萨辣酱

2茶匙液态蜜，依据个人喜好添加

1个青柠的青柠汁和柠檬皮碎屑

制作沙拉的材料

一大把芫荽叶

2小棵宝石生菜，切条

1个柠檬的柠檬汁和柠檬皮碎屑

少许糖

3汤匙特级初榨橄榄油

1 预热烧烤炉，直至炭发出红光、表面呈灰白色。

2 在每条沙丁鱼的两面各划3刀，刷橄榄油，用盐、黑胡椒和芫荽粉调味，备用。

3 制作调味汁：把油、哈里萨辣酱、蜂蜜、青柠檬皮碎屑和青柠汁拌在一起，用盐和胡椒调味，如果需要中和青柠的酸味，可放入更多蜂蜜。备用。

4 制作沙拉：将芫荽和生菜拌匀，堆在一个浅口的大餐盘中。将柠檬皮碎屑、柠檬汁、糖和橄榄油拌匀。用盐和胡椒调味后淋在蔬菜沙拉上。

5 在烧烤炉上（或在预热过的烤炉中）烤沙丁鱼2~3分钟，或直至鱼肉变白且不透明。刷上哈里萨调味汁，再把另一面烤30秒。将沙丁鱼堆叠在蔬菜沙拉上，配上脆皮面包上桌。

预先准备

可以提前1天制作哈里萨调味汁，密封冷藏，其味道会变浓。

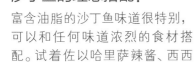

沙丁鱼的理想搭配：

富含油脂的沙丁鱼味道很特别，可以和任何味道浓烈的食材搭配。试着佐以哈里萨辣酱、西西里橄榄油、大蒜、葡萄干、松仁和牛至。

实用技巧

工具

在你的厨房里放一个工具箱，用于存放处理各种海鲜所需的必要工具。在使用这些工具后，用冷水冲淋、擦洗，冲去残留的鱼鳞和鱼肉，再用热肥皂水清洗干净。刀柄和案板应再用消毒液漂洗（奶瓶消毒器是一个不错的选择）并晾干。这样操作将使你的工具保持清洁、没有异味。

刮鳞器

用刮鳞器能轻松地刮除鱼鳞，并将大部分刮下来的鱼鳞聚拢收集起来。市售的刮鳞器有很多种，选择握感舒适的类型。如果没有刮鳞器，可以用任意一把厨刀的刀背刮鳞。但操作时要小心，鱼鳞会四处飞溅。有关刮鳞的具体方法，见第264页。

切鱼排刀

切鱼排刀是一种刀刃长、不易弯曲的刀（约30厘米长），非常适合切断鱼骨，因此也是将大鱼切段的最佳工具（见第270页和第275页），也能用于削去大鱼排的鱼皮。如果你没有切鱼排刀，可以用一把较大的主厨刀代替。

片鱼刀

这是一种刀刃长15~25厘米的灵活刀具，是片鱼时必不可少的工具。选择一把柔韧性好且不易弯折的片鱼刀。用刀尖刺进鱼肉，用刀的中间部分割开鱼皮，再长切，将鱼肉切下来。片鱼刀的中间部分也可以用来削去小块鱼肉上的鱼皮。用片鱼刀剁下鱼骨时，试着用片鱼刀最不灵活的刀枕部位施加压力。

磨刀棒

定期磨刀能使刀锋保持锋利。一旦刀锋钝了，烤自己的力量将刀磨锋利几乎是不可能的。需要磨刀时，把磨刀棒的尖端放在工作台面上并牢牢握紧。把刀刃以30°夹角放在磨刀棒上，从刀柄往刀锋的方向滑动。刀具从磨刀棒上滑过时，应该有一种类似砂砾的质感。

剪刀

借助一把好用且结实的厨房剪刀可以轻松地完成一些艰难的工作，比如剪下扁体鱼的鱼头、修剪鱼鳍、剪断软骨。许多鱼贩喜欢用刀来完成这些工作，但其实剪刀更好用。

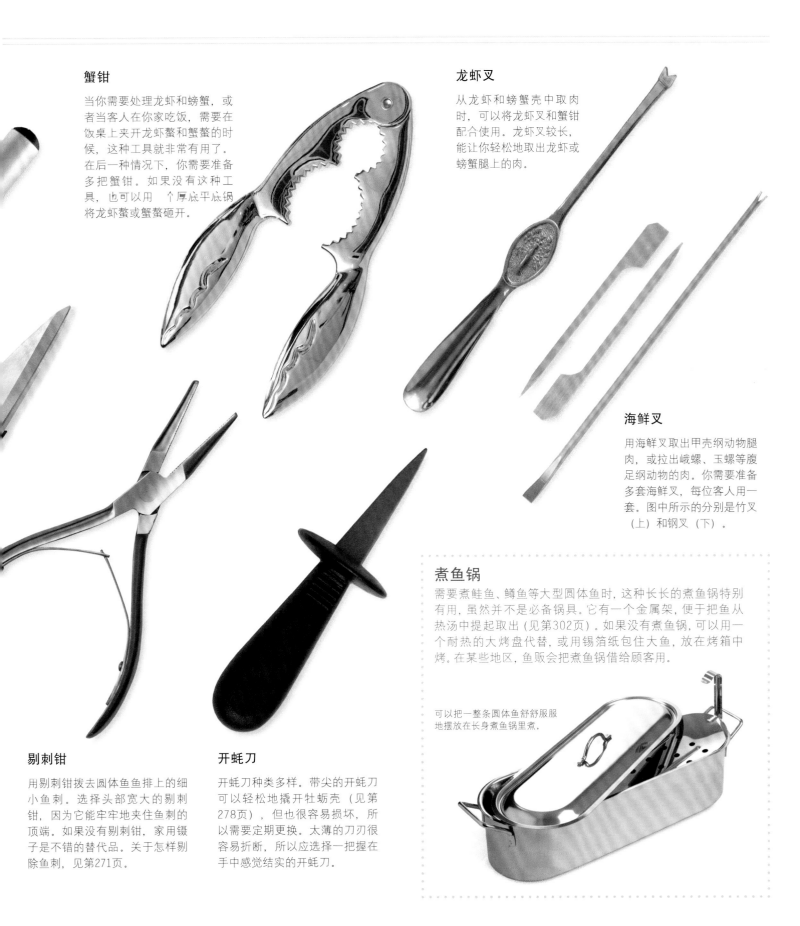

蟹钳

当你需要处理龙虾和螃蟹，或者当客人在你家吃饭，需要在饭桌上夹开龙虾螯和蟹螯的时候，这种工具就非常有用了。在后一种情况下，你需要准备多把蟹钳。如果没有这种工具，也可以用 个厚底平底锅将龙虾螯或蟹螯砸开。

龙虾叉

从龙虾和螃蟹壳中取肉时，可以将龙虾叉和蟹钳配合使用。龙虾叉较长，能让你轻松地取出龙虾或螃蟹腿上的肉。

海鲜叉

用海鲜叉取出甲壳纲动物腿肉，或拉出峨螺、玉螺等腹足纲动物的肉。你需要准备多套海鲜叉，每位客人用一套。图中所示的分别是竹叉（上）和钢叉（下）。

煮鱼锅

需要煮鲑鱼、鳟鱼等大型圆体鱼时，这种长长的煮鱼锅特别有用，虽然并不是必备锅具。它有一个金属架，便于把鱼从热汤中提起取出（见第302页）。如果没有煮鱼锅，可以用一个耐热的大烤盘代替，或用锡箔纸包住大鱼，放在烤箱中烤。在某些地区，鱼贩会把煮鱼锅借给顾客用。

可以把一整条圆体鱼舒舒服服地摆放在长身煮鱼锅里煮。

剔刺钳

用剔刺钳拨去圆体鱼鱼排上的细小鱼刺。选择头部宽大的剔刺钳，因为它能牢牢地夹住鱼刺的顶端。如果没有剔刺钳，家用镊子是不错的替代品。关于怎样剔除鱼刺，见第271页。

开蚝刀

开蚝刀种类多样。带尖的开蚝刀可以轻松地撬开牡蛎壳（见第278页），但也很容易损坏，所以需要定期更换。太薄的刀刃很容易折断，所以应选择一把握在手中感觉结实的开蚝刀。

挑选和储存

挑选

人们一般根据海产品的外观、气味、触感来评估其质量。应尽可能购买、烹饪新鲜的鱼类和虾、贝或蟹类海鲜，最好购买当季的海鲜。挑选最新鲜、外观最好的鱼：眼睛明亮、鱼皮光滑且具有光泽。鱼、虾、贝和蟹类水产（图中所示为美洲红点鲑和首长黄道蟹）的全身都有显示其质量好坏的特定标志，在购买前值得了解一下。

鱼类

可以用同样的方法来判断大多数鱼的质量。圆体鱼的身体是圆的，在脊柱的两侧都有大片鱼肉，扁体鱼刚出生时也是小小的圆体鱼，但随着它们长大，它们的身体会偏向一侧生长。此外，也可以根据质地，把鱼分成白身鱼和油性鱼。白身鱼的鱼肉脂肪含量低，煮熟后会变成白色、变得不透明，大部分油脂堆积在肝脏内，鱼肉既多又密实，如鮟鱇鱼，或是鱼肉呈片状的，如鳕鱼和笛鲷。而油性鱼体内分布着大量的脂肪，并且富含Omega-3脂肪酸。油性鱼包括鲭鱼、鲱鱼、鳟鱼和鲑鱼等。

鱼鳞

全身的鱼鳞应该是明亮、闪闪发光的，并牢牢地附着在鱼皮上。如果鱼鳞暗沉干燥、容易脱落，说明鱼不新鲜。

鱼皮

购买鱼皮光亮、体表黏液分布均匀且清澈无色的鱼。鱼皮的颜色会随着鱼的腐烂而变淡，黏液也会变得黏稠暗淡。

触感

新鲜的鱼可能仍然会有尸僵的迹象，也就是死后的僵硬，这表明它离水不超过24~48小时。在鱼身不再出现尸僵迹象后，优质的鱼摸上去是紧实、有弹性的，鱼肉牢牢地附着在脊柱上。沿着鱼背一路向鱼尾按压，判断鱼肉是否紧实。

鱼眼

鱼眼应该是明亮且凸出的，眼球呈黑色，角膜呈半透明状。当鱼不新鲜时，鱼眼是凹陷的，瞳孔呈灰色或乳白色，角膜变得不透明。

鱼鳃

新鲜的、去除内脏的鱼，鱼鳃是鲜红的。当鱼不新鲜时，鱼鳃会变成褐色，黏液会变得黏稠。

气味

新鲜的鱼要么没有任何气味，要么带有怡人的大海的气味，没有令人不快的气味。开始腐烂的鱼会散发出霉味和酸味。

虾、贝及蟹类

虾、贝及蟹类包含多种有外壳覆盖的可食用生物。其中包括以龙虾、虾等水生有壳动物为主的甲壳纲动物。甲壳纲动物体节数以及与之相关的附肢对数都较多，并有2对充当感觉器官的触须。软体动物也被归为此类，它们身体柔软，不分节，大多带有坚硬的外壳，可分为如下几类：腹足纲软体动物/单壳类软体动物，通常长着螺旋状的外壳，包括峨螺、玉黍螺、蜗牛和海螺；双壳类软体动物，通常长着2片可以开合的壳，包括牡蛎、蛤蜊、贻贝和扇贝等；头足纲动物，如章鱼、鱿鱼和墨鱼，长着管状的头部和若干带有吸盘的腕足。

外观

所有活的虾、贝或蟹类食材都应有生命迹象，最明显的特征是会活动。永远不要购买已死亡且未煮熟的动物，因为它们死后会立即开始腐烂（见第279页）。章鱼、墨鱼、鱿鱼的管状部分应该是白色的，已经变成粉红色的则不要购买。

气味

煮熟的虾、贝或蟹类应该有一种新鲜的气味，并带有海洋臭氧的怡人气味。避免购买任何发出霉烂味、霉臭味和氨气气味的虾、贝或蟹类，因为它们已经开始腐烂、不能食用了。

触感

无论是生是熟，螃蟹和龙虾的螯和腿应该是牢牢盘紧的，即使拉开也会迅速回到原位。如果螃蟹的螯和腿松软或松弛，表明螃蟹已经死亡或濒临死亡，因此不能食用。

外壳

外壳应是沉甸甸的，不应渗水。分量轻的螃蟹或龙虾可能最近蜕过壳，体内缺乏棕色蟹肉。同时外壳应坚硬而干燥。

冷藏

尽量在你想烹饪海鲜的当天购买，但如果你想储存一小段时间再食用，你必须确保它是安全的。理想情况下，鱼类的储存温度是0℃（比家用冰箱低5℃）。冰能提供温度较低的环境。根据下面列出的储存时间，在3℃或更低温度下冷藏保存虾、贝或蟹类食材。切勿将虾、贝或蟹类食材浸在水中储存。在烹饪前，一定要检查软体动物是否还有生命迹象（见第279页）。

全鱼

用冰块把整条鱼覆盖住，放在冰箱冷藏室最冷的地方。鱼贩会把整条鱼直接放在冰上保存，你可以用冰块或野餐冰包来仿效这一做法。鱼类具体的储存时间因品种而异，但所有鱼类最好在冷藏后的24~36小时内食用。

鱼肉

确保鱼肉没有直接接触到冰，因为冰会使鱼肉变白。可以将带皮的一面向下直接放在冰上，也可以将鱼肉放在一个塑料容器里，松松地覆盖上一层保鲜膜，再用冰将其包起来。最好在冷藏后的24~36小时内食用。

虾、贝或蟹类

把贻贝和蛤蜊放入有盖或覆保鲜膜的碗中冷藏，可以保存36小时。牡蛎和扇贝可以保存一个星期，圆的一面朝下放。用湿布包裹的活龙虾和活螃蟹可以保存48小时。熟虾或生虾均可以保存24小时。鱿鱼和墨鱼可以保存3天。

冷冻

如果你把鱼买回来，但打算第2天再烹饪，那么应该一到家就把鱼冷冻起来。把新鲜的鱼冷冻起来，可以减缓腐坏过程。如果你精心准备，新鲜鱼和冷冻鱼是无法区别出来的。首先，用厨房用纸把鱼（鱼肉、鱼排或全鱼）拍干。如果需要冷冻整条鱼，在冷冻前应先刮除鱼鳞，去除内脏和鱼鳍。解冻时，把鱼从冷冻保鲜袋里拿出来，放在滤水篮里，再把滤水篮放在盘子上。随后把鱼放在冰箱冷藏室里，让它慢慢解冻。快速解冻会导致水分流失，破坏鱼的质地。家用普通冷柜只适合冷冻已经烹熟的虾、贝或蟹类海鲜。

全鱼和鱼肉

若要在家中冷冻多余的鲜鱼，可将每块鱼肉、鱼排或每条已去除内脏的小鱼（或最多2条鱼）单独装入双层塑料冷冻保鲜袋中，然后排出空气，贴上标签，放入冰箱冷冻。至多可以冷冻6周。

虾、贝或蟹类

在煮熟并冷却后，用双层保鲜膜裹住，然后装入冷冻保鲜袋，贴上标签，放入冰箱冷冻。至多可以冷冻6周。煮熟的龙虾和虾，以及贻贝、峨螺和玉黍螺煮熟后（从壳中取出肉）都可以用这种方法冷冻。

大圆体鱼的切法

大多数圆体鱼通常可以沿着脊柱的走向，片出2片长长的鱼肉，然后再根据需要分成小份。大的圆体鱼（超过1.5千克），比如鲑鱼（如图）、鳕鱼、青鳕、绿青鳕，既可以切出若干大块鱼肉，也能以别的切法来切。而有些种类的鱼，身体是扁圆的，比如笛鲷、鲷鱼和鱇鮻，则最好是简单地片出整片鱼肉。

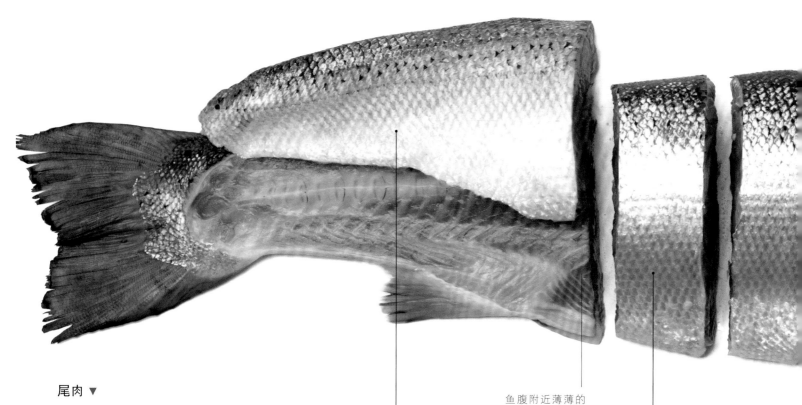

尾肉 ▼

这片薄薄的三角形鱼肉从鱼尾后段延伸到臀鳍根部，没有鱼刺，煎炸、烘烤、烧烤、烘焙或煮的时间基本不会超过5分钟。如果想别出心裁，可以去除鱼皮，把鱼肉放在2张防油纸之间捶打，随后卷上馅料，做成鱼肉卷。

鱼腹附近薄薄的鱼肉，有时是单独售卖的。

鱼排 ▶

鱼排是鱼身的横截面，大约有2.5厘米厚，包含一段脊椎骨。保留脊椎骨能让鱼肉在烹饪时保持水分，但烹饪时间会稍稍延长。可以用油或香草黄油炙烤、烧烤、煎和炖，或用微波炉来烹饪鱼排。

肉质很结实，并
紧贴在脊柱上。

鱼头后面的鱼肉
最为汁多味美。

◀ 肋肉

剔除鱼排上的鱼骨后，将一
侧鱼腹上的鱼皮与鱼肉分离
（但并不会被彻底切掉），
这块与鱼皮分离的鱼肉会被
塞入鱼段的空腔里，而松动
的鱼皮则裹在另一侧鱼腹的
鱼皮上，将其包住。由于肋
片不含脊椎骨，无论油煎、
煮、烘烤、烧烤或炙烤，都
比鱼排熟得快。

◀ 腰肉

腰肉是指从鱼头后部到背鳍后部的一段鱼
肉，由于鱼腹肉已被切掉，所以剩下的便是
这些最易碎、最多汁的鱼肉了。可以切成?
大片，然后切成适合一人吃的小份（图中所
示分别是带皮的鱼肉和去皮的鱼肉）；也可
以去骨后填入香草黄油、青酱或香料，将其
卷好并固定，就可以烘焙或烘烤了。

其他切法

有些鱼贩会把一些大型鱼类，比如鳕鱼和黑
线鳕的鱼段的下端切下，作为"蝴蝶片"或"耳
片"出售。将它们煮熟，然后去掉鱼皮、剔除
鱼刺，用于制作鱼饼、鱼汤和鱼派。

一些北欧国家和加拿大还有烹饪鱼舌和鱼
鳔的传统。此外，圆体鱼的鱼头还有多种烹
饪上的用途（见第261页）。

大扁体鱼的切法

相对于其他切法，扁体鱼的形状更适合片出整片鱼肉。然而，超过1.7千克的大扁体鱼，比如庸鲽（如图）和大菱鲆的肉很厚，厚到可以直接切成单鱼片（以脊柱为分界线，将鱼身两侧的鱼肉分别切下）或双鱼片（与鱼的身体等宽）。与从圆体鱼上片出来的鱼肉不同，扁体鱼的肉中没有刺。以正确的方式小心地将扁体鱼的肉片下来，便能得到无骨鱼肉。

单鱼片 ▼

扁体鱼的每一段都可以以脊柱为中心切出4片鱼肉，分别取自鱼身两面、脊柱的两侧（其中一片如下图所示）的称为单鱼片；也可以直接横切，即双鱼片，即从鱼身两面各片出一大片（见第274页）。鱼肉切小块前可以去皮，也可以不去皮。较大的鱼可以片出厚厚的无骨鱼肉块，非常适合煎炸、炙烤和烘烤。

尾肉 ▲

三角形的尾片指从臀鳍到鱼身末端的部分。把鱼尾片出整片鱼肉是最好的切法，因为鱼尾的肉太薄，无法切成鱼排。靠近鱼尾的鱼皮既可削去也可以保留，因为尾肉一般用于快速煎炸或烘烤。尾部的肉通常没有鱼刺，且很快就能烹熟。

扁体鱼的鱼鳞比圆体鱼的鱼鳞要少得多。

这片鱼肉是从¼鱼身上片下来的。

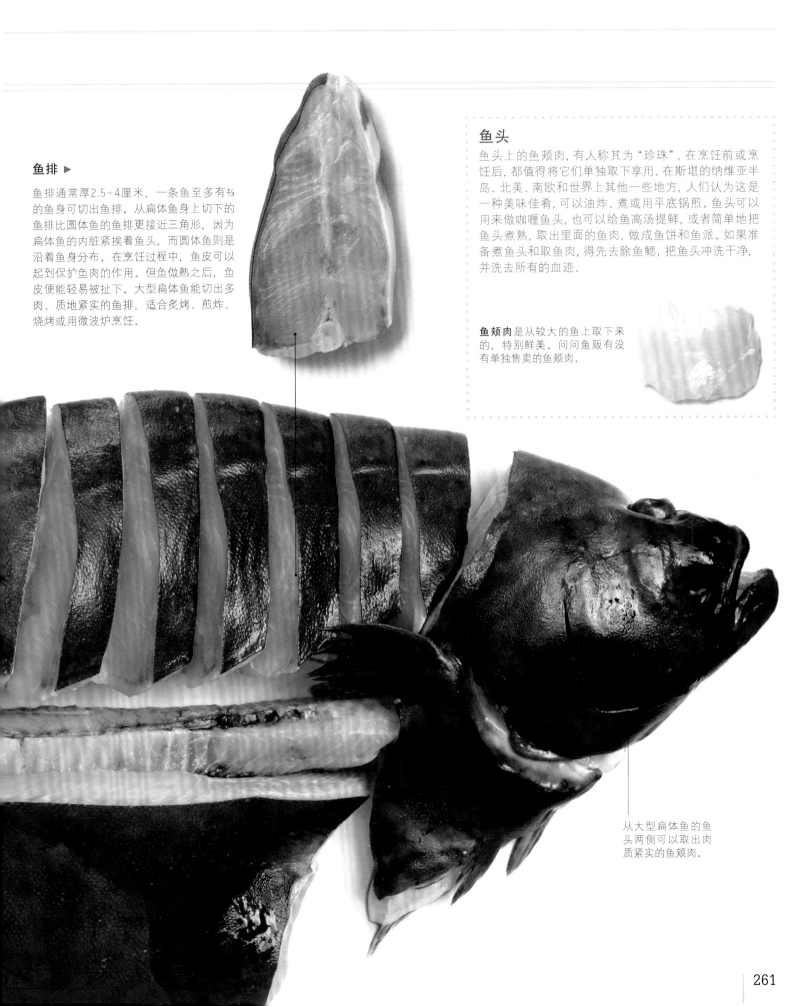

鱼排 ▶

鱼排通常厚2.5~4厘米，一条鱼至多有⅔的鱼身可切出鱼排。从扁体鱼身上切下的鱼排比圆体鱼的鱼排更接近三角形，因为扁体鱼的内脏紧挨着鱼头，而圆体鱼则是沿着鱼身分布。在烹饪过程中，鱼皮可以起到保护鱼肉的作用。但鱼做熟之后，鱼皮便能轻易被扯下。大型扁体鱼能切出多肉、质地紧实的鱼排，适合炙烤、煎炸、烧烤或用微波炉烹饪。

鱼头

鱼头上的鱼颊肉，有人称其为"珍珠"，在烹饪前或烹饪后，都值得将它们单独取下享用。在斯堪的纳维亚半岛、北美、南欧和世界上其他一些地方，人们认为这是一种美味佳肴，可以油炸、煮或用平底锅煎。鱼头可以用来做咖喱鱼头，也可以给鱼高汤提鲜，或者简单地把鱼头煮熟，取出里面的鱼肉，做成鱼饼和鱼派。如果准备煮鱼头和取鱼肉，得先去除鱼鳃，把鱼头冲洗干净，并洗去所有的血迹。

鱼颊肉 是从较大的鱼上取下来的，特别鲜美。问问鱼贩有没有单独售卖的鱼颊肉。

从大型扁体鱼的鱼头两侧可以取出肉质紧实的鱼颊肉。

熟蟹的拆解

所有种类的螃蟹都有相同的身体结构：2只螯足、8条步足、硬壳和蟹身。下图是一只可食用的棕蟹，图中标出了棕色蟹肉和白色蟹肉所在的位置。处理螃蟹时，先掰下蟹螯和蟹腿，随后将蟹身与蟹壳分离。注意，必须丢弃所有不能食用的部分，这些部分都很容易识别（见本页框内文字）。想要了解更多如何处理螃蟹的信息，见第288—289页。

蟹腿 ▼

螃蟹都长着8条步足。有些螃蟹的最后一对步足的形状像桨，例如梭子蟹。蟹腿上有一些白肉。把肉取出来可能有点麻烦，所以人们经常用海鲜叉或龙虾叉取出蟹肉。

蟹螯 ▲

只需打碎蟹螯，就能取出里面的白色蟹肉。一些鱼贩会把整条蟹腿中的蟹肉完整地取出来，用它来作装饰。但家常的做法还是要打碎蟹螯，取出蟹肉。

蟹螯中的白色蟹肉尤为清甜多汁。

不可食用的部分

鳃部位于蟹身两侧，但在烹饪过程中，一部分鳃可能会留在蟹壳内。这个部分干巴巴的，呈海绵状，很难吃。蟹嘴和蟹胃位于蟹壳内，也需要去除。螃蟹的"尾巴"，也就是蟹脐，位于蟹身底部，也是不能吃的。雄蟹的蟹脐较为细长，而雌蟹的蟹脐较宽而圆。蟹壳碎屑会破坏白色蟹肉的口感和滋味。想要挑出所有蟹壳碎屑，可以把蟹肉放在一个金属碗里摇晃一番，听一听是否有蟹壳碎屑碰到碗壁的声音。

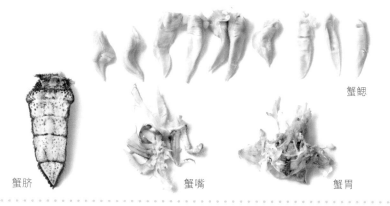

蟹鳃

蟹脐

蟹嘴

蟹胃

去除蟹脐，即螃蟹的"尾巴"，其位于蟹身的底部。

不可食用的蟹鳃，位于蟹身两侧。

◀ **蟹身**

蟹身牢牢地嵌在蟹壳内，由许多腔室组成，其中有大量白色蟹肉。将蟹身和蟹壳分离并将蟹鳃丢弃后，把蟹身切分成4份，这样更容易品尝里面的白色蟹肉。蟹身上残留着少许来贴近蟹壳的褐色蟹肉。

蟹壳 ▼

宽大的外壳里有棕色的蟹肉（内脏）。螃蟹会在生命周期的不同阶段蜕下蟹壳，这样它就能吸收水分，长出一个更大的蟹壳，并让自己在蟹壳中生长。

去除蟹胃和蟹嘴，它们就在螃蟹的眼睛后面。

蟹肉的吃法

白色蟹肉

蟹身、蟹腿和蟹螯中有白色的肉，滋味清甜、海味十足，非常多汁、软嫩。小心地把白肉取出来，注意不要沾上蟹壳碎屑，将纯蟹肉拌入沙拉或做成寿司食用，也可以做成蟹饼或咖喱蟹。

棕色蟹肉

蟹壳中含有带有土腥味的棕色蟹肉。其数量和密实度取决于季节，以及螃蟹是否在近期内蜕过壳。如果近期曾经蜕壳，螃蟹的棕色蟹肉会略稀软。可以将煮熟的蟹肉与柔软的面包糠或无酵粉一起团成团，再根据喜好调味并装盘 (见第70页)。

处理圆体鱼

刮除鱼鳞和剪鱼鳍

如果你想在烹鱼时保留鱼皮，一定要把鱼鳞刮除，这样才不会破坏菜肴的味道。刮除鱼鳞是一件麻烦事。把鱼（图中所示是鲑鱼）放在塑料袋里或水槽里，防止鱼鳞在厨房里四处乱飞。

剪鱼鳍也很重要，把鱼鳍处理干净，否则鱼鳍会粘在烤盘或锡箔纸上，导致烤好的鱼很难完好无损地取出来。

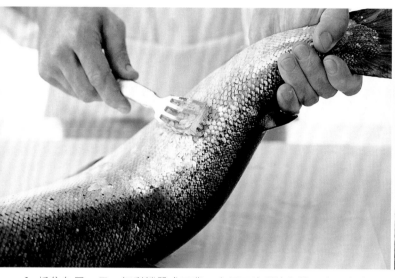

1 抓住鱼尾，用一把刮鳞器或刀背，由尾至头刮掉鱼鳞。除了鱼身两侧，还须刮除鱼的背部和腹部的鱼鳞。

2 用剪刀紧贴着鱼身剪去鱼鳍。在某些时候，应该在刮鳞之前剪去鱼鳍，因为鱼鳍可能会碍事。有的鱼长着锋利的鱼鳍，所以在刮鳞前剪掉鱼鳍也更安全。

去除鱼鳃

如果你打算在烹鱼时保留鱼头（图中所示为鲭鱼），请尽快去除鱼鳃，因为鱼鳃上有细菌，可导致鱼肉腐烂。最好整鱼烹

饪，因为鱼骨能锁住鱼肉的水分和味道，防止鱼肉变干。如果你喜欢的话，可以在鱼熟后把鱼骨、鱼头和鱼尾去掉。

1 用拇指和食指用力提起鳃盖，用片鱼刀锋利的刀尖切开鱼喉。将鳃盖拉起，能更容易地将鱼鳃干净利落地切下来。

2 用拇指和食指伸进去，将鱼鳃拔出来。鱼鳃应该很容易拔出。如果拔不出（大鱼的鱼鳃可能很难拔），剪断鱼鳃和鱼头相连处，然后将鱼鳃拔出。

去除鱼头

在烹饪前去掉鱼头其实并没有什么特别的原因，但许多人都喜欢这样做。应该从鱼鳍后方入手，干净利落地斜切一刀，这样能避免浪费鱼肉，因为位于鱼头后、紧贴脊柱的鱼肉是最鲜美的。切下来的鱼头可以放入汤和炖菜中，为菜肴增鲜。

1 用一把结实锋利的刀，在鱼身两侧的鱼鳍后斜切一刀，切口深入鱼头的后方。这样切可以使鱼肉尽量多地保留在鱼身上。

2 在鱼头下方、腹鳍后再切一刀，与刚才切入鱼头的2刀相连。这一刀同时也切除了腹鳍，否则需要在烹饪前剪去腹鳍。

3 一只手紧紧抓住鱼身，另一只手紧紧抓住鱼头，用力将鱼头向鱼背弯折，使其远离鱼腹。你能听到几声明显的断裂声。

4 把鱼身翻过来，快速而用力地把鱼头朝相反的方向弯折，使其靠近鱼腹。现在应该可以把鱼头从鱼身上掰卜来了。

从鱼腹中取内脏

我们需要去除鱼的内脏，因为内脏很快会腐烂。掏出内脏后，挑起从鱼头沿脊柱延伸的暗红色血线，将其除去后彻底清洗鱼腹，清除任何残留的血迹或内脏。图中所示为鲭鱼。

1 将一把薄刃片鱼刀插入鱼的肛门（你会看到一个小孔），一气呵成从鱼腹剖至鱼下巴。

2 用拇指提起腹壁，将刀插入鱼身，一直剖至脊柱附近的暗红色血线。

3 用刀背将血线剥离（见第272页），再将血线和内脏一起刮除。冲洗干净，然后用力将鱼腹擦拭干净。

从鱼鳃取内脏

这一手法远比从鱼腹取内脏复杂得多，但有的菜肴需要尽可能保持鱼身完整，比如煮浇汁鲑鱼（见第224页）。如果你想把圆体鱼切成鱼排，从鱼鳃入手也是去除圆体鱼内脏的理想方式。图中所示为虹鳟鱼。

1 用剪刀将鱼头底部的鱼鳃剪断，然后把鱼鳃拉出来。务必小心，因为鱼鳃可能很尖利。

2 用手指将内脏从鱼鳃留下的洞中拉出一小截，绕在食指上，然后将全部内脏中拉出来。

3 剪开鱼的肛门，把剩余的内脏拉出来。将手指伸进鱼腹，剥离血线，然后将鱼腹冲洗干净，彻底清除血线。

从背部入手剔除鱼骨

在某些地区，这种方法通常被称为"划独木舟"，采用此法能完好地保持鱼的形状，方便在烹饪前给鱼调味或填入馅料。首先，剔去鱼的脊柱、背鳍和一部分鱼刺。剔骨之后，去除内脏，扯下鱼鳃。最后清洗鱼身，动作要迅速，因为细嫩的鱼肉很容易吸水。图中所示为条纹锯鲉。

1 用片鱼刀沿着鱼的背部划开，干脆利落地将位于脊柱上方的鱼肉与脊柱分离。

2 把鱼翻面，重复同样的动作，将鱼肉与脊柱分离操作时刀应与鱼骨保持平行。如果刀是倾斜的，会割到另一侧鱼身。

3 将鱼片开后，将脊柱从鱼头和鱼尾分别切断或剪断，把脊柱拉出来。接着剔除鱼排中的鱼刺（见第271页）。

从腹部入手剔除鱼骨

如果你想在鱼身中填入馅料，这将是一种理想的剔骨法。通常在做醋渍鲱鱼卷（见第297页），以及准备烤鱼时，会采用这种剔骨法处理鲱鱼（如图所示）。由于从腹部入手剔除鱼骨的鱼身是扁平的，在烹饪的过程中只需要翻一次面，因此这种方法非常适合煎炸和烧烤。

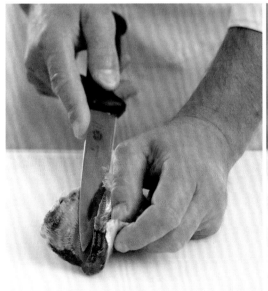

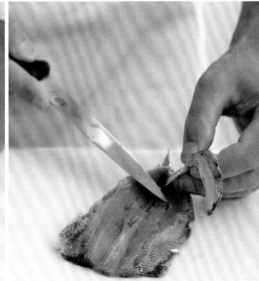

1 去除鱼头和内脏。把鱼背部朝下放置，用片鱼刀沿着脊柱的 侧，从鱼头片到鱼尾，将鱼肉与鱼骨分离。

2 用片鱼刀沿着脊柱另一侧划开，将鱼肉与鱼骨分离。始终使刀与脊柱平行，避免浪费太多鱼肉。

3 小心地一边拉着脊柱，一边将其切下，用剪刀在鱼尾处剪断，或者用锋利的刀切断。将鱼肉中的鱼刺剔除（见第271页）。

经典片鱼法

纵带羊鱼和羊鱼等圆体鱼通常可以片出2片完整的鱼肉。最重要的是需要有一把锋利、灵活的片鱼刀，以及熟练的运刀技术。将片鱼刀平贴在鱼骨上，并用横贯刀法一气呵成片下鱼肉，这样可以避免鱼肉受损。用这种刀法去除鱼头和鱼骨。鱼肉很快就能烹熟，但须小心不要烹饪过头。

1 将鱼头与鱼身分离：用一把锋利、灵活的片鱼刀，将刀刃以一定角度切入鱼头，避免损失过多的鱼肉。一直切进去，直到刀刃碰到鱼骨为止。

2 把刀放平，将刀刃紧贴着脊柱的上方下刀，先切开鱼皮，再划一两刀就可以看到脊柱了。

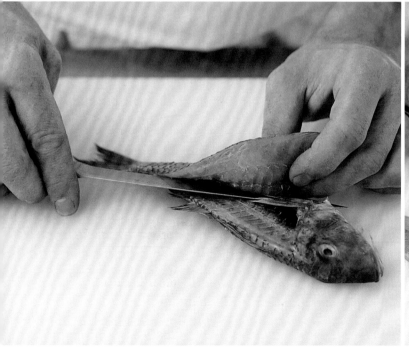

3 把刀持平，沿着肋骨一路切下，与另一半鱼身分离。用既轻柔又利落的刀法，继续片向鱼尾，片出完整的一片鱼肉。

4 把鱼翻过来，在鱼身另一侧重复同样的动作。用你的另一只手按住鱼，记住始终把刀持平，下刀应果断，一气呵成并把握好力度。最后将鱼肉中的鱼刺剔除（见第271页）。

整开鱼片法

鱼贩用整形片鱼法可一次片出2片连在一起的鱼肉，并把肋骨留在脊柱上。你在家里也可以这样片鱼，虽然这样有点浪费，但用这种方法这样片出的鱼肉特别干净，还能保留"肋骨架"，用来做鱼高汤极佳。这种片鱼法最适合片小型圆体鱼，如牙鳕（如图所示）。

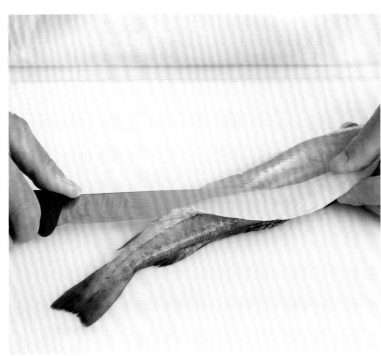

1 从鱼腹入手，将一把锋利、灵活的片鱼刀平放在鱼的肋骨上，以肋骨为基准，由头至尾干脆利落地划一刀，始终保持刀尖抵着脊柱。

2 把鱼翻过来，在鱼身另一侧重复同样的动作。用另一只手拉住片下来的鱼片。将刀刃平放在脊柱上，以避免浪费鱼肉，切记采用连贯且轻柔的横贯刀法。

3 用刀尖沿着鱼背将鱼肉片下来。用另一只手从鱼骨上将2片鱼肉拉下来。用剪刀剪断鱼尾处的脊柱，取下鱼肉。将鱼肉中的鱼刺剔除（见第271页）。

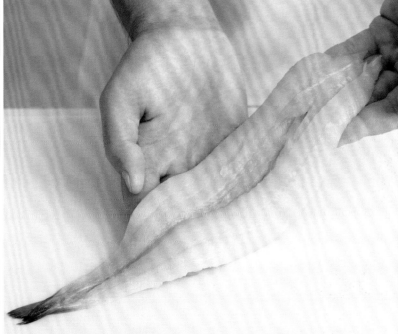

4 采用整开片鱼法片鱼，你会获得一大块整齐无骨的鱼片。试着将鱼肉裹上香草馅料，放入烤箱烘烤，做出一道与众不同、令人印象深刻的美食。

片鮟鱇鱼尾

市场上销售的鮟鱇鱼通常是鱼尾部分。经鱼贩片好的鮟鱇鱼没有鱼骨，鱼肉清甜紧实。然而，即使鱼贩通常会剥去鱼皮，但鱼皮下的灰褐色的筋膜层仍然保留着，你需要去除这些筋膜。

如果将其留在鱼肉上，筋膜会在烹饪过程中收缩，令鱼肉变硬。

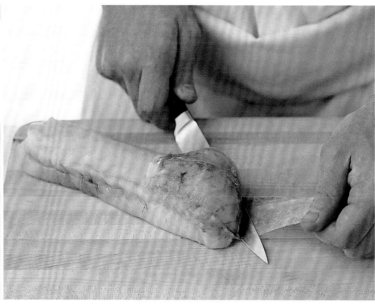

1 把鮟鱇鱼尾放在案板上，腹部朝下。用一把锋利、灵活的片鱼刀，沿着脊柱的一侧划长长的一刀，直达鱼腹。把鱼翻过来，在脊柱的另一侧重复同样的动作。

2 把鱼肉放在案板上，筋膜朝下。把刀斜插入筋膜和鱼肉之间。用另一只手紧紧抓住筋膜的末端，将筋膜完整地从鱼肉上割下来。

切鱼排

鱼排是整条鱼的横截面，鱼排中间有鱼骨。在烹饪过程中，鱼骨有助于保留鱼的风味和水分。如果鱼比较大、脊柱粗大，可

以用木槌敲打刀背，从而切断脊柱。这样可以避免在切鱼排时压碎鱼肉。图中所示是为鲑鱼。

1 用一把结实、锋利的刀，从已经去除内脏的鱼的鱼鳍后方斜着下刀，在鱼身另一侧重复这个动作，用木槌敲打刀背，将鱼颈切断，从而切下鱼头。

2 用一把大而锋利的主厨刀，在鱼皮上每隔2.5厘米划一刀，确保切下的鱼排大小均匀。在鱼身上划好标记后，将整块鱼肉一块一块切下来。每次下刀前把刀擦干净。

如何剔除鱼刺和削皮

削鱼皮时，把刀平放在案板上，否则会有太多鱼肉被一起切掉。有时可以选择保留鱼皮，因为鱼皮有助于在烹饪过程中保持鱼肉的水分。而且，鱼皮会使菜肴看上去更诱人，鱼熟了后也可以很轻松地剥皮。图中所示是鲑鱼。一定要剔除鱼肉中的刺，避免鱼刺卡喉。

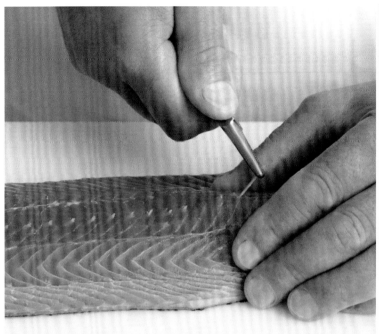

1 用你的拇指按压鱼刺，使鱼刺凸出来。用剔刺钳夹住鱼刺，朝鱼头的方向拔出来。有些鱼的鱼刺大部分长在鱼肉最厚的地方，鱼尾处没有鱼刺。

2 用一把足够长且灵活的刀，从鱼尾（即鱼肉最薄的地方）下刀，始终将刀紧贴鱼皮，把鱼肉和鱼皮割开。

3 用另一只手拉住割开的鱼皮。保持鱼皮紧绷，刀与案板成30°并抵住案板，一边拉锯似地来回移动，一边将刀推向鱼头方向，削去全部鱼皮并丢弃。

4 如果鱼肉表面留下了闪闪发光的"银色鱼皮"，说明你削鱼皮的技艺不错，鱼肉的损耗小得可以忽略不计。

处理扁体鱼

去除鱼鳃

在处理扁体鱼之前，先用流动的冷水把鱼冲洗干净。因为扁体鱼身上黏糊糊、滑溜溜的。如果有必要的话，用刷子把黏液刷干净。如果你打算在烹鱼时保留鱼头，需要去除鱼鳃，因为鱼鳃会滋生细菌，导致鱼肉腐烂。图中所示是鲽鱼。

 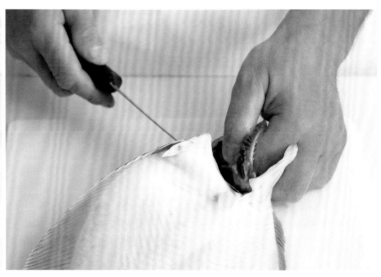

1 用手指提起鳃盖，选一把锋利、细长的刀，用刀尖在鱼鳃后切一刀。把鱼鳃往上拉，用刀围绕着鱼鳃的根部划一圈。随后用刀尖轻轻切一个小切口，就可以把鱼鳃切除。

2 用手指把鱼鳃拔出并丢弃。用流动的冷水把鱼快速冲洗一下，检查鱼鳃留下的血迹是否已经洗净。

去除血线

通常情况下，扁体鱼被捕获时就会被去除内脏，你唯一要做的就是去除血线。血线是鱼的主动脉，贴着鱼的脊柱生长。鱼血有一种难闻的味道，吃起来是苦的，应该清除干净。清洗鱼身的时候，要尽可能快一些，否则细嫩的鱼肉会吸收水分。

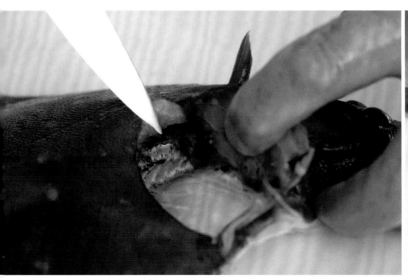 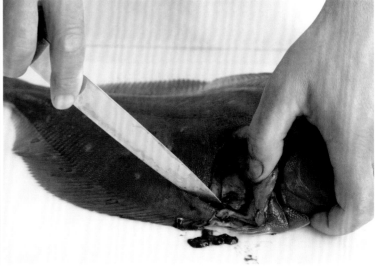

1 将一把锋利、细长的刀插进鱼腹，用刀尖刺开固定血线的筋膜。这段筋膜位于鱼头中的一个小腔囊中，附着在脊柱最粗的部分上。

2 拉掉或刮去凝固的暗红色血线，仔细检查是否已经将其清除干净。最后用流动的冷水快速冲洗鱼腹。

修剪鱼鳍、鱼尾

一些扁体鱼需要刮除鱼鳞（见第264页）。如果你不确定是否需要刮鳞，用一把锋利的刀从鱼尾到鱼头刮一遍。如果没有刮下多少鱼鳞，就没有必要刮鳞了。虽然扁体鱼的鱼鳍和鱼尾往往比圆体鱼的鱼鳍和鱼尾更宽一些，而且不太明显，但它们同样是不能食用的，需要剪去。

1 用剪刀从鱼尾到鱼头剪掉鱼鳍。修剪鱼鳍后，鱼看上去很整洁。如果你将鱼鳍保留，可以在鱼烹熟后将鱼鳍扯下来。

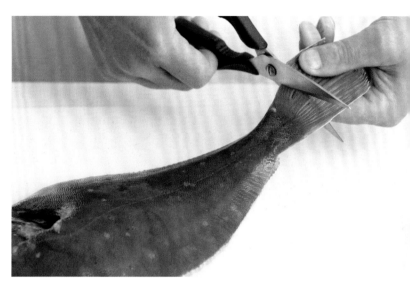

2 修剪鱼尾能让鱼看上去更整洁，而且鱼尾会粘在烹鱼的器皿上。去除鱼尾后，你可以轻而易举地把鱼从烤盘或煎锅中取出。

去除鱼头

大多数鱼贩会主动询问顾客，是否需要去除扁体鱼的鱼头，因为这样鱼就可以直接拿去烹饪了。如果你想自己动手，应该把浪费减到最低，这点很重要。用一把锋利的刀，在鱼头后方靠近鱼骨的地方划一个标记，避免浪费离鱼头最近的厚鱼肉。

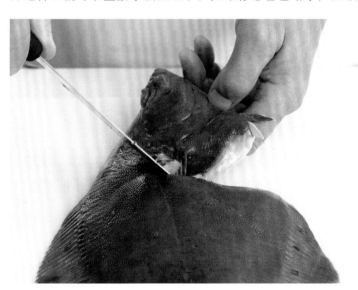

1 用一只手将鱼头从案板上提起，小心一点，不要将手指过于接近刀刃。用一把结实、锋利的刀，在之前去除内脏的位置下刀，将鱼头与鱼身分离。

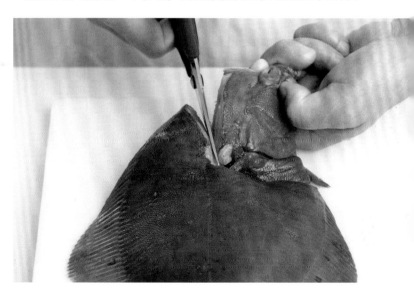

2 沿着鱼头天然的形状，用刀在最贴近边缘的地方划一道标记。用一把结实的剪刀，沿着标记剪开，去除鱼头。

片双鱼片

整片的鱼肉油煎、烘焙、烘烤、炙烤、清蒸或烧烤俱佳。记住，扁体鱼的肉比较薄、肉质细腻，很容易过度烹饪。在片小型扁体鱼的鱼片时可以横切，从而片出双鱼片，并保留更多的鱼肉。图中所示是小头油鲽。

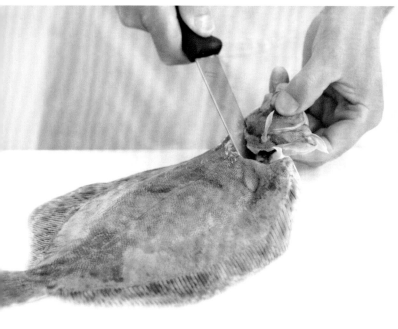

1 去除鱼头。用一只手把鱼头提起来，用一把锋利的刀在靠近鱼头的地方划出标记，将浪费减到最小。用一把结实的剪刀沿着标记将鱼头剪下。

2 把鱼翻面。将一把长而锋利的片鱼刀从鱼身中线下刀，插入鱼肉和脊柱之间，让片鱼刀始终贴近脊柱。采用拉锯式的切法，来回移动片鱼刀，一直片至鱼身边缘。

3 用一只手轻轻提着片开的鱼肉，干脆利落地从鱼尾到鱼头长划一刀，直到刀碰到脊柱。

4 将鱼肉与脊柱分离。继续用刀长长一划，片下另一边的鱼肉。把鱼翻面，在鱼身另一侧重复同样的动作。

四分法

这是最简单、最常用的片扁体鱼的方法。有2个操作要点：首先，把刀尽可能贴近鱼骨（你应该能听到刀刃碰到鱼骨的声音）。其次，用干净利落的横贯刀法，避免对细嫩的鱼肉造成损伤。图中所示是大菱鲆。

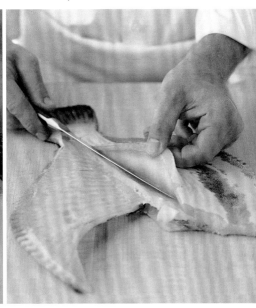

1 用一把长而灵活的片鱼刀，充分利用刀刃的长度，对准鱼身中央下刀，切至脊柱。先切鱼皮颜色较深的一侧。

2 用刀尖沿着脊柱片出整片鱼肉。长划几刀，便可将脊柱至鱼身边缘的鱼肉完整片出。

3 在同一侧鱼身的另一半重复同样的动作。把鱼翻面，较白的一侧朝上，用相同方式片出2片鱼肉。

切扁体鱼鱼排

切鱼排是一个简单且能最大化利用大型扁体鱼的好办法。每一块鱼排的中间都有一小块鱼骨，其可以帮助鱼肉保持水分，而且烹熟后也很容易与鱼骨分离。用一把沉重的槌子敲击刀背，斩断脊柱，避免对细嫩的鱼肉造成损害。在切下每一块鱼排后擦拭刀刃。图中所示是大菱鲆。

1 修剪鱼鳍和鱼尾，用一把锋利、结实的刀去除鱼头（见第273页），去除血线（见第272页）。

2 用一把锋利、结实的切鱼排刀将脊柱两侧的鱼身分别切下来。用清水快速冲洗鱼腹，清除血迹。

3 用刀尖划出标记线，随后将鱼排一块块切出来。用槌子敲击刀背有助斩断鱼骨。

鳎鱼去皮去骨

用这种方法几乎无法处理非常新鲜的鳎鱼。因为将新鲜鳎鱼的鱼皮和鱼肉分离并不容易，鱼肉会被撕裂。所以，选择一条几天前被捕捞上岸的鱼。此时，鱼身可以弯曲，鱼嘴能接触到鱼尾，这种现象在某些地区被称为"亲吻自己的尾巴"。这样的鱼更容易去皮，鱼肉也更硬、更美味。

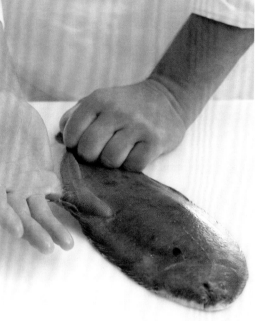

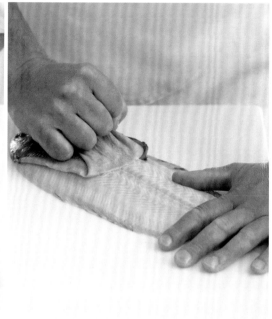

1 用一把锋利的刀切开鱼尾处的鱼皮，剥离2.5厘米长的鱼皮。你可能需要用一块布裹住鱼皮。

2 将一根手指插入鱼身边缘的鱼皮之下，慢慢地用力，将手指向鱼头推进。在鱼身两侧的边缘重复这个动作。

3 用一只手紧紧抓住鱼皮，如果鱼皮太滑，垫一块布，慢慢地把鱼皮向鱼头方向拉，避免撕裂鱼肉。

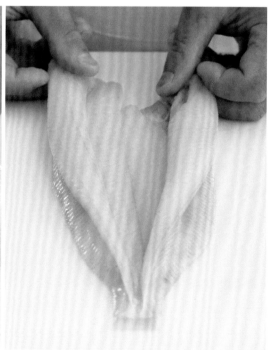

4 用片鱼刀从鱼身中央下刀，将鱼肉切开。之后，长长地划几刀，片下鱼肉。把鱼翻面，重复这个动作。

5 用一把结实的剪刀，贴着肋骨的边缘，将鱼骨剪下。剪下来的鱼骨可用来做鱼高汤 (见第310页)。

6 无骨的鳎鱼可以重新拼装成完整的形状，只需将上下鱼片叠好就行。鳎鱼很快就能烹熟，但小心不要让鱼肉变干。

鳐鱼翅去皮、片鱼肉

鳐鱼翅指的是多种鳐鱼的大鳍。除了鳍和位于鳍后边的"瘤状突起"之外，鱼身的其他部分通常被丢弃。圆圆的"瘤状突起"非常美味，其形状和味道与扇贝相似。这些软骨鱼的鱼皮很粗糙，为了保护你的手，可以在削鱼皮时垫一块布。

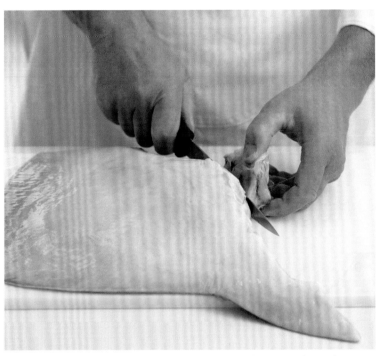

1 用主厨刀从鱼肉最厚的地方切下骨质的"关节"，这样能更容易看到软骨的起始位置，因此也更容易片下鱼肉。

2 用一把锋利且沉重的刀或结实的剪刀修剪鱼翅边缘。将一把锋利的片鱼刀插入鱼肉和鱼皮之间，然后将刀划向鱼身边缘。

3 把刀移到鳐鱼翅肉最厚的地方，用干脆利落的刀法，朝远离你的方向削过去，一直削到鱼身边缘，把鱼皮完整地削去。

4 从鱼肉最厚的地方下刀，将刀尖插入鱼肉和中央软骨之间。将刀贴近软骨，干脆利落地片下鱼肉。把鱼翻面，重复这个动作。

处理虾、贝及蟹类

清洗贻贝并去除足丝

处理贻贝比处理其他双壳类软体动物麻烦。洗净淤泥后，需要用刀刮掉它们身上覆盖着的一层藤壶。它们的足丝，有些地区称为"胡须"，也需要去掉。在即将烹饪时才处理贻贝。如果你需要提前处理，在下锅前一定要检查贻贝的壳是否仍然是闭合的。

1 用流动的冷水冲洗，用硬刷子刷贻贝，刷去难以去除的沙砾、泥巴和海藻，以免影响菜肴的味道。检查每只贻贝是否仍有生命迹象（详见对页框内文字）。

2 用手将每只贻贝上毛茸茸的"胡须"拉出并丢弃。如果足丝很细，拉住足丝靠近贻贝壳的一端，避免将足丝拉断。

开牡蛎

尽管牡蛎以很难打开著称，但如果你有一把好用、结实的开蚝刀，便能轻松打开牡蛎或将其"剥壳"。无论是生牡蛎还是熟牡蛎，人们通常把牡蛎盛放在一片壳中上桌并立即食用。你也可以用一种能撬开牡蛎的钳子，从圆的一端夹开牡蛎壳，从而打开牡蛎，但牡蛎壳的碎屑可能会掉入牡蛎肉中。

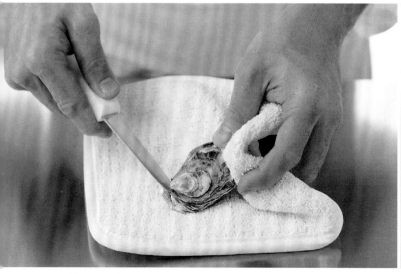

1 用一块厚布把牡蛎紧紧地裹住，保护好你的手。将开蚝刀的刀尖插入牡蛎上下壳闭合处的缝隙中，转动刀锋，找到一个好的发力点，用力撬开上壳。

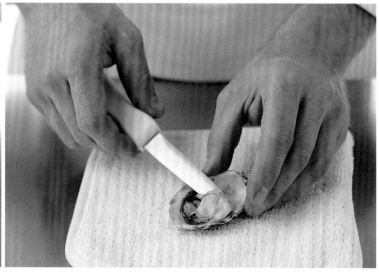

2 把掉在牡蛎肉中的碎屑扔掉。把刀伸到牡蛎肉下，切断闭壳肌，把牡蛎肉从壳里取出来。注意不要把壳中的汁液洒出来。

打开蛤蜊

蛤蜊通常是带壳生吃或煮熟（蒸熟或烤熟）吃的。带壳的蛤蜊吃起来很方便，就像贻贝一样。如果你想吃生蛤蜊，或者想把蛤蜊肉取出来做杂烩浓汤或馅料，就需要把壳撬开。在取肉之前，先检查蛤蜊的外壳是否紧紧闭合。如果壳是张开的，把蛤蜊扔掉。

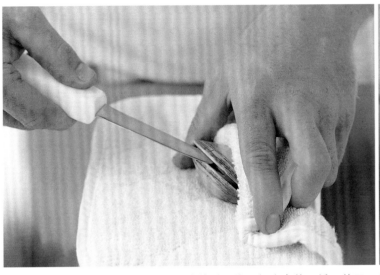 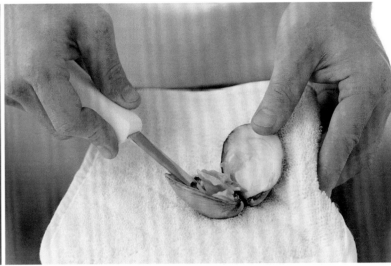

1 用一块厚布把蛤蜊裹住，保护好你的手。将一把尖窄的开蚝刀的刀尖插入蛤蜊上下壳的缝隙中，扭动开蚝刀，撬开上下壳。

2 撬开后，把上下壳分开，小心翼翼地用刀尖把蛤蜊肉从下壳里取出来，尽量不要割破蛤蜊肉。

打开竹蛏

竹蛏通常带壳蒸烤，但用于做酸橘汁腌海鲜时，肉质细嫩的竹蛏生吃也很棒。和所有的双壳类软体动物一样，在开壳时必须是活的。

1 用一把锋利的薄刃刀沿着竹蛏壳的开口处划开，用拇指把竹蛏壳掰开。小心一点，因为竹蛏壳很锋利。

2 将蛏子肉从壳中取出，将白色的蛏子肉和内脏分离。竹蛏肉可以切成薄片，也可以整个烹饪。

安全食用软体动物

所有的双壳类软体动物，例如牡蛎、蛤蜊、贻贝和扇贝，在烹饪时或从壳中取出时必须是活的，食用死的双壳类软体动物是不安全的。

烹饪前，一定要检查其外壳是否紧密闭合，如果外壳破损或破碎，应该立即丢弃。活的贻贝、蛤蜊、牡蛎和扇贝也可能会开口。叩击其外壳，看看它们是否闭合，如果仍未闭合则立即丢弃。

在任何情况下，扔掉所有在烹饪后仍然闭口的贝类食材，并提醒你的客人也扔掉它们。

打开扇贝

把扇贝肉取出后，可以把2片扇贝壳（瓣膜）煮几分钟，作为烹饪扇贝的容器。你可以把扇贝肉放在圆圆的扇贝壳上炙烤，也可以把2片扇贝壳用油酥面团裹住后加以烘烤或烧烤。将扇贝子和扇贝肉轻轻冲洗干净，即可煎炸、煮、烧烤或炙烤。

 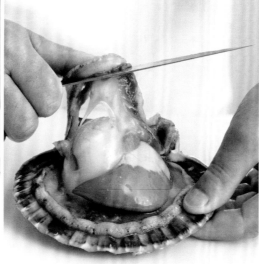 

1 将扇贝的圆壳朝下，用一把结实的小刀沿着扇贝壳划开。始终将刀紧贴圆壳。

2 将圆壳丢弃，或保留下来作为容器。用一把锋利的刀去除位于扇贝肉周围的裙边并丢弃。

3 去除黑黑的肠胃。用刀尖把附着在白色的厚扇贝肉上的小泥囊取出来。

 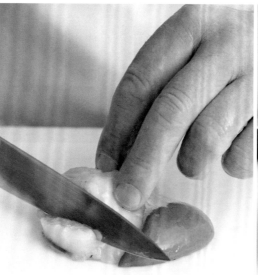 

4 将扇贝壳的一边略微抬起，切下扇贝肉。把刀紧贴扇贝壳，避免浪费扇贝肉。

5 把扇贝肉边缘厚厚的白色部分切除并丢弃。这部分肉质比较密实，烹熟后会很硬。

6 把处理好的扇贝肉放回壳中它看起来很美味多汁。如果你喜欢的话，可以把扇贝子切掉。

峨螺和玉黍螺剥壳

你在市场上可以买到活的或熟的峨螺和玉黍螺。想自己在家做菜时，把它们放入水中清洗，换几次水。之后，放在淡盐水中浸泡几分钟，然后煮熟。玉黍螺只需要3~5分钟即可煮熟，而峨螺需要12~15分钟。煮熟后，用一把小海鲜叉或别针就能轻而易举地从壳中取肉。

峨螺

玉黍螺

1 将海鲜叉插入峨螺的螺肉，轻轻扭动螺壳，取出全部螺肉。不要用力拉扯，否则会把一些肉留在壳中。

2 剥开峨螺顶端的肉，露出一小块不能吃的硬肉，轻轻地把这小块肉扯去。

用一根干净的别针插入螺肉，然后轻轻地把肉从壳中扭转出来。须先去掉厣（角质的"脚"）再食用。

打开海胆

打开海胆多刺的外壳，你可以看到口感如奶油般绵软的海胆卵，它们带有强烈的咸味和海草味。海胆卵可以生吃、水煮，或制成海胆泥添加到奶油酱中，搭配烤鱼或意面一起食用。春秋两季是享用海胆最好的季节。

1 用一块毛巾把海胆包起来，刺朝下，找到海胆底部的小洞。将一把结实的剪刀插进洞里，剪下底部的外壳并丢弃。

2 用一把茶匙将粘连在海胆壳顶部的橘色卵囊取出来，放在碗里。小心别把它们弄碎，因为它们非常娇嫩。

清洗和处理鱿鱼

鱿鱼的可食用部分是身体（鱿鱼管）、腕足和肉鳍。全世界的人都吃鱿鱼。在高温下，鱿鱼只需数秒就能被烹熟，呈半透明状，而煮过头则会嚼不动。鱿鱼也适合用小火慢炖。慢炖鱿鱼的口感与大火快煎上色的口感截然不同。

1 用一只手抓住鱿鱼的外套膜（即身体），轻轻地将鱿鱼的腕足从身体里拉出来，把两者分开。鱿鱼的眼睛、内脏和嘴会随着头部一起被扯下。

2 用一把锋利的小刀在鱿鱼眼睛下方切下腕足，把内脏掏出来，把两条长腕足切成和其余腕足一样长。丢弃鱿鱼头、嘴、眼睛和内脏。

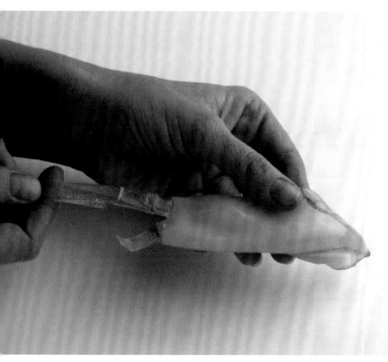

3 找到附着在外套膜里的翎状内壳（海螵蛸），把它拔出来。把2片肉鳍捏在一起，将它们与鱿鱼身上紫色的外膜一起撕掉。将鳍上的外膜撕下并丢弃。

4 可以用完整的鱿鱼管充填馅料，或把鱿鱼管切成鱿鱼圈油炸，还可以将其切开摊平（如图所示），并用锋利的刀轻轻打花刀。这样做能让热量迅速传递至鱿鱼肉内部，防止过度烹饪。

清洗和处理墨鱼

在剥去墨鱼厚厚的外膜后，把墨鱼白色的肉摊平，可以像处理鱿鱼一样打花刀。要么烹制整块"墨鱼排"，要么把墨鱼肉切成薄片，然后高温快炸、煮或油炸。墨鱼的腕足通常非常坚硬，快速烹饪的效果不佳，最好用焙盘慢炖或慢慢焖制。

1 从墨鱼头入手，把手伸入墨鱼身体，轻轻抓住内脏，连带腕足一起拉出来。注意不要弄破珍珠灰色的墨囊，因为墨鱼汁会把墨鱼肉染黑。你可以用墨鱼汁给许多菜肴调味和上色。

2 用一把结实锋利的刀从眼睛下方将墨鱼头和腕足切开，将头丢弃。然后将腕足中间坚硬的墨鱼嘴切下并丢弃。把2条长长的腕足切成与其余腕足长度一致。

3 用刀划破墨鱼的外膜，将墨鱼竖起来，头部朝上，用力向下按压，干净利落地取出骨质内壳并丢弃。剥下外膜，它应该能完整地被撕下来。

4 把墨鱼身体内侧翻出来，将厚厚的、不能吃的内膜剥离并丢弃。之后就像处理鱿鱼管一样（见对页），根据烹饪需要切成圈或打花刀。

清洗和处理章鱼

与鱿鱼、墨鱼不同，章鱼没有内壳。小章鱼可以简单地煎熟，整只上桌。较大的章鱼更适合较长时间的烹饪。虽然章鱼头可以快速烹熟，但腕足需要慢慢烹饪才能变软。用章鱼墨汁炖煮章鱼，可以做出味美醇厚的炖菜。

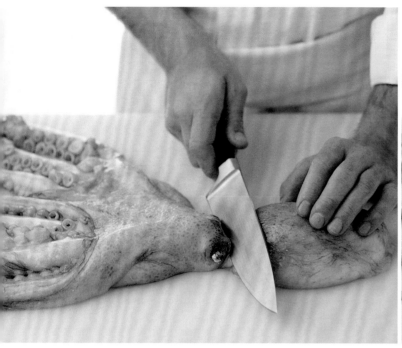

1 用一把锋利、沉重的主厨刀，从眼睛上方切下章鱼头。切开章鱼头，去除内脏，剥去外膜，连同腕足一起烹饪。

2 用一把锋利的小刀将腕足中间的章鱼嘴切除。把腕足清洗干净，换2~3次水，洗去所有泥和砂砾。

3 切下一条条腕足。如果章鱼较大，需将腕足切短，或将完整的腕足直接烹饪，待烹饪好后再处理 (详见本页框文字)。将腕足吸盘上较硬的部分剪掉并丢弃。

嫩化章鱼

要烹制一只大章鱼，你需要把它放在煮鱼汤料 (见第302页) 中用文火慢慢炖软。加入足量的水没过章鱼，然后在一个很大的炖锅中以文火慢炖15分钟。

将章鱼捞出称重。将章鱼放入锅中，汤汁也倒回锅中，煮沸后改小火。对于重量不足1.5千克的章鱼，用文火慢炖约50分钟。超过1.5千克的大章鱼可能需要更长的时间烹饪；文火慢炖至章鱼肉变软。将章鱼留在汤汁中，直至完全冷却。

从汤汁中取出章鱼，用厨房用纸擦干。切块，与橄榄油、柠檬汁和白葡萄酒醋拌匀。冷冻过的章鱼肉质会变嫩许多。

清洗和处理虾

所有虾都有黑色的肠线，应该丢弃，有时需要在保留虾壳的情况下将其挑去。如果准备炙烤或烧烤，需要保留虾壳，避免虾肉过度受热。从虾的背部切开并把虾摊平的切法称为蝴蝶刀法。养殖虾的肠线往往细小，甚至看不到，所以没必要挑出，但务必仔细检查。挪威海螯虾也可以这样处理。

剥去虾壳、挑去肠线

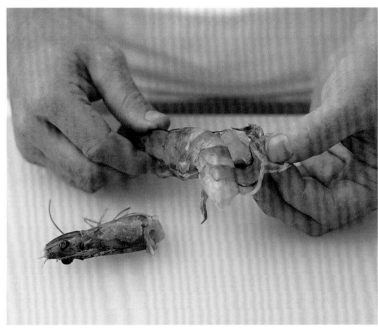

1 把虾头扯下，然后小心翼翼地剥去虾壳，从虾的下半部开始往上剥，不要损伤虾肉。虾头和虾壳都可以用来制作高汤。如果你喜欢的话，保留虾尾。

2 挑出肠线：把虾放平，用一把锋利的小刀在虾背上切一刀，几毫米深即可。挑出黑色的肠线。

挑去肠线并保持虾的完整

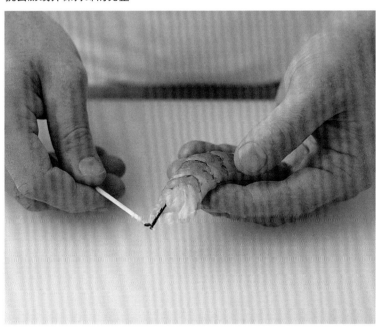

你会看到肠线一直延伸到虾头附近。用一根酒针，刺入肠线中，轻轻地挑出来，避免将肠线扯断、留在虾肉中。

蝴蝶刀法

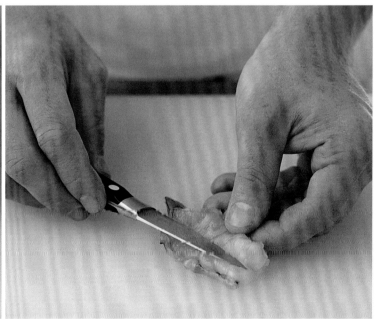

用一把锋利的小刀在虾的背部深深切一刀，切入虾身的¾处，直抵虾腹。在烹调过程中，虾肉会打开，像蝴蝶一样漂亮。

剥开熟的螯虾

最常见的食用虾和其他类似的甲壳纲动物，例如蝉虾和挪威海螯虾的方式就是把它们放在虾壳里上桌，配一个洗手盅。洗手盅里有入热水，并放入柠檬。螯虾一般放在煮鱼汤料、高汤或盐水中煮6~8分钟。螯虾壳内含有的色素对热敏感，这使它们在煮熟后呈现出鲜明的红色。

1 将螯虾的头部扭下来。所有甲壳纲动物的头部都含有甜甜的汁液和少许的肉，可以用小茶匙挖出来。

2 螯虾尾部的壳很锋利，用拇指和食指捏住，直至把它掰断。小心地将尾部的壳拉开，不要把虾肉撕碎。

处理活的软壳蟹

所有螃蟹在生命的不同阶段会蜕下坚硬的外壳，从而使它们的身体能继续生长。处于蜕壳阶段的螃蟹称为"软壳蟹"。整只软壳蟹都可以食用，略显松脆的外壳特别好吃。在处理活螃蟹前，先把活蟹放在冰箱里冷冻1小时以上，使其处于麻木状态。

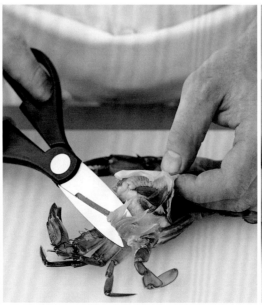
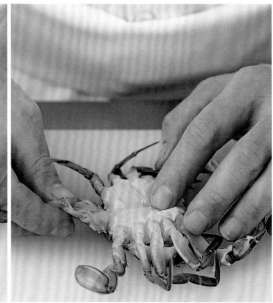

1 用一把结实的剪刀把螃蟹前端剪开，去除眼睛和蟹嘴并丢弃。

2 把软蟹壳拉开，露出蟹鳃，有些地区称为死人的手指，把它们剪掉并丢弃。蟹身两侧各有约4瓣蟹鳃。

3 把螃蟹翻过来，拉下它的尾部（蟹脐）。内脏应该和蟹脐一起被拉出来。现在可以煮螃蟹了。

处理活螃蟹

处理没有蜕下坚硬外壳的螃蟹可能稍微棘手一些。在处理活螃蟹前，把活蟹放在冰箱里，至少冷冻1小时，使其处于麻木状态。烹饪死螃蟹是不安全的，除非你知道它确切的死亡时间。

一旦螃蟹进入麻木状态，处理起来就比你想象中简单多了。

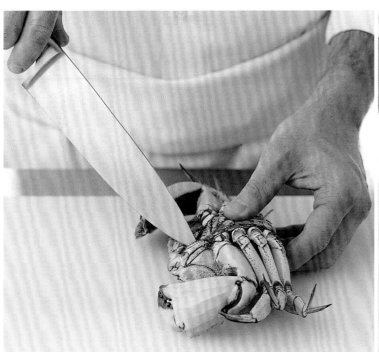

1 把麻木状态的螃蟹背部朝下放平。用一把非常结实、锋利的刀，从蟹嘴和2只眼睛中间刺入并切至眼睛下面，这一刀要用力，一直切到案板为止。

2 掀开并扯下蟹脐。雌蟹的蟹脐是圆的，而雄蟹的蟹脐长而窄。辨别雌雄很重要，这样你就能判断是否有蟹子。蟹子非常美味。

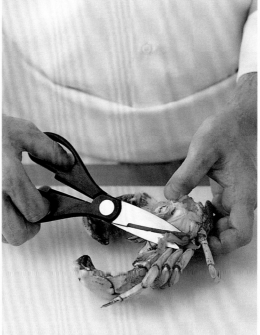

3 把螃蟹翻过来。用手指按住蟹嘴，用力把蟹身往下压，用另一只手将蟹壳拉起，使其脱离蟹腿和蟹身。

4 用一把结实的剪刀，从蟹身上剪下蟹鳃，即某些地区称为"死人的手指"的部分。找到眼睛后面的蟹胃并丢弃。

5 用一把结实、锋利的刀，把蟹身对半切开或切成4份，具体的切法取决于蟹的大小和烹饪方式。

287

熟螃蟹取肉

不管是哪种螃蟹，在食用前都需要找到并丢弃螃蟹身上的一些部分。由于蟹肉已经煮熟（参见对页框内文字），再加热时要留神，免得蟹肉失去鲜味。把白色蟹肉和棕色蟹肉分别装在2个碗里，然后放回干净的蟹壳里，螃蟹就算处理好，可以放心享用了。

1 把螃蟹背部朝下平放在案板上，牢牢地抓住一只蟹螯。干净利落地用力将其拧下。重复这个动作，拧下另一只蟹螯和所有蟹腿。备用。

2 把你的拇指放在蟹壳和蟹身之间，用力将蟹壳和蟹身掰开。掰下的蟹壳应该是完整的。把蟹脐从蟹身上掰断。

 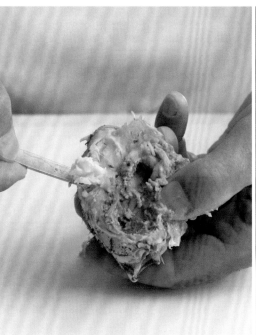 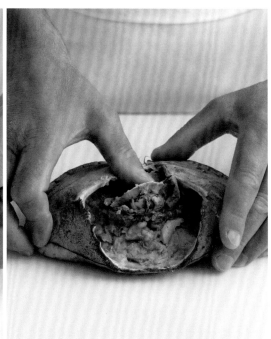

3 把蟹鳃（有些地区称为"死人的手指"）扯下，把蟹壳里残留的蟹鳃也全部丢弃。

4 将蟹身对半切开或切成4份。用小茶匙或海鲜叉从蟹身中取出白色蟹肉。

5 轻轻地把蟹嘴往下按，使它和蟹壳分离。扯下蟹嘴，蟹胃也会被一并带出来。

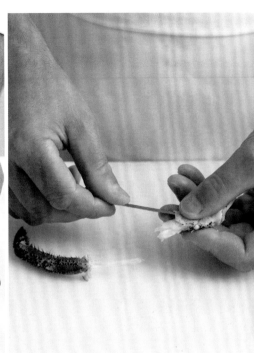

6 将一把锋利的大刀放在蟹壳底部的凹槽上，小心地沿凹槽刺破蟹壳，去掉多余的蟹壳。

7 用茶匙把蟹壳里的棕色蟹肉舀出来。留意黄油般的肝胰脏或黄色的蟹子，因为它们都是美味佳肴。

8 用一把大刀的刀背砸开蟹腿最细的地方。用海鲜叉把白肉挑出来。

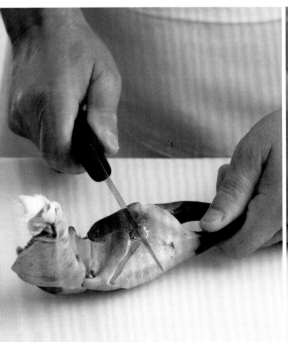

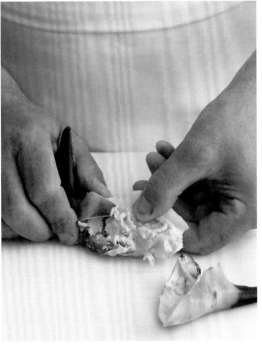

9 用一个重物或蟹钳打开蟹螯。注意不要用力过大，否则会损坏细嫩的蟹肉。

10 用手指剥除蟹螯的厚壳，然后用海鲜叉取出里面的白色蟹肉。

煮螃蟹

选一个很大的平底锅，倒入足量浓盐水或煮鱼汤料（见第302页），高度需没过蟹身。每500克螃蟹需要煮15分钟。在放入螃蟹时，确保水已经沸腾，并从锅中的水再次沸腾时开始计时。大螃蟹可能需要更长时间才能煮熟，因为它们的蟹壳更厚。

如果想吃冷螃蟹，在将螃蟹煮熟后应该迅速将其冷却，这不仅是出于安全的考虑，也是为了让蟹肉和蟹壳分离，这样更容易取出蟹肉。把煮熟的螃蟹放入冰箱，远离其他易腐烂变质的食品。

处理准备炙烤的活螯龙虾

炙烤龙虾必须用生龙虾。炙烤已经煮熟的龙虾，会导致龙虾肉变硬变干，失去滋味。在处理活龙虾前，先将其放在冰箱里冷藏1小时，使其麻木。食用死龙虾是不安全的，除非你知道它确切的死亡时间。以下是一种适合做焗烤龙虾的处理方式。

1 把处于麻木状态的龙虾放在案板上，用一只手抓住虾尾。用一把又大又重的主厨刀，从头部正中间切下，将龙虾连壳切成两半。为了更好地抓住虾尾，可以用一块布把虾尾固定住。

2 把龙虾调转方向，将虾尾的外壳切开，一直切到腹部外壳，将其切断。尽量使刀保持直线行进，这样就能把龙虾均匀地切成两半。

3 找到沿着龙虾背部延伸的肠线，将其取出。在雌龙虾的身体中央会有深绿色的龙虾卵。淡绿褐色的龙虾肝也可以留在原位，一起炙烤。

4 取下位于眼睛后面的胃囊。没有必要去掉虾鳃。虾鳃靠近虾壳，你需要去除上半段的虾壳，才能将其取出。

熟螯龙虾取肉

与螃蟹不同，龙虾基本只有白肉，在虾尾和虾螯中都是白肉。如果你打算买一只煮熟的龙虾，应确保它在煮的时候是新鲜的。拉开虾尾的外壳，应该能迅速弹回原位。如果虾壳软塌塌的，说明它在烹饪前已经死了一段时间，应该避免食用。

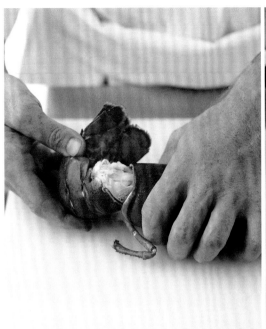

1 把虾尾拧断。虾壳可以用来做高汤，但要先把灰绿色的虾肝挖出来。

2 用一把结实的剪刀，将龙虾腹部坚硬的外壳剪开。小心你的手，因为虾壳很锋利。

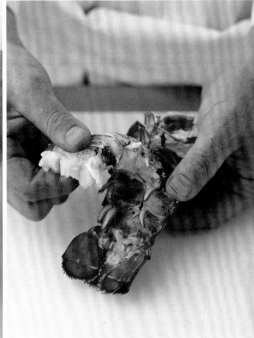

3 打开虾壳，小心地把龙虾肉一块一块地取出来。去除背部白肉里的黑色肠线。

4 用一个重物或蟹钳打开虾螯。注意不要用力过大，否则会损坏细嫩的龙虾肉。

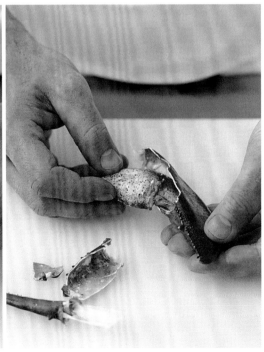

5 剥开虾螯壳，小心地从壳中取出龙虾肉，丢弃厚厚的虾壳。将混入龙虾肉的虾壳碎屑拣出并丢弃。

煮螯龙虾

在一个很大的平底锅中倒入足量的浓盐水或煮鱼汤料（见第302页），高度需没过龙虾。每500克龙虾需要煮10~12分钟。放入龙虾时，确保水已经沸腾，并在锅中的水再次沸腾时开始计时。大的螯龙虾可能需要更长时间才能煮熟，因为它们的壳更厚。

煮熟后，将龙虾放入冰箱中，使其迅速冷却。

寿司制作方法

切鱼片

务必选用专门用于寿司和刺身的商业冷冻鲜鱼。冷冻可以杀死生鱼体内的寄生虫。鲭鱼、金枪鱼等油性鱼的鱼片，应该比其他用来做寿司的鱼，比如小头油鲽、笛鲷、海鲈的鱼片切得更厚一些，因为油性鱼的质地较软。在处理鲑鱼时，去除靠近鱼皮的深色鱼肉。用一把长而灵活的刺身刀或一把锋利的切熏鲑鱼的刀来片鱼。

将刀轻轻一划，将鱼肉斜切成5毫米的薄片。不要用力过猛，否则鱼肉会碎。图中所示的鱼片用于制作握寿司非常理想（见第48页）。

先将鱼肉切成薄片（见左），再用刀尖切成宽1厘米的均匀的鱼条。把这些鱼条放在海苔米饭卷（见第48页）里很理想。

从鱼肉上方片出约3毫米厚的极薄的薄片，保持刀与案板水平。这些鱼片可以放在海苔米饭卷里，也可以放在散寿司里（见第48—51页）。

将处理好的整块鱼肉再切成均匀的薄片，每片约1厘米厚。这些鱼片既可以放在握寿司里，也可以放在散寿司里，或用来做刺身（见第48—53页）。

处理鱼排

用于制作寿司和刺身的鱼排，需要先去骨去皮。将脂肪组织从去骨去皮的鱼排上切掉，从而得到一大块整洁的鱼块。将大鱼块切成大约1厘米的薄片，用于制作散寿司、握寿司或刺身（见第48—53页）。将这些薄鱼块一切为二，再切成手指粗细的鱼条，制作所有卷寿司，如散寿司和海苔米饭卷（见第48页）。图中所示是鲑鱼排。

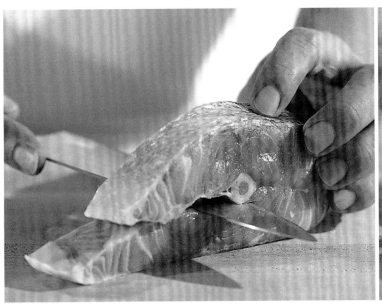

1 把鱼排竖放，把刀片入脊柱下方的鱼肉，接着片入另一边的鱼肉，将鱼排切成两半。保持刀锋与案板平行，避免用力过大，导致打滑。

2 把鱼翻过来，一刀将脊柱切下，你会感到刀切断鱼刺。如有需要，剔除鱼刺并去皮（见第271页）。

寿司米饭

用现煮的米饭制作寿司，在室温下食用。为了做出最好的寿司米饭，可以用电饭煲煮饭，但是用下面的方法煮饭也很不错。下面的食谱可以做10个寿司卷。

1 将600克日本短粒寿司米放入筛子，浸入冷水中，彻底清洗，把水倒掉。多淘几次米，直到水色变清。

2 将寿司米和660毫升水放入一个很重的平底锅或焙盘中。放入2小条昆布（干海藻），盖上一个严实的锅盖。慢慢煮沸，沸腾后改文火慢炖11~12分钟。离火，盖着锅盖焖10分钟。把昆布取出。

3 将8汤匙日本米酒醋、4汤匙糖、1茶匙盐放入锅中，慢慢加热至颗粒完全溶解。

4 把米饭盛在一个大浅盘或塑料盘中。淋上温热的醋汁混合物。翻动米饭，直至所有饭粒看上去都盈润光泽。用扇子给米饭降温（最好用电扇）。米饭凉了后，就可以制作寿司了。

用小木铲翻动米饭，确保所有米粒均匀地裹上醋汁。尽量把米饭摊薄一些，这样米饭会很快降温。

腌制制作寿司的鱼片

鲭鱼（如图所示）等油脂含量高、肉质软嫩的小型鱼的鱼肉，在制作寿司之前经过腌制会更美味。先将鱼片用盐腌一下，然后放在米酒醋中浸泡片刻，能使鱼肉变得更紧实、口感更丰富。这样的鱼肉放在握寿司里味道极佳（见第48页）。

1 将4片鲭鱼放入碗中，用8汤匙粗海盐涂抹均匀。放入竹制过滤器中，静置30分钟。

2 冲洗鱼片，拍干。将它们浸泡在500毫升米酒醋中，加入2汤匙味醂和2茶匙盐，腌制1~2小时。

3 把鱼片从醋中取出，拍干。慢慢剥去薄如蝉翼的鱼皮。将鱼片放在案板上，剔除鱼骨刺见第271页）。

嫩化鱼皮

有些鱼，如笛鲷（如图所示）、海鲈、鲷鱼等，鱼皮很硬，即使刮除鱼鳞也很难撕掉。嫩化鱼皮的过程很快，因此提前准备好沸水和冰水很重要。如果鱼肉在焯过水后没有立即冷却，鱼肉就熟了。

 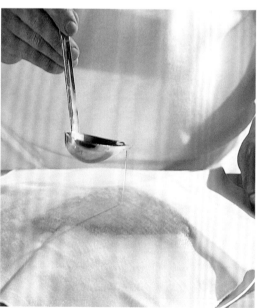 

1 把一个竹制过滤器倒扣在一个浅盘里，把刮除鱼鳞、剔除鱼刺的鱼肉放在上面，带皮的一面朝上。

2 用棉布或茶巾盖住鱼肉。用勺子把少量沸水泼在鱼皮上。

3 立即取下棉布，将鱼肉浸入冰水中。捞出沥干并拍干，之后继续以你喜欢的方式切片（见第292页）。

处理用来做寿司的虾

大的暖水虾可用来做寿司、刺身和天妇罗，在日本非常受欢迎。与其他的虾不同，这种虾确实需要烹熟。当你用暖水虾做握寿司，或当你要把虾平放装盘时，需要在烹饪前先进行加工，以防止暖水虾在水煮的过程中卷曲起来。

1 从生虾中央插入一根木扦子，从而保证虾身是直的。将虾放入一个大平底锅中，倒入开水，煮2~3分钟。

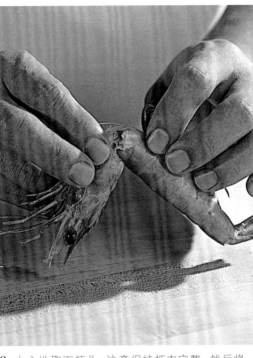

2 小心地取下虾头，注意保持虾肉完整。然后将虾头丢弃，或者用来做鱼高汤 (见第310页)。

3 从虾腹入手剥去虾壳。有些厨师喜欢保留虾尾的壳。

4 把虾背部朝下放置，沿着虾肉中线干净利落地切一刀，切到接近虾背，从而将肠线暴露出来。

5 用酒针或手指摘掉肠线，要用点力，但小心不要把它弄破，然后丢弃。

6 如果要保留虾尾的壳，把虾尾修剪成漂亮的V形。日本菜肴是非常注重细节的。

腌制

用盐腌制

熏鲑鱼在瑞典语中称为Gravadlax，意思是"埋起来的鲑鱼"。熏鲑鱼是一个经典的食谱。用厚厚一层盐、莳萝和糖裹住鲑鱼，能够排出鱼肉中的水分。你也可以用盐腌制海鲈和鳟鱼。

腌制48小时后，鱼肉会变得紧实。熏鲑鱼通常搭配可口的莳萝芥末酱一起食用。熏鲑鱼可冷藏保存3~4天，或至多冷冻保存2个月。

1 将85克精白砂糖、30克切碎的莳萝、1汤匙柠檬汁、75克细海盐和1茶匙现磨黑胡椒放入一个小碗中。把所有的材料拌匀。

2 把一片刮除鱼鳞、剔除鱼刺的鲑鱼片（约500克）放在一个干净的、非金属材质的浅盘或浅碟中，带皮的一面朝下。将所有的腌料均匀地撒在整片鱼上。

3 在这片鱼上再放一片鱼。用保鲜膜将它们裹紧，其上放一个盘子，上面再压一些重物，把鱼片压实。冷藏48小时。

4 每隔12小时将鱼翻面，把鱼的每一面都压紧，并倒出汁液，让鱼肉变硬。把鱼取出，打开保鲜膜，用厨房用纸拍干。

食用前，用一把锋利的刀从鱼尾附近开始下刀，将鲑鱼斜切成薄片，丢弃鱼皮。

用醋腌制

实际上，用醋或柑橘腌鱼等于将鱼"烹饪"了，与此同时也溶解了细小的鱼刺。下面介绍用醋制作经典的醋渍鲱鱼卷的方法。而制作酸橘汁腌鱼（见第60页）的腌料是柑橘。你可以尝试其中的一种做法，用你最喜欢的香料，口味既可以温和，也可以强烈。

1 将175克海盐和750毫升水放入锅中煮沸，搅动至盐溶解。彻底冷却后放入4条已刮除鱼鳞并片好的整片鲱鱼肉，将鲱鱼浸没。盖上盖子，冷藏24小时。

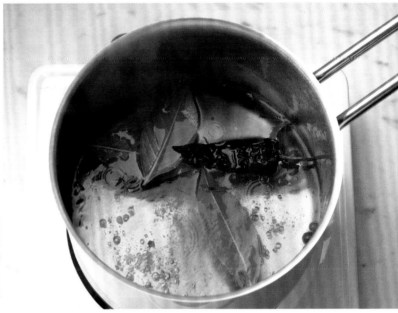

2 将1升蒸馏麦芽醋、4粒黑胡椒、4个多香果、1片肉豆蔻皮、3片月桂叶和1个干辣椒放入一个大炖锅中煮沸，然后以文火慢炖5分钟。冷却。

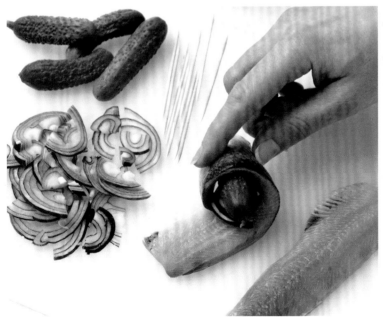

3 将鲱鱼洗净拍干。把鱼放在案板上，带皮的一面朝下，在每片鱼上放薄薄几片红洋葱片和一根泡菜小黄瓜。把鱼片卷起来，用酒针固定。

4 把鲱鱼卷装进一个小的塑料容器或玻璃容器里，倒入冷的香醋汁，浸没鲱鱼卷。至少需冷藏腌制12小时，至多可冷藏腌制2~3天。

烹饪

烘烤

鱼肉、鱼排（比如鲑鱼、笛鲷、庸鲽和大菱鲆）、整条鱼都适合烘烤。你可以用防油纸、盐、蕉叶、油酥面团等将鱼裹上后烘烤。这些东西都能锁住鱼肉的风味和水分。你也可以带皮烘烤，鱼皮朝上放置，这样做能防止鱼肉在烘烤过程中过度受热。如果已经去皮，需要先在鱼身上抹一层黄油或其他的油再烘烤，以保护鱼肉。烤鱼的温度通常为180℃（煤气烤箱4挡）。

烤整片鱼肉

1 把整片鱼肉放在抹了薄薄一层黄油的耐热盘子或烤盘里。用盐、现磨黑胡椒和切碎的香草（可选）给鱼肉调味，刷上融化的黄油，放入预热好的烤箱中。

2 烤6~8分钟，直至鱼肉变得不透明，轻轻按压时鱼肉会脱落。有的鱼烤熟后颜色会变浅。如果烤鱼时保留鱼皮，烤熟后很容易剥皮。

烤全鱼

如果需要腌制，在鱼身两侧切上几刀，这样更容易入味。把香料填入鱼腹，再用锡箔纸把鱼包起来。烤至鱼的眼睛变白，按压时鱼肉容易脱落就可以了。

烘烤时间

鱼很快就能烤熟，但由于不同鱼的厚度和鱼肉密度差别很大，所以很难给出具体的烘烤时间。

脂肪含量低、小而薄的鱼，比如牙鳕鱼片，只需要几分钟就可以烤好；厚的鲑鱼排需要烤12分钟；而一整条海鲈可能需要35分钟才能烤熟。烤熟后，鱼肉不再透明，而是会变白，而且鱼肉也很容易彼此分离。

鱼烤熟后，你能在鱼肉上看到一种白色凝乳状物质，这就是鱼肉中的蛋白质。如果你烤鱼时保留鱼头，判断鱼肉是否烤熟最可靠的依据，就是鱼的眼睛是否已经变白，变白就说明鱼肉已熟。

纸包烤鱼

纸包烤鱼能使鱼肉鲜嫩多汁。如果不用油，脂肪含量也很低。依据你的喜好，用香辛料和蔬菜给鱼调味。将纸包烤鱼直接上桌，在餐桌上打开纸包，让美妙的香味全部释放出来。用防油纸包鱼，这样你就能看到里面的鱼烤得如何了。在处理鱼的同时，将烤箱调至230℃（煤气烤箱8挡），并放入烤盘，一起预热。

1 用防油纸剪出一个大大的心形，大到不但可以把鱼包起来，还能留出一道边。把鱼放在炒过的蔬菜上，或者简单地放一小枝香草，再几滴柑橘类水果的果汁。

2 把另一半防油纸折过来，覆盖住放鱼的这边，把防油纸的边缘打褶封好，再把纸包的末端扭紧。确保把鱼包裹严实，但纸包里也应留下足够的空间，以便在烤制时热空气能在鱼的周围流动。

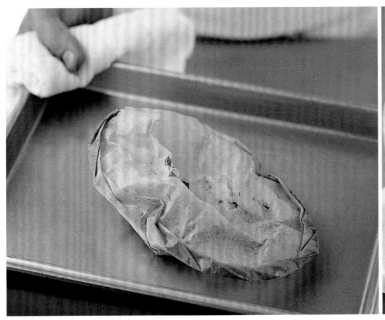

3 把纸包鱼放在经过预热的烤盘里烤10~15分钟。不要打开纸包，将一根金属扦子穿透防油纸，插入鱼肉，停留15秒。拔出扦子时，如果扦子尖是滚烫的，说明鱼烤熟了。

4 把纸包鱼放入餐盘，直接端上桌。你的客人们应该在餐桌上打开纸包，享受随着蒸汽释放出来的美妙香味。

具有可持续性的选择

购买用罐子捕捞的虾、贝或蟹类海鲜

相对来说，这是一种不太引人注目的捕捞方法。具体做法是把一些结实的罐子放入海水中，在海底静置几天。罐子里放一些鱼块作为诱饵，这些鱼块能引来螃蟹、虾和龙虾等目标生物，诱使它们通过小小的孔洞游入罐中。一旦游入罐中，目标生物几乎无法逃脱。这种方法具有很强的选择性，而且还有一个优点，即目标生物太小或正在产卵的话，可以将其放生。选择性的捕捞方法还有潜水捕捞扇贝，即潜水员潜入水中，一个个地捡拾扇贝。

煮

采用这种温和的烹调方法做出的鱼肉鲜美多汁。将鱼肉浸泡在汤汁中，用文火慢炖，或者把鱼密封后以180℃（煤气烤箱4挡）的温度用烤箱煮熟。在整个过程中，鱼汤几乎不会沸腾，这样能避免鱼肉碎裂。鳐鱼翅（如图所示）非常适合煮，因为这样烹饪保留了鱼的水分。

1 制作煮鱼汤料：把1升水、120毫升白葡萄酒醋、切片的洋葱和胡萝卜、新鲜香草、一些黑胡椒粒放入锅中。用文火慢炖15分钟。

2 将鱼放入大小合适的耐热烤盘或煮鱼锅中。用勺子舀入足量热的煮鱼汤料，浸没鱼肉。鱼肉应该完全浸没在汤汁中，如果有必要的话，可以再倒入一些热水。

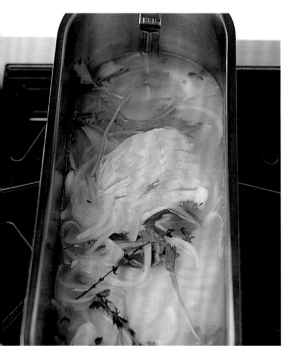

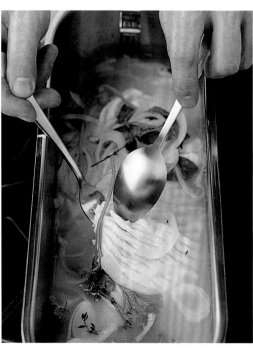

3 开小火（你可能需要同时用2个灶头）。煮沸后改小火，直到汤汁表面出现气泡。盖上盖子，确保汤汁没有沸腾。

4 待10~15分钟后，查看鱼肉是否煮熟了。煮熟的鱼肉很容易脱落。鳐鱼翅上的软骨煮熟后很容易拉扯下来。

5 把鱼肉从汤汁里捞出沥干，盛入餐盘中，再捞出一些煮鱼的香草放在鱼肉上。

用微波炉烹饪

用微波炉很快就能将鱼或鱼排烹熟。利用鱼自身的汁水将鱼烹熟，就像蒸鱼一样。不要加盐调味，因为很容易变得太咸。小块的鱼肉或鱼排、纹理鲜明的白身鱼和鲑鱼（如图所示）都很适合用微波炉烹饪。

1 用黑胡椒给鱼调味，把鱼放入可以用于微波炉的盘子里。刷上油，加入1~2汤匙水，覆盖上保鲜膜。根据微波炉说明书建议的烹饪时间，用微波炉加热。一般加热2~3分钟。

2 鱼熟了后，静置1分钟，然后撕下保鲜膜。小心操作，因为蒸汽会烫手。随后把鱼盛入餐盘中。

炖

炖是蒸和烤的结合。最好选用全鱼或大块的鱼肉。把鱼放在香草和蔬菜上，倒入水或汤汁，加盖后以低温（烤箱温度160℃或煤气烤箱3挡）烹饪。全鱼（包括鲑鱼、鳟鱼等）、鳐鱼翅和图中所示的鮟鱇鱼尾都适合用这种方法烹饪。

1 把切好的蔬菜放在一个大的焙盘或烤盘里。如果你要烹饪的鱼较小，把蔬菜切得薄一点，因为鱼和菜需要同时烹熟。放入香草，如迷迭香、鼠尾草或龙蒿。

2 把鱼放在蔬菜上，用勺子舀上热高汤，没过蔬菜即可。加盖，放入烤箱中炖12~15分钟，或直至鱼肉中心变白。把鱼盛出，和炖鱼的汤汁一起上桌。

清蒸

笛鲷等小鱼，以及蛤蜊等海鲜都适合清蒸（如图所示）。这是一种快捷而温和的方法，而且不油腻。把海鲜放入蒸笼，再置于沸水之上蒸熟，或直接放入加了少许汤汁的炖锅中。你也可以采用另一种称为"间接清蒸"的方式，即把海鲜放入盘子或碗，再置于蒸笼中，让它在自身的汁水中被烹熟。

用平底锅蒸虾、贝或蟹类海鲜

1 在一个大炖锅中倒入适量的水，水量需能覆盖锅底，水深约0.5厘米。加入少许柠檬汁或葡萄酒，以及切碎的香草，如牛至和欧芹，将其煮沸。

2 放入海鲜，盖上锅盖，用中火煮至开口开，用时2~3分钟。不时晃动炖锅，不要掀开锅盖，以免蒸汽逸出。

用蒸笼蒸全鱼

1 选一个有锅盖的平底锅或炒锅。倒入足量的水，水位低于蒸笼的底部。放入你喜欢的香草，如香茅和芫荽。把鱼放入蒸笼。

2 用中火把水加热至沸腾。将蒸笼放在沸水上，盖上锅盖，让锅中的水持续沸腾7~8分钟。不要掀开锅盖，因为这会使蒸汽逸出。

做鱼丸

鱼丸是一道经典的海鲜菜。用奶油和蛋白搭配鱼肉做成丸子，放在鱼高汤或煮鱼汤料中煮。虽然传统上人们用牙鳕和狗鱼来做鱼丸，但其实大多数鱼或其他海产品也能做。一定要用新鲜的鱼做鱼丸，因为冷冻的鱼解冻后口感较为粗糙。所有的材料都必须是冷的。事实上，做鱼丸时，通常是把材料放在一个碗中，再把这个碗放在冰块上（如图所示）。不要将肉糜过度搅拌，因为奶油可能会分离。

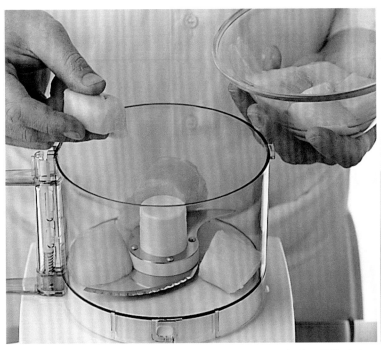

1 将500克冷藏海鲜放在食物加工机中打至顺滑（图中所示是摘除扇贝子的扇贝）。专业厨师用细筛来做这一步，虽然麻烦，但扇贝肉会特别细腻。

2 把打成泥状的扇贝肉放在玻璃碗里，再把玻璃碗放在一碗冰上。拌入600毫升奶油，然后拌入3个已经打发的蛋白。不要过度搅拌，因为这种混合物很容易凝结。

3 将2把甜品勺在热水中浸一下，舀起一勺混合物，塑成锭形，使每个丸子有3个面。每做好一个丸子，把勺子在热水中浸一下。

4 将丸子放入沸水中。一开始它们会沉到锅底。大约5分钟后，煮熟的丸子会浮上来并变硬。搭配奶油或白葡萄酒酱汁食用。

炙烤

在烤炉的高温下，鱼会变得金黄，而且味美多汁。这种烹饪方式非常适合鱼排、整片鱼肉（如图中所示的红鲷鱼）、整条的小鲭鱼或鲱鱼。确保烤炉是灼热的，烤架也经过预热，烤鱼时保留鱼皮，以保护鱼肉。烤整条鱼时，需要中途翻面，烤鱼片则不需要翻动，因为它们很薄，但在鱼皮上划上几刀效果更佳。装盘时，需要翻面盛放，即最后烤的那一面朝上。

1 把鱼放在预热过的烤架上，鱼皮朝上。刷上大量调过味的融化的黄油或其他油。放在烤架上烤3~4分钟。

2 查看鱼是否烤熟。烤熟的鱼皮会变得松弛，鱼肉不再是半透明的，而是变成白色。把鱼盛到餐盘中，淋上烤鱼时产生的汤汁。

烧烤和炭烤

适合烹饪多种肉质结实的鱼类，包括金枪鱼、庸鲽、剑鱼、旗鱼和鲑鱼，也适合烹饪鱿鱼和扇贝（如图所示）。肉质细嫩的鱼不适合这么烹饪，因为鱼肉很容易碎。烧烤架和烤炉都必须是灼热的（烧烤炭应该闪闪发光且呈灰白色）。用腌料预先处理能防止鱼肉变干。你也可以在鱼身上刷油，防止鱼粘在煎锅或烤架上。

1 用油、香草和调味料腌制已经处理干净的扇贝。如果使用柑橘腌制，只需腌30分钟，否则会改变肉质。

2 把扇贝肉穿在扦子上。这样更容易翻面。如果使用木扦子，先把扦子浸泡在水中30分钟，以免将扦子烤焦。

3 将扇贝肉串烤2~3分钟后翻面。烤熟后，扇贝肉会出现焦黄的条纹，肉会变硬。淋上少许柠檬汁即可。

热熏

这种简单的烹饪方式能赋予海鲜一种微妙的烟熏味。使用橡树或果树等硬木的刨花，并添加其他香料，以增加风味。加一点水或酒，增加湿度并防止熏焦。虹鳟（如图所示）和鲭鱼等小鱼、鱼排、厚鱼片，以及多种海产品（包括虾和贻贝），都适合用来自制热熏海鲜。最好在户外操作，因为烟很呛人。

1 将一个有锅盖的炒锅衬上锡箔纸，确保整个锅子全都覆盖上，并将锡箔纸向下折，将炒锅边缘封好。锅里放入一些刨花，淋入少许水或酒。

2 熏整条鱼时，用一把锋利的刀在鱼皮上深深划几刀，一直切到鱼骨。这样鱼肉能充分吸收风味。把鱼放在尺寸合适的金属架上。

3 用长火柴点燃刨花，在刨花上再洒一点水或酒，放入鱼，盖上锅盖。用一条锡箔纸封住锅盖缝隙，防止烟飘出。把锅子置于中火上。熏一整条鱼需要15~18分钟。

热熏的鱼呈漂亮的金棕色，散发着浓郁的香味，是制作沙拉、鱼饼或慕斯的极佳材料。

油炸

完美的炸鱼应遵循如下规则：鱼身应该裹上面糊或面包糠，以防止鱼肉过度受热；炸熟后用厨房用纸吸干多余的油，用盐调味。煎锅里的油不能超过锅子深度的一半；在将煎锅放到炉火上后，应一直将锅盖拿在手里，随时准备盖上，防止着火；绝对不要离开炸鱼的锅子，使锅子处于无人看管的状态。

1 把海鲜裹上调味面粉，把多余的面粉抖掉。随后把海鲜浸在蛋液里，使其均匀地裹上一层蛋液。

2 滚上面包糠。面包糠通常是干燥且筛过的，这样的面包糠比较细腻，并能均匀地裹住海鲜。

3 当油温达到180℃时，放入海鲜，炸2分钟左右，或炸至海鲜呈金黄色。不要一次放入太多海鲜，把锅挤得太满。

油煎

整条的小鱼、整片鱼肉、鱼排和一些虾、贝或蟹类海鲜非常适合油煎。大鱼不适合油煎，因为鱼必须能放进煎锅里。在油煎前，可以将海鲜裹上调味面粉、面包糠或玉米粉，这样就能形成金黄色的酥皮。如果你不想裹酥皮，可以用平底锅先煎鱼皮，再煎鱼肉，装盘时将鱼皮朝上放置。

1 把鱼裹粉，确保其均匀覆盖鱼身。如果用的是面粉，裹上面粉后立即下锅，否则面粉会变湿。

2 将鱼放入热油中，煎几分钟，直至鱼肉变得不透明（见本页框内文字）。煎到一半时，用食物夹小心地将鱼翻面。

热油

油炸时应保持合适的油温。180℃左右的油温通常比较合适。如果油温过高，那么鱼还没有炸熟，表层的酥皮已经变焦黄了。如果油温过低，酥皮就会因吸入大量油而湿乎乎的，那么鱼就无法变成金黄色了。

如果你没有油温计，可以用一块面包来测试油的温度。如果面包放入油中后，在60秒内变成金黄色，说明油已经足够热了。如果面包变成金黄色的速度比较快多，说明油温太高了。如果1分钟后，它还没有变成金黄色，那么油温就太低了。

油煎海鲜时，先加热油或黄油（黄油能赋予食材绝佳的风味）。油加热后开始翻滚，并开始冒烟。黄油在熔化过程中会起泡并发出嘶嘶声。当它不再嘶嘶作响并逐渐变成褐色，就说明足够热了。

煎鱼时油温过低，会导致鱼身无法变成金黄色，苍白的颜色无法勾起人的食欲。

煎炸知识

油炸海鲜	切法	时间	裹粉
鱼肉易碎的大鱼，如：鳕鱼、黑线鳕、绿青鳕、青鳕、无须鳕	整片鱼肉	6~8分钟	面包糠、面糊
鱼肉易碎的小鱼，如：罗非鱼、海鲈和博氏巨鲇	整片鱼肉	4~6分钟	面包糠、玉米粉、面糊
扇贝	从壳中剥出，只留下白色的扇贝肉	1~2分钟	天妇罗面糊、面包糠
斑节对虾	挑去肠线（无论是否保留虾壳）	1~2分钟	天妇罗面糊、面包糠
鱿鱼、小章鱼和墨鱼	薄片	1~2分钟	天妇罗面糊、面包糠

油煎海鲜	切法	时间	裹粉
鱼肉易碎的大鱼，如：鳕鱼、黑线鳕、绿青鳕、青鳕、鲑鱼、庸鲽和大菱鲆	2.5厘米厚的带骨鱼排（仅限大鱼） 整片鱼肉	每面3~4分钟 每面2~3分钟	刷上油。烹饪即将结束时加入莳萝、龙蒿、刺山柑和柠檬汁。鱼排和整片鱼肉都这样处理
鱼肉易碎的小鱼，如：海鲈、鲷鱼、笛鲷、鲤鱼、鲂鮄、日本海鲂	整片鱼肉 去除内脏的整条小鱼（鱼身划几刀）	每面3~5分钟 每面3~5分钟（根据鱼的大小酌情调整）	裹上调味面粉或刷上油。加入香草黄油、酱油、芝麻油、米酒或柑橘汁 裹上面粉或刷上油。加入柑橘汁、鱼露、酱油、米酒
肉质紧实的鱼，如：金枪鱼、剑鱼和鲯鳅	2.5厘米厚的无骨鱼排	每面2~4分钟。较厚的鱼排和肉质更紧实的鱼需要更长时间	刷上调过味的油。加入酱油、芝麻油、米酒或雪利酒并脱釉
扁体鱼，如：鳎鱼、鲽鱼	去皮的整片鱼肉	每面30秒~1分钟	裹上调味面粉。加入柠檬、欧芹和刺山柑并脱釉
小的油性鱼，如：鳟鱼、鲭鱼、鲲鱼、沙丁鱼、鲱鱼	去除内脏的整条小鱼	每面3~5分钟（根据鱼的大小酌情调整）	裹上调味面粉。加入柠檬、欧芹和刺山柑并脱釉，再加入坚果薄片和坚果碎
鳐鱼和魟鱼	鱼翅	每面4~6分钟（根据鱼的大小酌情调整）	裹上调味面粉。油煎后将锅擦干净，加入黄油，煎至变成棕色或坚果色，加入刺山柑、柠檬和欧芹
扇贝	从壳中剥出。单独烹饪扇贝子，因为扇贝子在高温下很容易爆裂	每面30秒~1分钟	裹上调味面粉或刷上油。加入柑橘汁、酱油、伍斯特沙司
斑节对虾	挑去肠线（无论是否保留虾壳）	带壳：每面2~3分钟 去壳：每面1~2分钟	刷上油或裹上干的混合香料。加入柑橘汁、酱油或米酒醋
鱿鱼、小章鱼和墨鱼	切薄片	30秒~3分钟，或直至肉变得不透明	刷上油和调味料，或撒上玉米粉，加入芝麻油、柑橘汁、酱油或鱼露

做鱼高汤

自制的鱼高汤比商店里买的品质好得多，而且很容易冷冻。你可以用非油性的生鱼骨做基础高汤。传统上用扁体鱼的鱼骨做高汤，但鲑鱼（如图所示）也能做出很好的高汤。虾、贝或蟹类高汤需要用生虾壳或熟螃蟹壳、龙虾壳做。过滤后快速煮沸以减少汤汁，使味道更浓。把高汤放入冰箱冷藏，可保存几天，或冷冻保存至多3个月。

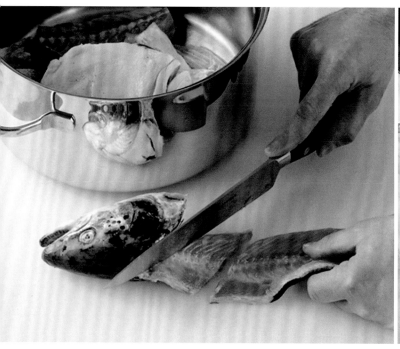

1 把鱼骨架（片掉鱼肉的鱼骨）切成几段。如果要用鱼头做高汤，去除鱼鳃，并冲洗干净，去除所有血迹。血迹会使高汤发苦。

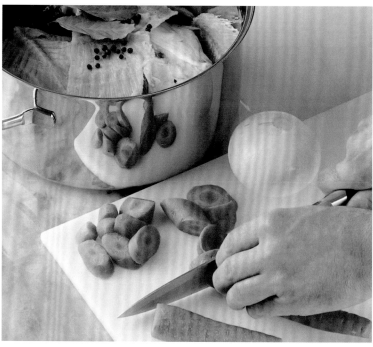

2 加入几种切成片的蔬菜，如洋葱、胡萝卜、韭葱、芹菜，并放入月桂叶、欧芹茎、百里香和黑胡椒粒。不要放盐，因为高汤本身的味道会随着烹饪的过程变浓。

3 用冷水浸没所有材料，煮沸，然后用撇沫勺或平底勺把表面的浮沫除去。这些是脂肪和杂质，需要清除干净。

4 改小火慢炖25~30分钟，但不要煮沸。离火，冷却几分钟，然后再过滤。

整条烤熟的鱼装盘

整片鱼肉装盘很简单，整条鱼装盘则更具挑战性。当几个客人分享一条大鱼时，你需要把鱼肉取下来分别装盘。从熟鱼上取下的整片鱼肉，可以和从生鱼上片出的鱼肉一样干净利落。如果在烹饪前已经将鱼剥皮，也可以用下面的方法。别忘了把鱼头上和鱼头后面鲜美的小块肉取下来。图中所示是西大西洋笛鲷和鳎。

圆体鱼装盘

1 去除所有木剪去的鱼鳍，轻轻地剥去鱼皮，丢弃。如果鱼皮不太好剥，说明鱼还没有完全熟透。把鱼放回烤箱中，再多烤几分钟。

2 用餐刀沿着鱼的中线下刀，取下两片完整的鱼肉，然后把餐刀滑入鱼肉下方，取下鱼肉并装盘。用剪刀在鱼头处剪断脊柱，然后把鱼骨提起，露出下面的鱼肉。

扁体鱼装盘

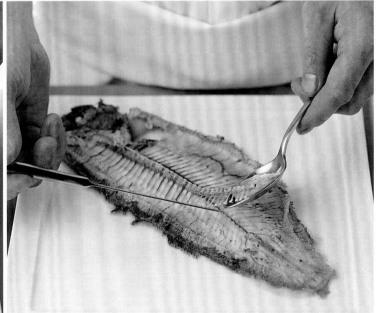

1 用餐刀在鱼身边缘划开鱼肉，用力推开松动的鳍骨。将刀滑入鱼肉下方、胸腔上方，取下整片鱼肉并装盘。

2 剔除脊柱，这一步应该很容易，因为鱼肉熟透后，鱼骨就会更容易与鱼肉分离。而后去除鱼头，掀掉脊骨，取出下方的鱼肉，即可上桌。

圆体鱼

鳕鱼 鳕科

鳕鱼是北半球最重要的几种经济鱼类之一。在大西洋、太平洋和北冰洋的寒冷海水中，均可通过绳钓法和拖网捕捞的方式捕获。鳕科成员都长着3片背鳍，可以据此识别它们。鳕科的鱼是白身鱼，脂肪主要集中在肝脏，所以鱼肉的脂肪含量很低。各种鳕鱼的鱼肉颜色各不相同，但均以肉质味道鲜美而闻名，烹熟后鳕鱼的肉鲜美清甜。

可持续性 从全球范围看，鳕鱼在部分区域已经濒临灭绝，尤其是北极鳕鱼。针对这一种群的许多成员，已经规定了最大捕捞限额；此外，相关法规还规定，捕捞上来的鱼必须大于最小捕捞规格，以维持总量。鳕科鱼类的可持续问题值得关注。因此，鳕鱼养殖近年来开始成为一大不断发展的产业。用以下的鱼替代鳕鱼都挺不错：黑线鳕、青鳕、绿青鳕、牙鳕和条长臀鳕。太平洋鳕鱼是北极鳕鱼的理想替代品。

切法 全鱼（去除内脏，保留或去除鱼头）、鱼片、鱼排。大西洋鳕鱼：鱼头、鱼颊、鱼舌、鱼子、鱼肝、鱼鳔。

熟吃 裹面糊或面包糠后油炸或油煎，烘烤，用高汤或牛奶煮，用切碎的鱼肉做汤或杂烩浓汤，炙烤鱼片或全鱼。

保存 冷熏（染色与不染色均可），盐腌，风干。

理想搭配 莳萝、欧芹、月桂叶、柠檬、橄榄油、番茄、橄榄、刺山柑、大蒜、面包糠、黄油。

经典食谱 炸鱼薯条；奶油鳕鱼酪；希腊红鱼子泥沙拉；欧芹酱汁煎鳕鱼。

细长臀鳕 ▶
Trisopterus minutus capelanus

细长臀鳕，能长到40厘米，商业捕捞遍布整个东大西洋，远至地中海地区的大西洋海滨。这种鱼在南欧很受欢迎。它与牙鳕很像，白色的鱼肉细嫩柔软，脂肪含量低。油煎、清蒸或烘烤俱佳。

长有3片背鳍是鳕科鱼类的典型特征。

这种鱼的鱼皮与众不同、带有黄色斑点和白色侧线。

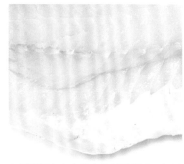

大西洋鳕鱼白色的鱼肉质地紧实，切块或切成薄片都不错。

大西洋鳕鱼 ▲
Gadus morhua

大西洋鳕鱼是鳕科中几种最大的成员之一。其特征是带有白色的侧线、黄绿色大理石状纹理的鱼皮、颜色逐渐变淡的腹部、方尾巴。这种鱼能长到1.5米。在北美、许多欧洲国家，包括斯堪的纳维亚国家，这种鱼类被大量捕捞。这种鱼的鱼肉雪白而厚实，散发出清甜的海鲜味，通常人们将其油炸，做成炸鱼薯条，但将其煮熟后做成鱼饼或脆皮烘烤也很美味。

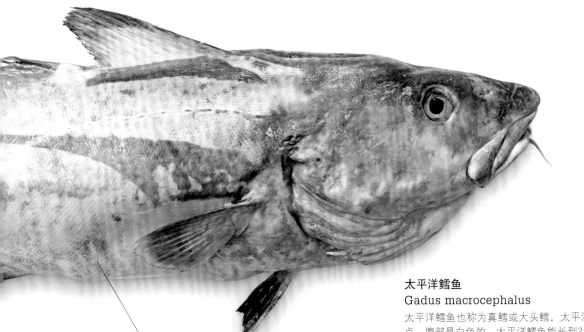

太平洋鳕鱼是一种很受欢迎的烹饪用鱼，肉质紧实，口感清甜，味道鲜美。

大型鳕科鱼的腹部常常被切割下来单独出售，用于制作鱼派和鱼饼。

太平洋鳕鱼
Gadus macrocephalus

太平洋鳕鱼也称为真鳕或大头鳕。太平洋鳕鱼的鱼皮上有深色斑点，腹部是白色的。太平洋鳕鱼能长到2米以上，在北太平洋和环太平洋地区都有分布。美国、中国、日本、加拿大和韩国都捕捞这种鱼，出口到欧洲，在北美、南美和加勒比地区也很受欢迎。这种鱼非常适合做炸鱼薯条，煮、炙烤均可。太平洋鳕鱼是北极鳕鱼的优秀替代品，因为北极鳕鱼的过度捕捞状况已经相当严重。

绿青鳕 鳕科

绿青鳕是鳕鱼家族的重要成员，是鳕鱼的廉价替代品。但多年来人们一直认为，这种鱼只适合制造猫粮，因为这种鱼只有在非常新鲜的时候才好吃。幼鱼时期的绿青鳕生活在海水的最上层，随着逐渐长大，会不断往海水深处游去。在北大西洋（包括美国和欧洲海滨）全年都能捕捞，但夏季捕捞上来的绿青鳕最美味。

鱼颊肉是一种美味，会加工好出售，可以煮或油炸。

切法 全鱼（去除内脏，保留或去除鱼头）、鱼片。

熟吃 裹面糊或面包糠后油炸或油煎，烘烤，用煮鱼汤料煮，清蒸，用煮熟的鱼肉制作鱼派和鱼饼，做成鱼汤也价廉物美。

保存 冷熏或热熏（染色与不染色均可），风干，盐腌，腌制。

理想搭配 黄油、牛奶、啤酒、欧芹、细香葱。

经典食谱 挪威鱼汤；炸鱼丸。

新鲜的绿青鳕肉质紧实细密。

绿青鳕背部呈铁灰色或黑色，覆盖着大量鱼鳞，并长着一条粗粗的白色侧线。

绿青鳕
Pollachius virens

这种鱼一直被认为肉质很粗糙，但其实绿青鳕的价值被大大低估了。生鱼肉看上去是灰粉色的，但烹熟后会变白，形成薄片状，味道也很不错。可以用来做焗烤菜或咖喱菜，因为它能和味道浓重的食材相配。

下颌微微向前突出，眼睛很大。

黑线鳕 鳕科

黑线鳕分布在大西洋东北及其周围海域，是除了鳕鱼之外最受欢迎的鳕科鱼，特别是经过熏制的黑线鳕。

可持续性 为了保持种群数量，相关国家规定了这种鱼的捕捞配额，而且捕捞上来的鱼必须满足最小捕捞尺寸。

切法 全鱼（去除内脏，保留或去除鱼头）、鱼片、鱼子。

熟吃 裹面糊或面包糠后油炸或油煎（比鳕鱼更清甜），炙烤，烘烤，用煮鱼汤料或牛奶煮，清蒸。

保存 热熏（阿布罗斯熏黑线鳕），冷熏（染色与不染色均可），如传统的芬南黑线鳕。

理想搭配 欧芹、牛奶、月桂叶、红皮藻、车达奶酪。

经典食谱 奶酪白汁烤黑线鳕；鱼蛋烩饭；黑线鳕炸薯条；卡伦浓汤。

黑线鳕
Melanogrammus aeglefinus

黑线鳕灰色的背部，上有一条黑色的侧线腹部是银色的。传统上多用它做炸鱼薯条，苏格兰人尤其喜欢这道菜。此外，也可以将黑线鳕煮熟后做成鱼派，加以烘烤，做成奶酪白汁烤黑线鳕。黑线鳕的鱼肉是乳白色的，细腻清淡。

优质黑线鳕的肉呈乳白色。

黑线鳕的肩上有一块黑斑，它被有些地区的人们称为圣彼得标记或拇指印。

厚实而多鳞的鱼皮很容易剥除，但煮的时可以先保留鱼皮，待煮熟后再剥去。

青鳕和黄线狭鳕 鳕科

青鳕在味道和肉质上能与鳕鱼媲美。这种鱼的商业价值并不高，是一种游钓鱼。这种鱼在整个北大西洋分布广泛，从纽芬兰海岸直到伊比利亚半岛都能钓到这种鱼。在近岸浅水海域中经常能发现其踪影。青鳕能长到1米长。青鳕背部呈橄榄绿色，鱼皮颜色越靠近腹部越淡，直至腹部呈银色。青鳕身上有一条细细的侧线，因为它略略起皱，就像鱼身是缝合起来似的。作为鳕鱼的亲缘物种，黄线狭鳕和鳕鱼的表皮颜色相近（鱼皮上有黄色斑点），鱼肉质地也类似（雪白多汁的瘦肉）。黄线狭鳕产自北太平洋，可在美国阿拉斯加、俄罗斯和日本捕获，在白令海一带产量尤高。

切法 全鱼（去除内脏，保留或去除鱼头）、鱼片。

熟吃 烘烤、油炸、烘焙、煮、清蒸。

保存 盐腌、烟熏。

理想搭配 番茄、辣椒、意式培根、罗勒。

经典食谱 炸鱼薯条。

黄线狭鳕
Theragra chalcogramma

这种鱼也称为阿拉斯加鳕、阿拉斯加狭鳕、白眼狭鳕、明太鱼，是世界上最大的可食用鱼资源。将近半数的白身鱼高汤都是用这种鱼做的。黄线狭鳕的鱼肉雪白紧实，质地适中。将其油炸或煮熟后做成鱼派极佳。

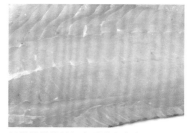

新鲜的黄线狭鳕肉质非常紧实，烹熟后鱼肉呈白色，细腻鲜甜。

如果烹饪时保留鱼皮，需要刮去厚厚的鱼鳞。

舒鳕和单鳍鳕　江鳕科

　　它们是江鳕科家族中的2个相似的成员。舒鳕是一种高度商业化的鱼类，产于大西洋西北和东北部、地中海西北部的温带海域中。鱼身很长，最长能达到2米。其背部和背部两侧的鱼皮是红棕色的，带有大理石状纹理，颜色逐渐变淡，直至腹部呈白色。在第一片背鳍后面长有一块明显的黑斑。食用舒鳕有着悠久的历史，特别是用盐腌制后做鱼派和鱼汤。新鲜捕获的舒鳕质量最佳。单鳍鳕产于西北和东北大西洋的温带海域中。能长到1.2米长，但大部分体长约50厘米。其背部从深红棕色到橄榄绿色不等，腹部呈淡黄色。

可持续性　舒鳕和单鳍鳕都有捕捞限额，且捕捞上来的鱼必须大于最小捕捞尺寸。

切法　全鱼、鱼片、鱼排。

熟吃　清蒸、油煎、炙烤、烘烤。

保存　风干、盐腌。

理想搭配　橄榄油、奶油、马铃薯、大蒜。

经典食谱　盐腌舒鳕配土马铃薯泥。

舒鳕
Molva molva

舒鳕用来做鱼派、汤羹和炖菜极佳。这种白身鱼煮熟后，白色的鱼肉肉质紧实、纹理鲜明、味道清甜。咸舒鳕是一道传统的爱尔兰美食。

澳洲鳕　鳕科

　　鳕科家族的多个重要成员都是在环绕澳大利亚、塔斯马尼亚岛和新西兰的水域中被捕获的。这些鱼身体细长、呈锥形，有2片背鳍，每片背鳍的硬骨和鳍软条的数量各不相同。在某些地区，这些鳕鱼被称为牙鳕，但它们与鳕科家族的牙鳕没有关系（见第318页）。人们用各种各样的捕鱼方式来捕捞这些鱼类以获利。这些鱼各自有自己独特的栖息地。所有澳洲鳕的成员都有类似的骨骼结构和片状的白色鱼肉。

切法　全鱼（去除内脏）、鱼片（单鱼片、整开鱼片/蝴蝶片）。

熟吃　清蒸、油煎、炙烤、烘烤。

保存　烟熏、风干、盐腌。

理想搭配　橄榄油、黄油、牛奶、欧芹、细叶芹。

经典食谱　鱼派。

银鳕
Sillago bassensis

澳大利亚海岸附近的水域中生活着好几种银鳕。它们的外表高度相似，其银色鱼皮上有一些明显的标记。它们的味道清甜柔和，和其他被称为牙鳕的鱼类似，并且脂肪含量低，质地细腻。新鲜时味道最佳，清蒸、煮或油煎都很美味。

银鳕肉质紧实、味道清淡。

鱼皮呈咖啡棕色，一条精致的侧线在鱼肩延伸。

纤鳕的胸鳍下有一片深色区域，臀鳍和腹鳍是黄色的。

纤鳕
Sillago ciliate

纤鳕也称为夏鳕。人们正在考虑人工养殖这种优雅的鱼类。在澳大利亚东海岸，人们用地拉网、拖网和刺网捕捞这种鱼类。它也是一种备受好评的游钓鱼。纤鳕肉质紧实、味道清淡。

纤鳕的鱼肉紧实、呈片状，味道可口。

牙鳕

在某些地区，牙鳕是好几种鱼类的通用名，它们分别属于互无关联的鳕科、无须鳕科、鳙科等。不同鱼类的味道各不相同，但所有牙鳕的肉都是白色的。除了牙鳕属的牙鳕，被称为牙鳕的鳕科鱼还包括蓝鳕属的南蓝鳕和长臂鳕属的条长臂鳕。鳕科的牙鳕分布在北大西洋及其附近海域，南蓝鳕分布在西南大西洋。这两种鱼的鱼肉都很容易消化。许多人低估了无须鳕（属于无须鳕科）的价值，因为其味道很清淡，而且当鱼过了最佳食用期后，几乎毫无味道。鱼商很喜欢这种鱼，因为它往往比其他一些鳕鱼便宜。这些牙鳕的皮特别薄，剥皮时应小心一些。保留鱼皮能保护嫩的鱼肉，尤其是在烤鱼的时候。

切法 全鱼（去除内脏）、鱼片（单鱼片/整片鱼片/蝴蝶片）。

熟吃 清蒸、油煎、炙烤、烘烤。

保存 烟熏、风干、盐腌。

理想搭配 橄榄油、黄油、牛奶、欧芹、细叶芹。

经典食谱 鱼派。

条长臀鳕 ▼
Trisopterus luscus

条长臀鳕分布于南至地中海、北至北海的海域。这种鱼的鱼肉纹理细腻，但非常容易变质，所以应该在非常新鲜时食用。

条长臀鳕肉质柔软细嫩，质地细腻，脂肪含量低。

牙鳕 ▼
Merlangius marlangus

牙鳕属的牙鳕最多能长到70厘米，通常长25~30厘米。其背部呈淡黄棕色，有时泛着蓝色和绿色。腹部从灰色到银白色不等。牙鳕肉质地轻盈细腻，脂肪含量很低。

牙鳕的鱼肉很嫩，应该趁新鲜时食用，因为很快就会变质。

条长臀鳕的一大特征是胸鳍附近有一块黑斑。

无须鳕　无须鳕科

尽管说起无须鳕，人们总会联想到鳕科的鳕鱼，但实际上无须鳕属于无须鳕科。在世界各地的许多水域中都能捕获这种鱼类，但在大西洋和北太平洋，这种鱼类的产量尤为丰富。银无须鳕能在西北大西洋捕获到。欧洲无须鳕在欧洲各地都能捕获到，在西班牙产量尤多。这种鱼常被当作一种近似鳕鱼的鱼，其白色的肉质和鳕鱼非常类似，但鱼骨、鱼鳍和骨架结构都和鳕鱼不同。这种鱼的鱼肉绵软，极具欺骗性，因为对于许多鱼来说，绵软的肉质意味着质量低劣，但无须鳕烹熟后肉质很紧实。

可持续性 在一些地区，无须鳕已经遭到过度捕捞，因此一些国家制定了严格的捕捞限额，甚至禁止捕捞。可以用鳕鱼家族的其他成员替代。

切法 全鱼、鱼片、鱼排。

熟吃 油煎、烘烤、煮、嫩煎、炙烤。

保存 风干、烟熏。

理想搭配 橄榄油、大蒜、烟熏辣椒粉、黄油、柠檬。

经典食谱 青酱蛤蜊无须鳕（西班牙巴斯克地区菜肴）。

欧洲无须鳕
Merluccius merluccius

欧洲无须鳕产自北非、地中海，乃至北到挪威一带的海域。这种大型深水鱼受到过度捕捞的严重影响。

稚鳕和拟鲈

稚鳕科成员很多，其中包括红拟褐鳕和稚鳕，它们产于澳大利亚和新西兰南部和东南部的海域中。它们的背鳍很长，在整个背部延伸，片出的鱼越靠近尾鳍越窄；身长40厘米~1.5米；肉质白而柔软，纹理鲜明。和牙鳕一样，这些鱼新鲜时食用最佳。虎鳕科的拟鲈是一种温带海洋鱼类，在大西洋及南美、非洲近海区域均有分布。此外，在印度洋-太平洋海域，即从夏威夷到新西兰的海域，以及智利附近亦有分布。其中，新西兰拟鲈便是这一家族的著名成员。

可持续性　部分稚鳕和拟鲈在某些地区已经濒临灭绝。可以用太平洋鳕鱼替代。

切法　全鱼 (去除内脏)、鱼片 (单鱼片和整开鱼片/蝴蝶片)。

熟吃　清蒸、纸包烤鱼、煮、煎炸、微波炉加热。

保存　烟熏。

理想搭配　面糊、刺山柑、泡菜小黄瓜、欧芹、软叶香草。

新西兰拟鲈
Parapercis colias

这种鱼也被称为蓝拟鲈、蓝鳕鱼，是新西兰特有的鱼类，在南岛商业捕获。它是一种纹理鲜明的白身鱼，与真正的鳕鱼相似，但相比之下，其质地略显粗糙。用来油炸、炙烤、清蒸和烘烤都不错。

雪白、清甜、多汁的新西兰拟鲈很受欢迎。

成年新西兰拟鲈的背部是蓝绿色的，腹部逐渐褪为白色。幼鱼身上布有斑点。

燧调　燧鲷科

燧鲷科这一不同寻常的鱼类家族，包括好几种燧鲷和胸棘鲷。它们在全球分布广泛，在许多国家都能捕获这种鱼。其中，大西洋胸棘鲷是受到国际好评的主要种类，常常被当成鳕鱼的替代品强力推销。大西洋胸鲷也被称为海鲈或深海鲈鱼，是澳大利亚重要的经济鱼类，在欧洲大陆和新西兰的南海岸也均有分布。鱼皮下的一层油脂常用于制造化妆品。

可持续性　大西洋胸棘鲷曾遭大量捕捞，后来人们才发现它们生长、成熟得很慢。现在在某些地区，它们遭到了严重威胁，濒临灭绝。可以用太平洋鳕鱼或大西洋鳕鱼代替。

切法　偶尔为全鱼，通常片成去皮的鱼片。

熟吃　油煎、炙烤、油炸、烘烤。

理想搭配　橄榄油、辣椒、青柠、黄油、啤酒、面糊、鲜奶油、奶油。

大西洋胸棘鲷
Hoplostethus atlanticus

软嫩、润泽、雪白、纹理鲜明的大西洋胸棘鲷肉味道鲜甜，通常需要将其厚切鱼皮，即去除鱼皮和鱼皮下的脂肪层。

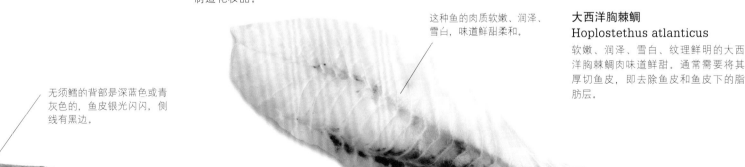

这种鱼的肉质软嫩、润泽、雪白，味道鲜甜柔和。

无须鳕的背部是深蓝色或青灰色的，鱼皮银光闪闪，侧线有黑边。

鲷鱼 鲷科

大量的鲷科鱼广泛分布在全球的各个温带和热带海域中。这些鱼是许多国家的重要经济鱼类。大多数鲷鱼长着圆形或椭圆形、较高且两侧扁平的身体，有一片长而多刺的背鳍，全身和头部覆盖着大量鱼鳞。一般来说，不同种类的鲷鱼，可以根据它们的牙齿识别。其中很多品种都是海鱼，但也有一些鲷鱼分布在河口地带的微咸水或淡水水域中。大多数鲷鱼都相当小，只有

40~70厘米长。在食用前需要仔细修剪、去除鱼鳞。它们雪白、细腻的肉最适合油煎。

可持续性 世界各地对多种鲷鱼规定了最小捕捞尺寸，具体标准存在地区差异。可以用养殖鲷鱼或海鲈代替。

切法 全鱼，鱼片，常常保留鱼皮（刮除鱼鳞），厚切鱼排（较大的种类）。

熟吃 油煎、炙烤、烘烤、填馅料。

理想搭配 球茎茴香、潘诺茴香酒、芫荽、柠檬、藏红花、欧芹、大蒜。

经典食谱 纸包鲷鱼；烤鲷鱼（一道经典的西班牙节庆菜肴）。

黄鳍棘鲷 ▶
Acanthopagrus latus
黄鳍棘鲷产于印度洋—西太平洋一带，生活在淡水、微咸水和海水中。这种鱼也是一种受欢迎的游钓鱼。

肉质紧实清甜的金头鲷，在地中海沿岸国家非常受欢迎。

应该在刮鳞之前先剪掉背鳍和臀鳍上的棘刺，因为这些棘刺很锋利。

黑椎鲷 ▼
Spondyliosoma cantharus
黑椎鲷在北欧和地中海地区很常见，并被大量捕捞。和鲷科的其他成员一样，黑椎鲷是一种生活在浅滩中的鱼类。鱼身呈银色，全身带有黑色的斑纹。黑椎鲷的鱼肉被认为是所有鲷科鱼中最细嫩的，可以整条烹饪或片出整片鱼肉，鱼肉可烘烤、油煎或炙烤，紧实、雪白、纹理鲜明的肉在地中海国家很受欢迎。

金头鲷 ▲
Sparus aurata
金头鲷是欧洲最常见的鲷科鱼，在地中海地区被人们大量养殖。银色的鱼皮上覆盖着少量鱼鳞，长着多刺的背鳍、厚厚的身体，额头上有一条独特的金色色带。养殖的金头鲷的鱼肉雪白、紧实，质地适中。

与金头鲷一样，黑椎鲷的鱼颊也很抢手。

这种鱼的侧线略高于鱼肩。

绯小鲷
Pagellus erythrinus
这种鱼产自从挪威到地中海、马德拉群岛和加那利群岛一带的大西洋东部。作为一种雌雄同体的鱼，在长到一定大小后由雌性变为雄性。身长最长可达60厘米，但捕捞上来的绯小鲷通常长30厘米左右。这是一种很受欢迎的游钓鱼。和许多近亲一样，这种鱼味道可口，略带青草味，鱼肉紧实、雪白。烘烤、炙烤或做成纸包鱼都很美味。

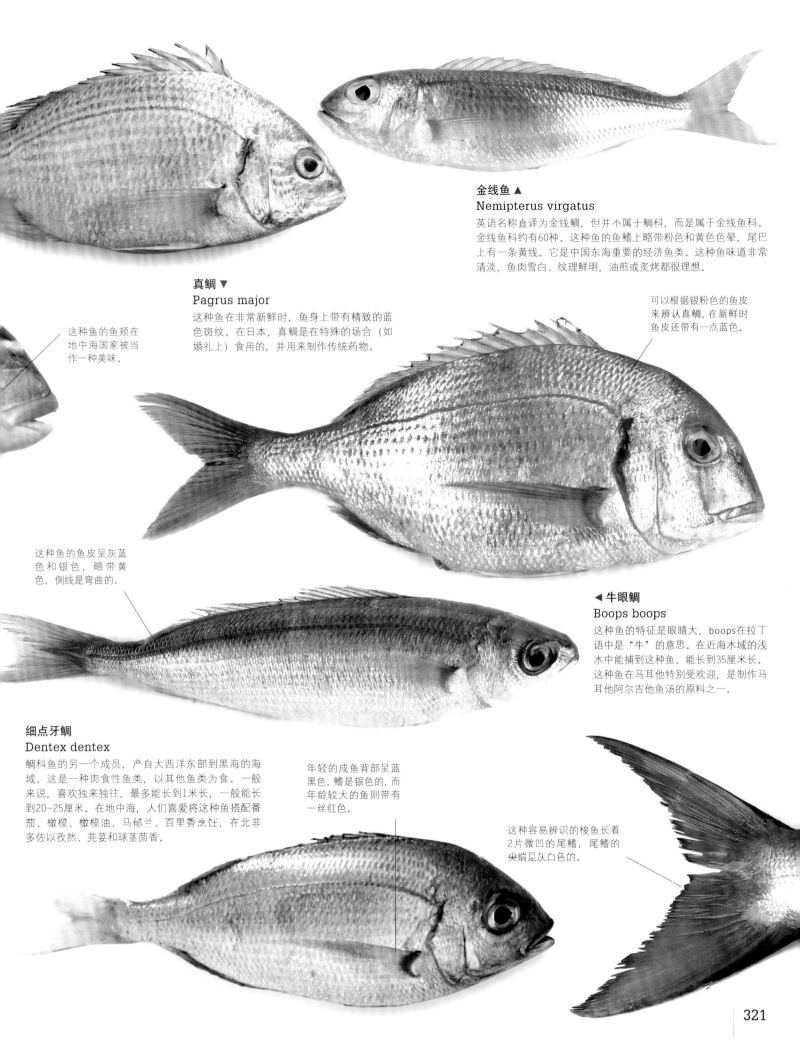

金线鱼 ▲
Nemipterus virgatus
英语名称直译为金线鲷，但并不属于鲷科，而是属于金线鱼科。金线鱼科约有60种。这种鱼的鱼鳍上略带粉色和黄色色晕，尾巴上有一条黄线。它是中国东海重要的经济鱼类。这种鱼味道非常清淡，鱼肉雪白、纹理鲜明，油煎或炙烤都很理想。

真鲷 ▼
Pagrus major
这种鱼在非常新鲜时，鱼身上带有精致的蓝色斑纹。在日本，真鲷是在特殊的场合（如婚礼上）食用的，并用来制作传统药物。

这种鱼的鱼颊在地中海国家被当作一种美味。

可以根据银粉色的鱼皮来辨认真鲷，在新鲜时鱼皮还带有一点蓝色。

这种鱼的鱼皮呈灰蓝色和银色，略带黄色，侧线是弯曲的。

◄ 牛眼鲷
Boops boops
这种鱼的特征是眼睛大，boops在拉丁语中是"牛"的意思。在近海水域的浅水中能捕到这种鱼。能长到35厘米长。这种鱼在马耳他特别受欢迎，是制作马耳他阿尔吉他鱼汤的原料之一。

细点牙鲷
Dentex dentex
鲷科鱼的另一个成员，产自大西洋东部到黑海的海域。这是一种肉食性鱼类，以其他鱼类为食。一般来说，喜欢独来独往，最多能长到1米长，一般能长到20~25厘米。在地中海，人们喜爱将这种鱼搭配番茄、橄榄、橄榄油、马郁兰、百里香烹饪，在北非多佐以孜然、芫荽和球茎茴香。

年轻的成鱼背部呈蓝黑色，鳍是银色的，而年龄较大的鱼则带有一丝红色。

这种容易辨识的梭鱼长着2片微凹的尾鳍，尾鳍的尖端是灰白色的。

裸颊鲷 裸颊鲷科

　　裸颊鲷也称为龙占鱼，又被人们称为清道夫鱼、追船鱼和钉头鱼，属于裸颊鲷科。这是一个相对较小的科，目前已知有39种，分布于印度洋—太平洋，直至澳大利亚的热带珊瑚礁海域中，以及非洲西海岸的沿岸海域中。属肉食性鱼类，一般在海底觅食。其中大多数种类都是食用鱼，2个背鳍上共有10根棘刺，可以据此识别它们。裸颊鲷背部呈米黄色，两侧有棕色条纹，鳃盖周围有橙色印记。侧线沿着身体弯曲，直至分叉的尾鳍。鱼肉是白色的，味道浓郁，肉质紧实。

切法　通常为全鱼。

熟吃　油煎、烘焙、烘烤；能和味道浓烈的食材相配。

理想搭配　东方风味的食材：辣椒、香茅、椰子。

扁裸颊鲷
Lethrinus lentjan
这种奇特的鱼肉质结实、味道略甜，和印度洋、太平洋风味的食材很搭，比如姜、辣椒和芫荽。

这种鱼长着密密麻麻的鱼鳞，需要在清洗或切片前先修剪干净、刮除鱼鳞。

鲻鱼 鲻科

　　鲻鱼线条流畅、呈银灰色，能在海岸附近的微咸水和淡水水域中找到，在热带、亚热带、温带的各大海洋（大西洋、太平洋和印度洋）中均有分布。鲻鱼是一种非常常见的食用鱼类，在许多国家具有很高的经济价值。鲻科约有75种。鱼身细长，银灰色的鱼皮上没有明显的侧线。鲻鱼的特点是嘴小，但有些种类鱼唇却很厚。在东南亚地区，人们在池塘里养殖鲻鱼。鲻鱼略带一点土腥味，但是在烹饪前用一点酸化水浸泡，可以改善味道。

切法　全鱼、鱼片（刮除鱼鳞，但保留鱼皮）。

熟吃　油煎、烘焙、烘烤。新鲜的鱼子和烟熏鱼子都能食用。

保存　风干、盐腌。

理想搭配　柑橘类果实、摩洛哥香料、大蒜、辣椒。

经典菜谱　希腊红鱼子泥沙拉；烤鱼。

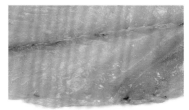

鱼肉是粉红的，烹饪后呈米白色，肉质紧实、多肉。

鲻鱼
Mugil cephalus
这种鱼有很多别名，包括乌鲻、乌头、丁鱼等。其橄榄绿的背部两侧布有银色阴影。

羊鱼和绯鲤 羊鱼科

羊鱼和绯鲤都属于羊鱼科。其中羊鱼属的纵带羊鱼和羊鱼在某些地区被统称为红鲻鱼。羊鱼科鱼类共有55种，其中许多品种色彩鲜艳。它们分布在印度洋—太平洋、大西洋、太平洋、印度洋的暖温带和热带海域中，有时能在微咸水域中发现它们。它们长着厚厚的鱼鳞（应在烹饪前刮除）、分叉的尾鳍和一对独特的唇边触须，用来探测食物，雄鱼还用它来吸引雌鱼。大多数市场上销售的鱼身长15~20厘米，尽管不少鱼能长到30厘米长。羊鱼的肝脏被认为是一种美味，应该完好无损地保留下来。

可持续性 存在可持续性问题，这和捕捞方式有关。生态养殖的鲷鱼或海鲈是其替代品。

切法 全鱼（去除内脏，刮除鱼鳞，留下完整的鱼肝）、鱼片。

熟吃 油煎、炙烤。

理想搭配 柑橘、龙蒿、奶油、大蒜。

经典食谱 普罗旺斯鱼汤配蛋黄酱；马拉加炒鱼。

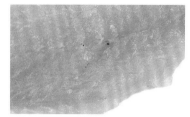

这种珍贵的鱼呈深粉红色，煮熟后变成白色，味道清淡。

纵带羊鱼
Mullus surmuletus

更为人所熟知的名字是红鲻鱼，这种鱼特别好吃。鱼刺很多，所以最好整条烹饪，这样容易找到鱼刺。纵带羊鱼和柑橘类果实、细叶芹、龙蒿等香草很搭。

印度副绯鲤
Parupeneus indicus

印度副绯鲤也属于羊鱼科，在其产地阿曼、东非和南非很受欢迎，它结实的白色鱼肉略带一点土腥味。

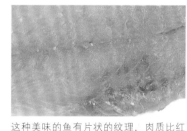

这种美味的鱼有片状的纹理，肉质比红鲻鱼粗糙一点。

魣 金梭鱼科

俗称梭子鱼。魣是具有攻击性的食肉鱼，长着很多锋利的牙齿。分布在多个海洋中，但主要生活在温暖的海水中，经常出没于热带礁区。其品种包括大鳞魣、日本魣等。它们的大小各不相同，但只有体型较小的魣可以食用，因为体型较大的魣，有可能含有雪卡毒素，会导致中毒。（这种毒素也可影响一些生活在海礁区域的鱼类。雪卡毒素并不会使鱼中毒，但会给食用鱼的人带来各种严重的症状，在少数情况下甚至是致命的。）避免将这种鱼腌泡过长时间，尤其是腌泡在酸性腌料汁中，因为鱼肉会改变质地，烹饪后会变得干巴巴的。

切法 新鲜和冷冻：全鱼、鱼片。

熟吃 油煎、炙烤、油炸、烘烤。

保存 烟熏。

理想搭配 橄榄油、大蒜、辣椒粉、香辛料、椰子。

这种鱼质地紧实、多肉，味道可口，能和味道浓郁的食材搭配。

它们长着巨大的尖脑袋，嘴里有2排锋利的牙齿。

欧洲魣
Sphyraena sphyraena

可切出细长的鱼片，肉质紧实、多肉、鲜美多汁。这种鱼能搭配许多味道，用橄榄油加香草炙烤非常美味。

海鲂

主要有2大类。第一大类是海鲂科的6种鲂鱼，它们分布在世界各地的温带水域中。这些喜欢离群索居的鱼长着宽阔且扁平的身体、夸张的背鳍、可伸缩的颌（所以它们能够一口吞下猎物）。第2大类是仙海鲂科的鲂鱼，包括斑点拟短棘海鲂和黑异海鲂。它们和海鲂科的鱼外表类似，眼睛非常大，脑袋也很大，身体很扁，鱼皮呈灰黑色。这些鱼生活在澳大利亚和新西兰附近的水域中，并在这些水域被商业捕捞。它们生长得很缓慢，寿命长达100岁，身长70~90厘米。裸亚海鲂在美国和澳大利亚也被称为美国海鲂。这种鱼能在西印度洋和大西洋捕获到，在日本很受欢迎。雨印鲷是一种与之类似的鱼，分布在印度洋–太平洋海域中。

切法　全鱼（通常去除内脏）、鱼片。

食用　油煎、炙烤、清蒸、烘烤。

理想搭配　红甜椒、大蒜、橄榄、刺山柑、番茄、蘑菇、味道浓郁的奶油酱汁。

经典食谱　普罗旺斯鱼汤。

这些非常锋利的倒刺会给片鱼肉的操作带来危险：需要先用剪刀将其剪除。

这种鱼身体的两侧各有一块黑斑，黑斑周围环绕着一圈金线。

日本海鲂
Zeus faber

这种海鲂因其优良的品质而备受赞誉。在片鱼肉之前，需要把鱼身周围尖锐的刺修剪干净。鱼皮细腻，如果烹饪全鱼可以保留，也可以去除。剥去鱼皮后，可以看到鱼肉自然地分成3个部分。鱼肉非常清甜、肉质紧实，常常和浓郁的奶油酱汁、野蘑菇、鼠尾草、刺山柑、柠檬和鲜奶油搭配。

这种鱼的最佳食用部位是腰肉（鱼肉最厚的部分，非常适合烧烤和油煎）。

鲂鮄 鲂鮄科

多种在大西洋、太平洋和印度洋发现的鲂鮄科的鱼，最近才被认为是可以食用的。虽然如此，鲂鮄一直是法国南部的传统食材之一（在当地常被称为grondin），经典的普罗旺斯鱼汤就是一例。这种鱼长着多骨的三角形鱼头、逐渐变细的身体和明显的胸鳍。在欧洲有好几种鲂鮄出售，包括红体绿鳍鱼、真鲂鮄和细鳞绿鳍鱼。有些种能在美国和澳大利亚买到。它们通常有25~40厘米长，最多能长到60厘米长。其体重的40%由骨骼组成。其鱼头（去除鱼鳃）、鱼骨和鱼皮能用来做上好的鱼高汤。鲂鮄的鱼刺很多，很难料理，背鳍尖锐，鳃盖附近长着尖刺。鱼头可以去除，鱼片可从"尾巴"两侧片出。

切法　通常为全鱼（不去除内脏）。

熟吃　烘烤、油煎、炙烤。

理想搭配　培根或意式培根、百里香、鼠尾草、迷迭香、橄榄油、摩洛哥香料、柠檬。

真鲂鮄
Eutrigla gurnardus

这种鲂鮄也分布在从挪威到摩洛哥、马德拉群岛、冰岛的东大西洋海域中。在大部分产区，其数量相对较多，可以用来代替那些遭到过度捕捞的鱼类。鲜甜的鱼肉适合烘烤或烧烤，需要抹一点橄榄油或裹上意式培根、西班牙辣香肠，防止鱼肉被烤干。

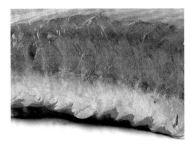

这种鱼带骨烹饪最佳，鱼尾鲜甜，鱼肉呈片状。

红体绿鳍鱼
Aspitrigla cuculus

欧洲最容易捕获的鱼类之一，可以在不列颠群岛附近，以及更靠南的地中海一带捕获。注意观察色泽是否鲜亮，随着鱼逐渐变得不新鲜，其深红色或橙色的鱼皮会逐渐变得色泽暗淡。

小鳞犬牙南极鱼
Dissostichus eleginoides

有些齿鱼在近年来越来越受欢迎，因为人们发现其味道不错。小鳞犬牙南极鱼（有些地区称为智利海鲈，澳大利亚海鲈和南极冰鱼）已成为美国加利福尼业厨师喜爱的食材之一。

肉质紧实，清甜，与辛辣的味道很搭

齿鱼 南极鱼科

大多分布在寒冷的海水中，以南极地区最多，但在东南太平洋和西南大西洋也有分布。它们可以长得很长，但大多数捕获的齿鱼身长在70厘米左右。齿鱼常常被当成海鲈出售，但其实它们和海鲈毫无关联。

可持续性　在部分地区已经濒临灭绝。齿鱼生长缓慢，让人们深感担忧，但海洋管理委员会（MSC）已宣布，南乔治亚岛海域捕获小鳞犬牙南极鱼的延绳钓作业是可持续的。其白色的鱼肉质地紧实、味道清甜，能与其他白身鱼媲美，暂时没有其他鱼可取代。不过你可以将食谱中的小鳞犬牙南极鱼用鳕鱼、海鲈和青鳕替代。

切法　鱼排、鱼片（通常冷冻，偶尔鲜食）。

熟吃　油煎、炙烤、烧烤、脆皮煎炸、嫩煎、烘烤、烘焙。

保存　热熏和冷熏。

理想搭配　烟熏培根、大蒜、辣椒、酱油、芝麻油。

狼鱼 狼鳚科

狼鱼指的是分布于大西洋和太平洋海域的少数几种彼此存在亲缘关系的鱼类。从外表看，它们的攻击性很强，嘴里长着很多参差不齐的牙齿。狼鱼的外形像鳗鲡，但鱼身更厚实。其中大西洋狼鱼在某些地区被称为海狼、海鲶和狼鳗。狼鳗太平洋狼鱼的俗名。鱼皮颜色各异，有的呈单一的褐色，有的长有鲜明的条纹或斑点。肉质紧实、雪白，多肉且味道可口。

可持续性 狼鱼在部分区域已濒临灭绝，这应归咎于过度捕捞。种群数量的急剧下降引发人们担忧。可用太平洋鳕鱼和舒替代。

切法 去皮的鱼片（新鲜或冷冻）。

熟吃 清蒸、煎炸、炙烤、煮、烘烤。

理想搭配 黄油、大蒜、奶油、番茄。

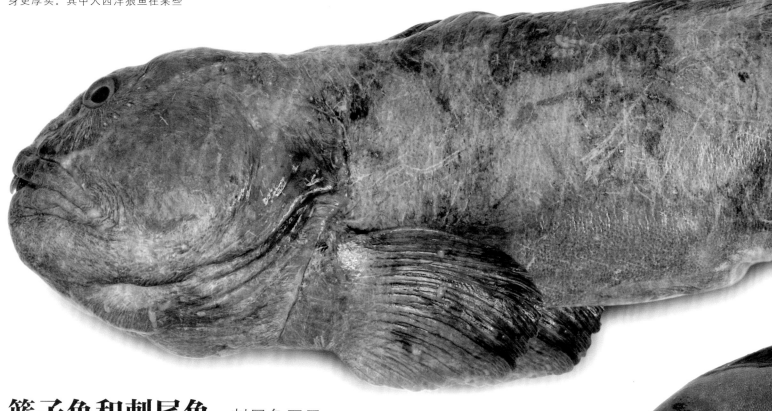

篮子鱼和刺尾鱼 刺尾鱼亚目

篮子鱼科约有28种，分布在印度洋-太平洋、地中海东部的几种被人们当做食材捕获。很多篮子鱼色彩缤纷，有些还非常美观，因此在水族馆中很受欢迎。能长到约40厘米长。这种鱼很好识别，鱼嘴小而微微噘起、前牙明显，有点像兔子，因而在英文里称为rabbit fish，即"兔鱼"。背鳍上长有很多尖刺，特别危险，在烹饪前需要修剪掉。刺尾鲷科在全球的热带海域中约有80多种，往往在暗礁周围活动。刺尾鱼的拉丁名意为"长刺的尾巴"。这种鱼在某些地区被称为外科医生鱼或独角兽鱼。鱼尾两侧都长着手术刀一般锋利的硬棘，所以它们只需弯曲身体，就能保护自己免受掠食者侵害。

篮子鱼科
Siganidae
这种篮子鱼的鱼皮呈深色卡其色，侧线沿着鱼身两侧分布。鱼肉呈白色，味道清淡，但很容易变干，变得淡而无味。做成味道浓郁或东方口味的咖喱菜或炖菜，是一个不错的选择。

切法 全鱼（不去除内脏、不清洗）、鱼片。

熟吃 炙烤、油煎、烘烤、咖喱菜和炖菜。

理想搭配 椰子、芫荽、香辛料等泰式和非洲-加勒比海风味的食材。

鱼肉味道清淡柔和，需要佐以味道强劲的食材。

这种鱼很容易辨认，因为鱼肩上有黄色条纹。

在去除内脏或片鱼肉之前，需先去除锋利的尖刺，光滑的鱼皮几乎不需要处理。

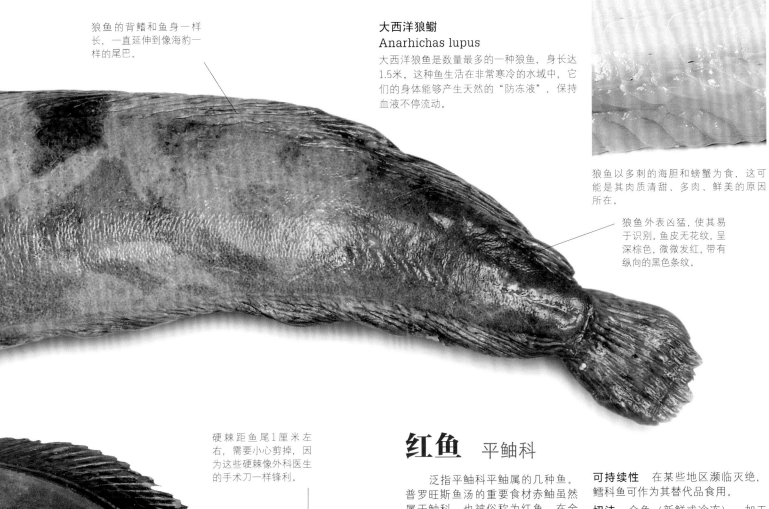

狼鱼的背鳍和鱼身一样长，一直延伸到像海豹一样的尾巴。

大西洋狼鳚
Anarhichas lupus

大西洋狼鱼是数量最多的一种狼鱼，身长达1.5米。这种鱼生活在非常寒冷的水域中，它们的身体能够产生天然的"防冻液"，保持血液不停流动。

狼鱼以多刺的海胆和螃蟹为食，这可能是其肉质清甜、多肉、鲜美的原因所在。

狼鱼外表凶猛，使其易于识别。鱼皮无花纹，呈深棕色，微微发红，带有纵向的黑色条纹。

硬棘距鱼尾1厘米左右，需要小心剪掉，因为这些硬棘像外科医生的手术刀一样锋利。

尾柄处的刺含有毒素，烹饪前须先小心切除。

刺尾鱼科（刺尾鲷科）
Acanthuridae

刺尾鱼在非洲和加勒比海地区很受欢迎，当地人将它放在咖喱菜和其他辛辣的菜肴中。鱼肉很嫩，如果烹饪太久就会变得干巴巴且淡而无味。

红鱼　平鲉科

泛指平鲉科平鲉属的几种鱼。普罗旺斯鱼汤的重要食材赤鲉虽然属于鲉科，也被俗称为红鱼。在全球温带水域发现的一些种具有重要的商业价值，尖吻平鲉是其中的重要成员，分布于欧洲和北美附近的北大西洋沿岸。年幼的红鱼鱼皮呈棕色，但长大后其背部会呈现出深红色，而鱼身两侧褪为较淡的橙红色。红鱼嘴巴很大，眼睛突出，能长到1米长，但在市场上销售的鱼，一般身长为30~46厘米。这种鱼的背鳍很长，前端锋利，需要小心处理。

可持续性　在某些地区濒临灭绝，鳕科鱼可作为其替代品食用。

切法　全鱼（新鲜或冷冻）、加工好（去除鱼头和内脏）、鱼片。

熟吃　油煎、煸炒、烘烤、炙烤。

理想搭配　黄油莳萝酱汁、番茄、甜椒、辣椒。

金平鲉
Sebastes marinus

鱼肉是白色的、呈片状，味道清淡，在斯堪的纳维亚和东欧尤受欢迎。人们将其捕获，然后片出整片鱼肉并冷冻起来，出口到世界各地。

全身只有50%的部分能片出整片鱼肉，因为鱼头很重，角鳍很多。

石斑鱼 鮨科

鮨科有几百种，包括棘鲈和花鮨等。石斑鱼亚科则包括伊氏石斑鱼和在澳大利亚很受欢迎的豹纹鳃棘鲈等。这些鱼都生活在热带海域中，能在大西洋、太平洋和印度洋发现它们。石斑鱼的鱼皮很厚且粗糙，烹饪不当可能会引起胃部不适。因此，建议在烹调前先厚厚切除鱼皮。

可持续性 有许多种属于重要的经济鱼类，已被捕获到濒临灭绝的地步。替代品包括鳕鱼、鲯鳅和产自生态良好地区的尖吻鲈。

切法 新鲜和冷冻：全鱼、鱼片、鱼排。

熟吃 炙烤、油煎。

保存 盐腌。

理想搭配 酱油、芝麻油、帕玛森干酪、橄榄油、黄油、青柠、红辣椒、芫荽、阿开木果。

经典食谱 牙买加烤鱼。

豹纹鳃棘鲈
Plectropomus leopardus

这种色彩鲜艳的鱼被列为濒危物种。但在澳大利亚海域，这种鱼得到了精心的照料。许多人认为，这种鱼也含有雪卡毒素。鱼肉紧实雪白，味道清甜，非常适合油炸、烧烤和烘烤。

白色鱼肉味道可口，很受厨师欢迎，特别是在澳大利亚。

黑缘石斑鱼
Epinephelus morio

这种亚热带海鱼常常在西大西洋的海底礁石附近出没。在一些地区遭到大量捕捞，种群数量已无法维持。总的来说，这种鱼的鱼肉是白色的，味道和鳕鱼相似，但没有那么鲜甜。

所有成员都长着漂亮的鱼头和突出的下颌。

伊氏石斑鱼
Epinephelus itajara

这是一种重要的游钓鱼，分布在西大西洋、东大西洋和东太平洋的亚热带海域暗礁附近。攻击性强，以甲壳动物为食，也许这就是它肉质紧实、味道鲜甜的原因。这种鱼适合烘烤和煎炸，通常被切成鱼排。

鱼皮又厚又粗糙，需要在烹饪前厚厚削去一层鱼皮。

鲈鱼 狼鲈科

　　令人困惑的是，很多鱼都叫作"海鲈"。狼鲈科的成员包括多种海鲈和河鲈，分布在东大西洋和西大西洋的温带水域中，大部分是海鱼。野生的鲈鱼常常在微咸水域中出没，有时在淡水中出没，特别是美洲的条纹狼鲈，它是一种受欢迎的游钓鱼。所有鲈鱼都长着锋利的棘刺和厚厚的鱼鳞，需要在烹饪前去除。人们常常将鲈鱼和鲷鱼作比较，在北欧地区鲈鱼很受欢迎，

而在地中海一带，鲷鱼才是人们的最爱。

可持续性　由于味道不错、广为人知，鲈鱼遭到了过度捕捞，种群数量面临威胁。在一些地区，捕捞上来的鲈鱼必须满足最小捕捞尺寸。而在另外一些地区规定了禁渔期，禁止休闲垂钓。鲷鱼是不错的替代品。

切法　未加工的全鱼，修剪过的全

鱼、鱼片。刮除鱼鳞，但很少去皮。

食用　炙烤、烘烤、油煎、纸包鱼。

理想搭配　豆豉、芝麻油、老抽和姜等东方风味的食材；番茄、大蒜、橄榄油和红甜椒等地中海风味的食材；潘诺茴香酒和其他带有茴芹籽风味的食材。

经典食谱　盐焗海鲈。

在某些地区，这种鱼被称为月尾石斑鱼，因为弯曲的尾巴看起来像一轮新月。

欧洲鲈
Dicentrarchus labrax

在某些地区，海鲈指的就是欧洲鲈。从挪威到塞内加尔的东太平洋海域、黑海和地中海均有分布。在地中海沿岸，人们大量养殖这种鱼，尤其是希腊。养殖的欧洲鲈味道可口，但有大量脂肪堆积，这是人工饲养的结果。捕获的欧洲鲈必须符合最小捕捞尺寸。传统的做法是将其裹上一层盐后烹饪，此外做成香喷喷的纸包鱼也不错。

养殖鱼可口，脂肪略多。野生鱼脂肪少一些、肉多。

鲈鱼长着锋利的棘刺，银色的身体上布满鱼鳞，腹部呈白色。

鲈鱼的鱼颊肉味道清甜，被认为是一种美味佳肴。

条纹狼鲈
Morone saxatilis

这种生活在温带水域中的鱼，和狼鲈科的其他成员一样，能在微咸水、海水和淡水中找到。这是一种游钓鱼，从加拿大圣劳伦斯到墨西哥湾的西大西洋沿岸都很常见。在许多地区都规定了这种鱼的最小捕捞尺寸。也有一些养殖的条纹狼鲈，将这种鱼配上黑豆、辣椒、香茅、橄榄油、油和酱油做成纸包鱼味道不错。

这种鱼的名字来源于其亮银色鱼皮上的黑色条纹。

马鲹、鲳鲹和竹荚鱼 鲹科

鲹科由150多种鱼组成，这个大群体包括一些非常著名的成员。大部分成员分布在大西洋、印度洋和太平洋海域中，它们都是贪婪的捕食者。体型和鲭科鱼相似，虽然两者的鱼鳍结构不同，但两者的尾巴都有很深的分叉。鲹科的鱼中有许多是经济鱼类，世界各地的人们都食用它们，尽管有报道称，部分地区的某些鲹科鱼含有雪卡毒素。不同种的鱼，鱼肉颜色各不相同但总的来说，鱼肉是粉红色的，烹饪后颜色会褪成白色，鱼肉紧实。有些种口感清甜，大多数能和浓郁的味道搭配。

切法 根据鱼的大小而定，但通常为全鱼、鱼片和鱼排。有的品种可以片出很大块的鱼肉，因此可以分割成肩肉、腰肉或尾肉。

熟吃 炙烤、烧烤、油煎。

理想搭配 红辣椒、青辣椒、姜、酱油、味道温和的混合香辛料、椰子、牛奶、番茄。

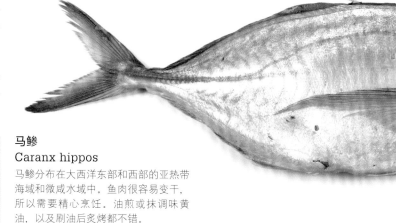

马鲹
Caranx hippos

马鲹分布在大西洋东部和西部的亚热带海域和微咸水域中。鱼肉很容易变干，所以需要精心烹饪。油煎或抹调味黄油，以及刷油后炙烤都不错。

鲹科鱼的口感和质地各不相同，但鱼肉通常很娇嫩。

高体鰤
Seriola dumerili

分布在地中海、大西洋、太平洋和印度洋的许多亚热带水域中。这种远洋鱼在水中迅捷而有力，是一种贪婪的掠食者。鱼皮呈银蓝色，侧线呈柔和的金色。多肉的鱼排口感极佳。

这种鱼身体扁平，鱼身呈银色，鳍是黄色的。

鲯鳅 鲯鳅科

Mahi mahi是这种鱼的波利尼西亚语名称，意思是"强壮、强壮"。这种生活在海洋和微咸水中的暖水鱼，能在大西洋、印度洋和太平洋的热带和亚热带水域中捕获。生长迅速，常常长到2米多长，但身长在1米以下的更为常见。这是一种引人注目的鱼，鱼头呈半球形（成熟的雄鱼尤其明显），长长的单片背鳍，从鱼头一直延伸到鱼尾。鲯鳅肉质紧实、多肉，能很好地吸收各种浓郁的味道，尤其是辣味。

切法 新鲜和冷冻：全鱼、鱼片。

熟吃 油煎、烧烤、炭烤。

理想搭配 加勒比风味：小豆蔻、多香果、茴香、芫荽、咖喱粉、辣椒粉和姜；亚洲风味：辣椒、大蒜、鱼酱、青柠。

经典食谱 清蒸鲯鳅。

鲯鳅
Coryphaena hippurus

这种价高质优的鱼已有人工饲养的品种，有报道说，在某些地区，这些鱼体内含有雪卡毒素。这种鱼需要精心烹饪，因为其烹饪时间比那些鱼肉呈片状的鱼要长一些，而且在烹饪过程中鱼肉容易变干。

靠近尾巴处呈鲜艳的黄色。

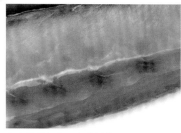

鱼肉是粉色的，肉质紧实。

珍鲹长着一片弯曲的背鳍以及黄色的鳍和尾巴。蓝绿色和银色的腹部带有金色的色调。

鱼皮呈银色，尾巴是黄色的。

鱼肉软嫩，脂肪含量低，鱼肉呈大理石般的粉红色，烹饪后呈精致的白色。

珍鲹
Carangx ignobilis

分布在全球各个海域中，包括大西洋东部和西部、印度洋-太平洋、日本和澳大利亚。这种鱼带有青草味，适合搭配味道浓郁的东方食材，包括辣椒、姜和芝麻油。

竹荚鱼
Trachurus Japonicus

这种竹荚鱼分布于大西洋东北部，但竹荚鱼属的其他品种在全球其他水域也有分布。其质地和鲭鱼相似，但多刺。捕捞上岸的鱼必须满足最小捕捞尺寸。

北美鲳鲹
Trachinotus carolinus

在某些地区也称为黄油鱼，生活在大西洋西部的亚热带海域。这种鱼在美国被视为高端食材，能卖到很高的价格。北美鲳鲹在一些地区已经濒临灭绝，但可以用罗非鱼代替。鱼肉呈粉色，带有黄油味，适合搭配辛辣、浓郁的食材。

长着锋利的棘刺和一排从腹部延伸到尾巴的、似骨骼一般的鳞甲。

成年雄鱼头部隆起，这是随着鱼的生长而出现的骨质隆起。

背部是黄色的，鱼身点缀着闪亮的金属蓝和金属绿色，腹部呈金色。

笛鲷 笛鲷科

这一科有100多名成员，其中一些称为绿笛鲷。这些鱼在全球大部分热带水域都能发现，许多都是重要的经济鱼类。它们的大小各异，从盘子大小的巴哈马笛鲷到长25厘米的黄敏尾笛鲷，直至更大的西大西洋笛鲷都有，大多数市场上销售西大西洋氏笛鲷长46厘米左右。体型较小的笛鲷科成员，包括黄敏尾笛鲷和巴哈马笛鲷，身体是流线型的。但体型较大的成员，特别是马拉巴尔笛鲷、巴西笛鲷、川纹笛鲷、西大西洋笛鲷等，长着扁平的身体。和许多同类一样，它们长着一层厚厚的鱼鳞片，鱼鳍上有锋利的棘。整条出售的鱼在烹饪前应该进行修剪、刮除鱼鳞、去除内脏。大部分笛鲷科的鱼，其鱼肉呈米白色，烹调后变成白色。

可持续性 有些种遭到人们大量捕捞，种群难以为继。但正在蓬勃发展的水产养殖业有助这些重要鱼类的恢复。为了维持种群数量，法律规定了最小捕捞尺寸。替代品包括来源可靠的海鲈等。

切法 全鱼、鱼片、鱼排。

熟吃 清蒸、油煎、炙烤、烘烤、煸炒。

理想搭配 芝麻油、酱油、姜、大蒜、芫荽、棕榈糖、鱼酱。

经典食谱 马提尼克炖鱼；卡真熏笛鲷。

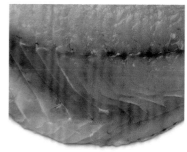

一种美味的鱼，烹熟后鱼肉呈白色，口感鲜甜。

西大西洋笛鲷
Lutjanus camperchanus

即红笛鲷。许多笛鲷科的鱼都是深粉色的，因此被错误地当作红笛鲷出售，但只有西大西洋笛鲷才是真正的红笛鲷。这种生活在岩礁附近的海洋鱼类，分布在墨西哥湾和大西洋东南的美国海岸附近。背部是深红色的，颜色向身体两侧逐渐变淡，最后褪成较浅的红色。烹饪这种鱼时，挤上几滴柠檬汁，配上香辛料，味道不错。可以炙烤、油煎、烘烤，或裹在蕉叶中做成蕉叶烤鱼。

巴哈马笛鲷
Lutjanus synagris

作为笛鲷科中较小的成员，这种鱼可以长到15厘米以上。鱼皮呈娇嫩的粉红色，身体两侧有粉红色和黄色条纹，鱼尾是粉红色的。这种鱼能在大西洋西部捕获到，绝大多数通过巴西出口。可以整条炙烤、烘烤，配上椰子、青柠和香茅味道不错。

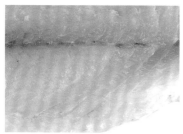

鲜美、粉色的鱼肉在烹熟后会变成白色。

鱼肉呈粉色，肉质紧实，适合油煎、炙烤或烘烤。

黄敏尾笛鲷
Ocyurus chrysurus

这种引人注目的笛鲷的鱼皮上遍布鱼鳞，鱼身呈深粉红色，一条粗粗的黄色条纹贯穿侧身，而尾巴呈黄色。这种鱼在大西洋西部的美国海岸被商业捕捞，在佛罗里达、西印度群岛和巴西一带产量丰富。用孜然、芫荽等温和的香辛料腌制后味道不错。

深粉红色的鱼身上有一条闪亮的金黄色条纹，因此在笛鲷科的众多鱼中，显得格外引人注目。

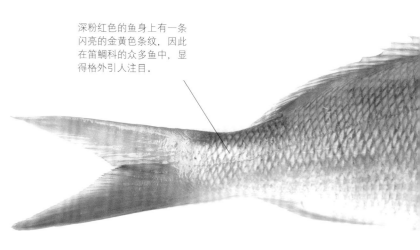

鲳鱼

令人困惑的是，在英语中，鲳鱼（Pomfret）可以指多种不同的鱼类，分别属于不同的科，包括鲹科、鲳科和乌鲂科，它们分布在太平洋东部和西部，以及大西洋的部分海域中。这些鱼有几个共同点，包括：身体较宽、两侧扁平。片鱼肉的方法和片扁体鱼的方法大致相同。紧实、雪白、清甜的鱼肉适合

油煎和炙烤。乌鲂（Brama brama）是乌鲂科的成员之一。鱼皮呈个锈钢色，接近黑色，眼睛很大，鱼肉可口、多肉、雪白、纹理鲜明。

切法 新鲜和冷冻：全鱼、鱼片。

熟吃 油煎、烘烤、烧烤、炙烤。

保存 有的种可风干、盐腌。

理想搭配 中东和北非风味：古斯

古斯、橙子、柠檬、欧芹、芫荽、摩洛哥混合香辛料、摩洛哥切尔穆拉腌料。

乌鲳 ▼
Parastromateus niger

鲹科家族的成员之一，分布在印度洋、太平洋的热带海水和热带微咸水域中。这是一种集群生活的鱼，常常长到30厘米长。味道清甜、肉质紧实，新鲜、风干和腌制的乌鲳都能在市场上买到。

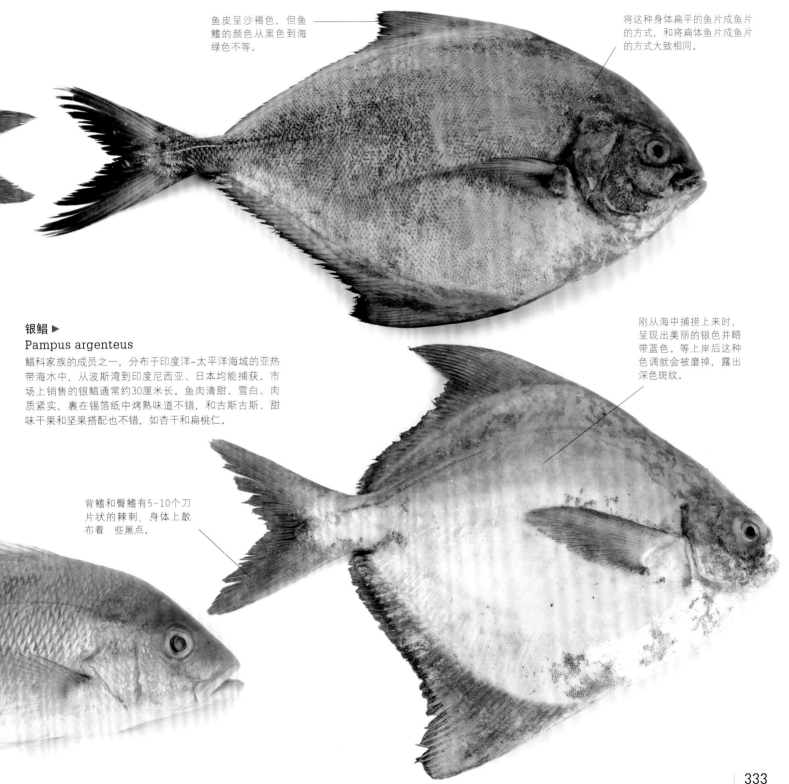

鱼皮呈沙褐色，但鱼鳍的颜色从黑色到海绿色不等。

将这种身体扁平的鱼片成鱼片的方式，和将扁体鱼片成鱼片的方式大致相同。

银鲳 ▶
Pampus argenteus

鲳科家族的成员之一，分布于印度洋–太平洋海域的亚热带海水中，从波斯湾到印度尼西亚、日本均能捕获。市场上销售的银鲳通常约30厘米长。鱼肉清甜、雪白、肉质紧实，裹在锡箔纸中烤熟味道不错，和古斯古斯、甜味干果和坚果搭配也不错，如杏干和扁桃仁。

刚从海中捕捞上来时，呈现出美丽的银色并略带蓝色。等上岸后这种色调就会被磨掉，露出深色斑纹。

背鳍和臀鳍有5~10个刀片状的棘刺，身体上散布着 些黑点。

333

鼬鳚 鼬鳚科

鼬鳚分布在世界各地的浅水和深水中。它们的外形很特别，类似于鳗鲡，细长的身体越靠近尾巴越细窄。背鳍和臀鳍都沿着鱼身延伸，并在鱼尾会合。鼬鳚是一种害羞的海洋礁栖动物，白天躲藏起来，晚上外出觅食。鼬鳚科的鱼共有200多种。其中有一种叫作岬羽鼬鳚，味道极佳，特别出名。它的肉非常多，让人想起龙虾。这种鱼分布在从纳米比亚到南非的大西洋东南部，远离西非海岸水域中。

切法 细长的鱼片。

熟吃 炙烤、油煎、烘烤、烧烤。

理想搭配 黄油、柑橘类水果、西班牙辣香肠、意式培根、月桂、迷迭香。

长长的、像鳗鲡一样的身体，突出的脑袋，鱼皮上有粉红色大理石纹理。

白姑鱼和石首鱼 石首鱼科

这个鱼类大家族的成员广泛分布在全球的淡水、微咸水和海水中，包括若干种白姑鱼和石首鱼等。在某些地区，石首鱼被称为鼓鱼。鼓鱼的名字源于其振动鱼鳔时发出的声响。那是一种从远处就能听到的呱呱声或鼓声。这个家族中有一个著名成员腋斑白姑鱼，其土著语名字意为"最大的鱼"。这种鱼能在南非、马达加斯加和澳大利亚南部捕获。腋斑白姑鱼是休闲垂钓者的极佳目标。

切法 全鱼、鱼片。

熟吃 炙烤、清蒸、烘烤。

理想搭配 辣椒、青柠、橙子、白葡萄酒醋、橄榄油、莳萝。

经典食谱 酸橘汁腌鱼；油炸调味鱼。

大西洋白姑鱼
Argyrosomus regius

这种鱼分布在东大西洋和地中海沿岸的一些亚热带水域。米白色的鱼肉烹熟后，会变成诱人而致密的白色鱼肉。可以炙烤、烘烤或包裹后烧烤。

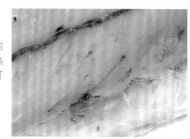

这种多肉的鱼，其鱼肉多汁、清甜。

这是一种质地紧实的鱼，在烹饪前需要去除大量鱼鳞。

腋斑白姑鱼
Argyrosomus hololepidotus

这种鱼在南非特别受欢迎，是一种分布在沿海和河口水域的海洋底栖鱼类。为了维持种群数量，这种鱼已被规定了最小捕捞尺寸。这是一种刺身级别的鱼，被销售到欧洲市场，用于制作寿司。

鱼皮呈炫目的金属银蓝色和青铜色，长着多刺的背鳍。

淡粉色的鱼肉可以切成鱼排，适合烘烤或炙烤。

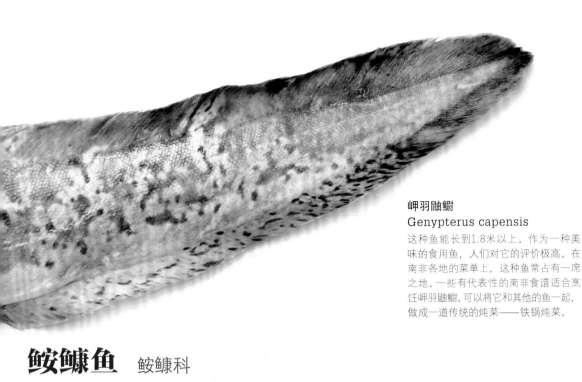

岬羽鼬鳚
Genypterus capensis

这种鱼能长到1.8米以上。作为一种美味的食用鱼，人们对它的评价极高。在南非各地的菜单上，这种鱼常占有一席之地。一些有代表性的南非食谱适合烹饪岬羽鼬鳚。可以将它和其他的鱼一起，做成一道传统的炖菜——铁锅炖菜。

这种鱼能切出多汁、清甜、多肉、雪白的鱼肉或鱼排。

鮟鱇鱼　鮟鱇科

指的是来自鮟鱇科的几种彼此有亲缘关系的鱼类。这些海洋底栖鱼类外形非常特别，宽宽的鱼头，扁平狭长、逐渐变细的身体，硕大的嘴巴里长着向内伸展的牙齿。闪闪发亮的厚皮很容易被撕下来，露出多肉的鱼尾。鱼皮下面有好几层筋膜。这些筋膜需要去除，因为它们在烹饪过程中会收缩，并导致鱼肉表面变硬。鱼肉中没有鱼刺，质地紧实，在烹饪过程中可以很好地保持原来的形状。鱼颊肉清甜，适合煸炒和烧烤。

可持续性　一些鮟鱇鱼种群的数量正在减少。可以用虾和扇贝替代，因为它们的肉质和鮟鱇鱼相似。来源可靠的鲨鱼肉也是不错的替代品。

切法　全鱼（保留或去除鱼头，保留或去除鱼皮）、鱼颊、肩片。鱼肝是一种美味。

熟吃　油煎、煮、烘烤、炙烤、煸炒。

生吃　酸橘汁腌鱼。

理想搭配　西班牙辣香肠、鼠尾草、迷迭香、黄油、橄榄油、柠檬。

"鱼尾"是主要食用部分，从鱼肩一直延伸到尾鳍基部。

鮟鱇鱼味道柔和，略带嚼劲，鱼肉呈白色。

鮟鱇鱼的鱼颊肉是单独销售的。

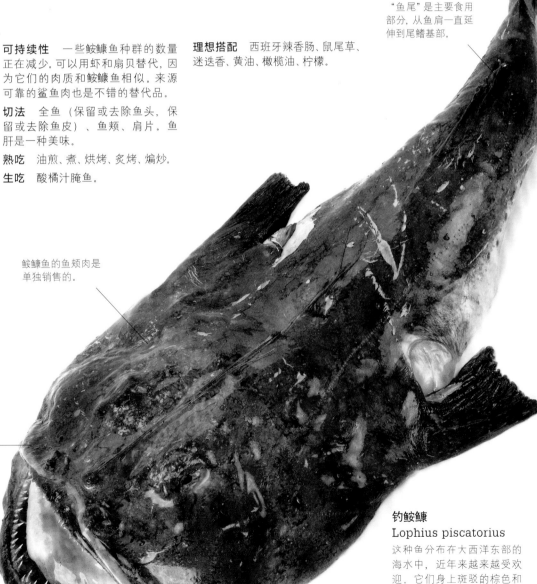

鮟鱇鱼头往往在捕获后去除，因为它非常重。

钓鮟鱇
Lophius piscatorius

这种鱼分布在大西洋东部的海水中，近年来越来越受欢迎。它们身上斑驳的棕色和黑色鱼皮形成褶皱，是成功伪装的完美道具。

金枪鱼 鲭科

金枪鱼的身体呈子弹状，越靠近头尾两端越细长，口鼻尖尖的，尾部深深分叉，非常容易辨认。金枪鱼游得很快，据记录记载，它们的游泳速度可达每小时70千米。虽然它们产自温带和寒带水域，但许多都能适应热带和亚热带的水域。由于它们体内的肌红蛋白水平较高，鱼肉从粉红色至深红色不等，因此金枪鱼被赋予"海洋玫瑰"的

雅号。虽然鱼肉的颜色较深，但口感清淡，且片成鱼片后没有鱼骨。其质地与口感常被比作牛柳。蓝鳍金枪鱼（Thunnus maccoyii）分布在大西洋、印度洋和太平洋的温带和寒带水域中，但产卵时会迁徙到热带海域中。这种鱼在日本尤受追捧，售卖价格极高。北方蓝鳍金枪鱼原产于大西洋西部和东部、地中海、黑海，日本海岸沿线也有养

殖品种。这种鱼在寿司业界很受追捧。

可持续性 人们对金枪鱼的巨大需求导致某些种遭到过度捕捞。有的种群在全球范围内得到了良好的管理，但许多种群并非如此。应购买从可持续捕捞地出产的、用钓竿或钓绳捕获的金枪鱼，而北方蓝鳍金枪鱼和蓝鳍金枪鱼都已极度濒危，

应避免购买。来源可靠的剑鱼是合适的替代品。

切法 全鱼，鱼段：腰肉、鱼排、鱼腹。

熟吃 腰肉：炭烤、油煎。

保存 风干、烟熏、盐腌。金枪鱼子也是风干后出售的。

生吃 寿司和刺身。

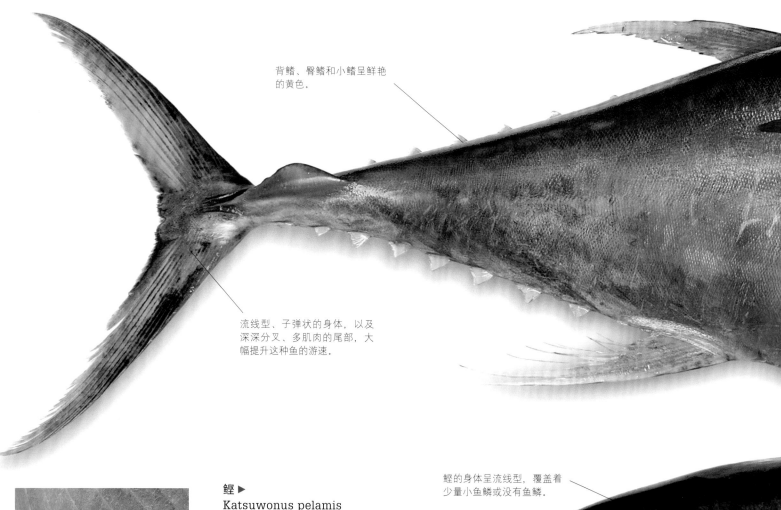

背鳍、臀鳍和小鳍呈鲜艳的黄色。

流线型、子弹状的身体，以及深深分叉、多肌肉的尾部，大幅提升这种鱼的游速。

金枪鱼的鱼排紧实多肉，口感类似臀肉牛排。

鲣 ▶

Katsuwonus pelamis

这种鱼体型略小，最长可达110厘米，大量鲣鱼被用于制作罐头。在日本，经过烟熏干燥的鲣鱼肉称为鲣节，切成薄片后用于制作日式高汤。

鲣的身体呈流线型，覆盖着少量小鱼鳞或没有鱼鳞。

理想搭配 日本风味：日本酱油、芝麻油、照烧汁、紫苏叶、日本米酒醋、山葵。地中海风味：番茄、大蒜、橄榄。

经典食谱 尼斯沙拉；金枪鱼刺身/寿司；薄切金枪鱼片配欧芹青酱；照烧金枪鱼。

黄鳍金枪鱼
Thunnus albacares

这种鱼在所有热带和亚热带海域都能捕获到，但在一些地区遭到了过度捕捞，当用网捕捞时尤其如此。用钓竿捕获相对更有选择性。这种鱼很大，能长到2.5米长。从背部取下的鱼肉脂肪少、肉多，略带臀肉牛排的味道。腹部的鱼肉脂肪含量高得多，在日本很受欢迎。

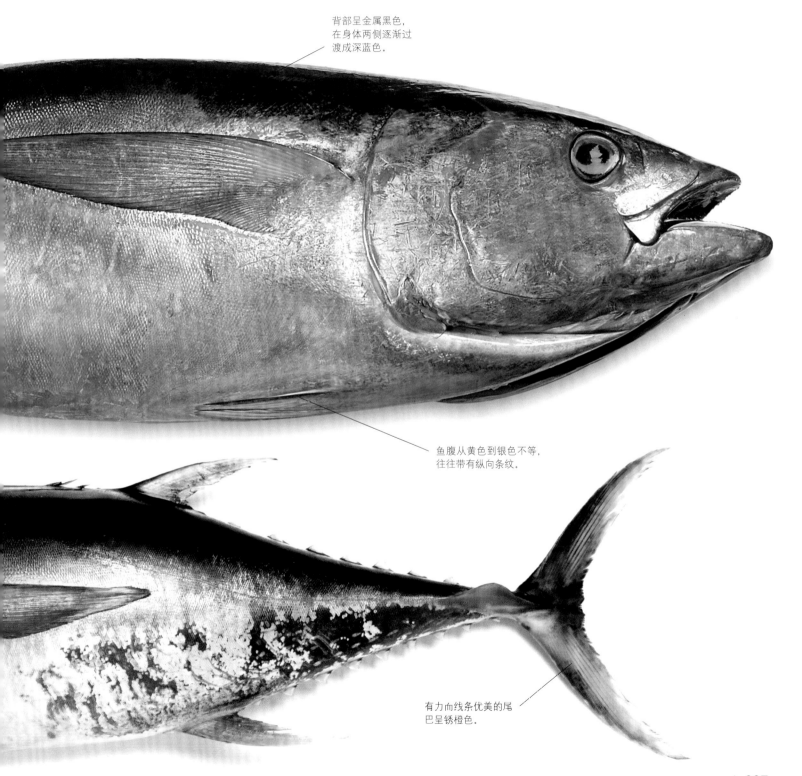

背部呈金属黑色，在身体两侧逐渐过渡成深蓝色。

鱼腹从黄色到银色不等，往往带有纵向条纹。

有力而线条优美的尾巴呈锈橙色。

鲭鱼和狐鲣 鲭科

鲭科家族有约54个成员，分布在全世界的各大海洋中。其成员包括鲭鱼、狐鲣、棘鲛、马鲛和多种金枪鱼，对多个国家具有重要的经济价值。这些富含脂肪的鱼含有高水平的Omega-3脂肪酸，而且脂肪不仅存在于鱼的肝脏中，同时还遍布鱼的全身。这些鱼都应以恒定的低温储存，如果没有以足够低的低温保存，体内高水平的组氨酸就会转化为组胺，这将导致食用者鲭鱼毒素中毒（症状是胃部不适和腹泻）。在某些地区，"鲭鱼"和"狐鲣"这两个名称的使用相当混乱，使人非常困惑。

可持续性 鲭鱼和狐鲣中的许多种有最大捕捞限额，且捕捞上来的鱼必须满足最小捕捞尺寸。应选择绳钓的鱼，因为这更生态。

切法 保留内脏的全鱼，鱼片，体型较大的狐鲣、马鲛、棘鲛的鱼排。

熟吃 炙烤、油煎、烘焙、烧烤、烘烤。

保存 罐装、烟熏、风干、盐腌。

生吃 腌制，做成寿司和刺身。

理想搭配 日本酱油、芝麻、味酥、米酒醋、黄瓜、白萝卜、辣椒、芫荽。地中海风味：罗勒、橄榄油、大蒜。

经典食谱 醉鲭鱼；鲭鱼配醋栗酱汁；熏鲭鱼酱；鲭鱼配大黄；腌鲭鱼；巴斯克马铃薯炖狐鲣。

可以通过鱼背上的条纹来识别大西洋鲭鱼

鱼鳍可以平贴在鱼身上，使鱼身形成流线型，因此能游得很快。

鱼嘴有损伤表明鱼是被钓上来的（最佳），而不是被网住的。

鲭
Scomber scombrus

即大西洋鲭。这种具有重要经济价值的远洋鱼，是这一家族中栖息地最北的成员。这种鱼广泛分布在北大西洋，在地中海也有少量鱼群。可以长到60厘米长。试着购买仍然有尸僵感的鲭鱼，并尽快烹饪。炙烤、烧烤和烘烤能让其奶油般口感的鱼肉达到最佳状态。

沙氏棘鲛的鱼排紧实多肉。

沙氏棘鲛
Acanthocybium solandri

沙氏棘鲛的背部呈靓丽的蓝绿色，银色的侧身带有钴蓝色条纹。可以长到2.5米长，不过捕捞上来的沙氏棘鲛大多长1.7米左右。分布在大西洋、印度洋和太平洋中，包括加勒比海和地中海。这种鱼经常独自生活，但有时会集成小群，并不会集成庞大的鱼群。品质极佳，质地紧实、肉多、口感细腻、香甜。在加勒比地区，沙氏棘鲛鱼片会用多种香辛料腌制。

大耳马鲛
Scomberomorus cavalla

大耳马鲛在某些地区也称为王鱼，分布在大西洋西部海域，从加拿大到美国马萨诸塞州、巴西圣保罗，在大西洋中东部也有分布。最长可达1.8米，不过捕捞上来的大耳马鲛通常长70厘米左右。这种鱼生活在礁石附近，在一些地区可能以浮游生物为食，而这有可能导致食用的人雪卡毒素中毒。这种鱼肉味道浓郁，非常适合炭烤或烧烤。

鱼皮呈深银灰色，可切出长而逐渐变细的鱼片，直达尾部。

狐鲣在内的许多
鱼的鱼颊肉，被认为
是一种美味佳肴。

狐鲣
Sarda sarda

狐鲣属有多个成员，包括东方狐鲣、狐
鲣等。狐鲣分布广泛，从挪威到南非的
大西洋东部、地中海和黑海，从加拿大
新斯科舍省到哥伦比亚、委内瑞拉、阿
根廷北部的大西洋西部都能捕获。能长
到90厘米，但捕捞上来的狐鲣以50厘米
左右最为常见。狐鲣很适合炙烤或烧
烤，并配上味道浓烈的卤汁或腌料。东
方狐鲣偶尔也会被用于做鲣节。

狐鲣的鱼肉颜色较深、肉多，富含脂
肪、质地紧实，鱼肉的色泽会在烹饪过
程中变淡。

科利鲭适合做刺身，鱼肉经过短时腌制
后肉更紧实。

科利鲭
Scomber colias

这种鱼是大西洋鲭的近亲，它们长
着相似的条纹，但这并不是区分两
者的关键。科利鲭能长到约50厘米
长，更喜欢温暖的水域，主要分布
在大西洋的东部和西部，它在印度
洋–太平洋的近亲是白腹鲭，身长
20~35厘米。

科利鲭的腹部散布
着一些斑点。

大耳马鲛银光闪闪的鱼身瘦
长，背上长着深色的条纹，
外形很引人注目。

异鳞蛇鲭 蛇鲭科

除了异鳞蛇鲭，蛇鲭科的其他成员还包括短蛇鲭、杖蛇鲭等。异鳞蛇鲭外表凶猛，身体和头部细长，下颚排列着恐怖的锋利牙齿。人们往往把这种鱼和鲕联系在一起。它是贪婪的掠食者，捕食鲭鱼、飞鱼和鱿鱼等体型比它小的鱼。主要分布在世界各地的热带海域中，但温带海域中也有分布。幼年时喜欢生活在中层水域中，成熟后会游到深水中。虽然蛇鲭科成员在全球各地均有发现，但大多数都是在捕获金枪鱼等其他价值更高的鱼类时作为副渔获物捕获的。异鳞蛇鲭鱼肉脂肪含量高，在欧洲、美国、亚洲，人们都食用这种鱼，还用它做寿司和刺身。在美国，有时也被称为白金枪鱼。异鳞蛇鲭在夏威夷和南非很受欢迎。

切法 全鱼和冷冻鱼片。

熟吃 炙烤、烘烤、油煎、油炸、烘焙。

保存 烟熏、罐装。

理想搭配 辣椒、芝麻油、椰子、东方香辛料和香草。

经典食谱 炙烤蛇鲭配辣椒酱汁；照烧蛇鲭。

异鳞蛇鲭
Lepidocybium flavobrunneum

这种鱼也被称为油鱼。身长不等，但能长到2米多。鱼肉味美但很油腻（含有蜡酯），所以每次只能少量食用。厚厚削去一层鱼皮，能去除大部分的蜡酯，炙烤也能帮助排油。厚实多汁的鱼排可以刷油后油煎或烘烤。

异鳞蛇鲭鱼排
厚实而油腻。

带鱼 带鱼科

带鱼和蛇鲭有亲缘关系，它们具有一些相似的特征。带鱼科有40多名成员，身体长而薄（得名于此），颜色各异，但大多数品种的鱼皮呈钢蓝色或银色。下颌长，嘴里长着尖尖的牙齿，上面覆盖着一层强力的抗凝血物质，因此需要小心处理。带鱼分布在全球多个水域中，在大西洋两岸都能捕捞到。黑等鳍叉尾带鱼是马德拉群岛的美食，这种鱼必须在非常新鲜时食用，无法妥善保存，所以鲜鱼一般无法出口。带鱼非常美味，纹理细腻，几乎带有奶油味。处理起来可能比较困难。

切法 全鱼；薄而长的鱼片，通常去皮；切成宽的鱼排。

熟吃 炙烤、油煎、烘烤、在烧烤架上熏。

理想搭配 孜然、芫荽、橙子、肉桂和北非/意大利风味的食材。

经典食谱 意式带鱼片裹面包糠；马德拉葡萄酒带鱼。

烹熟后，能轻易刮去银色的鱼皮，因为鱼皮会变得很细嫩。

大西洋叉尾带鱼 ▲
Lepidopus caudatus

这种带鱼能长到2米多长。在葡萄牙和马德拉群岛特别受欢迎，评价甚高，但在美国等一些国家，它的价值却被低估了。在和其他鱼一起被捕捞上来后，这种鱼常常被去弃。其实这种鱼味道浓郁，带有坚果味和奶油味。

剑鱼
Xiphias gladius

剑鱼能长到约4.5米长，分布在大西洋、太平洋、印度洋和地中海中。鱼肉的颜色根据其饮食和栖息地而异，多肉的鱼排从白色到略带粉红色不等。剑鱼的喙是这一科所有鱼类中最长的，它的攻击性很强，常常先发制人，并用自己的"剑"猛击并撕裂猎物。

河鲀 四齿鲀科

这种剧毒的鱼处理起来必须非常小心，尽管人们把它当成一种美味佳肴。在遭到捕食者威胁时，河鲀会将自己的腹部吸满水或空气，将自己的身体膨胀数倍。河鲀在世界各地的海水、淡水和微咸水域中都有分布。日本人爱吃的河鲀刺身来自东方鲀属、圆鲀属和兔头鲀属的河鲀。日本人每年食用数千吨河鲀。尽管河鲀受人追捧且价格昂贵，但河鲀名声不佳，因为某些部位含有剧毒的河豚毒素。河鲀鱼皮可用于做沙拉、炖菜或腌制。有时也可写作"河豚"。

切法 鱼片。必须由有执照的厨师精心处理。

熟吃 烤。

生吃 刺身。

理想搭配 腌姜、酱油、山葵、日本清酒。

经典食谱 刺身；油炸河鲀；河鲀鱼翅酒（河鲀烤好后放在日本清酒中）。

河鲀

指东方鲀属的几个种。存在于某些部位中的毒素会引起麻痹和窒息，中毒后没有解毒剂。由受过专门训练的厨师安全地料理河鲀，是非常耗时的。河鲀刺身是一道非常受欢迎的菜肴。极薄的鱼片通常摆成菊花图案，在日本文化中这种图案象征着死亡。

河鲀的身体圆鼓鼓的。在制作刺身时，鱼片切得极薄、几近透明。

剑鱼和旗鱼

在英语中，剑鱼和旗鱼被称为billfish，意为长嘴鱼。这些鱼长着长长的喙。从它们身上能切出多肉而紧实的鱼排。它们分布在全球大部分温带和热带海域中。大多数生长缓慢，需要数年才能成熟。剑鱼虽然长得像旗鱼科的成员，但其实属于剑旗鱼科。属于旗鱼科的旗鱼主要有4种，人们通常把它们统称为马林鱼。它们可以长到1吨重。大西洋旗鱼（Istiophorus albicans）常常能在大西洋和加勒比海看到其踪影。有些剑鱼和旗鱼体内的金属含量很高，特别是还含有微量的甲基汞，因此孕妇和小孩应避免食用。但是，有人认为，对普通人群来说，食用这些鱼好处远远大于有可能摄入过多汞的危害，因为它们含有对心脏至关重要的Omega-3脂肪酸。

可持续性 这些令人印象深刻的大鱼具有巨大的经济价值。它们被无情地捕捞，在一些国家已经濒临灭绝了。每年有大量的剑鱼和旗鱼被人们从太平洋中捕捞上岸，但相关的管理工作很细致。在大西洋北部地区，人们制定了一些规定，以保护这些鱼的幼鱼。可用以负责任、可持续的方法捕获的金枪鱼代替。

切法 鱼排或整片腰肉，有时全鱼。

熟吃 炭烤、烧烤、油煎。

保存 烟熏。

生吃 寿司、刺身、腌渍生鱼。

理想搭配 罗勒、迷迭香、芫荽、温和的混合香辛料（包括孜然、红椒粉、芫荽）、柑橘类水果、橄榄油、芝麻油、烟熏牧豆木片。

经典食谱 熏马林鱼配炒鸡蛋（拉丁美洲菜肴）；炭烤剑鱼配欧芹青酱。

从两侧鱼身取下腰肉，切成厚而多汁的鱼排，即可油煎或炭烤。

鲱鱼和沙丁鱼 鲱科

鲱科有60多属，约200种，其中包括鲱鱼、西鲱、沙丁鱼、黍鲱、鲥鱼、油鲱等。鳀鱼（见对页）经常与鲱科的鱼相提并论。鲱科的鱼大多是海鱼，但也有一些是淡水鱼。这些远洋中上层鱼以浮游生物为食，生长迅速。它们是大型食肉鱼类的重要食物来源。鲱鱼富含脂肪，在全球各地都能捕获，是许多国家的一大廉价食品来源。它们也是世界上数量最多的物种之一，然而，和许多其他鱼类一样，目前有的鱼群也遭到过度捕捞。这些大量捕捞上岸的鱼，很快就会变质。如果想吃新鲜的鱼，需在最接近死后僵直状态的时候下锅烹饪。因此，它们被加工成了各种产品，包括盐腌鱼（曾经）、罐装（现在）等。将整条鲱鱼分成几段盐腌或腌制，然后加以烟熏，这样做出来的鱼称为熏鲱鱼。

可持续性 有的鱼群受到威胁，但有的被管理得不错。对这些鱼规定的捕捞尺寸各不相同，为了保护鱼群，不少地区已开始采取管控措施。

鲱鱼

切法 全鱼（去除内脏）或片成鱼片冷冻和罐装。其鱼子，包括硬鱼子和软鱼子，也能单独买到。雌鲱鱼的鱼子是一种比鱼子酱便宜的替代品，在日本是一种美味。未长大的小鲱鱼也有捕获并销售（但遭到了过度捕捞）。

熟吃 油煎、炙烤、烧烤、烘烤、腌制。

保存 烟熏、盐腌、腌泡、腌制、罐装。见第384—389页：腌晒熏鲱鱼、干腌冷熏鲱鱼、盐腌热熏鲱鱼、腌制小鲱鱼。

理想搭配 酸奶油、莳萝、燕麦片、培根、辣根、柠檬、刺山柑、欧芹。

经典食谱 燕麦烤鲱鱼；鲱鱼培根；醋渍生鲱鱼卷；罐装烟熏鲱鱼；辣味小鲱鱼。

沙丁鱼

切法 全鱼（去除内脏）或片成鱼片。

熟吃 油煎、炙烤、烧烤。

保存 烟熏、腌泡、腌制、罐装（浸在橄榄油中或不同的预制酱料中，比如番茄酱）。

理想搭配 地中海风味：橄榄油、大蒜、柠檬、苏丹娜葡萄干、松子、欧芹、牛至、百里香。

经典食谱 烤沙丁鱼配希腊沙拉；烤沙丁鱼配牛至柠檬。

黍鲱

切法 全鱼（通常需要亲手去除内脏）。

熟吃 炙烤、烘烤、油煎。

保存 烟熏、罐装、盐腌。

理想搭配 甜菜根、白葡萄酒醋和红葡萄酒醋、扁叶欧芹、芫荽、芫荽籽。

经典食谱 油煎黍鲱配柠檬。

苏塔西鲱的身体呈明亮的银色，覆盖着一层鱼鳞。

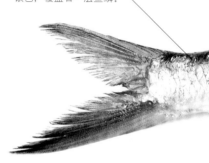

黍鲱
Sprattus sprattus

也称为欧洲黍鲱。这一鲱科家族的小个子成员分布在从大西洋东北（北海和波罗的海）到地中海、亚得里亚海和黑海的欧洲海域中。鱼肉呈灰色，但烹熟后会变成米白色。质地润滑、脂肪多，能长到16厘米，但身长12厘米左右的更常见。

黍鲱呈亮得惊人的银色，头部较小，黑色的眼睛像小圆珠一般亮晶晶的。

最好将沙丁鱼去除内脏，然后带骨烹饪，因为鱼熟后细小的鱼刺更容易被发现。松散的鱼鳞也需要用刀背刮除。

这些鱼的鱼皮带有光泽，覆盖着一层松散的鱼鳞。它们常在海水中成群结队地游动。

沙丁鱼
Sardina pilchardus

这种生长迅速的鱼对许多国家来说都非常重要。沙丁鱼是一种富含脂肪的圆体鱼，富含Omega-3脂肪酸。背部呈蓝绿色，侧身和腹部呈明亮的银色，鱼鳞容易脱落。这种鱼能长到20~30厘米长。沙丁鱼有很多鱼刺，质地略粗，肉多，味道浓郁。

大西洋鲱
Clupea harengus

分布在大西洋两岸。这种远洋鱼往往聚成由数十亿条鱼组成的庞大鱼群。能长到45厘米长，但身长30厘米左右的更常见。20世纪90年代曾遭到过度捕捞，但现在有一些生态良好、可持续发展的鱼群。简单地配上一片柠檬炙烤最佳。这种鱼富含Omega-3脂肪酸。如果在非常新鲜时食用，鱼肉细腻而清甜，不会太油腻。但这种鱼刺很多，对许多人来说，吃起来是一种挑战。

大西洋鲱背部呈蓝绿色，侧身是明亮的银色，鱼鳞松散、容易脱落。

芬塔西鲱
Alosa fallax

分布在欧洲西海岸、地中海东部，以及这些海岸沿线的一些大河中。近年来，欧洲许多地区的西鲱数量下降了。这种鱼外观上和鲱鱼相似，通常更大一些，味道更清淡可口。这种鱼能片出大小适中的鱼片，鱼肉带有淡淡的青草味和牛奶味。如果烹饪得当，鱼肉鲜美多汁，但有很多鱼刺。

鳀鱼 鳀科

　　鳀科共有140多种鱼。鳀鱼和鲱鱼有很多相似之处。这种富含脂肪的小型海鱼分布在大西洋、印度洋、太平洋海域中。一般集中在温带水域，很少出现在极冷或极热的海水中。在河口和海湾附近的浅滩中，常常能看到庞大的鳀鱼群。它们大小各异，从2厘米到40厘米长的都有。其体型根据品种而异，但总的来说鱼身较为细长。一旦将鳀鱼捕捞上岸后，需要快速将其烹饪，因为它们无法长期保存，也可以用醋腌制或用盐腌制后保存。有时能买到刚刚捕捞上船的新鲜鳀鱼。

可持续性　鳀鱼在某些地区遭到过度捕捞。柰鲱是不错的替代品。

切法　全鱼。

熟吃　新鲜的鳀鱼可油煎。

保存　盐腌，腌制或腌泡/盐腌后装进罐子保存，也可做成鳀鱼露。

生吃　传统上在腌泡后生吃。

理想搭配　雪莉酒醋、白葡萄酒醋、红葱、马郁兰、牛至、鼠尾草、百里香、欧芹、地中海橄榄油。

经典食谱　西班牙醋渍鳀鱼；油炸鳀鱼配鼠尾草；酿鳀鱼；柠檬鳀鱼；欧芹青酱；尼斯沙拉。鳀鱼干；鳀鱼酱；鳀鱼酱芦笋；黑玉米粥；菊苣沙丁鱼配鳀鱼酱；鳀鱼泥。

欧洲鳀
Engraulis encrasicolus

这种鳀鱼在地中海一带产量丰富，由意大利、法国和西班牙捕捞，并直接在船上出售。在北非海岸直至大西洋南部也能看到这种鱼，能长到20厘米。咸鳀鱼搭配炭烤牛排非常经典。制成鳀鱼黄油，放在烤白身鱼，比如菱鲆或小头油鲽上也非常鲜美。

尼罗尖吻鲈、尖吻鲈和虫纹鳕鲈

这几种淡水鱼的关键种分布在非洲、亚洲和澳大利西亚的温暖海水中。尖吻鲈科的尼罗尖吻鲈是一种食肉鱼类，主要生活在淡水中，但有的生活在微咸水域中。曾被引入非洲的维多利亚湖中，结果几乎将所有其他的鱼类消灭殆尽，给生态造成了很大的破坏。作为一种重要的经济鱼类，捕获后出口并高价出售。大部分尼罗尖吻鲈是野生的，但现在人们已建立了一些养殖鱼场。同属尖吻鲈科的尖吻鲈分布在从波斯湾到包括中国在内的亚洲和澳大利亚的水域中，生活在小溪、河流和河口水域。在澳大利亚，尖吻鲈是一种具有很高经济价值的养殖鱼，是一大出口产品。其味道和质地与尼罗尖吻鲈非常相似。真鲈科麦鳕鲈属的掠食性淡水鱼原产于澳大利亚，被称为"鳕鱼"。在澳大利亚的多条河流中发现了好几种麦鳕鲈属的鱼，包括虫纹鳕鲈和突吻麦鳕鲈。虫纹鳕鲈的美味天下闻名。

可持续性 多个种现在被列为极度濒危物种。虫纹鳕鲈现已受到严重威胁，尽管在澳大利亚，这种鱼有养殖品种。所有市场上销售或餐厅供应的虫纹鳕鲈都来自这一渠道。在澳大利亚，商业捕捞虫纹鳕鲈是被禁止的。来源可靠的笛鲷和豹纹鳃棘鲈是合适的替代品。

切法 全鱼、鱼片、鱼排。

熟吃 油煎、炙烤、烧烤、煮、清蒸。

理想搭配 尼罗尖吻鲈和尖吻鲈：小青菜、青柠、辣椒、新鲜香草、青葡萄酒。虫纹鳕鲈：黄油、白葡萄葡萄酒、啤酒、白葡萄酒醋、橙子、微辣到中辣的香辛料。

尼罗尖吻鲈通常是加工后出售的。整洁、乳白色的鱼肉油煎、裹上面糊或面包糠烹饪都很不错。鱼肉的味道像尖吻鲈，可以用类似的方法烹调。

尼罗尖吻鲈 ▲
Lates niloticus

原产于尼罗河和其他主要的西非淡水河。现在被引入东非、北非和北美的各个湖泊。能长到2米长。尼罗尖吻鲈最常见的切法是切成鱼片，鱼肉紧实、雪白、多汁。这种鱼可能略带土腥味，因为它是一种淡水鱼。新式亚洲风味能很好地衬托出其味道，比如尼罗尖吻鲈配清蒸小青菜香菇。

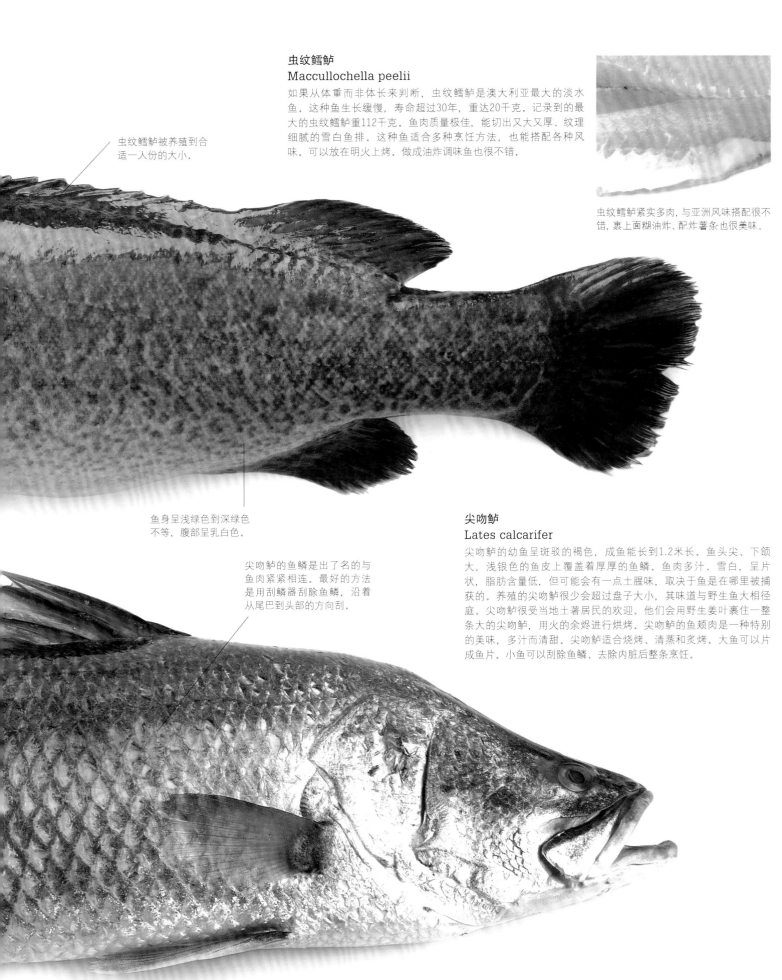

虫纹鳕鲈
Maccullochella peelii

如果从体重而非体长来判断，虫纹鳕鲈是澳大利亚最大的淡水鱼。这种鱼生长缓慢，寿命超过30年，重达20千克。记录到的最大的虫纹鳕鲈重112千克。鱼肉质量极佳，能切出又大又厚、纹理细腻的雪白鱼排。这种鱼适合多种烹饪方法，也能搭配各种风味。可以放在明火上烤，做成油炸调味鱼也很不错。

虫纹鳕鲈紧实多肉，与亚洲风味搭配很不错，裹上面糊油炸、配炸薯条也很美味。

虫纹鳕鲈被养殖到合适一人份的大小。

鱼身呈浅绿色到深绿色不等，腹部呈乳白色。

尖吻鲈的鱼鳞是出了名的与鱼肉紧紧相连。最好的方法是用刮鳞器刮除鱼鳞，沿着从尾巴到头部的方向刮。

尖吻鲈
Lates calcarifer

尖吻鲈的幼鱼呈斑驳的褐色，成鱼能长到1.2米长。鱼头尖、下颌大，浅银色的鱼皮上覆盖着厚厚的鱼鳞。鱼肉多汁、雪白，呈片状，脂肪含量低，但可能会有一点土腥味，取决于鱼是在哪里被捕获的。养殖的尖吻鲈很少会超过盘子大小，其味道与野生鱼大相径庭。尖吻鲈很受当地土著居民的欢迎。他们会用野生姜叶裹住一整条大的尖吻鲈，用火的余烬进行烘烤。尖吻鲈的鱼颊肉是一种特别的美味，多汁而清甜。尖吻鲈适合烧烤、清蒸和炙烤。大鱼可以片成鱼片。小鱼可以刮除鱼鳞、去除内脏后整条烹饪。

鲇鱼和博氏巨鲇

数百年来，世界各大洲的人们一直在捕获不同种类的野生鲇鱼，并人工养殖鲇鱼。它们生活在内陆的淡水水域和沿海水域中。其中许多种喜欢昼伏夜出、在水底觅食，并且都是食肉鱼。在世界上的很多地方，鲇鱼都被认为是一种美味佳肴，特别是在中欧和非洲。来自这些地区的移民把鲇鱼带到了美国，现在鲇鱼是美国南方传统饮食中极受欢迎的一种食物。每块大陆上都分布着不同的鲇鱼物种。斑点叉尾鲴和长鳍真鲴（属北美鲇科）原产于美国，生活在淡水溪流和河流中。养殖斑点叉尾鲴的产业价值高达数百万美元。博氏巨鲇（属巨鲇科）原产于越南和泰国，最近在国际市场上开始走俏。

切法 活鱼、全鱼、鱼片（新鲜和冷冻）。

熟吃 油煎、炙烤、烘烤、煮、油炸。

保存 烟熏、风干、盐腌。

理想搭配 玉米粉、芝麻、酸奶油、蘑菇、大葱、欧芹、月桂叶、百里香。

经典食谱 南方玉米粉油炸鲇鱼；炸鲇鱼饭。

鲇鱼皮像鳗鲡皮一样又厚又滑，要用钳子夹住鱼，才能把鱼皮剥下来。

尖齿胡鲇 ▲
Clarias gariepinus
这种呼吸空气的淡水鲇鱼生活在河流、湖泊和沼泽中，在非洲、欧洲和美国均有人工养殖。养殖鲇鱼和野生鲇鱼的体重可达2千克。在美国和非洲，这种鱼非常受欢迎，鱼肉润泽多汁，与其他许多淡水鱼一样，带有明显的河水味。鱼肉肉质雪白，质地紧实，适合各种烹调方式，姜、辣椒等东方食材很搭。

罗非鱼 慈鲷科

慈鲷科非鲫属和口孵非鲫属多种鱼类及其杂交后代均可称为罗非鱼。这些鱼生活在温暖的淡水水域，能长到40厘米长。罗非鱼的养殖量仅次于鲤鱼，在全球多个地区均有养殖。它们是杂食性动物，水生植物是饮食的重要组成部分，因此养殖这种鱼对生态环境无害，因为它们不需要其他鱼类所需要的大量鱼粉饲料。现在，人们养殖了多种杂交罗非鱼，这些鱼肉质紧实、味道清甜。但罗非鱼属于入侵物种，在一些引入罗非鱼的地区，已经出现了生态问题。

切法 新鲜全鱼（未加工，未去除内脏）、鱼片。

保存 盐腌、风干。

熟吃 油煎、油炸、清蒸、烘烤、烧烤、炙烤。

理想搭配 泰国风味：鸟眼辣椒、棕榈糖、鱼酱、虾酱、芫荽、椰子、高良姜。

经典食谱 油炸罗非鱼。

在烹饪前先把罗非鱼的鱼鳍剪掉。

处理鱼的时候要小心避开棘刺。有些棘刺很锋利，会造成很严重的伤口。

市场上能买到的博氏巨鲇是已经加工好的整洁、雪白的冷冻鱼片。

罗非鱼的鱼鳞牢牢地附着在身体上，需要用刮鳞器才能成功地去除。这种鱼的鱼皮处理后也可以用于皮革制造业。

博氏巨鲇
Pangasius bocourti

博氏巨鲇是巨鲇科的一员，俗名巴沙鱼。养殖的博氏巨鲇能长到25~30厘米长，是目前全球养殖最广泛的物种之一（此外还有鲤鱼、罗非鱼）。某些种的野生鲇鱼群受到了威胁，养殖鱼缓解了这种情况。而且，养殖也很容易，并且是环保的。博氏巨鲇味道很淡，烹饪后鱼肉呈片状。油炸很理想，或者配上味道强烈的调料，会更有滋味。

红罗非鱼
Red tilapia

罗非鱼的颜色因品种而异，就像锦鲤一样。红罗非鱼呈粉红色，是尼罗罗非鱼和莫桑比克罗非鱼的养殖杂交体色变异个体。处理和烹饪的方式和其他罗非鱼的方式完全一样。

鱼肉呈白色，纹理紧密，肉质紧实，很适合油煎和烧烤。

鱼鳍是出了名的厚密，需要用一把锋利的剪刀才能剪断。

鲟鱼的尾巴很特别，呈镰刀状，上鳍比下鳍长。

◀ 尼罗口孵非鲫
Oreochromis niloticus

即尼罗罗非鱼。在泰国，这种鱼烹饪方法多种多样。鱼皮是灰色的，带有深灰色的条纹。这种鱼以前没有得到充分利用，但现在逐渐被人们接受，变得越来越重要。鱼肉紧实、雪白鲜甜，适合各种烹饪方式，能够搭配各种风味。在市场上出售的养殖鱼通常长20~25厘米。

鲤鱼　鲤科

鲤科有超过3000个成员，包括鲤鱼、丁鱥、拟鲤、鳊鱼、鲢鱼、雅罗鱼和鳊鲅鱼等，以及锦鲤、金鱼等观赏鱼。大多数鲤科鱼原产于北美、非洲和欧亚大陆。它们没有胃和牙齿，主要以植物和一些无脊椎动物为食。不同品种的鲤科鱼差异悬殊，从几毫米长到1.5~2米长不等。作为这一鱼类家族的最主要成员，鲤鱼是人类最早养殖的鱼类之一，现在也仍然是全球养殖最多的鱼类。虽然鲤鱼在中国被大量养殖食用，但在许多国家中并不受欢迎。这是因为鲤鱼带有一种土腥味（取决于栖息地），并且有很多小鱼刺。有些鲤鱼是为供应中国、东欧、犹太洁食市场，以及无法获得海鱼的内陆国家养殖的。钓淡水鱼是一个大众化的业余爱好，而鲤鱼作为鲤科的一员，更是人们的垂钓对象。它们听觉敏锐，这对垂钓者来说是个不小的挑战。

切法　新鲜时：通常全鱼，或活鱼。

熟吃　清蒸、烘烤、油煎、裹上面包糠后煎炸、油炸、烘焙。用鲤鱼骨架做高汤和鱼汤。

保存　鲤鱼子，烟熏、盐腌。

理想搭配　红椒粉、黄油、刺山柑、莳萝、大蒜、欧芹、玉米粉、姜、米酒、芝麻。

经典食谱　蓝鲤鱼；烤匈牙利鲤鱼配红椒酱汁；鱼丸冻；鲤鱼配茴香酱汁。

草鱼

Ctenopharyngodon idella

草鱼在中国被大量养殖，它被引入美国和新西兰的目的是供人垂钓，以及帮助维护水生植被，不过草鱼的存在有可能影响某些植物和水生生物。草鱼能长1.2米长。它有一种青草味，搭配味道强劲的食材会更好吃。在东欧，节庆宴会上会将草鱼端上桌。

草鱼是橄榄色的，逐渐过渡为棕黄色，直至腹部呈白色。

鲟鱼　鲟科

也许鲟鱼最出名的就是那些美味的鱼子了，它们的鱼子被制成鱼子酱出售。现在人们利用超声波搜寻雌鲟鱼的卵子。鲟鱼的鱼肉也很紧实，味道极佳。鲟科有20多种，分布在北半球。有的鲟鱼生活在微咸水和淡水水域中，而有的鲟鱼溯河产卵（洄游鱼会游入淡水中产卵，然后再回到大海中）。这些不寻常的鱼类看上去很有一种史前感。它们只有部分骨头是硬骨，而头骨和大部分脊柱由软骨构成。它们的身体又细又长，沿着整个背部分布着一排排骨板。大多数鲟鱼的下颌都长着敏感的触须，它们用这些触须在水底的泥土中搜寻食物，然后再吸入嘴中。鲟鱼生长缓慢，寿命长达100年之久。鱼子质量极佳的著名鲟鱼包括：欧洲鳇（Huso Huso）、俄罗斯鲟（A.gueldenstaedtii）、闪光鲟（A.stellatus）和小体鲟（A. ruthenus）。西伯利亚鲟生活在淡水中，人们养殖的目的主要是为了获取雌鱼的鱼子，而养殖雄鱼则是为了食用鲟鱼肉。

可持续性　由于鱼子酱价格高昂，这些鱼已经遭到了无情的过度捕捞，有些已经严重濒危。鱼肉可以用鲤鱼和狗鱼的鱼肉替代；鱼子可以用圆鳍鱼子或鲑鱼子代替。

切法　新鲜时：全鱼、鱼排、鱼片；雌鱼的鱼子。

熟吃　烘烤、油煎、清蒸。

保存　烟熏。

理想搭配　辣根、酸奶油、甜菜根、醋、黄油、柑橘。

经典食谱　鱼子酱。

处理整条鲟鱼时要小心：鲟鱼的鳞甲很锋利。

欧鳊
Abramis brama
欧鳊是淡水鱼，原产于欧洲和巴尔干半岛，在里海、黑海和咸海也有发现。捕捞上来的欧鳊通常长约30厘米，但据人们所知，这种鱼能长到90厘米以上。白色的鱼肉与鲤鱼不同，没有泥土味。食用时配上百里香、迷迭香等香草炙烤或烘烤最佳。

生活在淡水中的欧鳊身上覆盖着大量鱼鳞，呈银褐色。

西鲤的鱼鳞牢牢附着在鱼身上，在刮鳞前洗去鲤鱼身上的黏液，否则鱼身太滑不好处理。

欧洲鲤
Cyprinus carpio
这种鱼背部呈褐色，鱼身两侧色泽逐渐变淡，腹部呈金色，有时更接近银色。这种鱼的侧身很宽，和其他淡水鱼一样，鱼身也有厚厚的黏液层，需要在处理前先清洗干净。通常将这种鱼浸泡在酸化水中以去除黏液，并中和其泥土味。欧洲鲤能长到1.2米长。

西伯利亚鲟
Acipenser baerii
这种鱼原产于中国和俄罗斯，在法国也有养殖，养殖目的是获取鱼子。它们的背部呈棕灰色，腹部灰白，能长到2米长。肉质坚实，多肉，味道鲜美，适合烧烤、煎炸和烧烤。关于鱼子的介绍参见第390—391页。

狗鱼 狗鱼科

狗鱼科的成员是食肉鱼，以其他狗鱼、较小的鱼、鸟、蛇和哺乳动物（包括田鼠和家鼠）为食。狗鱼是一种淡水鱼，人们为了经济利益或休闲垂钓而捕获它们。狗鱼在美国称为杰克鱼。狗鱼分布在北美、西欧、西伯利亚和欧亚大陆的河流中。狗鱼科包括北美狗鱼（E.masquinongy）、带纹狗鱼（E. americanus）和白斑狗鱼（E. lucius）等。狗鱼丸是法国的一道名菜，是一种用筛过的狗鱼肉配上奶油和蛋白做成的鱼丸。狗鱼味道鲜美，但有许多小鱼刺，这道菜对鱼肉进行了妥善处理，将鱼刺处理掉了。

切法 全鱼、鱼片。

熟吃 油煎、炙烤、清蒸、煮、烘烤。

保存 烟熏、盐腌、风干，鱼子。

理想搭配 无盐黄油、鼠尾草、柠檬、奶油、月桂叶、白葡萄酒。

经典食谱 狗鱼丸；传统烤狗鱼。

白梭吻鲈、玻璃梭鲈、河鲈、黄鲈 河鲈科

河鲈科的淡水鱼在全球各地均有分布。以前，那些远离海岸的人经常食用这些鱼，但好几种河鲈现在已经很少有人食用了，不过仍然很受休闲垂钓者的喜爱，同时商业捕捞和水产养殖在少数地区仍然存在。河鲈科的鱼有相同的鱼鳍结构，第一片背鳍上有棘刺（棘刺的具体数目不同），第2片背鳍是软的。河鲈科包括梭吻鲈属、鲈属、梅花鲈属等属。其中最大的是白梭吻鲈，这是生活在淡水中的一种食肉鱼，不过也有一些是在微咸水域中被捕获的。原产于东欧，后来被引入到西欧和美国。河鲈（也称为欧洲河鲈、英国河鲈）原产于欧洲和亚洲，已被引入到南非、新西兰和澳大利亚。鱼身呈暗绿色，带有一些条纹，鱼鳞较多，鱼鳍是红色的。在凉爽的欧洲水域很少长到40厘米以上，但在澳大利亚则能长得更大。另一种备受追捧的河鲈科的鱼是玻璃梭鲈，这种鱼和白梭吻鲈是近亲，原产于加拿大和美国北部。玻璃梭鲈没有养殖品种，但几十年来，人们一直用玻璃梭鲈来维系某些河流水系中的鱼群数量。

切法 通常为全鱼。

熟吃 油煎、炙烤、烘焙、烘烤。

理想搭配 黄油、香草（包括细香葱、鼠尾草、迷迭香、百里香和月桂叶）、柠檬、白葡萄酒醋、奶油、鸡蛋。

经典食谱 河鲈：原汁鱼汤；白梭吻鲈：卢瓦尔河炖鱼。均可用于制作鱼丸和鱼丸冻。

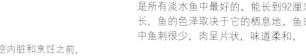

在挖内脏和烹饪之前，先把厚厚的鳞片刮除。

玻璃梭鲈
Sander vitreus

厨师们常说梭吻鲈属的玻璃梭鲈的味道是所有淡水鱼中最好的。能长到92厘米长，鱼的色泽取决于它的栖息地。鱼肉中鱼刺很少，肉呈片状，味道柔和。

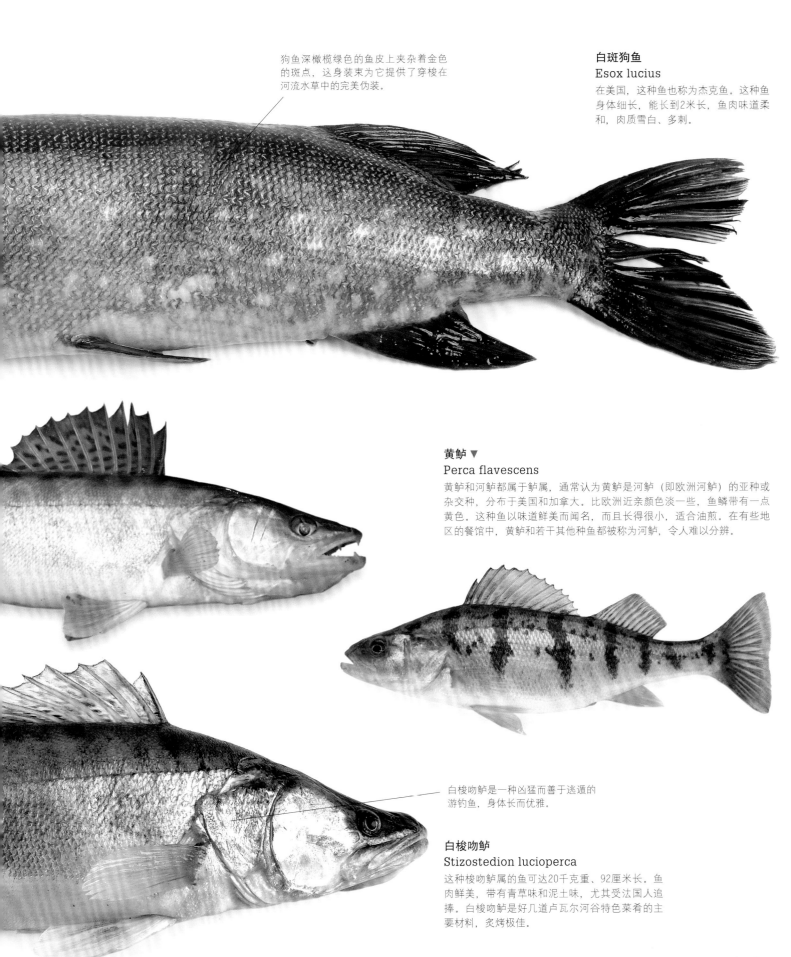

狗鱼深橄榄绿色的鱼皮上夹杂着金色的斑点，这身装束为它提供了穿梭在河流水草中的完美伪装。

白斑狗鱼
Esox lucius
在美国，这种鱼也称为杰克鱼。这种鱼身体细长，能长到2米长，鱼肉味道柔和，肉质雪白、多刺。

黄鲈 ▼
Perca flavescens
黄鲈和河鲈都属于鲈属，通常认为黄鲈是河鲈（即欧洲河鲈）的亚种或杂交种，分布于美国和加拿大。比欧洲近亲颜色淡一些，鱼鳞带有一点黄色。这种鱼以味道鲜美而闻名，而且长得很小，适合油煎。在有些地区的餐馆中，黄鲈和若干其他种鱼都被称为河鲈，令人难以分辨。

白梭吻鲈是一种凶猛而善于逃遁的游钓鱼，身体长而优雅。

白梭吻鲈
Stizostedion lucioperca
这种梭吻鲈属的鱼可达20千克重、92厘米长。鱼肉鲜美，带有青草味和泥土味，尤其受法国人追捧。白梭吻鲈是好几道卢瓦尔河谷特色菜肴的主要材料，炙烤极佳。

具有可持续性的选择

购买养殖的贻贝

　　贝类养殖业正在蓬勃发展，特别是贻贝养殖业。在与海岸隔开一小段距离的水域中，贻贝就像绳子上的一串串葡萄一样，被饲养在水中的木桩上。养殖的贻贝大约3年就能收获，养殖过程对环境造成的危害极小。饲养贻贝不需要使用鱼粉，因为贻贝以水中天然存在的营养物质为食，这样饲养的贻贝味道非常鲜美。作为一个处于食物链底端的物种，它们是世界上最可持续的海产品之一。

鳟鱼、红点鲑和茴鱼 鲑科

鲑科成员很多，是全球重要的食物来源。这些鱼富含脂肪，鱼肉呈粉红色，这是它们吃甲壳类动物的结果，因为甲壳类动物体内有一种天然色素。养殖鱼有时会被喂食一种化学替代品，以复制这一特征。有些鳟鱼已有水产养殖品种，或被饲养在鳟鱼湖中。大多数鳟鱼一辈子都生活在世界各地的某一处淡水中，而另一些鳟鱼则会溯河产卵，幼鱼游回海里，性成熟以后再回到它们出生的河流中产卵。鳟鱼会带有泥土味，它们在泥泞的河床上觅食。为了防止出现这种情况，人们有时在砂砾层上饲养鲑鱼，然后在收获前把鳟鱼放在清水池中养几天。北美本土的鳟鱼有虹鳟、花羔红点鲑和美洲红点鲑等。其他受欢迎的鲑科鱼包括湖鳟（Salmo trutta lacustris）、金鳟（O. aguabonita）和克拉克大马哈鱼（O. clarkii）。红点鲑的大小和外观与鳟鱼相似。湖红点鲑（Salvelinus namaycush）可达4千克左右重。北极红点鲑可长到6千克以上。茴鱼（Thymallus thymallus）是欧洲和北美一种很受欢迎的游钓鱼。鱼刚被捕捞上岸时，带有一种独特的新鲜百里香的香味。这种鱼没有被商业捕捞。

切法 全鱼（去除内脏）、鱼片、鱼子。

熟吃 油煎、烘焙、炙烤、烘烤。

保存 冷熏和热熏，盐腌鱼子。

理想搭配 经典的法国搭配：白葡萄酒醋、黄油、柠檬、细香葱、扁桃仁、榛子。

经典食谱 鳟鱼配西班牙火腿；鳟鱼裹面包糠；鳟鱼配扁桃仁；蓝鳟鱼（鳟鱼捕获后立即用带酸味的煮鱼汤料煮，鳟鱼会呈现蓝色）；罐装红点鲑。

虹鳟 ▲
Oncorhynchus mykiss

北美的虹鳟于19世纪末被引进欧洲。它们生长迅速，且被大量养殖。在欧洲的水域中，野生虹鳟很少能长到10千克以上，但在美国却能长到20千克以上。可将虹鳟整条烹饪，然后去除内脏；或者将虹鳟片成鱼片。这种鱼的鱼刺很细，难以发现。

虹鳟的鱼肉烹熟后呈整齐的薄片状，并带有一种青草味。

虹鳟的鱼皮呈亮眼的银色，并伴有像彩虹一样的斑点。

鳟 ▲
Salmo trutta

又名褐鳟，原产于欧洲的河流中，野生的鳟没有遭到商业捕捞；这种鱼有养殖品种，但一般养殖规模很小，而有机养殖的规模更小。鳟能长到15千克重。野生的鳟通常小得多，而且泥土味很重。养殖鳟的肉质往往更细腻、清甜。用几束什锦香草裹住鱼，将鱼烧烤，能最大程度激发鱼肉的味道。

鳟的鱼皮色泽很淡，鱼身侧面布满了巧克力色和橙色的斑点。

在黑暗的背景中，能看到北极红点鲑身上淡淡的斑点。身体的颜色随着栖息地的不同和一年中的个间时间而变化。

北极红点鲑
Salvelinus alpinus

有一些北极红点鲑分布在内陆深深的冰湖中，特别是英格兰北部的湖区。自从上个冰河时代末期以来，北极红点鲑一直生活在那儿。养殖的北极红点鲑成熟时的重量约为3千克左右。其鱼肉没有鳟鱼那么重的泥土味，并带有百里香和新鲜牧草的清香。煮熟后配上黄油、肉豆蔻皮、柑橘，配上梅尔巴吐司食用。

气味浓烈的香草，如鼠尾草、迷迭香和欧芹，与北极红点鲑清甜、片状的鱼肉很搭。

美洲红点鲑
Salvelinus fontinalis

也称为溪红点鲑。鱼皮呈绿色到棕色不等，带有明显的大理石纹理。能长到65厘米长，黄白色的鱼肉非常可口。

海鳟银光闪闪，背上点缀着许多黑色和绿色斑点。

海鳟
Salmo trutta

洄游的鳟通常被人们称为海鳟，它们会洄游产卵。鱼肉味道特别清甜细嫩，不像鲑鱼那样味道浓烈，将整条鱼或鱼肉煮熟，配上荷兰汁和柠檬食用。

大西洋鲑鱼 鲑科

大西洋和太平洋水域中都有鲑鱼。溯河产卵的鲑鱼，生命中的部分时间在淡水中度过，部分时间在大海中度过。在大西洋中只发现了一种鲑鱼。现在大多数的大西洋鲑都是在苏格兰和挪威养殖的。日本人食用了全球⅓的鲑鱼，但在欧洲多个国家和其他地区，人们也喜欢吃鲑鱼。野生鲑鱼和人工养殖的品种区别很大。有的养殖鲑鱼品质和味道都很不错，且脂肪含量更均衡。

可持续性 对"鱼中之王"，即野生大西洋鲑的大量需求，导致野生鲑鱼遭到过度捕捞，现在各地已经颁布了不少捕鱼禁令。曾经大量存在的野生大西洋鲑已经非常稀少了，因此价格非常之高。在20世纪80年代，鲑鱼养殖业一度非常繁荣、规模很大。这在一开始就引起很多争议，因为养殖鲑鱼会造成很多亟待解决的环境问题。可以用有机养殖的鳟鱼和来源可靠的太平洋鲑鱼，比如红大马哈鱼代替大西洋鲑。

切法 全鱼、鱼片、鱼排、鱼头、鱼子。

熟吃 油煎、煮、炙烤、烘烤。鱼头常常用来做汤底。

生吃 冷冻后用于制作寿司和刺身。

保存 热熏（窑烤鲑鱼）和冷熏；盐腌子称为大马哈鱼子，是一种鱼子酱替代品。

理想搭配 柠檬、黄油、莳萝、海蓬子、龙蒿、姜、酸模、印尼甜酱油。

经典食谱 煮鲑鱼配荷兰汁；熏鲑鱼；鲑鱼烤饼（俄罗斯菜肴）；传统的煮浇汁鲑鱼。

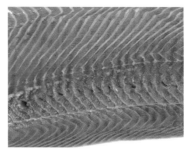

大西洋鲑 ◀▲
Salmo salar

养殖的大西洋鲑售卖时一般重3.5~4.5千克。肉质紧实、润泽、多油、细腻。如果要烹饪整条鲑鱼，可以用一根线测量鱼腰最粗的地方，每2.5厘米需要在230℃下烹饪4分钟。鱼肉鲜美多汁。

大西洋鲑的肉特别适合烘烤、烧烤或油煎。

太平洋鲑鱼 鲑科

太平洋鲑鱼有好几种，包括大鳞大马哈鱼、红大马哈鱼、大马哈鱼、银大马哈鱼、细鳞大马哈鱼和马苏大马哈鱼。这些鱼类数量很多，但也有一些是养殖的。环太平洋的多个国家在商业捕捞这些鱼类，特别是美国（阿拉斯加）和加拿大。大西洋鲑会在产卵后回到江河中，但太平洋鲑鱼不同，它们会死亡。大马哈鱼（Oncorhynchus keta）（经MSC认证）也称为狗鲑，在北太平洋韩国和日本的海域和白令海中产量丰富。在阿拉斯加北极地区和南至加利福尼亚州圣地亚哥的海域中也有发现。其鱼肉可罐装、风干、盐腌，鱼子也能食用。细鳞大马哈鱼（O. gorbuscha）是体型最小的太平洋鲑鱼，平均重2.25千克，分布在北冰洋和太平洋的西北部至中东部。银大马哈鱼（O. kisutch）（经MSC认证）也称为银鲑，能长到110厘米左右，分布在从俄罗斯的阿纳德尔河向南，直至日本北海道的北太平洋海域，以及从阿拉斯加州到下加利福尼亚州和墨西哥的太平洋海域。这种鱼肉质细腻，风味浓郁。马苏大马哈鱼（O.masou）可在西北太平洋、鄂霍次克海和日本海捕获。

切法 全鱼、鱼片、鱼排。

熟吃 煮、油煎、微波炉加热、炙烤、烘烤、清蒸。

保存 烟熏、鱼子、风干、盐腌、冷冻、罐装。

理想搭配 亚洲风味：芫荽、酱油、芝麻油、辣椒、青柠。在特制的木板上烹饪风味极佳。

经典食谱 鲑鱼烤饼（俄罗斯菜肴）；鲑鱼刺身；煮浇汁鲑鱼；熏鲑鱼。

大鳞大马哈鱼
Oncorhynchus tshawytscha

也称为帝王鲑。能长到1.5米，通常长70厘米左右。在北冰洋和从阿拉斯加、加利福尼亚到日本的太平洋西北至东北地区能捕获这种鱼。这种鱼的质地和大西洋鲑类似，富含脂肪，适合用同样的烹饪方法加工。

在海洋中，大鳞大马哈鱼背部呈蓝绿色，并有许多小黑点。

野生的大西洋鲑表皮呈铁灰色，有黑色斑点，鱼鳍发达。养殖的大西洋鲑可能斑点更多，鱼鳍畸形。

红大马哈鱼 ▶
Oncorhynchus nerka

又称红鲑、蓝背鲑，在北太平洋海域捕获，是最具经济价值的鱼类之一。可长到84厘米长。烹饪所需时间比大西洋鲑稍长。鱼肉脂肪少，这也意味着鱼肉容易变干，可煨汁或使用腌料来给鱼肉保湿。

大鳞大马哈鱼比大西洋鲑脂肪少一些。鱼肉多汁清甜，适合炙烤、油煎、烘烤。

红大马哈鱼的肉质紧实、脂肪少，肉多密实，呈深橘色（吃甲壳类动物所致）。

在太平洋鲑家族中，大鳞大马哈鱼与大西洋鲑最为相似。

颌针鱼和飞鱼

长嘴鱼家族中的颌针鱼和飞鱼有亲缘关系。颌针鱼（属于颌针鱼科）身体细长，生活在淡水、微咸水和海水中，共有约45种。其下颌延长，形成长长的"喙"，嘴巴里有许多锋利的牙齿，在世界各地的温带和热带水域中均有分布。这种鱼会跳出水面躲避捕食者。人们往往在晚上捕获这种鱼，因为它们会被灯笼、火把的亮光吸引到水面上。飞鱼是飞鱼科的成员，是一种海洋鱼类，全球共有约64种，主要分布在大西洋、太平洋和印度洋的热带和亚热带水域中。为了躲避掠食者，它们会用自己类似鸟翅的长胸鳍跃出海面，最高可达距离水面50米的空中。如果波浪上有上升气流，它们摇动尾巴能跃得更高。所以捕获这种鱼类的一大妙法是把网张在空中。这种鱼的肉可以片出长且薄的片，通常呈浅灰色，味道清甜、质地细腻。

切法 全鱼、鱼片、鱼子（鱼子冻）。

熟吃 油煎。

保存 风干。

生吃 刺身。

理想搭配 秋葵、玉米粉、辣椒、洋葱、大蒜、黑胡椒。

经典食谱 巴巴多斯的国菜"飞鱼和库库"。

大西洋柱颌针鱼
Strongylura marina

这种鱼在从美国的缅因州到墨西哥湾、巴西的大西洋西部捕获。能长到1.2米，鱼肉清甜、多汁、雪白。

在淡水中，鳗鲡呈深翠绿色。在微咸水中，它们会变成深褐色和银色。

欧洲鳗鲡
Anguilla anguilla

这种鱼通常能长到约80厘米长。不同生命阶段的鳗鲡都适合食用。幼鳗通常油炸食用。在欧洲的一些地区，这是一种美味。熏鳗鲡也是一种美食。鳗鲡肉非常油腻，特别适合热熏。如想食用新鲜的鳗鲡，通常在宰杀后立即剥皮，然后去除内脏，切成鱼排或鱼片。如果制作熏鳗鲡，往往是将整条鳗鲡直接熏制。鳗鲡肉特别紧实，略微弹牙，脂肪含量高。

鳗鲡 鳗鲡科

鳗鲡科有20多个成员。它们的身体长长的，像蛇一样蜿蜒而行。鳗鲡是一种入海产卵的鱼类，在海洋中产卵，幼鱼游到淡水中长大，再回到海洋中产卵，随后死亡。鳗鲡生活在世界各地的温带、热带和亚热带水域中。它们都有自己独特的产卵地，具体地点取决于它们的种类。鳗鲡肉质紧实、口感醇厚，脂肪含量高。

可持续性 近年来鳗鲡的数量大幅下降，这不仅是因为过度捕捞，还应归咎于环境污染。鳗鲡已被列为极度濒危物种。在北欧和亚洲，人们大量养殖某些品种的鳗鲡，试图减轻野生种群的压力，但这未能阻止鳗鲡数量下降。没有和鳗鲡味道相似的鱼类，但可以用鲭鱼等富含脂肪的鱼类聊以替代。

切法 活鱼、全鱼、烟熏；全鱼和鱼片。

熟吃 炙烤、油煎、烘烤、煮（做鳗鲡冻）。

保存 烟熏，风干。

理想搭配 月桂叶、醋、苹果、红葡萄酒、白葡萄酒、多香果、浆果、丁香、薄荷、欧芹、奶油。

经典食谱 鳗鲡冻；炖鳗鲡（法国菜肴）；油炸幼鳗；烤鳗鲡（意大利菜肴）；月桂叶鳗鲡串；月桂叶烤鳗鲡；油煎鳗鲡；腌鳗鲡（意大利菜肴）。

颌针鱼 ▲
Belone belone

也称为绿骨鱼,以鲜亮的绿色骨骼结构而闻名。这种鱼广泛分布于东北大西洋和地中海。因为外形像雀鳝,所以在美国也被称为雀鳝。不过,北美水域的另一个种群,即雀鳝科的雀鳝才是真正的雀鳝。颌针鱼能长到46厘米长。新鲜或冷冻后均可食用。试着油煎、炙烤、烘烤。鱼肉口感细嫩,质地细腻,呈片状。

大西洋柱颌针鱼的鱼皮呈银色,其针状的身体肉并不多。

阿戈飞鱼 ▲
Cheilopogon agoo

阿戈飞鱼是日本、越南、印度尼西亚、印度和巴巴多斯的一种受欢迎的经济鱼类。在巴巴多斯,尽管飞鱼是国鱼,但也已遭到过度捕捞。阿戈飞鱼能长到35厘米长,味道清淡、多肉、紧实。调味后烧烤或油煎最佳。金色的鱼子可以用来装饰寿司。

海鳝和康吉鳗

在世界各地的海洋中,共有超过190种康吉鳗和200种海鳝(分别属于康吉鳗科和海鳝科)。它们的味道并不是特别令人称道,绝大多数是作为副渔获物被捕捞起来,或人们在休闲垂钓时捕获的。有的

康吉鳗有3米多长,重量超过100千克。它们都是凶猛的食肉鱼,牙齿锋利无比,所以在处理活鱼时要格外小心。体型最大、数量最多的康吉鳗是美洲康吉鳗(Conger oceanicus)。生吃康吉鳗仔是日本的一种美食,常常配上柑橘酢。海鳝分布在各个热带和亚热带水域中。成年后,它们身上通常长有鲜明的斑纹。它们拥有和鳗鲡一样细长的身体,以牙齿锋利、视力不佳和嗅觉灵敏而著称。作为一种凶猛的食肉鱼,一旦受到干扰,可能会攻击人类。在南美、日本和中国饮食文化中,鳝鱼和鳗鱼都很受欢迎。而熏鳗鲡则是欧洲的美食。

可持续性 康吉鳗已被过度捕捞。没有直接的替代品,但鮟鱇鱼的肉质同样紧实。

切法 全鱼(去除内脏)、鱼排。

熟吃 油煎、烘烤。

保存 烟熏、风干,有时做成鱼冻。

理想搭配 洋葱、红椒粉、烟熏红椒粉、辣椒、黑胡椒、橄榄油、红葡萄酒、欧芹。

经典食谱 葡式炖鱼(葡萄牙炖鱼);煎鳗鲡(中东)。

欧洲康吉鳗的鱼皮光滑无鳞,身体越靠近尾部越细。

欧洲康吉鳗
Conger conger

分布在从挪威到塞内加尔的大西洋东部,在地中海和黑海中也有分布。欧洲康吉鳗能长到3米长。肉质鲜美,与猪肉的风味类似,简单炙烤并配上调味黄油最佳。这种鳗鲡的质地特别密实,油煎或焙烤都很完美。和味道浓烈的调味料,比如烟熏红椒粉、香辛料搭配都不错。

其尾部是出了名的鱼刺多,所以最好用来做高汤。

扁体鱼
鲨鱼、鳐鱼和魟鱼

人们已经在世界各地发现了从大白鲨到角鲨的数千种鲨鱼，它们来自许多不同的科。鲨鱼肉经常出现在炸鱼薯条店的菜单上，却被冠以岩鲑鱼、鳞片（在澳大利亚）等名号。市场上可以买到整条鲨鱼和去皮去骨的鲨鱼。鳐鱼和魟鱼属于鳐科，与鲨鱼有亲缘关系。它们分布在从北极到南极的各个海洋中。这些鱼身体扁平，巨大的胸鳍或"翅"使它们呈长菱形。鱼嘴和鱼鳃长在身体的下方，鱼卵在一个被称为"美人鱼钱包"的皮质卵夹中被孵化。如果没有钳子和手套，很难剥除鱼皮。这些鱼通过皮肤排尿，因此散发出氨水气味。如果氨水的味道很强烈，说明鱼已经不新鲜了，不要购买。和薄薄的白色鱼肉相比，鳐鱼和魟鱼的鱼翅需要更长的时间烹饪。鱼肉所含的纤维质格外多，吃起来有青草味。靠近鱼肩部位有一块厚厚的软骨，在鱼烹熟后会松动脱落。

可持续性 某些鲨鱼的数量出现了下降，现在已经和大白鲨一样受到了保护。鳐鱼多年以来也一直遭到过度捕捞。捕捞鳐鱼受到捕捞限额的限制，指定区域内的一些种是禁止捕捞的。其替代品包括来源可靠的鲹鲢鱼等。

切法 鲨鱼：新鲜和冷冻的鱼片、全鱼。鳐鱼：鱼翅、"瘤状突起"（鱼背上一块鱼肉）。

熟吃 鲨鱼：油煎、炙烤、烘烤、油炸。鳐鱼：油煎、油炸、煮、烘烤。

保存 鲨鱼：烟熏、风干。

理想搭配 鲨鱼：啤酒面糊、塔塔酱、酱油、芝麻油、姜、辣椒。鳐鱼：醋、刺山柑、欧芹、柠檬汁、黄油。

经典食谱 鳐鱼配焦化黄油酱汁；鳐鱼配刺山柑黑黄油酱汁。

背棘鳐
Raja clavata

这种鱼在大西洋东部，从冰岛、挪威、北海和波罗的海，南至摩洛哥和纳米比亚的海域，包括地中海和黑海均有捕获。大多数背棘鳐能长到85厘米长。鱼背呈深浅不一的棕褐色，夹杂着斑驳的深色斑点。市场上能买到来源可靠的背棘鳐，这种鱼的味道重，煮或烘烤最佳，或者撒上调味面粉油煎。鳐鱼翅肉质密实，需要10~12分钟才能煮熟。

星鲨
Mustelus mustelus

在某些国家的炸鱼薯条店被冠以鳞片、岩鲑鱼的名称。属皱唇鲨科，和角鲨、猫鲨很像。这种小鲨鱼通常能长到约50厘米长，生活在全球各地的沿海水域中。星鲨完全成熟后，会冒险游到更深的水域中。星鲨被过度捕捞，现在已规定了严格的捕捞限额。肉质紧实多肉，带有一种非常特别的、几乎像猪肉的味道。油炸、油煎、爆炒都不错。

鳐鱼和鲨鱼一样，是软骨鱼，它们只有身体中央的软骨，没有真正的骨骼。

鲽鱼 鲽科

鲽科的拉丁文为Pleuronecti-dae，意为"侧泳的鱼"。这些鱼都是扁体鱼，包括鲽鱼、庸鲽等。在某些国家和地区，某些种的鲽科鱼被误称为鳎鱼，而真正的鳎鱼属于鳎科。鲽科的鱼都是底栖鱼，鱼肉都是白色的，脂肪主要集中在肝脏。在欧洲、北美和北太平洋都能捕获。扁体鱼刚刚出生时，身体小小的、圆圆的。随着它们逐渐长大，身体会偏向左侧或右侧生长，眼睛也会移到一侧。这些鱼在海床中藏身，朝上那侧鱼皮极富伪装性，使它们能和自己的栖息地融成一片、不被发现。野生鱼的腹部那侧呈珍珠白色，如果从下往上看，这种颜色也有助于它们融入周围的环境中。鱼肉味道清淡，质地细腻。这些鱼通常一捕捞上岸后就被去除内脏。大多数扁体鱼身上覆盖着一层厚厚的黏液，应尽快清除。随着鱼变得不新鲜，这层黏液会变得格外黏稠并变色，因此被戏称为"调味汁"，这种情况说明鱼已经过了最佳食用时间。

可持续性 鲽鱼在多个国家都是重点保护对象，相关部门规定了最小捕捞尺寸。可以通过某些渠道购买到一些获得海洋管理委员会认证的鲽鱼。

切法 通常在捕捞上岸后去除内脏。整条出售（保留或去除鱼头），片双鱼片或鱼片（保留或去除鱼皮）。

熟吃 油煎、煮、油炸、烘烤。

理想搭配 调味面粉、黄油、柠檬、欧芹、面包糠、鼠尾草、栗色蘑菇、越橘、马铃薯。

经典食谱 黄油炸鲽鱼；维洛尼克式鲽鱼。

小头油鲽
Microstomus kitt

在某些地区也称柠檬鳎，在北欧的浅海中捕获。通常身长25~30厘米。非常新鲜的鱼身上覆盖着一层厚厚的乳脂状黏液，这和其他的新鲜扁体鱼不一样，其他扁体鱼的黏液是清澈的。这种鱼味道清甜柔和、质地细腻。

小头油鲽只需简单地裹上面粉油煎或炙烤、煮熟即可。

可以通过鳃盖周围的柠檬色带状条纹（一长条黄色的鱼肉）来识别小头油鲽。

鲽
Pleuronectes platessa

鲽在欧洲的水域中很常见，也是欧洲最受欢迎的扁体鱼，味道柔和，质地细腻。其尾部有一条明显的"腕带"，且从鱼头到鱼鳃长有棘。腹部是白色的，并有V形斑纹，这些斑纹暗示着肌肉的走向。这种鱼能长到60厘米，但这样长的很少见。每年5~12月和次年1月是其最为鲜美的时期。

有些鳎鱼细长的尾巴上长着尖刺。

鲽的鱼皮是棕绿色的，有橙色或锈绿色的斑点。

鲽鱼

乔氏虫鲽 ▶

Eopsetta jordani

被认为是太平洋沿岸最优质的几种鲽鱼之一。捕捞起来的乔氏虫鲽通常长30厘米左右。这种鱼分布在从阿拉斯加海岸到下加利福尼亚北部的东太平洋中，通常去皮并片成鱼片后销售。肉质清甜，油煎最佳。

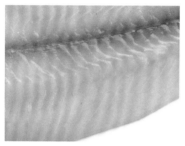

乔氏虫鲽肉质雪白，鱼肉呈片状适合油炸、油煎或炙烤。

乔氏虫鲽的上半部呈颜色一致的淡褐色或深褐色。

乔氏虫鲽身体右侧长着大眼睛，深深地嵌在头上。不长眼睛的一侧鱼身呈白色。

庸鲽的鱼皮呈一致的深棕色至黑色。幼鱼往往带有大理石状花纹。

▲ **美首鲽**

Glyptocephalus cynoglossus

这种鱼分布在从西班牙北部到挪威北部的大西洋东部海域，以及从加拿大到美国北卡罗来纳州的大西洋西部海域。这种鱼能长到60厘米长，味道清淡。全鱼烘烤最佳，或片成鱼片、裹上调味面粉用黄油油煎，并挤上柠檬汁。

美首鲽的鱼肉很薄。最好剪下鱼头和鱼鳍后整条烹饪。

欧洲黄盖鲽 ▶

Limanda limanda

欧洲黄盖鲽在大西洋东北海域产量丰富。这是一种较小的扁体鱼，能长到约40厘米，但身长30厘米左右的更常见。欧洲黄盖鲽白色的鱼肉新鲜食用最佳，但几乎淡而无味。由于很小，所以通常在修剪干净后，将整条鱼带骨烹饪。市场上也有风干、盐腌和烟熏的欧洲黄盖鲽销售。

欧洲黄盖鲽通常是浅褐色的，带有颜色略深的斑块。

庸鲽 鲽科

有些地区称庸鲽为"海牛"，因为这种鱼在扁体鱼里是体型最大的。在大西洋和太平洋中能捕获好几种庸鲽，而且品质备受赞誉。和所有的扁体鱼一样，庸鲽的颜色各不相同，具体取决于它们栖息的海床。鱼身朝上那侧带有伪装色。野生庸鲽能长得很大。据记录，最大的庸鲽重量超过330千克。然而，现在捕获上岸的庸鲽绝大多数不会超过11~13.5千克。鱼肉紧实，颜色雪白，备受追捧。为了满足人们的大量需求，现已被广泛养殖。

可持续性 庸鲽成熟得很慢，因此很容易捕捞过度。野生庸鲽（即大西洋庸鲽）已经被捕捞过度，为了保护它们，很多地区现已规定了最小捕捞尺寸，且在捕捞限额方面作出了严格规定。最好选购养殖的庸鲽或狭鳞庸鲽。

切法 大鱼：鱼排、鱼块；小鱼：全鱼、鱼片。

熟吃 清蒸、油煎、炙烤、煮、烘烤。

保存 风干、盐腌、烟熏。

理想搭配 黄油、调味面粉、肉豆蔻、泡菜小黄瓜、刺山柑、柠檬。

经典食谱 煮庸鲽配荷兰汁；炙烤庸鲽配白黄油酱汁。

庸鲽 ▼
Hippoglossus hippoglossus

即大西洋庸鲽，能长到4.5米长，分布在大西洋东部和西部海域，并被广泛养殖。这种鱼肉质润泽、脂肪含量低，味道清甜柔和。由于鱼肉脂肪少，所以很容易煮过头和变干。

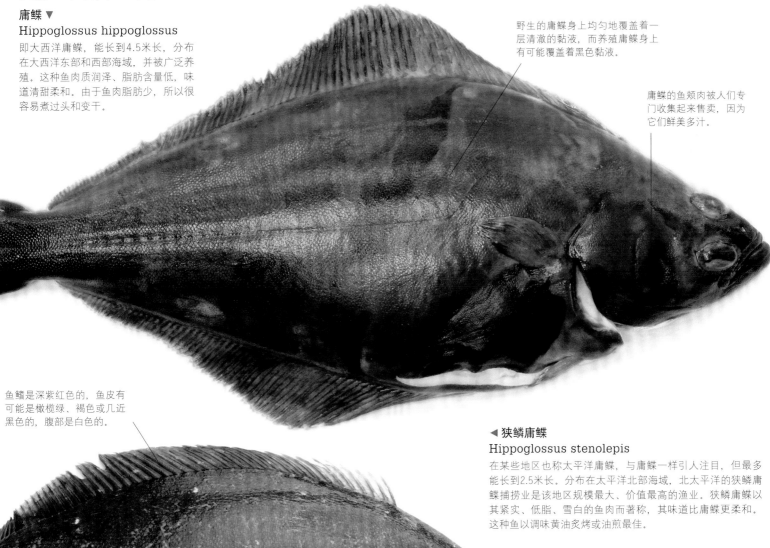

野生的庸鲽身上均匀地覆盖着一层清澈的黏液，而养殖庸鲽身上有可能覆盖着黑色黏液。

庸鲽的鱼颊肉被人们专门收集起来售卖，因为它们鲜美多汁。

鱼鳍是深紫红色的，鱼皮有可能是橄榄绿、褐色或几近黑色的，腹部是白色的。

◀ 狭鳞庸鲽
Hippoglossus stenolepis

在某些地区也称太平洋庸鲽，与庸鲽一样引人注目，但最多能长到2.5米长。分布在太平洋北部海域，北太平洋的狭鳞庸鲽捕捞业是该地区规模最大、价值最高的渔业。狭鳞庸鲽以其紧实、低脂、雪白的鱼肉而著称，其味道比庸鲽更柔和。这种鱼以调味黄油炙烤或油煎最佳。

狭鳞庸鲽能片出厚厚的、雪白的鱼肉，烹熟后鱼肉呈片状，味道清淡。

鳎鱼 鳎科

鳎鱼分布在世界各地的水域中，总共约有165种。它们身体长长的，呈拖鞋状，长着小眼睛、小嘴巴、小尾巴。有的鳎鱼身上长着漂亮的斑纹和图案；大多数鳎鱼的鱼皮都特别粗糙，如果从鱼尾向鱼头方向摸的话，有点像猫舌头。鳎鱼至多能长到70厘米长。这些鱼类都是"右撇子"，它们的眼睛长在头部的右侧。白色的鱼肉有一种清淡而特别的味道。

可持续性 鳎（即多佛鳎鱼）在欧洲餐饮文化中很受欢迎，这导致了过度捕捞。对捕捞上岸的鱼有严格的尺寸限制，捕捞限额也很严格。试着寻找经海洋管理委员会认证的专业捕捞机构，或者选购来源可靠的大菱鲆、小头油鲽或鲽鱼作为其替代品。

切法 通常出售去除内脏的全鱼、修剪干净和去皮的鱼，以及鱼片。

熟吃 炙烤、油煎。

理想搭配 柠檬、黄油、调味面粉、黄瓜、薄荷、香菇、蘑菇、松露油、刺山柑、欧芹。

经典食谱 科尔伯特鳎鱼；炙烤鳎鱼配奶油鱼酱。

鳎
Solea solea

更为人熟知的名字是多佛鳎鱼、欧鳎，有一个小型种称为拖鞋鳎。这种鱼可能售价高昂。能长到70厘米长，可在太平洋东部捕获，并有小规模养殖的品种。白色的鱼肉非常紧实、略微弹牙，味道浓郁。在过了尸僵状态后的一段时间内食用最佳，因为随着味道和肉质的改变，到这时恰到好处。

大菱鲆、菱鲆和帆鳞鲆 菱鲆科

菱鲆科包括大菱鲆、菱鲆、帆鳞鲆、轭鳍菱鲆等。它们分布在大西洋和太平洋的多处温带海域中。大菱鲆和菱鲆非常珍贵，具有很高的商业价值。它们是"左撇子鱼"，即眼睛长在头部的左侧。它们的鱼皮颜色相似，但也各有区别。大菱鲆大致呈圆形，身体颜色深，长着眼睛的一侧身体上长着少量皮刺。这种鱼现已被广泛养殖。尽管这种鱼的鱼肉呈片状，但鱼肉能很好地维持原来的形状，所以可用多种方式烹饪。菱鲆呈椭圆形，有鱼鳞，但无皮刺。和许多其他鱼类一样，鱼皮颜色根据栖息地不同而不同。帆鳞鲆以其一直深入食管中的大嘴而著称。在南欧，尤其是西班牙，是一种很受欢迎的食物。帆鳞鲆在十分新鲜时食用最佳。这种鱼需要放调味料，还需要佐以黄油或橄榄油，防止鱼肉变干。

可持续性 大菱鲆和菱鲆都有最大捕捞限额，且捕捞上岸的鱼必须满足最小捕捞尺寸。可以用来源可靠的小头油鲽、鲽鱼和来源可靠或安全养殖的庸鲽替代。

切法 全鱼，保留鱼头；处理好的鱼；鱼片（部分品种）；较大的大菱鲆可以切成鱼排。

熟吃 清蒸、油煎、脆皮煎炸、烘焙、烘烤、炙烤。

理想搭配 野蘑菇、香槟酒、奶油、黄油、虾、贝或蟹类高汤、柠檬、格鲁耶尔奶酪、帕玛森干酪。

经典食谱 香槟酒牡蛎煮大菱鲆。

大菱鲆
Scophthalmus maximus

全球价格最高的扁体鱼之一，备受食客追捧。分布在从地中海、欧洲沿海，直到北极圈的大西洋东北海域。大菱鲆能长到1米长。这种鱼的肉很多。和其他的白身鱼不同，由于鱼肉不会松散，因此适合煸炒，将其煮、油煎、炙烤也不错，常常被切成鱼排并保留脊柱销售。味道鲜美清甜，很有特色，层次感丰富。

大菱鲆的肉紧实、雪白、有弹性，适合各种烹饪方式。

野生大菱鲆呈斑驳的深褐色至灰色不等。养殖大菱鲆呈灰绿色至深灰黑色不等。

帆鳞鲆鱼皮光滑，呈浅褐色，腹部呈白色。

帆鳞鲆
Lepidorhombus whiffiagonis

这是一种生活在大西洋东北海域的深水鱼，通常长25厘米左右。处理干净后保留鱼骨、整条烹饪最佳。它的味道和鲽鱼相似，鱼肉呈片状，肉质细嫩，脂肪含量低。适合搭配黄油、味道温和的香草等清淡口味的食材。

几内亚大鼻鳎
Pegusa lascaris

也称为砂鳎，分布在大西洋的北部和东南部，以及地中海、黑海。与鳎相比，鲜美程度远逊于鳎。经济价值不高，但可在市场上购得。将整条鱼去皮带骨烹饪。

几内亚大鼻鳎表皮呈黄褐色，带有淡色斑点，外表和鳎相似。

鱼身呈椭圆形，能长到40厘米长，背鳍和臀鳍略微弯曲。

菱鲆 ▼
Scophthalmus rhombus

菱鲆最长能长到75厘米，分布在从冰岛到摩洛哥的大西洋、黑海和地中海海域。这种鱼曾经被人们低估，但现在备受推崇。这种鱼的味道和大菱鲆一样细腻清甜，但鱼肉较易碎。

菱鲆肉质细腻、雪白、呈片状，油煎、炙烤或烘烤最佳。

大菱鲆的鱼皮上有皮刺。

菱鲆的鱼皮呈略带绿色的沙褐色。幼鱼是深褐色的，经常带有白色的斑点。

虾、贝及蟹类

鲍鱼 鲍螺科

　　鲍鱼被认为是一种难得的美味佳肴。全球许多沿海水域均有野生鲍鱼和养殖鲍鱼。总共约有100种不同的鲍鱼，其形态大小各异。鲜美的鲍鱼肉位于耳状的鲍鱼壳中。鲍鱼通过强大的吸附力吸附在岩石表面，以藻类为食。

可持续性　有的鲍鱼生长缓慢，过度捕捞导致其数量减少、价格提高。尽管鲍鱼的肉质是独一无二的，但峨螺和帽贝也同样很有嚼劲。

可获得性　新鲜：带壳出售。

保存　冷冻鲍鱼肉（已软化）、罐装、风干（用于给汤调味）、盐腌。

食用　在烹饪前先将鲍鱼肉拍松。嫩煎或快炒，因为鲍鱼肉很容易变硬。将干鲍鱼放入汤中，长时间文火慢炖可以增鲜。

理想搭配　东方食材：木耳、芝麻油、酱油、姜、大蒜、黄油。

经典食谱　蚝油鲍鱼。

红鲍鱼
Haliotis rufescens

这是最大的一种鲍鱼，也是最容易捕获的。分布在从美国俄勒冈州到下加利福尼亚，直到墨西哥一带的太平洋海域中。这种鲍鱼有捕捞限额。大火快煎上色即可，如果烹饪过久，肉会变硬。鲜美多肉，海鲜味浓。

主要的食用部位是鲍鱼足。把肉从壳里取出，拍松，然后快灼。

海螺 凤凰螺科

　　女王凤凰螺是一种生活在海水中的腹足类动物，也称为粉红凤凰螺或加勒比海螺。主要供应商和消费者在牙买加、洪都拉斯和多米尼加共和国。海螺味道浓郁。

可持续性　尽管海螺的产量一度很高，但现在在美国禁止商业捕捞海螺。其替代品包括来源可靠的鲍鱼、峨螺、帽贝，它们的价格低廉得多。

可获得性　野生：冷冻、切碎、剁碎。养殖海螺：新鲜、加工好、冷冻。养殖海螺通常更嫩。吃野生海螺需要切得很碎，并用木槌拍软。

熟吃　烘烤、炙烤、油煎、煸炒、嫩煎、清蒸。

生吃　用青柠汁和辣椒腌制，做成酸橘汁腌海鲜。

理想搭配　洋葱、大蒜、黑胡椒、番茄、墨西哥辣椒、辣酱、芫荽、辣椒粉。

经典食谱　海螺油炸果；海螺杂烩浓汤。

从海螺壳中完整撬出的海螺肉覆有一层深色的膜。一只可达30厘米长。优质的海螺肉是奶白色的，略带粉色和橙色。如果已经褪色发灰，味道刺鼻，不要购买。

女王凤凰螺
Eustrombus gigas

这种海螺是在凯科斯群岛养殖的，一年四季都能买到。在加勒比海地区，干海螺肉或切碎的海螺肉用于做油炸馅饼，或油煎后制作沙拉，或做成杂烩浓汤。味道鲜美，肉质富有弹性，带有胶状质地。

从美丽的外壳中取出的海螺肉，可以腌制并生吃，也可以用多种方式烹饪。

玉黍螺、峨螺和骨螺

玉黍螺、峨螺和骨螺等海螺分布在全球的各个水域中。一些消费者把它们当做美味，但由于销量有限，有些螺难以买到。玉黍螺有时也称为滨螺，属于玉黍螺科，它和峨螺在北欧都很受人们喜爱，也是伦敦东区的传统下午茶餐点之一。玉黍螺科约有180种，但只有部分可以食用。在英国和北美，峨螺很受欢迎。峨螺属于峨螺科，味道很特别，咸咸的，带有海鲜味，常常让人联想到蛤蜊肉。峨螺肉质较硬，肉很多。骨螺是另一类小海螺，属于骨螺科，只有在地中海沿岸国家的海滨地区的专门鱼市中才能看到它们。骨螺的味道与峨螺相似，但肉是出了名的硬。

可获得性 带壳，生熟都有。

玉黍螺：新鲜、冷冻、去壳，用醋腌制并罐装。在美国，玉黍螺是烹熟去壳并处理干净后出售的。

食用 用盐水洗净后再煮。玉黍螺需带壳烹饪3～5分钟，峨螺需12～15分钟，骨螺需10～12分钟。螺厣是不能食用的，必须剪去（见第281页）。如果你喜欢，可以将螺肉裹上面包糠后油煎。

理想搭配 辣椒醋、麦芽醋、盐、柠檬汁。

经典食谱 带壳玉黍螺配麦芽醋；玉黍螺西洋菜三明治。

将玉黍螺抹上一点油再装盘，能让墨绿色的螺壳更鲜亮、有光泽。

欧洲玉黍螺
Littorina littorea

这些海螺很小，在欧洲很常见。人们常常用手捕捞它们，确保对它们的栖息地不造成任何破坏。传统上将其作为海鲜拼盘的一种食材，味道浓郁，略带咸味又清甜。玉黍螺中泥沙很多，所以要清洗干净。

人们采集螺壳，因为它们很美丽，肥墩墩的、有很多突出的棘刺，越往后越小，直到变成一个尾巴一样的点。

染料骨螺 ◄►
Murex brandaris

多少个世纪以来，地中海的染料骨螺一直是一种受人欢迎的美味。此外，人们采集这种骨螺，也是为了获得一种罕见的紫色染料。它的味道和峨螺相似。需要用小火烹饪，因为螺肉很容易变硬。在法国南部，这种骨螺是制作海鲜拼盘的一种经典食材。

许多腹足类动物长着角状的"足"，即螺厣，需要在烹饪后去除。

欧洲峨螺
Buccinum undatum

在全球各地的水域中，共有成千上百种峨螺。它们是食肉动物，也是食腐动物。分布在大西洋北部海域的欧洲峨螺在欧洲是一种食用螺，有5～10厘米长，全年都可用饵料罐捕获。这种螺夏天最好吃。

蛤蜊和鸟蛤

在全球各个水域中分布着成百上千种蛤蜊和鸟蛤。它们是被人们充分利用的食物资源，给多个国家带来了可观的收入。蛤蜊在欧洲一些地区、美国和亚洲尤受欢迎。帘蛤科帘蛤属、花帘蛤属和蚌蛎属的蛤蜊都长着坚硬的外壳。海螂科的蛤蜊长着软薄易碎的外壳，在太平洋和大西洋中均有分布，如砂海螂。太平洋潜泥蛤（即象拔蚌）也称为皇帝蚌（因为它的虹管很长）。它

是世界上最大的钻穴双壳类动物，也是自然界最长寿的动物之一。美东马珂浪蛤属于马珂蛤科，这一科中还有几种类似的生物。竹蛏科的多种蛏在全球都能捕捞到。它们的壳边缘非常锋利，像剃刀一样。欧洲蚶蜊属于蚶蜊科。

可获得性　新鲜：活体带壳，去壳蛤肉。

保存　冷冻、用盐水泡、罐装。

食用　蛤蜊：大蛤切碎或剁碎后做杂烩浓汤，小蛤去壳并生吃。硬壳蛤：生吃或蒸熟后取肉做汤。砂海螂：将虹管切片或剁碎后做杂烩浓汤，或切成薄片做寿司；蛤肉切片、拍软后油煎或嫩煎。带壳清蒸，去壳配柠檬汁生吃，也可以做杂烩浓汤。竹蛏：带壳烤或清蒸，去壳做成酸橘汁腌海鲜生吃，或油煎。

理想搭配　奶油、洋葱、香草、白葡萄酒、番茄、大蒜、欧芹、培根、辣椒。

经典食谱　曼哈顿蛤汤（番茄汤）；新英格兰蛤蜊浓汤（奶油汤底）；蛤蜊意式扁面；填烤蛤蜊。

欧洲鸟尾蛤的壳呈波纹状。出水后尽快食用，因为鸟蛤无法长时间保鲜。

欧洲鸟尾蛤
Cerastoderma edule

通常称为鸟蛤，属鸟尾蛤科。在欧洲很常见。市场上售卖的鸟蛤通常长3厘米左右。将其清洗干净，然后放在沸腾的高汤或葡萄酒上清蒸至开壳。剥出肉装盘，或放入沙拉中，或配上简单调味料后，作为开胃菜都很不错。鸟蛤带有清甜的海鲜味，可能有一点泥沙，新鲜烹制时是一道真正的美味。

查看外壳是否紧闭，因为外壳紧闭说明它们是活的。

带有光泽的褐色外壳非常容易碎，需要小心处理，因为边缘很锋利。

太平洋潜泥蛤 ▼
Panopea generosa

也称为象拔蚌、皇帝蚌。市场上出售的太平洋潜泥蛤通常直径为10~15厘米。其虹管完全伸展时，最多可长达70厘米。太平洋潜泥蛤寿命可达100年以上，能长得很大，最多重达7~8千克。肉质较硬，但味道很浓郁，在日本特别受欢迎。

竹蛏
Ensis ensis

捕捞起来的蛏子通常长12厘米以上。在烹饪前查看一下蛏子是不是活的：轻轻叩击，壳应该是紧闭的。将其清蒸或炙烤（但很容易变硬）最佳。将清甜软嫩的蛏子肉从壳中取出，并丢弃胃肠（见第279页）。如果要做酸橘汁腌海鲜等腌制菜肴，将蛏子切成薄片。其味道和扇贝颇为相似。

美东马珂蛤 ▼
Spisula solidissima

也称为大西洋浪蛤，分布在美国东海岸附近的海域。在美国备受推崇，被用来做蛤蜊浓汤。在欧洲能找到较小的类似物种。美东马珂蛤适合做清蒸菜肴。在烹饪前检查是否还活着，清洗干净，在高汤或白葡萄酒上清蒸至开壳。味道柔和鲜美，口感微咸。

硬壳蛤 ▶
Mercenaria mercenaria

属于帘蛤科。小的幼蛤称为短颈蛤，半大的称为小圆蛤，被认为是一种美味佳肴，生吃熟吃均可。较小的硬壳蛤可以生吃，但较大的硬壳蛤往往做成蛤蜊浓汤。外壳很重，但打开壳后，就会露出清甜、柔软、略带咸味的蛤蜊肉。

美东马珂蛤的外壳很光滑，呈米黄色。通常直径为4~5厘米，但最长能达到16厘米。

硬壳蛤宽8~12厘米。

欧洲蚶蜊 ▼
Glycymeris glycymeris

欧洲蚶蜊可在欧洲海岸附近捕获。外壳能达7厘米宽。肉质比大多数蛤蜊的肉质更紧实，因此适合做杂烩浓汤或做成馅料。但在欧洲，生吃蚶蜊也很受欢迎的，清甜多肉，而且有一点嚼劲。

欧洲蚶蜊呈圆形，奶油色的外壳上布有巧克力色的之字形图案。可捕捞时直径约4厘米。

太平洋潜泥蛤的虹管可以食用，但需要先剥下厚皮，蛤肉而更慢慢点软。

扇贝 海扇蛤科

扇贝是一种很受欢迎的贝类海鲜。产自世界各地的海洋，分布在比大多数贝类所在海域更深的海水中。扇贝共有500多种，分别属于3大类，有些野生或养殖的扇贝是重要的商业性食物来源。扇贝是捕捞船捕捞或手工采集的。后者被认为是一种更负责任的方式。手工采集的扇贝往往比捕捞上来的扇贝更大，价格更高。扇贝由有力的闭壳肌（白色部分）和扇贝子（橙色的扇贝卵或奶油色的扇贝精）构成。扇贝精会在水中膨胀并裂开，与扇贝卵结合并受精。扇贝的主要食用部位是清甜、多汁的闭壳肌。扇贝子在欧洲是食用的，但在美国被丢弃。可以将扇贝子放入烤箱中以低温烘干，磨碎后放入贝类酱汁中增鲜。扇贝有清甜的海鲜味，口感柔嫩多汁。扇贝子的味道更浓郁。

可持续性 在英国和其他不少地区的海岸边捕捞的大海扇蛤有最小捕捞尺寸规定。尽量购买来源可靠的扇贝。竹蛏的质地与扇贝相似。

常见品种 带壳的活扇贝、带一半壳的加工好的扇贝、加工并修剪干净的扇贝肉。

保存 冷冻（带扇贝子或不带扇贝子）、罐装、烟熏、有的扇贝脱水保存。

熟吃 油煎、清蒸、煮、烧烤、炙烤；油煎熏扇贝肉。

生吃 酸橘汁腌海鲜和寿司（只用白肉）。

理想搭配 培根、西班牙辣香肠、红甜椒、红洋葱、橄榄油、芝麻油、豆豉、大葱、姜、辣椒。

经典食谱 扇贝培根；扇贝配豆豉酱或配酱油姜；焗烤扇贝；法式奶油焗蘑菇扇贝。

海湾扇贝
Argopecten irradians

这种扇贝分布在大西洋西北海域，在美国沿海被捕捞上岸。将扇贝肉的两面用热黄油大火快煎上色数秒，这样烹饪的扇贝肉最为清甜柔嫩。

不要把海湾扇贝烹太久，避免皱缩变干。

巨海扇蛤 ▶
Pecten maximus

也称为扇贝王、欧洲大扇贝。这种扇贝在北欧沿海的深水中捕获，在许多欧洲国家都很受欢迎。其外壳呈波纹状，因此不能像其他双壳贝那样紧紧闭合。大海扇蛤油煎最佳，尽管高温会让扇贝子爆裂。注意不要煎得太久，在热锅中将扇贝肉两面各煎1分钟左右即可。

外壳呈奶油色，带有褐色条纹，直径可超过20厘米。下壳扁平，上壳凸起。

市场上出售的带壳扇贝，已摘去了裙边和黑色的胃囊。

超过6厘米的女王海扇蛤很少见。

闭壳肌使扇贝壳能自如开合、自由活动。

◀ 女王海扇蛤
Aequipecten opercularis

很少有活的带壳女王海扇蛤出售。通常是将肉取出或处理加工后带半壳销售。女王海扇蛤清甜细嫩，最适合煸炒或放在炖鱼中，很容易煮老皱缩。如果带壳食用，加一点调味黄油，炙烤数秒最佳。

贻贝 贻贝科

贻贝生长在全球各地的凉爽水域中，数量极为丰富。野生贻贝能通过捕捞船捕捞或手工采集获得。此外，人们也大规模养殖贻贝（见第301页）。贻贝是可持续性最强的海产品之一，有多个品种。

常见品种 带壳的活贻贝，趁新鲜烹饪。

保存 冷冻贻贝肉，浸在盐水或醋中罐装，烟熏，常常放在冷冻什锦海鲜中。新西兰壳菜蛤：通常带半壳烹饪并冷冻。

熟吃 清蒸、烘烤、炙烤。

新西兰壳菜蛤：烘烤、炙烤。如放入酱汁或炖菜中，去壳取肉。

理想搭配 白葡萄酒、黄油、大蒜、奶油、姜、香茅、香辛料、欧芹、芫荽、莳萝、迷迭香、球茎茴香、潘诺茴香酒。

经典食谱 法式白葡萄酒贻贝；淡菜薯条；西班牙海鲜饭；奶油贻贝；酿贻贝；穆卡拉式煮贻贝。

这种贻贝壳平滑有光泽，拥有相同的延展角度。

这种贻贝壳内侧边缘是绿色的，可以根据这一特征识别它们。

新西兰壳菜蛤
Perna canaliculus

也称为新西兰贻贝、青口贝，能长到24厘米长。在新西兰海岸被大量捕捞，具有重要的经济价值。壳呈深褐色，开口边缘呈鲜绿色，肉多、有嚼劲，味浓。

数数壳上有几圈年轮，就能推算出贻贝的年龄。

长在绳子上的贻贝呈蓝色或黑色，表面平滑有光泽。简单处理即可食用。

食用壳菜蛤
Mytilus edulis

也称为蓝贻贝或紫贻贝，分布在全球的温带和极地海域中。贝壳从褐色到蓝紫色不等。这种贻贝分泌一种蛋白质，形成黑色的"足丝"，用足丝将自己依附在岩石上，养殖品种则依附在绳子上。这种贻贝略带咸味，带有强烈的大海的味道。

牡蛎 牡蛎科

世界各地的人都爱吃牡蛎，这种美食带来的喜悦多有记载。和其他的双壳类一样，牡蛎生活在自己的壳中，用强大的肌肉使壳打开或闭合。牡蛎壳呈椭圆形、杯状或扁平状，并伴有多褶边、岩石般的裂缝。新鲜的牡蛎壳是紧闭的，没有一把好刀很难撬开。牡蛎主要分布在温带沿海水域中，全球各地都能捕获野生牡蛎或收获养殖牡蛎。人们采集的牡蛎主要有2大类：原产于欧洲和美国西海岸的牡蛎属牡蛎；原产于亚洲（如日本）、美国东海岸和澳大利亚的巨牡蛎属牡蛎。捕获后的牡蛎被处理干净后，会按其大小评级。一直以来，最受欢迎的是肥美的长牡蛎（Crassostrea gigas），原产于日本沿海海域，但在北欧、太平洋东北海域都有养殖，其中沿着不列颠哥伦比亚和美国的华盛顿州、俄亥俄州和加利福尼亚州沿海水域养殖的牡蛎很有名。个头小、奶油味的熊本牡蛎（产自日本）同样深受欢迎，被认为是全球最优质的牡蛎之一。大西洋的美东牡蛎（C. virginica）相对更咸一些，原产于大西洋东海岸、墨西哥湾，现在沿着美国东海岸全境有大量养殖品种。不同水域中产出的牡蛎，其味道和牡蛎壳的颜色略有不同。品尝牡蛎是一门艺术，就像鉴赏葡萄酒一样。有许多美食术语用来描述牡蛎的各种滋味，包括浓烈、金属味、坚果味、青草味、臭氧味、清甜、黄瓜味、水果味、碘酒味、泥土味和紫铜味。牡蛎应该生吃还是熟吃、应该吃原味的还是吃调味的，对此人们至今仍然争论不休。最好在暮春或初夏时节吃野生牡蛎，因为这时的牡蛎不在产卵期。养殖的牡蛎一年四季都可食用。

常见品种 带壳、烟熏、罐装。

熟吃 油炸、油煎、煮、炙烤、烘烤。

生吃 带半壳。

理想搭配 熟吃：鳀鱼鱼露、黄油、菠菜。生吃：红葡萄酒醋、塔巴斯科辣酱、柠檬汁。

经典食谱 半壳牡蛎配红葱醋；洛克菲勒牡蛎；牡蛎三明治。

欧洲牡蛎
Ostrea edulis
也称为欧洲平牡蛎，常常摆在一层碎冰上，配上柠檬汁、塔巴斯科辣酱和红葱醋吃。这种牡蛎根据大小分成1~4级，最大的"皇冠级"牡蛎有10厘米。

欧洲牡蛎长着粗糙的牡蛎壳，牡蛎肉味道浓郁，质地紧实。

长牡蛎
Crassostrea gigas
也称太平洋牡蛎。这种广泛养殖的牡蛎根据产地不同，味道上差异悬殊，烟熏味、青草味、酸味、牛奶味、奶油味，不一而足。这种牡蛎通常根据重量分级，重115克或长11厘米以上已经是体型相当大的牡蛎。储存牡蛎时，将凸起的一面朝下放置，这样能防止牡蛎的汁液漏出。

长牡蛎的肉呈柔和的米黄色，质地软滑细腻。

螯虾的头部很宽，但食用部分是肉多的螯虾尾，要么从熟螯虾上扯下虾尾，要么将其放在盐水里腌制。

螯足硕大、强壮、光滑，下端呈橙色。

浸泡在沸水中后，棕绿色虾壳中对温度敏感的色素就会使虾变成鲜红色。

淡水螯虾 螯虾科

淡水螯虾也称为小龙虾，是一类和海螯虾（见下）有亲缘关系的淡水甲壳纲动物。淡水螯虾主要在淡水中捕获，许多是在美国捕获的，在路易斯安那州和新奥尔良的卡真菜肴中，它们是主角。在新西兰、东亚和欧洲的湖泊和河流也有大量淡水螯虾。在法国和斯堪的纳维亚，淡水螯虾也很受欢迎。大多数淡水螯虾身体分节，颜色从巧克力棕到沙黄色不等。淡水螯虾大小不一，根据种类不同，7.5~30厘米不等。这些螯虾性情凶猛易怒，但将螯虾绑扎起来不太实际，所以需要小心处理，避免被螯虾狠狠夹住。许多野生的螯虾都是人们翻找溪流和灌溉坝中的岩石，用手工捕捞上来的。

可持续性 为了满足过热的市场需求，有的澳大利亚螯虾，包括麦龙螯虾（Cherax tenuimanus）和破坏者螯虾（C.destructor）已经有养殖品种上市了。而由于一种病毒入侵，产自英国的淡水螯虾面临着严重的可持续性问题。美国的信号小龙虾已被引入，但这是一种入侵物种。替代品包括来源可靠的海螯虾。

常见品种 整只活螯虾、冷冻螯虾尾、熟螯虾。

熟吃 煮沸、嫩煎。

理想搭配 黄油、大蒜、柠檬、奶油、番茄、欧芹。

经典食谱 螯虾什锦饭；路易斯安那炖螯虾。

信号小龙虾
Pacifastacus leniusculus

这种螯虾原产于北美洲，在淡水池塘、湖泊、河流和溪流中大量生长。这是一种强健的生物，很容易养殖。由于这种螯虾并不大，只有10~15厘米长，每人能吃12~15只左右，配上大量融化的黄油和面包享用。

海螯虾 海螯虾科

海螯虾是一些迷你型的龙虾，和对虾很像，但长着小小的螯足。大多数海螯虾生活在全球各个海域的泥质或沙质海床上。比较受欢迎的品种包括挪威海螯虾（Nephrops norvegicus）和佛罗里达小龙虾（Nephropsis aculeata），通常在大西洋的西部，以及从北至冰岛、南至摩洛哥的大西洋东部沿海海域捕获。欧洲市场的海螯虾是在不列颠群岛捕获并出口的，这种食材在法国和地中海地区备受欢迎。海螯虾和虾很像，活的海螯虾呈琥珀玫瑰红或珊瑚色。与其他虾不同的是，海螯虾在烹熟后并不会怎么变色。可以观察虾尾，烹熟后虾尾会卷在虾的身体下，同时观察腹部的虾肉，烹熟后会从半透明变得不透明。

可持续性 有最小捕捞尺寸的规定，以避免过量捕捞。

常见品种 新鲜：整只活虾，生熟都有。冷冻：整只虾，生熟都有。虾尾裹上面包糠做的炸螯虾。

熟吃 煮沸、烘烤、油煎；虾仁：油炸、煮。

理想搭配 柠檬、罗勒、鼠尾草、黄油、大蒜。

经典食谱 普罗旺斯炸螯虾尾；油炸螯虾尾薯条。

挪威海螯虾
Nephrops norvegicus

也称为都柏林湾匙指虾、挪威龙虾。这种螯虾肉质清甜、柔嫩，近年来备受好评、价格不菲。一整只挪威海螯虾可能超过一个餐盘的尺寸。传统上会将螯虾的螯足打碎并摊开，并用龙虾叉将肉撬出。最后掐下锋利的虾尾，使下腹裂开，露出虾肉。

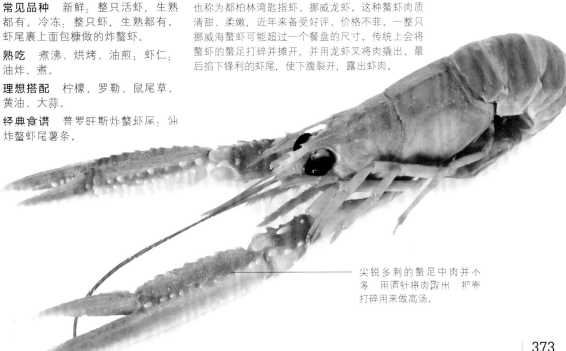

尖锐多刺的螯足中肉并不多，用酒针将肉取出，把壳打碎用来做高汤。

龙虾 龙虾科

和长着大螯的螯龙虾不同，龙虾科龙虾属、真龙虾属等几个属的龙虾没有大螯。它们是真正的龙虾。这些龙虾长着硬邦邦的头胸甲（头部）和短而锋利的棘刺。一些种的龙虾长着独特的橙棕色壳，并夹杂着绿色、黄色和蓝色的斑点，烹熟后颜色会变成红色。龙虾生活在岩质海岸边的潮间带，爱躲在缝隙和洞穴中。一般分布在从美国北卡罗来纳州到巴西的大西洋西部、墨西哥湾和加勒比海。大多数龙虾都是在北半球的热带和亚热带海域，以及南半球的一些寒冷水域中被捕获的。它们被销往世界各地约90个国家，并被视为一种美味佳肴。虽然有的龙虾不如螯龙虾鲜甜，但许多龙虾尾部的肉特别鲜美、密实。但如果烹饪过度，虾肉会变硬变柴。

常见品种 新鲜和冷冻，整只龙虾和龙虾尾。

熟吃 整只龙虾尾：水煮、清蒸、油炸、炙烤。尾部的肉：切丁煸炒，放入汤和炖菜中。

理想搭配 辣椒、大蒜、柠檬、橄榄油、黄油。

经典食谱 柠檬大蒜煮龙虾；烤龙虾。

普通真龙虾
Palinurus elephas

这些属于真龙虾属的龙虾相当大，约有40厘米长。它们没有肉鼓鼓的大螯，但虾肉格外密实、清甜，集中在龙虾尾，但从腿中也能挑出一些龙虾肉。

龙虾腿中鲜甜的汁液可以从壳中吸出。

螯足中的白肉没有长着大螯的螯龙虾多。

螯龙虾用长长的触须探测周围环境，在昏暗的海底移动。

这种龙虾的壳略扁平。

美洲螯龙虾 ▶
Homarus americanus

也称为波士顿龙虾或美国龙虾，这种硕大多肉的水生有壳动物，至少能长到60厘米长，但需要7年时间才能长到450克重。做主菜的话，以750克或1千克左右一只的最佳，此种规格的螯龙虾的虾壳不至于太厚重。

螯龙虾 海螯虾科

龙虾科和海螯虾科的若干种均被人们称为龙虾。龙虾作为一种奢侈食品，在世界各地都很受欢迎。龙虾是生活在世界各地的海洋中的无脊椎生物，长着起保护作用的坚硬的壳。它们在洞穴中，或岩石、泥土和沙子的缝隙中生活，以软体动物和其他甲壳动物为食。龙虾的身体由几大部分组成：头胸甲（头部）、尾部甲壳和腹肢、泳足，有的还有一对大螯。和螃蟹及其他节肢动物一样，龙虾会为了生长蜕壳。对于厨师来说，龙虾主要有2大类：有螯的龙虾（见下文）和没有螯的龙虾（见对页）。海螯虾科中的好几位成员都有一对大螯，包括欧洲螯龙虾、美洲螯龙虾和挪威海螯虾等。欧洲螯龙虾和美洲螯龙虾被广泛养殖，野生螯龙虾也被大量捕捞，以满足欧洲、美国和加拿大

等国的需求。大多数螯龙虾是用放有诱饵的单向陷阱和罐子捕获的。许多美洲螯龙虾被出口到日本。在日本，这种螯龙虾也被视为美味佳肴。欧洲螯龙虾比美洲螯龙虾少得多，通常也更贵。人们往往弄不明白，究竟哪种龙虾滋味最佳。当一道经典的龙虾菜肴，比如热月龙虾上桌时，很难区分两者的不同。通常大多数螯龙虾尾部的肉鲜甜、多汁、紧实，备受好评。在捕获螯龙虾后，通常会把大螯捆绑起来，这样更容易处理，并避免螯龙虾被抓捕后出现攻击性行为和同类相食的行为。然而，如果捆绑的时间太长，大螯里的肉就会开始萎缩。

可持续性 大多数从加拿大新斯科舍省和纽芬兰捕获的美洲螯龙虾，在上岸时必须大于最小捕捞尺寸。具体大小需测量龙虾壳。

常见品种 整只螯龙虾：活螯龙虾和熟螯龙虾。冷冻：整只螯龙虾烹熟、冷冻，从壳中取出龙虾肉，罐装。

生吃 在水煮前快速冷冻一下或将螯龙虾拍晕。

熟吃 每500克螯龙虾需煮10~12分钟；炙烤、烘烤，都需从壳中取出龙

虾肉；或做成浓汤。

理想搭配 奶油、黄油、帕玛森干酪、龙蒿、欧芹、细叶芹、红椒粉、白葡萄酒。

经典食谱 热月龙虾；纽堡龙虾；龙虾奶油浓汤；调味龙虾。

硕大沉重的螯足中充满了密实、香甜的龙虾肉，可以将肉完整取出后用来装饰菜肴。

捕获后，人们用结实的橡胶带捆住螯足，这样螯龙虾就不会攻击人和同类了。

蝉虾 蝉虾科

蝉虾科的虾被人们形象地称为拖鞋龙虾。它们没有螯龙虾那肉鼓鼓的大螯，与龙虾科比较像。各种各样的蝉虾在全球各个温暖海域的海底繁衍生息，大多数生活在泰国、新加坡和澳大利亚附近。东方扁虾（分布在印度洋和太平洋水域中）和巴尔曼螯虾（分布在澳大利亚南部沿海海域）外形相似，并且都有很高的经济价值。大多数蝉虾味道清甜口感醇厚，质地适中，有嚼劲。

常见品种 整只蝉虾和蝉虾尾。

熟吃 水煮、清蒸、煮、油炸、烧烤。

理想搭配 黄油、龙蒿、细香葱、莳萝等香草，大蒜、柑橘、香茅、酱油、辣椒。

经典食谱 海鲜拼盘；烤龙虾尾配奶油大蒜酱。

巴尔曼螯虾 ▼
Ibacus peronii
这种美味的澳大利亚水生有壳生物在悉尼特别受欢迎。这种蝉虾只有尾部有肉，肉非常浓郁香甜。

一只较大的巴尔曼螯虾有25厘米长，虾壳坚硬、呈粉红色，并且看上去沉甸甸的。

和巴尔曼螯虾不同的是，东方扁虾的双眼位于头部边缘。

东方扁虾 ◄
Thenus orientalis
又称摩尔顿海湾螯虾。是澳大利亚昆士兰摩尔顿的一种美食。其外表类似巴尔曼螯虾（见上），大约有25厘米长，虾肉脂肪较多、双眼间距较宽，壳呈较深的琥珀色。烹饪方法多样、味道清甜，煮、清蒸、油炸、油煎都很理想。

拖鞋龙虾
Scyllarus arctus
这种蝉虾属的蝉虾也没有大螯，有多个种分布在全球各地，在地中海地区特别受欢迎。个头小小的，长15厘米左右，通常放在海鲜拼盘中，只有尾部可以食用。

将坚硬、粗糙的红色虾壳去除后，便得到了清甜、紧实的尾部虾肉。

虾

虾分布在全球所有水域中，无论是寒冷水域还是温暖水域，淡水还是海水。虾非常常见，尤其是在澳大利亚、美国、欧洲和日本，人们大量养殖和捕获。在英语中，prawn和shrimp都可以用来称呼虾，但这两个词有多重含义，可能会让人混淆。在英语口语和欧美主要国家中，prawn指大虾，shrimp指小虾。具体到每个国家，如英国和澳大利亚，prawn大多指暖水虾，如斑节对虾（Penaeus monodon），以及一些较大的冷水虾，比如北方长额虾（Pandalus borealis）。而shrimp指的是较小的虾，比如褐虾（Crangon crangon）。在美国，shrimp和prawn往往同义。暖水虾（即热带地区的虾）个头最大，至少能长到35厘米，而冷水虾只有5厘米长。

可持续性 全球¾以上的食用虾都是暖水虾。它们主要分布在太平洋和印度洋，在拉丁美洲、澳大利亚、中国、越南、斯里兰卡和泰国捕获或养殖。暖水虾养殖场会造成环境破坏。为了腾出适合养虾的区域，红树林沼泽遭到淹没。为了防治疾病，养殖者投放了不少有毒的化学物质。几年之后，养殖场由于污染严重而难以为继。然而，有些养殖采用了负责任的养殖方法。可以查看标签加以鉴别。较小的冷水虾生长缓慢，主要分布在大西洋、北冰洋和太平洋水域中，在英国、美国、加拿大、格陵兰、丹麦和冰岛捕获。许多渔场都规定了最小网眼尺寸，因为拖网捕捞会带来数量巨大的副渔获物。

常见品种 冷水虾：新鲜虾和冷冻虾；熟虾仁（水煮）。暖水虾：熟虾和剥壳并浸泡在冰水中的冷冻虾仁。

食用冷水虾 解冻后放入沙拉中；做成罐装虾仁；用虾壳做高汤和调味黄油。

食用温水虾 油煎、煸炒、油炸、烧烤、炙烤、烘烤。想让虾肉更鲜甜、有烤虾的味道，可以油煎并配上蔬菜。想要清淡一些，可以水煮。

理想搭配 蛋黄酱、刺山柑、红椒粉、黑胡椒、柠檬汁。

经典食谱 冷水虾：经典鸡尾酒虾；鳄梨大虾。暖水虾：西班牙皮皮虾（蒜片大虾）；大虾天妇罗。

明虾

即水煮过的南美白对虾（右图）。在法国，常常被称为crevette rose，意为粉色大虾，crevette在法语中是"虾"的意思。这种虾的肉质非常清甜、密实，能给西班牙海鲜饭增添一抹亮眼的粉色。容易搞混的是，Crevette rose也是长臂虾科的一种虾的名称。

斑节对虾 ◀
Penaeus monodon

对虾科的斑节对虾又称黑虎虾，是一种多肉的暖水虾，能长到35厘米长，在全球都能捕获，并被广泛养殖。在购买时，检查虾的来源是否可靠，选择有机养殖的品种。烧烤前扭断并丢弃虾的腿和触须，随后扭断虾尾。这种虾醇香鲜甜、汁多味美。

褐虾
Crangon crangon

虽然个头不超过5厘米，但这种常见的虾相当美味，其价格比个头更大的暖水虾高。褐虾科的虾常见于大西洋东部，活的时候是透明的，但烹红后会变成斑驳褐色。褐虾通常被做成罐装虾仁。尽管虾壳有点难剥，但虾仁清甜多汁、非常鲜美。

南美白对虾
Litopenaeus vannamei

对虾科的南美白对虾很受欢迎，在拉丁美洲和南美洲的多个国家均有养殖。这种虾在收获后进行分级、冷冻，随后上市。这种虾往往个头很大，能长到25厘米长，多肉而清甜。虾壳能为高汤增鲜。

北方长额虾
Pandalus borealis

俗称北极甜虾，这种长额虾科的虾以其鲜甜柔和的味道、多汁的质地而受到重视。作为一种冷水虾，这种虾不算小，有6厘米长。通常一捕捞上岸就会被烹熟，冷冻后上市。虾壳能做出美味的高汤，用来做辣味菜肉饭、意式烩饭和汤都很理想。也可以将北极甜虾和黄油一起打成泥状并过滤，做成甜虾黄油。

螃蟹

螃蟹大小不一，是一种在多个大洲上都很常见的甲壳纲动物。螃蟹到处都有，分布在全球的各个海域中，种类繁多，因此在许多国家都很受欢迎。各种螃蟹分别属于黄道蟹科、方蟹科、梭子蟹科、石蟹总科和蜘蛛蟹科等科。螃蟹长着头胸甲（主蟹壳）和步足（蟹腿），大多数情况下还有螯足，尽管螯足和步足的大小因种而异。螃蟹会随着生长定期蜕壳。在它们刚出生的2年内会频繁蜕壳，此后每隔1~2年蜕一次壳。螃蟹有2种不同的肉：一种是白色蟹肉，分布于蟹螯、蟹腿和蟹身中；另一种是棕色蟹肉，存在于蟹壳中。一般来说，白色蟹肉更受欢迎，价格也更贵。蟹壳中的棕色蟹肉味道可口。有的螃蟹以其蟹螯中的白肉而闻名，特别是黄道蟹科的普通黄道蟹、北黄道蟹、首长黄道蟹。雪蟹属的螃蟹和堪察加拟石蟹的蟹腿肉特别清甜多汁。雄蟹的蟹螯更大，因此价格更高。母蟹的棕色蟹肉味道更浓，白色蟹肉较少，通常便宜一点。

可持续性 很多螃蟹的来源都是可持续的，但根据种类和捕获地的不同，有时捕捞带有蟹子的螃蟹是违法的。在某些情况下，捕捞母蟹是违法的。某些品种的螃蟹在全球范围内都有最小捕捞尺寸的规定，这一尺寸是根据头胸甲的宽度计算的。可以用来源可靠的虾和扇贝代替白色蟹肉。

常见品种 烹熟：整只螃蟹和蟹螯。加工好：清洗/手工挑选；处理干净并用巴氏法加热杀菌白色蟹肉和棕色蟹肉（通常分开冷冻）。

食用 活螃蟹：通常每500克需煮15分钟。熟螃蟹：放入沙拉中；回锅并放入米饭类菜肴或意面中；嫩煎。生螃蟹：寿司。

理想搭配 蛋黄酱、辣椒、柠檬、欧芹、莳萝、马铃薯、黄油、伍斯特沙司、鳀鱼鱼露。

经典食谱 泰式蟹饼；香辣蟹；填蟹盖（通常用普通黄道蟹）；蟹酱；油煎软壳蟹；马里兰蟹饼。

蓝蟹
Callinectes sapidus

这种螃蟹原产于大西洋西部，在日本和欧洲的各个水域中都能看到。即将蜕壳的蓝蟹被称为"蜕壳蓝蟹"，它们被关在养殖箱中，一旦蜕下蟹壳，露出柔软、脆弱的蟹身，就可以收获。到了"软壳蟹"季，养殖户在去除蟹鳃、蟹嘴和蟹胃后，将蟹冷冻或新鲜售卖。另外，这些螃蟹的肉可以用来做蟹饼、蟹汤和蟹酱。上市季节通常是春末夏初。

蓝蟹也被称为"游泳蟹"，因为最后一对步足进化为桨状，擅长游泳。

蓝蟹的蟹腿呈美丽的蓝色，蟹壳呈橄榄棕色，可以据此识别。

烹熟后，蟹壳会变成艳红色。蟹腿和蟹螯的肉最佳。

首长黄道蟹
Metacarcinus magister

首长黄道蟹是黄道蟹科的成员，分布在从美国阿拉斯加州到加利福尼亚州的太平洋海域中，是太平洋西北部和加拿大西部最常见的一种螃蟹。这种蟹能长到25厘米。其细腻鲜甜的味道备受好评，用来作海鲜拼盘很受欢迎，简单地配上融化的黄油即可上桌。

蟹腿肉非常珍贵, 而棕色蟹
肉可以忽略, 所以人们通常
将蟹腿掰下后单独出售。

取白色蟹肉时要小心一
些, 因为蟹腿上有尖刺。

堪察加拟石蟹
Paralithodes camtschaticus

石蟹科的堪察加拟石蟹又称红帝王蟹、阿拉斯加
帝王蟹。石蟹科的螃蟹是所有螃蟹中最大、最常
见的, 蟹腿肉尤其味美多汁。堪察加拟石蟹是这
一科最大的蟹, 蟹腿全部展开长达1.8米。

蟹身从米黄色到淡褐色
不等, 点缀着些许蓝色,
腹部往往呈浅橘色。

长长的蟹壳会定期蜕壳, 使螃
蟹能够继续生长。

蟹螯中的白色蟹肉鲜
美多汁, 吃时要把碎
壳清理干净。

普通黄道蟹
Cancer pagurus

这种螃蟹是在北欧海岸附近用装有诱饵的罐子捕获的。
雄蟹以其大蟹螯而著称, 蟹螯中的蟹肉清甜多汁。这种
螃蟹大约需要7年时间才能长到500克重。这种螃蟹通常
做成填蟹盖, 在蟹肉中拌入蛋黄酱、黑面包、黄油后,
重新把食材放回到处理干净的蟹壳中。

鱿鱼 头足纲

人们常吃的鱿鱼大多数属于头足纲枪形目，学名枪乌贼。尽管多种鱿鱼已经在全球的各个海洋中生存繁衍了多个世纪，但鱿鱼在不久前才成为一种全球受欢迎的美食。现在，鱿鱼很可能是食用最广泛的海鲜，容易买到是一大原因。鱿鱼大小差异悬殊，鱿鱼仔只有2厘米长，有的种略大一些，而有的能长到80~90厘米长。具体采用哪种烹饪方式、是快是慢，取决于鱿鱼的大小。鱿鱼越小，熟得越快。而鱿鱼越大，需要的烹饪时间也就越长。鱿鱼的身体是管状的，加工好后称为"鱿鱼管"。其身体尾端两侧各长着一个翅状的鳍，有时看上去像箭一样，其中最出名的是澳洲双柔鱼（Nototodarus gouldi）。活鱿鱼的身上覆盖着一层略带红色、紫色或咖啡棕色的膜，有时还隐约现出褐色的"血管"或条纹，给它们提供了完美的伪装。鱿鱼膜很薄，很容易扯下，特别是鱿鱼被冰冻包装且在运输箱中长途颠簸之后。鱿鱼的10条腕足和头部相连，其中8短2长。在腕足中间是坚硬的口器。鱿鱼的墨汁储存在身体里的一个银色小墨囊中，鱿鱼也因此被称为墨斗鱼。沿着鱿鱼身体中央有一片塑料片状的内壳（或称为"海螵蛸"），应在烹饪前去除（见第282页）。优质鱿鱼的肉是白色的，随着鱿鱼腐坏会渐渐变成粉色。

常见品种 整条鱿鱼：新鲜、风干、烟熏、罐装。身体部分：冷冻的鱿鱼管或鱿鱼圈。有时用来做什锦海鲜鸡尾酒盅。

熟吃 油煎、煸炒、油炸、清炖、嫩煎、用焙盘炖。鱿鱼圈或小鱿鱼片可以炙烤或煮。完整的鱿鱼管可以在摊平后打花刀，烤着吃很美味。也可以将调味面包糠混合物、古斯古斯、藜麦或米饭填入鱿鱼管。选一条较大的鱿鱼，一般而言，鱿鱼管不超过7.5~10厘米长。将鱿鱼处理好后，切成长方形或鱿鱼圈。如果烤着吃的话，保留完整的鱿鱼管，不要切。

生吃 寿司。

理想搭配 辣椒、橄榄油、面包糠、柠檬汁、大蒜、大葱、蛋黄酱。

经典食谱 炸鱿鱼圈；墨汁炖鱿鱼；酿鱿鱼；川式炒鱿鱼.

欧洲乌贼
Loligo vulgaris

枪鱿科的欧洲乌贼也称为普通乌贼。这种"墨斗鱼"的肉质是出了名的坚韧、耐嚼，但只有煮过头时才会如此。在热锅里，鱿鱼肉很快就熟了。质量最佳的欧洲乌贼尝起来柔嫩而醇香，具有一种微妙、独特的味道。

硬邦邦的、翅一般的肉鳍最好切成薄片快炒，或保留下来给高汤增味。

鱿鱼长长的、多肉的身体称为外套膜（即鱿鱼管）往往被切成鱿鱼圈。如果没有烹饪过度，非常肥美多汁。

颜色斑驳的鱿鱼膜最好剥下，并留下做高汤，因为烹熟后鱿鱼膜会皱缩变硬。

8条腕足相对较短，2条触腕相对较长，用来抓捕猎物。

章鱼 头足纲

章鱼属于头足纲八腕总目。各种各样的章鱼分布在全球的热带、亚热带和温带水域中。章鱼被公认为是世界上最聪明的无脊椎动物，它们的视觉和触觉都很敏锐，能够利用其超凡的伪装术改变身体的颜色甚至质地，从而躲避追捕、迷惑天敌，这种能力简直不可思议。如果这样还不能奏效，章鱼会对着天敌喷射墨汁，在墨汁烟雾弹的掩护下逃之夭夭。尽管拥有高智商，但大多数章鱼最多只能活12~18个月。和鱿鱼、墨鱼不同，章鱼体内没有内壳，因此能躲藏在狭窄的缝隙中，并从狭缝中挤过。章鱼身上唯一坚硬的地方就是口器。在柔软的、管状的外套膜上，武装着8条长长的腕足。不同文化背景的人们以不同的方式加工和烹饪章鱼。在日本饮食中，章鱼（或称"八爪鱼"）往往被做成寿司或章鱼烧，较小的章鱼则生吃，在亚洲其他地区的饮食文化中，章鱼也很受欢迎。章鱼还构成了夏威夷饮食文化的一大主题。在欧洲，西班牙是最大的章鱼消费国，其次是葡萄牙。

可持续性　这个问题有点让人担忧。章鱼在一些地区遭到了过度捕捞，原因是在这些地区，章鱼被人们当作是一种美味。替代品包括来源可靠的墨鱼（当季）和鱿鱼。

常见品种　新鲜和冷冻；整只和加工好。加工：浸在腌料和盐水中，罐装、烟熏、风干。

熟吃　煨或炖；鱿鱼和小的墨鱼可以快速烹饪，但章鱼不行。章鱼需要用小火慢炖。体型较小的种或章鱼仔可以迅速焯水、腌制后上桌。将加工好的章鱼先后迅速浸入沸水和冷水中并捞起。

理想搭配　红葡萄酒、洋葱、意大利香醋、欧芹、鼠尾草、迷迭香、红椒粉、辣椒、酱油、芝麻油、日本米酒醋。

经典食谱　炖章鱼；腌章鱼；酸橘汁腌章鱼；红酒章鱼。

将腕足冲洗干净，冲去吸盘上的泥沙。琥珀色的薄薄的皮最好保留，能给炖菜增色。

真蛸

Octopus vulgaris

即普通章鱼，在大西洋东部分布最多，常常被人们用大拖网捕获，但这种大网也会拖起其他海洋生物。被捕获的章鱼相当大，可达1米长、重2千克，足够4人享用。尽管章鱼看上去体型巨大，但在慢慢烹熟后会缩小。

墨鱼 头足纲

头足纲乌贼目的乌贼俗称墨鱼。它们也被称为"墨斗鱼"，因为它们也能向敌人喷射墨汁。在头足纲动物中，墨鱼往往是最美味的，但也可能是最不受重视的。各种墨鱼在世界各地的海洋中生长繁衍，只有北美洲海域除外。人们捕获墨鱼，是为了收集它们的内壳（墨鱼骨），以及它们分泌出来用以迷惑天敌的大量墨汁。这种墨汁在采集后被高温消毒，随后出售，用来给面上色，以及烹制其他菜肴，比如墨鱼烩饭。墨鱼主要用拖网捕捞，休闲垂钓时也用诱饵抓捕。墨鱼味道清甜、海鲜味浓，质地紧实多肉，在许多国家都被当成美味。但如果油煎时间超过1分钟，墨鱼肉就会变硬，不再透明。这种海鲜在中国、日本、韩国、西班牙和意大利的菜肴中特别受重视。

常见品种 整只：未加工；冷冻，墨汁和墨鱼壳另外销售。

保存 风干。

熟吃 将躯干部分切成薄片并油煎、油炸或烘烤。腕足最好慢慢炖熟。

经典食谱 墨鱼烩饭；香辣墨鱼；葡萄酒墨鱼；托斯卡纳墨鱼沙拉。

理想搭配 红葡萄酒、大蒜、红洋葱、意大利香醋、辣椒、青柠。

普通乌贼
Sepia officinalis

原产于大西洋东部和地中海海域，是全球最大的乌贼之一，约长40厘米。坚硬的腕足需要用焙盘慢炖或煨软。

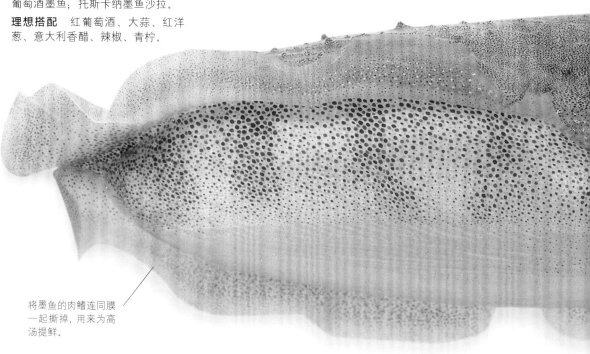

将墨鱼的肉鳍连同膜一起撕掉，用来为高汤提鲜。

海胆 海胆纲

多刺、其貌不扬的海胆生长在海床上。现在全球约有950种海胆。海胆是日本、意大利、西班牙和经典法国菜肴中的主要食材。海胆的可食用部分是海胆子，需要小心地取出。海胆的切入口在其身体下方的海胆口器附近，可以用刀子打开。打开后，首先去除海胆的内脏，随后可以用勺子舀出橙色的海胆子（附着在海胆壳的上端）（见第281页）。这种美食小小的，价格相对昂贵，但却有一种浓郁的奶油味，很像海藻的味道。在日本，海胆用于制作海胆寿司，新鲜食用，或在发酵后制成海胆膏。

可持续性 在一些地域的饮食文化中，特别是日本和地中海的饮食文化中，海胆是一种受欢迎的美味佳肴，这导致了过度捕捞。海胆没有真正的替代品。

常见品种 整只，有的国家将海胆子从壳中挖出。

食用 通常生吃，也可以给奶油鱼酱提鲜。

理想搭配 柠檬。

经典食谱 海胆意面；煎海胆蛋卷。

海胆子

从多刺的海胆壳中挖出的海胆子常常生吃，但熟吃也同样美味，调入奶油、白葡萄酒和鱼高汤后，配上煎鱼，比如煎大菱鲆，味道很鲜美。

海胆子有一种略咸而醇厚的特殊鲜味。

食用正海胆
Echinus esculentus

也称为普通海胆，呈球形，颜色粉红，多刺，分布在不列颠群岛附近的浅水中，最多能有15厘米宽。海胆处理起来比较麻烦，但海胆子带有很浓的海藻味，还有奶油味，没有丝毫的辛辣味或鱼腥味。

为了避开尖刺，要么把海胆切成两半，要么把腹部中央的口器切掉，用茶匙把海胆子挖出来。

剥下外面的膜，露出
结实雪白的身体。

有 8 条腕足和 2 条用来捕
捉猎物的长触腕，这些腕
足能完全缩入身体中。

茗荷 茗荷科

茗荷的英文名为 goose banacle，因其引人注目的鹅一样的长颈而得名，所以也称为鹅颈藤壶。和其他甲壳纲动物一样，附着在沿海水域（除了北极地区之外）的裸露岩石上。茗荷的肉主要在其柔软而突出于岩石的身体上，身体上覆盖着厚厚的皮。在烹饪前，需要用指甲剥去坚硬的表皮，也可以在烹饪后剥去。茗荷有一种鲜甜的海鲜味，就像螃蟹和淡水螯虾一样。烹饪恰到好处的话，茗荷肉非常鲜美嫩滑；如果煮过头，茗荷肉就会变得硬邦邦的，和橡胶一样。在葡萄牙和西班牙，茗荷被当成一种标志性的美味。

常见品种 通常为整只。

熟吃 清蒸或水煮；在放了月桂叶和柠檬的沸腾盐水中，只需煮 2~3 分钟即可。

理想搭配 柠檬、黄油、大蒜。

茗荷
Lepas anatifera
茗荷在好几个地中海国家中备受追捧，食用时常常简单地放在高汤上清蒸，然后直接带壳上桌。茗荷长约 25 厘米，只需 2~3 个就能做成一份菜肴。

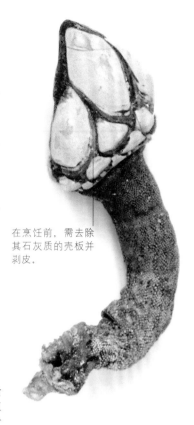

在烹饪前，需去除
其石灰质的壳板并
剥皮。

海参 刺参科

海参在世界各地的海洋中都很常见，味道很特别，微咸而可口，质地呈胶状、耐嚼。海参在海底缓缓挪动、搜寻食物。被捕捞上来后，海参被去除内脏，水煮、盐腌、风干，可以长期储存。在食用前，将干海参浸泡在水里吸收水分，然后用文火慢慢炖软。在中国，海参是一种美味佳肴，往往放入米酒、姜慢炖。海参在菲律宾和欧洲部分地区也很受欢迎，尤其是在西班牙巴塞罗那。

可持续性 地中海和其他海域的海参遭到了过度捕捞。替代品包括质地类似的峨螺等。

常见品种 整条，通常风干。

熟吃 浸泡并炖煨。

理想搭配 南欧/西班牙风味；辣椒、大蒜、欧芹。

经典菜谱 蘑菇炖海参；清炖海参。

刺参
Stichopus regalis
几个世纪以来，海参广受渔民喜爱，被认为是一种珍馐佳肴。日本人吃新鲜海参，中国人吃干海参，通常形状和大小类似蚯蚓，能长到 20 厘米长。

羽毛般的触手从
海底摄取食物。

一排排管足上有微
小的吸盘，帮助海
参在海床上移动。

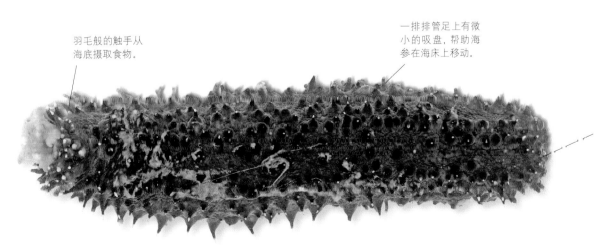

有的海参遇袭时，会将内
脏从肛门排出。

腌制海鲜
热熏海鲜

热熏是一种通过用盐水短时间浸泡或腌渍鱼等海鲜，使其快速变干，随后在控温的窑炉中烟熏并熏熟的食物保存技术。初次熏制时采用低温。这一阶段的时长取决于生产商和海鲜的种类。海鲜经过首次熏制后，以更高的温度第2次烟熏，最终将海鲜熏熟。经常以这种方式处理的鱼类包括鲭鱼、鳟鱼、鲑鱼，贝类包括贻贝和牡蛎。热熏海鲜有一种淡淡的盐腌味和浓浓的烟熏味，表面不透明，质地润泽。尽管热熏海鲜能保存一段时间，但通常不如冷熏海鲜保存时间长。

购买 选择润泽但不黏、不滑，气味浓郁且令人愉快的海鲜。

储存 放在冰箱中，但不要直接放在冰上。在熏制过程中添加的盐，会略微延长海鲜的保存期限。

食用 热熏海鲜可以直接食用，也可以添加到别的菜肴中。这些海鲜已烹制过了，因此在将它们重新加热或添到热菜中时要格外注意。把海鲜烹热，但不要过度烹饪，否则海鲜就会变硬，质地也会改变。

理想搭配 辣根、奶油和鲜奶油、蜂蜜、酱油、芝麻油、莳萝、芫荽。

经典食谱 牛肉熏牡蛎派；熏鲭鱼酱；熏鳗鲡配甜菜根马铃薯沙拉；熏鲭鱼饼。

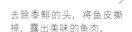

去除黍鲱的头，将鱼皮撕掉，露出美味的鱼肉。

熏黍鲱 ▲
这是德国、瑞典、波兰、爱沙尼亚、芬兰和俄罗斯的大众小吃和美味佳肴。黍鲱是整条熏制的，由于黍鲱的鱼骨很软，通常整条都可食用。黍鲱的死忠粉可能连鱼头都吃。熏制过程会让鱼变干一些，并赋予了鱼肉一种浓郁的味道。

阿布罗斯熏黑线鳕
这是一道苏格兰阿布罗斯的特色菜肴。用当地的黄麻绳将去除内脏和鱼头的黑线鳕每2条黑线鳕的鱼尾捆在一起，用盐干腌1小时，然后用浓烟热熏。可直接食用，也可放入慕斯或熏黑线鳕酱中。阿布罗斯熏黑线鳕味道非常浓郁。

盐腌过程能让鲱鱼的质地变得很干。

熏贻贝
将贻贝烹熟，用盐水浸泡并热熏，将熏贻贝添入海鲜拼盘或沙拉中很美味。熏贻贝紧实、鲜甜、可口。新鲜熏制的贻贝和熏制后浸在油中灌装的贻贝都能买到。

熏牡蛎 ▶
用盐水泡过并烹熟的牡蛎经窑烤熏制后，肉质紧实，几乎是硬邦邦的，这种特色食物在东方饮食中非常常见。大多数熏牡蛎是浸在油中罐装的，但也能买到新鲜熏制或真空包装的熏牡蛎。烟熏味遮盖了牡蛎原来的味道。可用来做牛肉熏牡蛎派，或与奶油奶酪一起搅打制成蘸酱。

熏鳗鲡 ▲
熏鳗鲡紧实、略弹牙，是很多人追寻的一种美味，在荷兰尤其受到追捧，因此价格昂贵。将欧洲鳗鲡和新西兰鳗鲡清洗后用盐干腌，之后热熏。烟熏味会渗透到肥腻的鳗鲡肉中。

热熏鲑鱼（窑烤）

热熏的优点是不像某些冷熏鱼那样油腻。窑烤鲑鱼冷吃最佳，也可拌入沙拉中，或在菜肴中替代冷熏鲑鱼，还可以加热后放入意面或米饭类菜肴中。

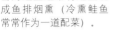
熏鲭鱼的鱼皮很容易剥去。

窑烤鲑鱼通常将鲑鱼切成鱼排烟熏（冷熏鲑鱼常常作为一道配菜）。

熏鲭鱼

鲭鱼肉富含脂肪，适合热熏。可用去除内脏的整条鲭鱼和鲭鱼片制作。染色和不染色的熏鲭鱼、裹着黑胡椒或其他调味料的熏鲭鱼片都能在市场上买到。熏鲭鱼和辛辣的调味酱或奶油辣根酱很搭。上好的熏鲭鱼往往产自英国，是用苏格兰捕获的鲭鱼（脂肪含量往往很高）熏制的。

富含脂肪的鱼肉无须再烹煮加工，在熏制后可直接食用。

热熏鳟鱼肉味道浓郁，鱼肉很容易形成片状。

熏鳟鱼

对许多富含脂肪的海鲜来说，热熏是一种非常有效的方式。热熏能减轻鱼的土腥味，特别是鳟鱼的土腥味。整条熏鳟鱼和熏鳟鱼片都能买到。

盐腌热熏鲱鱼

用鲱鱼制成，有时会去除内脏和鱼头。用盐干腌几个小时，随后用浓烟热熏几个小时。熏好的成品干燥、略咸，带有烟熏味和强烈的鱼香味。

鳟鱼个头不大，很适合整条鱼熏制。

385

冷熏海鲜

用这种方式熏鱼需要一段时间。先将海鲜泡在盐水中，使用相对浓度较高的盐水，目的是尽可能多地滤出海鲜的水分。温度很关键：不能超过30℃，既不会将肉烹熟，也不会导致细菌滋生。海鲜需要熏制1~5天。随着时间的流逝，其味道会越来越浓醇。之后，有些海鲜会被烹熟，比如熏黑线鳕、熏鳕鱼、熏黄线狭鳕。由于冷熏后海鲜仍然是生的，所以不需要继续烹熟的海鲜需在-18℃的环境下冷冻约24小时，以消灭可能存在于海鲜体内的寄生虫（在某些国家，这是法律规定）。冷熏海鲜的味道取决于海鲜盐腌的时间、烟熏的时间，许多鱼的味道在熏制后会变浓，比如油性鱼。

购买 选购看上去干燥、有光泽、有烟熏味但并不浓的海鲜。

储存 熏制海鲜的保质期比新鲜海鲜略长一些。和新鲜海鲜一样，绝对不可以把熏制海鲜直接放在冰上，但必须放在冰箱中冷藏。

食用 熏鲑鱼和更费手工的产品，如熏剑鱼、熏石斑鱼、熏金枪鱼可以简单地切片，挤上几滴柠檬汁与面包一起享用，或添加到更复杂的菜肴中。

理想搭配 柑橘、辣根、莳萝、欧芹等柔嫩的香草。

经典食谱 芬南黑线鳕配水波蛋；熏鲑鱼配刺山柑；鱼蛋烩饭；卡伦浓汤。

熏大西洋鲑鱼

苏格兰熏鲑鱼和爱尔兰熏鲑鱼都是美味，但野生鲑鱼的价格非常高，现在大多数熏大西洋鲑鱼都是用养殖鱼制成的。可以用泥煤、苹果木或橡木来熏鲑鱼。威士忌也很受欢迎。橡木的烟能使鲑鱼的味道更浓郁，而泥煤熏制的产品则带有一种怡人的木质香味。

传统的腌晒熏鲱鱼是从背部切开带骨熏制，但也能买到熏鲱鱼片。

腌晒熏鲱鱼

腌晒熏鲱鱼即经腌制、晾晒及冷熏的鲱鱼。将鲱鱼从背部切开，用盐水泡，有时还会染色，随后用锯末烟熏。产自英国的鲱鱼常常被认为是最适合熏制的鲱鱼品种，很多腌晒熏鲱鱼都特别可口。腌晒熏鲱鱼可以炙烤或装入罐子腌制（将沸水浇在鱼上，随后静置）。腌晒熏鲱鱼味道浓郁、鱼肉鲜甜，但含盐量很高，并带有烟熏味，但具体味道根据生产商不同而有差异。

芬南黑线鳕

起源于苏格兰渔村芬南，曾是最受欢迎的烟熏鱼。将黑线鳕洗净，去除鱼头，然后把鱼摊平（保留鱼骨），用盐水浸泡（有时还染色），随后熏制。传统上用泥煤熏制。其味道和其他未染色的冷熏黑线鳕类似。芬南黑线鳕配水波蛋是一道经典的早餐。

干腌冷熏鲱鱼

干腌冷熏鲱鱼指用盐干腌后冷熏的鲱鱼。将整条鱼放在桶里，用盐干腌几小时，然后置于引燃的木材上熏制，将鱼熏干，赋予鱼肉淡淡的烟熏味。

干腌冷熏鲱鱼的鱼皮很容易撕下来，露出可以食用的鱼肉。

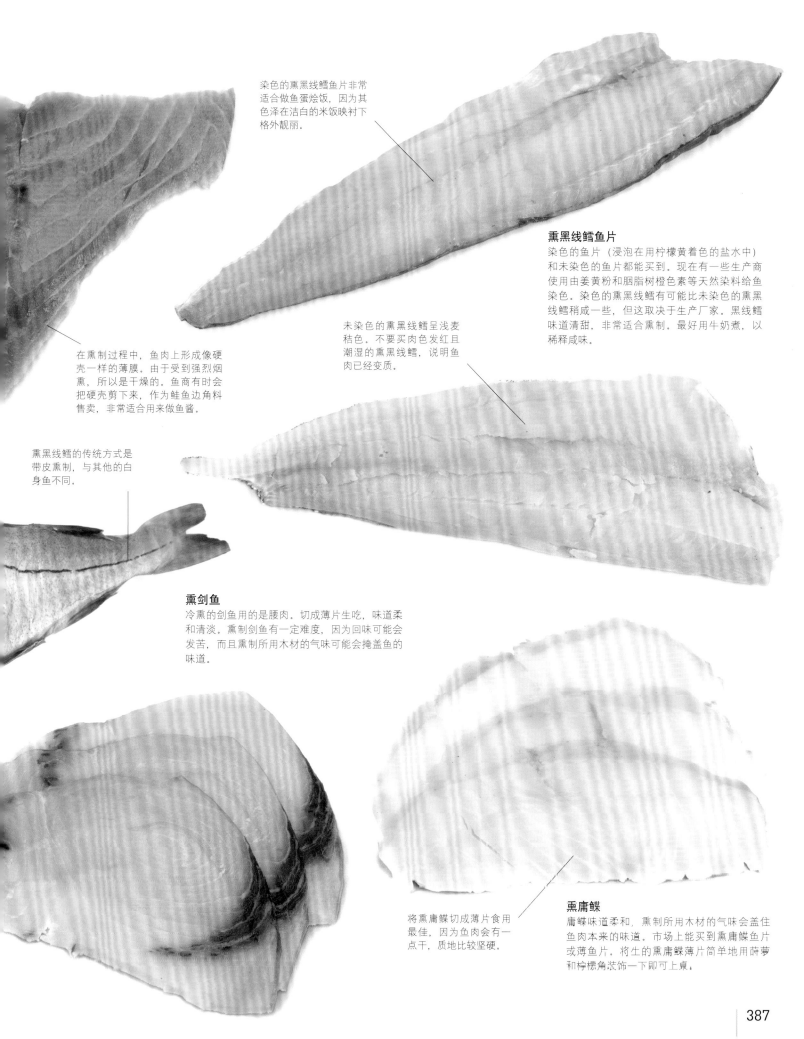

染色的熏黑线鳕鱼片非常适合做鱼蛋烩饭，因为其色泽在洁白的米饭映衬下格外靓丽。

熏黑线鳕鱼片
染色的鱼片（浸泡在用柠檬黄着色的盐水中）和未染色的鱼片都能买到。现在有一些生产商使用由姜黄粉和胭脂树橙色素等天然染料给鱼染色。染色的熏黑线鳕有可能比未染色的熏黑线鳕稍咸一些，但这取决于生产厂家。黑线鳕味道清甜，非常适合熏制。最好用牛奶煮，以稀释咸味。

未染色的熏黑线鳕呈浅麦秸色。不要买肉色发红且潮湿的熏黑线鳕，说明鱼肉已经变质。

在熏制过程中，鱼肉上形成像硬壳一样的薄膜。由于受到强烈烟熏，所以是干燥的。鱼商有时会把硬壳剪下来，作为鲑鱼边角料售卖，非常适合用来做鱼酱。

熏黑线鳕的传统方式是带皮熏制，与其他的白身鱼不同。

熏剑鱼
冷熏的剑鱼用的是腰肉。切成薄片生吃，味道柔和清淡。熏制剑鱼有一定难度，因为回味可能会发苦，而且熏制所用木材的气味可能会掩盖鱼的味道。

将熏庸鲽切成薄片食用最佳，因为鱼肉会有一点干，质地比较坚硬。

熏庸鲽
庸鲽味道柔和，熏制所用木材的气味会盖住鱼肉本来的味道。市场上能买到熏庸鲽鱼片或薄鱼片。将生的熏庸鲽薄片简单地用菠萝和柠檬角装饰一下即可上桌。

咸鱼和鱼干

最早的鱼类保存方式是利用阳光和风将鱼晒干、风干。其他保存方式包括将用盐水泡和用盐干腌。在地中海一带，鳗鲡、鳀鱼、沙丁鱼、鲱鱼、金枪鱼和鱼子一般都用盐腌。鳕鱼是最早用盐干腌的鱼。渔船长途跋涉捕获鳕鱼，在将鳕鱼捕捞上岸后，渔民会将鳕鱼洗净，待风将鱼吹干后，泡在盐水中或裹上盐，再带着鱼返航回家。腌鱼的过程受天气、鱼的大小和种类，以及所用盐的质量等因素的影响。鱼必须完全被盐浸透，这样才能确保食用安全。盐腌方式有2种：一种是将鱼直接放入盐水中腌制；另一种是将鱼裹上盐腌制，盐会吸收鱼中的水分，形成盐水。盐的用量根据鱼的品种和最终成品的不同而不同。也可以将鱼去除水分、使其变干，但不用盐腌。淡鱼干没有用盐腌过，而是放在木架上晒干、风干的，或在专门设计的烘干室中烘干。淡鱼干通常是用鳕鱼做的。其他种类的白身鱼，包括舒鳕、单鳍鳕、鲔鱼、狐鲣和绿青鳕，以及一些其他种类的海鲜，如墨鱼、鱿鱼、牡蛎、虾和扇贝，也会被制成干货。有的咸鱼和鱼干需要在食用前浸泡在水中，并换几次水，尽可能地去除盐分，随后像烹制新鲜鱼一样烹饪（其味道比新鲜鱼浓一些，并带有一种淡淡的、残留的咸味）。有的咸鱼食用前无须用水浸泡，比如孟买鸭和墨鱼。

切法 全鱼（去除内脏），带骨切开的全鱼，碎鱼条。

食用 煮、油煎或炙烤。

理想搭配 橄榄油、大蒜、橙子、刺山柑、洋葱、欧芹、牛奶、椰子。

经典食谱 阿开木果佐咸鱼；咸鱼饼；咸鳕鱼干；奶油鳕鱼酪（咸鳕鱼泥）。

咸鳀鱼

咸鳀鱼是最受欢迎的几种咸鱼之一。咸鳀鱼非常咸，常常用来放在比萨上或装饰尼斯沙拉等地中海菜肴。也可在使用前先将其短时间浸在牛奶中以稀释咸味。这样做能中和并衬托鱼的味道。

金枪鱼腰肉干味道很浓。硬而干的鱼干最好刨成薄片或磨碎食用。其味道很重，只需放一点就能给菜肴增添不少风味。

腌鲱鱼通常整条食用，无须装饰，或简单地配上面包。味道鲜甜浓郁。

金枪鱼腰肉干

金枪鱼腰肉干是一种意大利和西班牙美味。将金枪鱼腰肉盐腌并晒干，将其制成硬邦邦的厚鱼片，就像肉干一样。味道醇香、多肉，可以磨碎后放入意面和沙拉中。

腌制小鲱鱼

产自荷兰阿姆斯特丹，是用还没有产卵的幼鱼制成的。这种鱼在挪威和丹麦附近捕获后被浸在淡盐水中。小鲱鱼的内脏被部分去除，因为其内脏对腌制过程很重要。还有一种产自德国的类似产品，是用更浓的盐水腌制的。

孟买鸭

这是一种小小的龙头鱼，是东南亚的特产。在印度是新鲜食用的，通常油煎后作为配菜。将其切成鱼条并风干，便被称为"孟买鸭"。孟买鸭味道强烈、带有鱼香。

孟买鸭是一道开胃菜，将鱼干直接装盘上桌即可。味道浓烈、可口。

虾干

将没有剥去虾壳的虾用淡盐水腌制并风干，这种做法在中国、东南亚和非洲部分地区都很普遍。通常会把这种虾干添入菜肴中增鲜。

虾干有一种特别的味道，有强烈的海鲜味，也很鲜甜。在使用前先浸泡在水中片刻，或把干的虾干当作调味料。

干贝味道很浓，质地很干，可以直接入菜，也可以先浸泡在水中、使其吸收水分。

干贝

即干燥的扇贝肉。干贝在远东地区的饮食中非常普遍。一种很受欢迎的做法是将其放入辣椒酱中。将整个干贝或将其磨碎后入菜，会给菜肴增添强烈的海鲜味。

咸黄线狭鳕 ▼

黄线狭鳕产量丰富。将黄线狭鳕用盐腌制，在远东地区和加勒比海一带很普遍。在入菜前需要将咸黄线狭鳕浸泡很长时间，将其煮熟或做成鱼饼极佳。它比咸鳕鱼味道柔和，配上香辛料和马铃薯泥都不错。

咸黄线狭鳕通常以鱼片或鱼条的形式出售，出售时往往已经剔除了鱼刺。

咸鲭鱼

这种产品在远东地区很受欢迎，尤其是在韩国。在使用前，必须将咸鲭鱼放在冷水中浸泡一夜。将其水煮约30分钟，做成鱼酱或放入沙拉中。油煎也挺不错。用水浸泡后，鱼仍然很咸，而且鱼肉略呈纤维状。

去除内脏、盐腌的整条咸鲭鱼和咸鲭鱼片，都能在市场上买到。

市场上出售的咸鳕鱼有全鱼、鱼片、腰肉和鱼段，其中鱼段最方便食用。

咸鳕鱼

未经盐腌制过的鳕鱼被称作淡鳕鱼干。在有些国家，这种淡鳕鱼干用来做汤，也可以作为一种配料。咸鳕鱼产自斯堪的纳维亚半岛，同时也是葡萄牙的特产，并出口至全球市场。使用前需要浸泡36～48小时，中途换几次水，烹熟后有咸味，味道浓郁，有吃肉的感觉，其口感与新鲜鳕鱼截然不同。

鱼子

尽管雄鱼的精子也可以食用，但雌鱼的"硬"鱼子，即鱼卵才是越来越受人们追捧的美味，并且往往价格高昂。有些种的雄鱼，特别是鲱鱼的"软"鱼子（即精子），有时也被人们当成一种美味佳肴，特别是在欧洲。一些鱼类能产出质量极佳的软鱼子和硬鱼子，无论是作为装饰，还是作为独立的前菜都很不错。许多国家都有本国国民最爱的鱼子。在日本，最受人们欢迎的是干青鱼子，这是一种盐腌过的鲱鱼卵。在东南亚，有一种雌青蟹的蟹子是人们的最爱。在欧洲，鱼子酱原本指的是鲟鱼卵，一直很受重视。最著名的3大传统鳕鱼子酱——欧洲鳇鱼子酱、奥西特拉鲟鱼子酱、闪光鲟鱼子酱，是在俄罗斯和伊朗加工制作的。具体的加工方式各不相同。大多数鱼子酱的加工方式是在采集雌鱼卵后，将其清洗干净，去除卵膜，用淡盐水腌渍，滤去多余液体，然后压实。许多鱼子用巴氏消毒法杀菌，目的是将其保质期延长几个月。用类似加工方式处理的太平洋鲑鱼（大马哈鱼）、大西洋鲑鱼、海鳟、鳟鱼、圆鳍鱼、毛鳞鱼、鲤鱼和飞鱼的鱼卵，只能作为鱼子酱的替代品出售，而不能称为鱼子酱。现在

市场上甚至还能买到海藻鱼子酱。这些作为鱼子酱替代品的鱼子既有新鲜的，也有加工过的，包括盐腌、风干或熏制。大多数鱼子都是软而半透明的，带有咸味，吃起来有颗粒感。

可持续性 鲟鱼卵备受追捧，鲟鱼因此遭到过度捕捞，许多已几近灭绝。现在法国有养殖鲟鱼。其他的替代品包括罗马尼亚鱼子酱、鲱鱼子、大马哈鱼子。

常见品种 鱼子酱：新鲜的和经巴氏杀菌的鱼子酱。其他鱼子：新鲜、盐腌、熏制。

食用 通常生吃，但新鲜的鳕鱼卵、黑线鳕鱼卵、鲱鱼精除外，这些都需要烹熟食用。

理想搭配 鱼子酱：梅尔巴吐司、碎蛋白、欧芹。软的鲱鱼子：黄油、刺山柑、柠檬。熏鱼子：橄榄油、大蒜、柠檬。

经典食谱 希腊红鱼子泥沙拉；鱼子酱配炒蛋；碎乌鱼子配松露油意面。

闪光鲟鱼子酱

在备受欢迎的鲟鱼子酱中名列第3位，次于欧洲鳇鱼子酱、奥西特拉鲟鱼子酱。在这3种鱼中，闪光鲟的鱼卵是最便宜、最容易得到的，因为这种鱼7岁成熟，成熟时间相对较早。闪光鲟的鱼卵虽然小一点，但呈华丽的金属灰色，味道浓郁，相对于欧洲鳇鱼子酱和奥西特拉鲟鱼子酱，闪光鲟鱼子酱往往是首选。

咸鲱鱼子

微咸的鲱鱼子作为鱼子酱的替代品很受欢迎，被冠以各种各样的美名销售。咸鲱鱼子比圆鳍鱼子好，因为它不会褪色，因此作为开胃小菜的浇料很理想。

咸鲱鱼子带有微妙的鱼的味道和柠檬的强烈味道，还略带咸味。

◀欧洲鳇鱼子酱

欧洲鳇鱼子酱被认为是全球最顶级的鱼子酱，在一些国家食用是违法的。欧洲鳇（Huso Huso）是鲟科最大的鱼，寿命长达20年。其鱼卵又大又软，呈烟灰色。作为世界上最昂贵的几种鱼子酱之一，传统的食用方法是用圆的珍珠母贝勺来盛鱼子酱，以保护鱼卵。

乌鱼子

琥珀色的鲻鱼子是一种地中海美味，有时被称为"穷人的鱼子酱"。传统上将鲻鱼的鱼卵冲洗干净，盐腌、压实、晒干，然后浸在蜂蜡中，以保持其原来的味道。食用时，可以将鱼子切成薄片或磨碎，然后放入意面中(不要烹熟)。

鲱鱼子▲▼

鲱鱼子是用雌鲱鱼的卵制成的，很容易买到，作为其他鱼子酱的低成本替代品出售，并被冠以各种美称。它的竞争对手是圆鳍鱼子，但一般不染色，因此是一种理想的装饰。干青鱼子（Kazunoko）是一种日本美食，是盐腌过的鲱鱼卵。

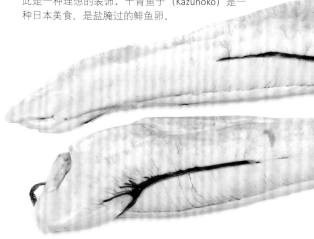

圆鳍鱼子

圆鳍鱼较为普通，鱼卵较小，常被染成黑色或橙色。圆鳍鱼子味道偏咸、质地粗糙，最适合装饰烤薄饼或酸奶油。

大马哈鱼的鱼子外表精致、亮泽。

未经处理的色卵各种颜色都有，因此常被染成黑色或橙色。

飞鱼子 ▶

这种产自日本的美味鱼子正在迅速获得全世界的认可。这种细腻、易碎的鱼子，天然是金黄色的。尽管飞鱼子可以单独成为一道菜，但常常用来装饰寿司。可以用墨鱼的墨汁将其染黑，或者用山葵糊将其染成柔和的绿色。

大马哈鱼子

这种半透明、亮橙色的大鱼卵来自大马哈鱼（或称狗鲑）。大马哈鱼子是开胃小菜或寿司的绝佳装饰。大马哈鱼子通常用量较小，因为一旦破碎，就会散发出浓郁的鲑鱼油的味道，非常特别。

最好的熏鳕鱼子是用冰岛鳕鱼的鱼卵制成的。在熏制过程中，其厚皮将鱼卵保护得很好。

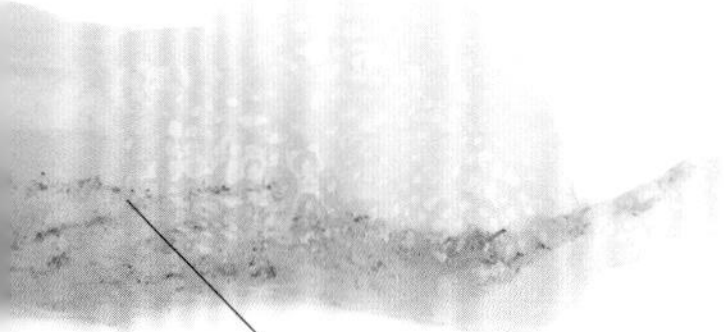

油煎"硬"鲱鱼子味道柔和、质地硬脆。

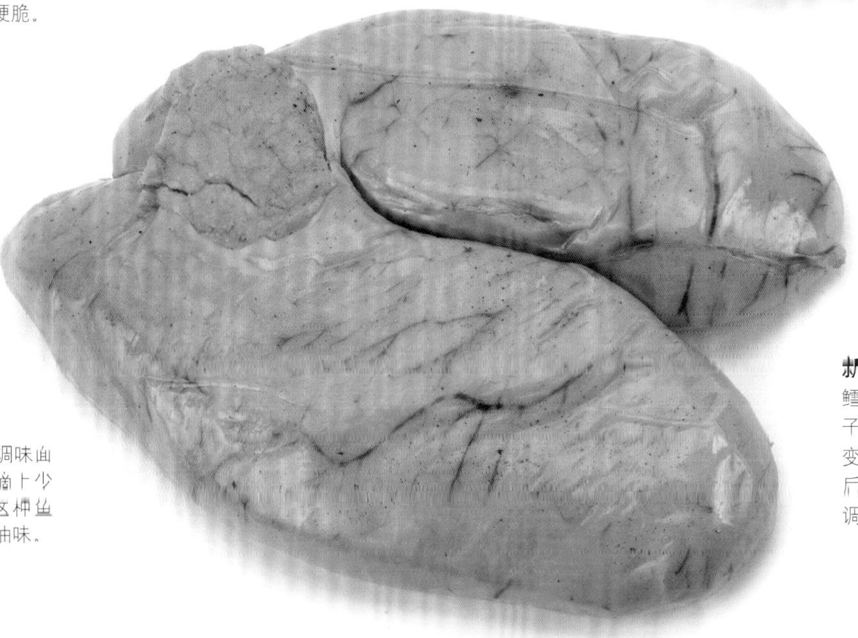

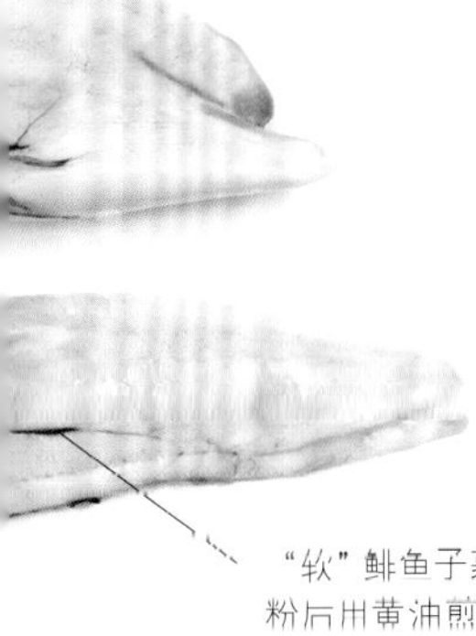

熏鳕鱼子 ▲

作为新鲜鳕鱼子的替代品，鳕鱼、舒鳕、鲻鱼的熏鱼子很受欢迎，主要用于制作土耳其和希腊菜肴，比如希腊红鱼子泥沙拉。经腌制和熏制加工后，熏鳕鱼子口感浓郁、味道醇香。

"软"鲱鱼子裹上调味面粉后用黄油煎，并滴上少许柠檬汁最佳。这种鱼子味道醇香、有奶油味。

新鲜鳕鱼子

鳕鱼的"硬"鱼子和个头小得多的黑线鳕鱼子在北半球很受欢迎。首先将鱼卵焯水使其变硬，随后切片，裹上面粉、鸡蛋和面包糠后油炸，较小的黑线鳕鱼子只需简单地裹上调味面粉，煎炸即可。

索引

粗体字页码表明该页列出了这种海鲜的相关信息，包括其用途、可获得性、可持续性，及其在水产小百科中的相关描述。

斜体字页码表明该页列出了选择、处理和烹饪这种海鲜时使用的技巧和工具，包括推荐的味道搭配。

符号（a）表示有其他食材选择，即除了食谱标题中提到的海鲜以外，还可以选用其他的海鲜。

致谢

主编简介

幼年时代，C.J.杰克逊（C.J. Jackson）常常在苏格兰度假，在那儿捕鱼并打理各种鱼类。在20世纪80年代和90年代，她先后在澳大利亚、亚洲的许多国家、瑞士、西班牙、意大利和法国工作，接触了世界各地的不少烹饪文化和海鲜料理。1989年，她进入伦敦著名的利斯食品与葡萄酒学院（Leith's School of Food and Wine）学习，随后留校任教，这一职位让她有更多的机会研究海鲜，撰写有关海鲜的文章。

目前，杰克逊是比林斯盖特海鲜培训学校的理事，这座学校坐落在英国最大的内陆海鲜市场——伦敦比林斯盖特海鲜市场上。她在这里开设课程，教人们如何选择、加工和烹饪可持续海鲜。有幸在这个历史悠久的市场中工作，与这么多有趣的专业人士合作，鱼获的品种又是那样丰富，这一切都让杰克逊乐在其中。杰克逊曾著有《比林斯盖特海鲜市场烹饪书》（Billingsgate Market Cookbook）、《利斯海鲜圣经》（Leith's Fish Bible）和《厨师的食材》（The Cook's Book of Ingredients），也是英国《美食杂志》（BBC Good Food Magazine）的特约撰稿人。

杰克逊在此感谢伦敦比林斯盖特（Bilingsgate）海鲜市场的商人们，以及他们的朋友和同事。特别是"J. Bennett Exotics"的史蒂夫·克莱门茨（Steve Clements）和罗恩·皮查姆（Ron Peacham），在寻找和鉴别各种外来物种方面助益颇多。感谢渔业公司的克里斯·莱夫特维奇（Chris Leftwich）、巴利·奥图尔（Barry O'Toole）和罗伯特·安贝利（Robert Embery），以及比林斯盖特鱼市的渔业监察员。感谢黑斯廷斯渔民保护协会的保罗·乔伊（Paul Joy）和亚斯明·奥斯比（Yasmin Ornsby）在拍摄和清晨出海方面提供的帮助；感谢汤姆·皮克莱尔博士（Dr Tom Pickerell），他不仅非常熟悉海鲜采购，而且对各类海鲜所知甚多。感谢DK出版社的玛丽-克莱尔·杰拉姆（Mary-Clare Jerram）、萨拉·罗宾（Sara Robin）和安德鲁·罗夫（Andrew Roff）为本书付出的努力，感谢安德鲁杰出的组织能力。感谢我在比林斯盖特海鲜培训学校的团队，感谢他们的耐心。在此，我尤其要向科林和约瑟夫道歉，因为在过去的6个月里，他们错过了许多美好的周末，当时我正忙于搬家！

DK出版社在此感谢比林斯盖特海鲜培训学校的每一位参与者，包括罗恩·皮查姆（Ron Peacham）和亚当·惠特尔（Adam Whittle）；感谢哈斯廷渔民保护协会的亚斯明·奥斯比（Yasmin Ornsby）、保罗·乔伊（Paul Joy）、肯·莫斯（Ken Moss）、迈克尔·亚当斯（Michael Adams）和理查德·亚当斯（Richard Adams）；感谢英国甲壳类协会的汤姆·皮克莱尔博士（Dr Tom Pickerell）关于可持续捕捞方面的建议；感谢阿拉斯加海鲜市场研究所的乔斯林·巴克（Jocelyn Barker）和洛里·霍尔尼斯（Lowri Holness）；感谢负责拍摄的斯图尔特·韦斯特（Stuart West）、伊恩·奥利里（Ian OLeary）和迈尔斯·纽（Myles New）、摄影艺术指导路易斯·佩拉尔（Luis Peral）负责、道具造型罗布·马瑞特（Rub Merrell），以及餐食造型凯蒂·乔凡尼（Katie Giovanni）和布丽姬特·萨尔基松（Bridget Sargeson）；感谢负责食谱测试的阿比盖尔·福赛特（Abigail Fawcett）、安娜·布格斯-鲁姆斯顿（Anna Burges-Lumsden）、让·史蒂文森（Jan Stevens）、凯蒂·格林伍德（Katy Greenwood）、萨尔·亨利（Sal Henley）和雷切尔·伍德（Rachel Wood）；感谢负责图片研究的珍妮·巴斯卡娅（Jenny Baskaya）和凯伦·范·罗斯（Karen Van Ross）、编辑助理罗克珊·本森·麦基（Roxanne Benson-Mackey）和查莉斯·巴基纳萨（charis Bhagianathan），设计助理德韦卡·德沃卡达斯（Devika Dwarkadas）、德芙亚·PR（Divya PR）、西玛·萨巴瓦尔（Heema Sabharwal）、凯瑟琳·拉杰（Katherine Raj）、凯瑟琳·怀尔丁（Kathryn Wilding）、达纳亚·布纳格（Danaya Bunnag）、艾玛·福格、汤姆·福格（Emma and Tom Forge）；感谢负责润色文稿的史蒂夫·克洛泽（Steve Crozier）和盖里·肯普（Gary Kemp）、校对人员安吉拉·贝纳姆（Angela baynham），以及负责摘录索引的苏·博桑科（Sue Bosanko）。

海鲜在线 （Fish Online）
www.fishonline.org

本网站受到英国海洋保护协会(MCSO的大力支持。本网站使用交通信号灯系统标注海鲜的可持续程度：购买标有绿色指示灯的海鲜，是不错的选择；标有黄色指示灯的海鲜，则需谨慎购买。而标有红色指示灯信号的海鲜应完全避免。

英国海洋保护协会 （MCS）
www.mcsuk.org

英国公益机构，致力于保护在地海洋生物和野生物种。

海洋管理委员会 （MSC）
www.msc.org

认证可持续渔业的国际组织。可登录网站查看一下你所在的地区有哪些渔业公司通过了认证。

英国海洋渔业管理局（Sea Fish Industry Authority）
www.seafish.org

海产品行业机构，致力于推广可持续发展的鱼类。该网站提供有关英国捕鱼配额的最新信息。

水产品选择联盟（Seafood Choice Alliance）
www.seafoodchoices.com

与水产行业合作、致力于建设可持续未来的国际组织。订阅他们的邮件，即可获取有关水产品可持续发展的最新信息。

西南手钓渔民协会（ South West Handline Fishermen Association ）
https://www.linecaught.org.uk

一家渔业公司，这家公司给海鲜贴上带有独特编号的标签，这样顾客就能看到海鲜是在何时何地捕获的。

图片来源

在此感谢提供图片授权的以下各位：

（英文缩写释义：a, 上部；b, 下部、底部；c, 中；l, 左；r, 右；t, 顶部）

10 Dorling Kindersley: Courtesy of the Scottish Salmon and Seafood Centre, Oban (tr). **234** Alamy Images: Bon Appetit. **238-239** Phil Lockley/By-Water Productions. **324-325** Getty Images: Rick Price (bc). **330** Getty Images: MIXA (cl). **330-331** iStockphoto.com: grandriver (b). **336** fotolia: Le Do (bl). **339** Alamy Images: Art of Food (cra); Image Source (cb). Getty Images: Koki Iino (cla). **340-341** Alamy Images: Bon Appetit (b). **341** Photolibrary: Tsuneo Nakamura (t). **344** Alamy Images: Foodcollection.com (cl). **347** Dreamstime.com: Foodmaniac (tr). **350-351** fotolia: Roman Ponomarev (c). **351** Dreamstime.com: Deepcameo (crb). **358-359** Alamy Images: Bon Appetit (b). **366** fotolia: Reika (t). **377** fotolia: Karl Bolf (cla). **389** iStockphoto.com: WEKWEK (tr). **390** Getty Images: Jonathan Kantor Studio (clb)

全部其他图片 © Dorling Kindersley.
更多信息请浏览：www.dkimages.com